Introduction

共生の生物学 Q&A

　本書『共生微生物』では，ヒトをはじめとする哺乳動物から昆虫，水生生物，さらに植物を含めた多様な生物と，微生物との共生について，最新成果も交えた解説が展開されている．その知識範囲はまさに"生物学全般"にわたるといってよいだろう．そこで，ここでは，共生について初めて詳しく学ぼうとする読者のイントロダクションとなるよう，分野全体を俯瞰するためのQ&Aコーナーを設けることにした．より詳細な情報が載っている参照先も示しているので，本書を読み進める際のガイドとしてもお役立て頂ければ幸いである．

Q1 「生物が共生している」とは，どのような状態ですか？

A1 文字通り，（異なる生物が）「共に生きる」ということです．

　「共生」には，英語ではsymbiosisあるいはcommensalismという単語があてられます．symbiosisはギリシャ語のσυμβίωσις (living together; σύν/sym = with/together " 共に，一緒に" とβίωσις/bioûn = living "生きる") から派生しており，第1章にもでてくるようにドイツのDe Baryが最初に用いました．De Baryによるsymbiosisは病原微生物との共生も含んだ「広義の共生」を指すと考えられます．一方commensalismは，中世ラテン語の前置詞com-（together " 共に，一緒に"）とmensa（食卓 "table" あるいは食事 "meal"）からなるcommensalisという単語がフランス語を経て入ってきたもので「食卓，あるいは食事を共にする」という意味になります．一緒に食事するという，人間同士の交流を表す言葉ですが，もともとは，狩猟動物が食べ残した獲物の残骸をハゲワシやコバンザメなどの屍肉食動物が食物とするように，ある生き物の食べ残しを別の生物が食物として利用することを意味しました．したがって，狭義にはcommensalismは共生の中でもとくに「片利共生」，すなわち共生関係にある一方の生物が，もう一方の生物には利害を与えることなく一方的に利益を得る状態を指します．これに対し「相利共生」（mutualism）は共生関係にある生物が互いに利益を得ることを意味します．

　狭義の共生は相利共生，あるいは片利共生も含めて少なくとも一方が不利益を被ることなくもう一方が利益を得る場合を指しますが，より広く，相互作用する2種の生物の一方あるいは双方が不利益を被る場合を含めて，共生を捉える考え方もあります．これには，両者のどちらにも利害が及ばない「中立（neutralism）」，一方の生物には利害は与えないが，もう一方の生物のみが不利益を被る「片害（amensalism）」，両者とも不利益を被る「競合（competition）」，さらにはまた，一方が利益を得つつ相手に不利益を与える場合として，動物の「捕

©stockpix4u -Fotolia

食（predation）」，「草食（herbivory）」や，「寄生（parasitism）」などがあり，これらは antagonism と総称されます．

Q2 人体に共生している微生物には，どのようなものがいますか？

A2 皮膚や粘膜に，細菌や真菌，原生生物，寄生虫が共生しています．

人体の外環境との境界をなす皮膚や粘膜組織には，細菌や真菌（カビ類）などさまざまな微生物が定着し，その場で増殖しています．ときには，アメーバなどの原生生物や寄生虫が共生していることもあります（Q3 で述べるように，共生原生生物はシロアリにとっては生存に必須の共生微生物です）．

皮膚や粘膜組織に共生する細菌の大まかな数は図に示す通りです．腸内容物の約半分，重量にして 1.5〜2 kg が細菌（死菌体も含む）であり，その密度は大腸内容物 1 g 当たり 100 億〜1,000 億個と，地球上のあらゆる環境と比較しても飛び抜けて高いとされています．つまり，われわれの腸内は細菌にとって最適の棲み処であり，さながら「生きる細菌培養装置」とも言えるでしょう．その種類は 500〜1,000 菌種（一説では 3,000 種ともいわれています）にも及びますが，大部分は難培養菌であり，その詳細は不明でした．しかし，Q9 に述べる「次世代シーケンサー」の出現により，少しずつその実態が明らかになりつつあります．

Q3 「絶対（的）共生」とはどのようなものですか？　どのような例がありますか？

A3 共生生物の存在が，宿主の生存に必須である場合を指します．

共生は，共生関係（共生によって享受する利益）が共生生物の生存に必須か否かによって，「絶対（的）共生・偏性共生」（obligate symbiosis/mutualism）と「条件的共生・通性共生」（facultative symbiosis/mutualism）とに分けられます．前者の例としては，シロアリとセルロース分解性原生生物や細菌の関係（第 6，7 章）があります．一方，多くの共生は後者ですが，その典型的な一例として，イネ苗立ち枯れ病を引き起こすクモノスカビの一種とその共生細菌の関係（第 1 章）を紹介しましょう．クモノスカビも共生細菌も単独で生存できますが，カビは共生細菌がつくる毒素によってイネ細胞を破壊しながら栄養を獲得し，一方の細菌はカビに胞子をつくらせることで，それに乗って長距離移動する能力を手にいれるという相利共生が成り立っています．

©smuary -Fotolia

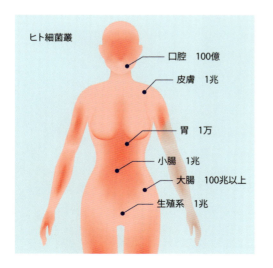

ヒト細菌叢
- 口腔　100億
- 皮膚　1兆
- 胃　1万
- 小腸　1兆
- 大腸　100兆以上
- 生殖系　1兆

Q4 宿主と共生生物が「共進化」するとは，どういうことですか？　どのような例がありますか？

A4 「共進化」（co-evolution）とは，一つの生物学的因子の変化（進化）が誘因となって別の生物学的因子の変化（進化）が引き起こされることを指します．

典型的な例として，宿主と共生細菌のように 2 種の生物が互いに依存して進化する相利共生系があげられますが，共進化は種間のみならず，種内や個体内においても起きうる現象です．Q3 で述べた昆虫の絶対的共生においては，共生菌が宿主に代謝を依存

することでアミノ酸合成系の遺伝子などを失い、その結果ゲノムの退縮が見られます。これも共進化の結果といえます。

また、シロアリやミツバチにおいて、宿主の腸内に固有の細菌群が共生していることも共進化と考えられます。真菌（キノコ）を培養してそれのみを栄養源とする養菌性昆虫ハキリアリの仲間では、自身の系統樹とその共生真菌（キノコ）の系統樹の分岐が基本的に一致しており、典型的な共進化の結果といえるでしょう。これは、Q7で述べる垂直伝播の結果ともいえます。また、*Bifidobacterium* 属（いわゆるビフィズス菌）は、ヒトを含む多くの動物の腸内に共生していますが、環境中にはほとんど検出されません。また、宿主動物特異的に検出される菌種が多いことから、宿主の環境に適合して進化した、すなわち共進化による種分化が起こっていると考えられます。次項以下に述べる細胞内共生もまた共進化の結果と考えられます。

も基本的には同様と考えてよいでしょう。しかし、絶対的共生関係が多い昆虫においては、アブラムシやシロアリ、ゴキブリなどをはじめ多くの種において細胞内共生が見られます（第6, 7, 19章）。また、植物においても、マメ科の根粒菌は細胞内に共生します（第15, 16章）。しかし根粒菌は細胞外でも生存増殖が可能で、条件的共生・通性共生です。

究極の細胞内共生ともいえるのがQ6に述べる共生細菌のオルガネラ化でしょう。現在、共生に由来するオルガネラと認められているのはミトコンドリアと葉緑体のみですが、準オルガネラともいえる、クロマトフォア（シアネラ）、楕円体、およびUCYN-Aの存在が確認されています（第17章）。これらのゲノムはいずれも退縮しており、また少なくともクロマトフォアのゲノムは宿主へと水平伝播していることがわかっており、かなりオルガネラに近い存在と考えられます。

Q5 「細胞外共生」と「細胞内共生」とは、どのようなものですか？

A5 共生細菌が生息する場所による違いです。哺乳動物で見られる共生は、すべて細胞外共生です。

共生細菌には、その共生の部位から「細胞外共生（endosymbiosis）」と「細胞内共生（ectosymbiosis）」があります。ヒトをはじめとする哺乳動物の共生系においては細胞外共生が一般的であり、細胞内共生はおろか、組織内に細菌が存在することはすなわち「感染症」であり、いわゆる「共生」関係とはいえません。これは他の動物の腸内細菌や植物の共生菌で

Q6 「細胞内共生説」とは何ですか？

A6 真核細胞のオルガネラ（細胞内小器官）であるミトコンドリアや葉緑体の起源が、細胞内共生した好気性細菌にあるとする説です。

現在では、ミトコンドリアの起源が真核細胞の共通祖先に細胞内共生したAlphaproteobacteria綱に属する菌の一種であり、葉緑体は一次植物（一次植物と二次植物についての詳細は第18章参照）の共通祖先に細胞内共生したCyanobacteria門に属する細菌の一種に由来することは、周知の事実となっています（第17, 18章）。細胞内共生説は1967年にMargulisによって提唱されましたが、今世紀初頭に

はすでに「葉緑体が共生由来である」と述べる論文があったようです（第18章）．共生細菌のオルガネラ化には，共生体ゲノムから宿主ゲノムへの遺伝子水平伝播が重要な要件となります．ミトコンドリアと葉緑体のゲノムにあった多くの遺伝子が宿主ゲノムに移行していることがわかっています．

Q7 共生微生物はどのように獲得されるのですか？

A7 個体の誕生後に，親の体表や排泄物から，もしくは環境中から新たに獲得されます．

哺乳動物の胎児（胎仔）は，胎内では無菌です（PCRによって胎児から菌の遺伝子が同定されていますが，これが生きた菌由来という証明はなされていません）．昆虫も同様で，ミツバチなどでは幼虫から蛹にかけてもほぼ無菌で，羽化して成虫になると巣の中の他の成虫の糞に触れて共生菌が見られるようになります．つまり共生微生物は，出生後に獲得されることになります．その様式には，親から子へと共生微生物が引き継がれる「垂直伝播」と，親以外の環境中から共生細菌の獲得が行われる「水平伝播」があります．ヒトの母児の糞便中のビフィズス菌を菌株レベルで調べた研究において，経膣分娩児では母親と同じ菌株が見いだされるのに対し，帝王切開で出生した児においては母親と同じ菌株が見られなかったという報告があり，垂直伝播には経膣分娩が重要であることが示唆されます．また，共生微生物との相利共生が生存に重要な役割を果たす昆虫類においては，共生微生物を収納するために特化した「マイカンギア」という器官を雌成虫がもつことで垂直伝播を確実にしているものもあります（第6章）．

©Zsolt Biczo -Fotolia

Q8 共生微生物をもたない"無菌"の環境はあるでしょうか？

A8 あります．子宮内の胎児や卵は，基本的に無菌状態です．

Q7で述べたように，胎児や卵の状態では動物は共生微生物をもたない"無菌"状態ですが，出生と同時に共生微生物の定着が始まります．しかし，ヒトでは現実的ではありませんが，マウスやラットなどの小動物では実験的には出生後も無菌状態を保つことが可能です．無菌動物は，子宮内の胎仔が無菌的であることを利用して，帝王切開によって取りだした胎仔を，無菌アイソレータという内部を無菌的に保つことのできる飼育装置内に無菌的に搬入し，人口哺育，あるいはすでにアイソレータ内で無菌的に飼育されている里親に哺育させることにより得られます．アイソレータ内で無菌動物を繁殖させることも可能です．無菌動物に，既知の一種あるいは複数の微生物のみを定着させた動物をノトバイオート動物（ギリシャ語の gnotos = known "既知" と biota = life "生命" からの合成語）と呼びます．

©toeytoey -Fotolia

Q9 次世代シーケンサーの登場により，共生細菌の研究はどのように変わったでしょうか？

A9 培養を介さずに細菌株を同定できるようになり，微生物叢の全体像をより速く正確に捉えられるようになりました．

従来の微生物学においては，単離培養が基本でした．生育に必要な栄養素や酸素濃度などを検討することで，細菌ごとに異なる栄養要求性や好気性・嫌気性などの培養条件，細菌が産生する代謝物を同定するという生化学的研究が中心でした．遺伝子配列

解析に基づく遺伝学的分類においても，次世代シーケンサー登場以前のサンガー法（ジデオキシ法）に基づくシーケンサー（第一世代）の時代には，塩基配列を決定するためには同一配列をもつDNAが多コピー必要であったため，単離した細菌株をやはり純粋培養する必要がありました．しかし，次世代シーケンサーの登場により，その様相は一変しました．

次世代シーケンサーは，DNAを増幅しながらその塩基配列を決定してゆくため，1コピーのDNA断片の配列を読むことができます．したがって，ある環境中に存在するすべての生物のゲノムDNAを抽出して塩基配列を解読することにより，理論的にはそこに存在するすべてのDNAの塩基配列を決定することが可能となりました．このような解析手法を「メタゲノム解析」といいます．現行の次世代シーケンサーは，1日に最大で延べ1,000ギガベース（Gb）と，第一世代の約10万倍のデータを書きだすことが可能です．しかし，1分子あたりのリード長（連続して読むことのできる塩基配列の長さ）は200〜500 bpと比較的短く，それぞれのDNA断片をつなげて完全長の細菌ゲノムを得ることはできません．したがって，このようなメタゲノム解析では，環境中にどのような細菌遺伝子がどのくらいの数だけ存在するかという全体像は明らかにできますが，それぞれの遺伝子がどの細菌のものか，ということまではわかりません．しかし，1分子のDNA配列を連続して長く読むことのできるシーケンサーも開発されており，この方法が確立されれば，細菌のゲノムのような数メガベース（Mb）のDNAであれば，アッセンブリー（配列を連結させること）により全配列のデータを得ることも可能です．これらの解析を組み合わせることで，細菌叢を構成する細菌群の全ゲノム配列が得られると期待されます．

さらに，次世代シーケンサーにより，環境中の生物の全RNA配列を解析する「メタトランスクリプトーム解析」も可能になりつつあります．メタゲノム解析という"遺伝子のカタログ"作りから発展して，カタログ上の遺伝子がそれぞれどのような効率で転写されているかという遺伝子発現量のデータが得られるようになれば，共生微生物群がどのような生命活動をしているかが明らかになると期待されます．

Q10 疾患との関連が明らかになっている体内共生微生物はいますか？

A10 何かしらの相関があると考えられていますが，ヒトにおいて因果関係まで証明された例はまだありません．

Q9で述べたメタゲノム解析などを用いてヒトの健常群と疾患群の共生細菌叢の比較解析が行われた結果，疾患に関連する共生細菌や細菌遺伝子の存在が報告されています．しかしこれはヒトのゲノムワイド関連解析（GWAS）同様，健常群と疾患群でこれらの因子の検出率に差があることを表してはいますが，疾患との因果関係は不明です．GWASでは，GWASで見つかった一塩基多型（SNP）のなかから疾患の発症に重要そうな変異を遺伝子改変によりマウスに導入して，疾患との関係を調べます．疾患関連細菌が単離培養できる場合には，その細菌をマウスに投与することで疾患発症との因果関係を調べることも可能です．実際，炎症性腸疾患や病的肥満，糖尿病患者や疾患モデルマウスの糞便を無菌マウスに定着させると，無菌マウスにこれら疾患の症状がある程度再現できることは知られています．さらに，マウスの実験では，糖尿病や非アルコール性肝がんの発症に関係する腸内細菌が同定されています．また，偽膜性腸炎（*Clostridium difficile* 感染症）は，通常は腸内常在細菌のマイナーな構成菌である *C. difficile* が抗生物質投与などにより異常に増えることで発症する，菌交代症の代表的な例です．

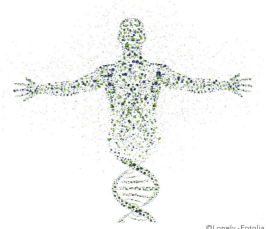

©Lonely -Fotolia

Colored Illustration

ショウジョウバエと共生細菌の相互作用

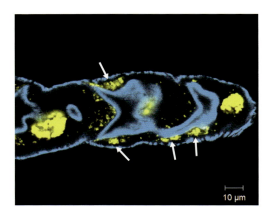

図 8.2 ショウジョウバエのマルピーギ管に共生しているボルバキア
黄色はDNA,青色はF-アクチンを示している.黄色で,核よりも小さなシグナルが,共生しているボルバキアのシグナルであり,矢印で示している.

海洋無脊椎動物と微生物の共生系

図 サンゴとゾーキサンテラの共生系の安定性と脆弱性
(a) 健全,(b) 白化,(c) 組織崩壊したハナヤサイサンゴ (*Pocillopora damicornis*).

Colored Illustration

海綿動物と共生微生物

P. 125 へ

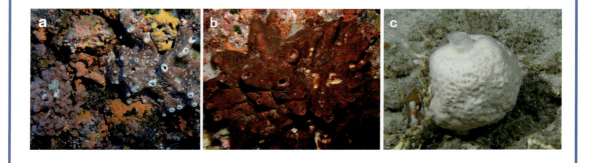

図 12.1　多様な種類のカイメン

（a）八丈島のオーバーハングの裏側に付着したさまざまなカイメン，（b）八丈島の浅海に生息するカイメン（*Theonella swinhoei*），（c）宮古曽根（水深 約200 m）に生息するカイメン（*Petrosia* sp.）．

根圏と微生物

P. 150 へ

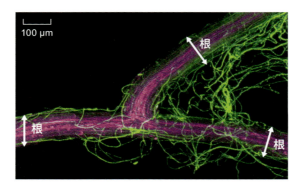

図 14.2(c)　AM 菌や内生菌による外生／内生菌糸・樹枝状体の形成と生育促進

シロイヌナズナに感染する天然内生菌である *Colletotrichum tofieldiae* は複雑な外生菌糸ネットワークと内生菌糸を発達させる．植物組織は赤色蛍光タンパク質で，*C. tofieldiae* の菌糸は緑色蛍光タンパク質で可視化してある．

Colored Illustration

半翅目昆虫の菌細胞内共生

P. 207へ

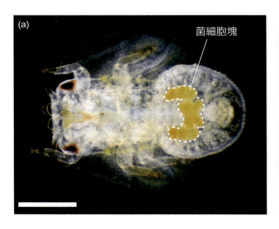
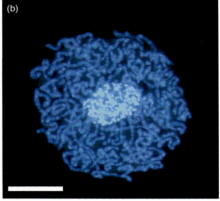

図 19.4　キジラミの菌細胞内共生系

（a）キジラミ幼虫．腹部体腔内のクロワッサン形の構造（破線囲み）が菌細胞塊．スケールバーは500 μm．文献19のFig.1を一部改変．　（b）菌細胞のDAPI染色像．中央は宿主の核で，その周りの細胞質を埋め尽くしているひも状の細胞が共生細菌 "*Ca.* Carsonella"．スケールバーは20 μm．文献17のFig.1を一部改変．

共生微生物

生物と密接に関わるミクロな生命体

大野博司 編

化学同人

執筆者一覧

編者　大野　博司　理化学研究所 統合生命医科学研究センター 粘膜システム研究グループ

執筆者

Introduction	大野　博司	理化学研究所 統合生命医科学研究所センター 粘膜システム研究グループ	
1章	別府　輝彦	日本大学 総合科学研究所	
2章	辨野　義己	理化学研究所 イノベーション推進センター 辨野特別研究室	
3章	福田　真嗣	慶應義塾大学 先端生命科学研究所	
	村上慎之介	慶應義塾大学	
4章	冨田　秀太	岡山大学大学院 医歯薬学総合研究所	
	Huiying Li	Depertment of Molecular and Medica Pharmacology Devid Geffen School of Medicine University of California Los Angeles	
5章	森田　英利	岡山大学 農学部	
6章	本郷　裕一	東京工業大学大学院 生命理工学研究科	
7章	大熊　盛也	理化学研究所　バイオリソースセンター　微生物材料開発室	
8章	矢野　環	東北大学大学院薬学研究科 薬学部	
	倉田祥一朗	東北大学大学院薬学研究科 薬学部	
9章	西川　禎一	大阪市立大学大学院 生活科学研究科・生活科学部	
	中臺枝里子	大阪市立大学大学院 生活科学研究科・生活科学部	
	小村　智美	大阪市立大学大学院 生活科学研究科・生活科学部	
10章	杉田　治男	日本大学 生物資源科学部	
11章	澤辺　智雄	北海道大学大学院 水産科学研究院	
	美野さやか	北海道大学大学院 水産科学研究院	
12章	高田健太郎	東京大学大学院 農学生命科学研究科	
13章	南澤　究	東北大学大学院 生命科学研究科	
14章	中野　亮平	Max Planck Institute for Plant Breeding Reserch	
15章	菅原　雅之	東北大学大学院 生命科学研究科	
16章	林　誠	理化学研究所 環境資源科学研究センター 植物共生研究チーム	
	山﨑　明広	理化学研究所 環境資源科学研究センター 植物共生研究チーム	
	征矢野　敬	基礎生物学研究所 共生システム研究部門	
	岡本　暁	理化学研究所 環境資源科学研究センター 植物共生研究チーム	
	横田　圭祐	元独立行政法人農業生物資源研究所 植物共生機構研究ユニット	
	箱山　雅生	理化学研究所 環境資源科学研究センター 植物共生研究チーム	
17章	稲垣　祐司	筑波大学 計算化学センター	
	中山　卓郎	筑波大学 計算化学センター	
18章	石田健一郎	筑波大学 生命環境系	
19章	中鉢　淳	豊橋技術科学大学 エレクトロニクス先端融合研究所	
20章	金川　貴博	京都学園大学 バイオ環境学部	
21章	中川　聡	京都大学大学院 農学研究科	
22章	宮本　浩邦	千葉大学大学院融合化学研究科，株式会社サーマス，日環科学株式会社	

まえがき

　動物腸内の共生微生物の存在は，「微生物学の父」とも称される A. Leeuwenhoek が，17 世紀後半に自作の顕微鏡（倍率が 200 倍以上で，当時の他の顕微鏡の 10 倍以上を誇っていた）を用いて，ヒトの糞便を含むさまざまな環境に微生物（細菌）を発見したことに遡る（彼の名を冠する Antonie van Leeuwenhoek という微生物学の学術誌が Springer から刊行されている）．ちなみに，Leeuwenhoek と同じ 1632 年に同じオランダのデルフトに画家の J. Vermeer も生まれている．Leeuwenhoek の顕微鏡スケッチ画はあるときを境に芸術作品のような筆致に変わっており，Vermeer が描いていたのではないか，との仮説が青山学院大学の福岡伸一氏によって立てられている（二人の交流を直接示す文書などは残っていないが，Leeuwenhoek は Vermeer の死後，その遺産管財人となっていることから，何らかの関係があった可能性は高い）．

　それからときを経ること約 200 年，「パスツール瓶」を用いて腐敗の原因が細菌であることを示し，生命（細菌）の自然発生説を否定した L. Pasteur は，1885 年「腸内フローラ不可欠論」を唱えたが，これは 1940 年代にアメリカでまったく共生微生物をもたない無菌動物も生存可能なことが示され，否定された．

　しかし実際には，バイオマスの 1/3〜1/2 をも占めるとされる細菌に満ちあふれた地球上において，細菌との共生なしに生活することは不可能である．これは当然のことながら，昆虫や水生動物もしかり，というよりむしろこれらの生物のほうが微生物と密接な共生関係にあり，共生微生物なしには生存不可能な生物も数多く存在する．また，植物においても，マメ科植物の根粒菌に代表される窒素固定菌との共生や，根圏微生物叢野存在も知られている．

　（共生）微生物の研究は，単離培養による栄養要求性や，微生物が産生する代謝物の解明が主体であり，とくに嫌気性菌が多数を占める動物の腸内細菌叢を単離するための嫌気培養法が重要な研究手段の一つであった．遺伝子配列解析による遺伝学的研究にも，単離培養した微生物から一定量以上の DNA を抽出する必要があった．しかし，近年の技術革新により，理論上 1 分子の DNA からその塩基配列決定できる「次世代シーケンサー」の登場は，共生微生物の研究を一変させた．すなわち，ある環境中の生物群衆から得られた DNA を解析することで，そこに存在する生物がもつ遺伝情報について網羅的な獲得が可能になった．この「メタゲノム」解析により，培養不能菌が 50% とも 90% ともいわれる腸内細菌叢の遺伝子配列が培養を経ずに取得できるようになった．さらに，網羅的遺伝子発現解析である「トランスクリプトーム」解析や，網羅的代謝物定量解析である「メタボローム」解析などを組み合わせることで，メタゲノムにより得られた遺伝子カタログが，どのくらい転写され，どのように機能するかが理解されつつあ

る．

　このような最新の解析技術を駆使して共生の研究が大きく花開こうというこの時代に，本書の刊行はまさに時宜を得たものと考える．本書のように，哺乳動物から昆虫，水生生物，さらに植物を含めた生物と微生物との共生についてまとめた書籍は他に類を見ない．この「共生の生物学」の教科書ともいえる本書を読み，さまざまな生物の共生系を比較することで，この分野に携わる研究者が新たな視点や着想をもつ一助となり，さらには生物学・生命科学を志す若き研究者の卵達が共生に興味をもち，この分野に参入する呼び水となれば幸いである．最後に，ご多忙な中，本書の執筆にご協力いただいた研究者の皆様にお礼申し上げるとともに，本書の企画から編集，出版まで全般にわたりご尽力いただいた（とくに，常に遅れがちな編者に対する叱咤激励）化学同人編集部の浅井歩・坂井雅人両氏には深く感謝の意を表したい．

　2016年9月吉日

編者　大野博司

目　次

Colored Illustration　共生の生物学 Q&A　　C1
　　　　　　　　　　　口　絵　　C6

Part I　総論　　1

1章　微生物と共生　　2

1.1　はじめに　　2
1.2　共生研究の歴史　　3
1.3　共生の定義　　3
1.4　微生物共生を通して見た難培養性微生物　　5
1.5　微生物の「信号共生」について　　7
1.6　抗生物質か共生物質か？　　8
1.7　微生物共生研究のこれから——あるバイオコントロール計画について　　10

Part II　哺乳類・脊椎動物と共生　　13

2章　新時代を迎えた腸内常在菌研究　　14

2.1　はじめに　　14
2.2　培養法によるヒト腸内常在菌の解析　　15
2.3　培養を介さない手法による腸内常在菌の解析　　16
2.4　腸内常在菌はどのようにして形成されるのか　　21
2.5　腸内常在菌解析による新しい健康診断法の確立　　22
2.6　おわりに　　24

3章　宿主－腸内細菌叢間相互作用　　25

3.1　はじめに　　25
3.2　宿主から腸内細菌への影響　　26
3.3　腸内細菌から宿主への影響　　28
3.4　乱れた腸内環境を改善するための手段　　34
3.5　宿主——腸内細菌叢間相互作用のさらなる理解に向けたメタボロゲノミクス　　35
3.6　おわりに　　35

vii

■目 次■

4章　皮膚細菌叢の全貌 — 37

- 4.1　皮膚細菌叢の全貌　37
- 4.2　皮膚細菌叢の由来と時間的変化および類似性　38
- 4.3　皮膚細菌叢と疾患および生理機能　40
- 4.4　ヒトと皮膚細菌叢の共生関係　41
- 4.5　皮膚細菌叢との共生　42
- 4.6　おわりに　42

5章　プロバイオティクス研究とその歴史 — 45

- 5.1　プロバイオティクスを体系づける黎明期の研究　45
- 5.2　プロバイオティクスの定義とその考え方　46
- 5.3　プロバイオティクスの機能とそれに用いられる微生物　48
- 5.4　プロバイオティクス効果をもつ細菌のゲノム解析から導かれた重要な知見　52
- 5.5　おわりに　56

Part III　無脊椎動物と共生　59

6章　昆虫における共生の総論 — 60

- 6.1　多くの昆虫は微生物と必須の共生関係をもつ　60
- 6.2　昆虫の消化を助ける共生微生物　61
- 6.3　昆虫を防衛する共生微生物　66
- 6.4　栄養を補償する共生微生物　67
- 6.5　共生微生物の伝播様式　70
- 6.6　共生微生物の起源　71

7章　シロアリ共生微生物 — 75

- 7.1　シロアリと微生物の共生　75
- 7.2　宿主・共生微生物の分解・代謝機構　77
- 7.3　共生微生物の多様性・進化・群集構造　80
- 7.4　おわりに　84

8章　ショウジョウバエと共生細菌の相互作用 — 85

- 8.1　ショウジョウバエの腸内共生細菌と宿主の相互作用　85
- 8.2　ショウジョウバエの細胞内共生細菌と宿主の相互作用　89
- 8.3　おわりに　92

9章　線虫の腸内細菌 — 94

- 9.1　はじめに　94
- 9.2　モデル宿主としての *C. elegans*　95
- 9.3　*C. elegans* と腸内細菌　97
- 9.4　線虫にとっての共生とは　101
- 9.5　おわりに　103

Part IV　水生動物と共生　　105

10章　魚類と共生細菌に関する総説　　106
- 10.1　魚類の腸内細菌叢の解析法　*106*
- 10.2　魚類腸内細菌叢の特徴　*109*
- 10.3　魚類腸内細菌の役割　*113*
- 10.4　おわりに　*115*

11章　海洋無脊椎動物と微生物の共生系　　117
- 11.1　はじめに　*117*
- 11.2　イカとビブリオの共生系――単純な共生モデルが示す共生細菌と宿主動物との強固な同盟　*118*
- 11.3　サンゴとゾーキサンテラの共生系――共生系の安定性と脆弱性―Holobiont仮説の提唱　*119*
- 11.4　海洋無脊椎動物の消化管内の微生物叢――消化管共生系の共進化　*120*
- 11.5　ヒドラ上皮の微生物叢――より複雑な共生系の理解に向けて　*123*
- 11.6　おわりに　*123*

12章　海綿動物と共生微生物　　125
- 12.1　海綿動物とは　*125*
- 12.2　カイメンに共生する微生物の多様性　*126*
- 12.3　共生微生物と二次代謝産物　*129*
- 12.4　微生物が担う共生における役割　*132*
- 12.5　おわりに　*134*

Part V　植物と共生　　137

13章　植物における共生の総論　　138
- 13.1　はじめに　*138*
- 13.2　マメ科植物と根粒菌の共生窒素固定　*139*
- 13.3　植物における共生窒素固定の進化　*140*
- 13.4　根粒菌の共進化　*141*
- 13.5　植物の地上部および地下部の共生微生物　*143*
- 13.6　植物共生微生物群集の全体像を捉える　*144*
- 13.7　大気ガス組成を変える植物共生微生物　*144*
- 13.8　おわりに　*145*

14章　根圏と微生物　　147
- 14.1　はじめに　*147*
- 14.2　根圏と根圏微生物の定義　*148*
- 14.3　根圏微生物の機能　*149*
- 14.4　根圏微生物群集の解析手法　*153*
- 14.5　根圏微生物群集の構造　*155*
- 14.6　コミュニティ間の比較から見える微生物叢形成機構　*156*
- 14.7　培養コレクションと合成コミュニティ「SynCom」を活用した今後の展望　*159*
- 14.8　おわりに　*161*

目次

15章　根粒菌 ……… 164

- 15.1　はじめに　*164*
- 15.2　根粒菌の分類とゲノム　*165*
- 15.3　根粒菌とマメ科植物の共生相互作用　*165*
- 15.4　おわりに　*169*

16章　マメ科植物における共生分子機構 ……… 171

- 16.1　共生シグナルの受容と細胞内シグナル伝達経路　*171*
- 16.2　皮層における根粒原基の誘導　*175*
- 16.3　根粒数の制御　*178*
- 16.4　表皮における根粒菌の感染　*180*
- 16.5　根粒内における共生窒素固定　*182*
- 16.6　おわりに　*185*

Part VI　細胞内共生　189

17章　現在も続く細胞内共生細菌のオルガネラ化 ……… 190

- 17.1　ミトコンドリアの起源　*190*
- 17.2　葉緑体の起源　*192*
- 17.3　クロマトフォア——有殻アメーバの「光合成オルガネラ」　*194*
- 17.4　楕円体——ロパロディア科珪藻細胞内のシアノバクテリア共生体　*195*
- 17.5　窒素固定シアノバクテリア共生体 UCYN-A　*197*
- 17.6　おわりに　*200*

18章　葉緑体と共生 ……… 202

- 18.1　葉緑体の起源に関する共生説　*202*
- 18.2　一次共生による葉緑体の誕生と二次共生による水平伝播　*203*
- 18.3　二次共生の痕跡　*205*
- 18.4　葉緑体獲得に伴う細胞進化　*206*
- 18.5　葉緑体と寄生　*209*
- 18.6　盗葉緑体　*210*
- 18.7　おわりに　*211*

19章　半翅目昆虫の菌細胞内共生 ……… 213

- 19.1　多細胞生物におけるオルガネラ進化モデル　*213*
- 19.2　流転する共生系　*214*
- 19.3　多様性に富む半翅目の菌細胞内共生系　*215*
- 19.4　共生細菌から宿主核ゲノムへの遺伝子水平伝播　*219*
- 19.5　「防衛オルガネラ」の発見　*223*
- 19.6　おわりに　*223*

Part VII　環境と共生　　225

20章　環境微生物総論　226
- 20.1　環境微生物の作用　*226*
- 20.2　環境微生物を利用する——廃水処理　*227*
- 20.3　環境微生物を研究する　*230*
- 20.4　環境微生物を理解する　*232*
- 20.5　今後の展望　*236*

21章　深海という極限環境における化学合成微生物と共生　237
- 21.1　深海という環境と生命　*237*
- 21.2　生息環境としての深海底熱水活動域　*238*
- 21.3　熱水噴出孔周辺の大型生物群　*240*
- 21.4　地球を食べる大型生物　*241*
- 21.5　深海底熱水活動域に優占する化学合成独立栄養微生物　*244*
- 21.6　ミキシングゾーンに優占する化学合成独立栄養微生物のゲノム解析　*245*
- 21.7　おわりに　*245*

22章　環境細菌と動物　247
- 22.1　はじめに　*247*
- 22.2　環境細菌・真菌と動物との関係　*247*
- 22.3　ウイルスと動物との関係　*250*
- 22.4　動物に対するプロバイオティクスの活用　*252*
- 22.5　循環型農業における微生物循環　*255*
- 22.6　おわりに　*256*

用語解説　259
索引　273

☑ **Symbiotic Microorganisms**

I

総　論

1章　微生物と共生

微生物と共生

Summary

DNAを通して微生物を見るPCR法をきっかけに，細胞レベルで生きる巨大な微生物群集の新しい姿が明らかになってきた．サイズが小さく環境に露出して生きる微生物にとって，まず自分の仲間と，そしておそらくすべての多細胞生物との間に張り巡らしている広い意味での共生のネットワークは，生きるために必須の役割をもち，それは「微生物という生き方」を特徴づける鍵の一つといえる．

本章では，まず共生の研究に微生物学が果たした歴史的な役割，および生物種間の相互作用としての共生の定義と型式について簡単に要約する．そのうえで，微生物の生き方にとくに深くかかわる微生物どうしの共生を中心に，難培養性微生物の取り扱い，これまでの「栄養共生」とならんで化学信号を介する「信号共生」が果たしている多面的な役割，抗生物質と共生の関係，さらには自然環境での微生物制御に向かってすでに始まっている挑戦など，関連するいくつかのトピックスについて紹介するとともに，個人的な見解を述べる．

1.1 はじめに

共生を考える前に，まず微生物について考えてみたい．

今から350年ほど前に，Leeuwenhoekが初めて微生物を「顕微鏡を使って見る」ことに成功した．微生物は人間にとって最も新しい生き物だということができる．19世紀末には，PasteurとKochが「純粋培養を通して見る」方法で近代微生物学をつくり上げた．その後，20世紀後半に始まった「DNAを通して見る」方法は，巨大な培養できない微生物の世界を新しく浮かび上がらせた．そのインパクトを表すには，まったく場違いではあるが，当時のアメリカ国防長官だったRumsfeldがイラク戦争の動機釈明に使って広く話題になった独創的な表現ほどぴったりするものは見当たらない[1]．すなわちPCR (polymerase chain reaction) 法は，自然界のほとんどすべての微生物を，それまでの「知らないとは知らなかったもの」 (unknown unknowns) から，「知らないと知っているもの」 (known unknowns) に変えたのである．

顕微鏡サイズの生物の集合である微生物を，系統分類で定義できないから意味がないとする批判は間違っている．かつてStanierが述べた「微生物学的手法で取り扱わねばならない生物が微生物である」という定義[2]は，結果的にPCR法の成功を予言していた．その手法を使って見えてきた微生物の新しい姿こそ，生物としての本質的な特徴を示すものである．圧倒的な種の多様性とバイオマスの巨大さをもち，地球上のほとんどの場所に普遍的に分布して，急速に進化しながら生命圏全体を支えているという微生物の基本的特性は，個体としては小さく，細胞レベルで生きるというその生活様式に直接由来している．微生物とは生態学的概念であり，微生物の実体は「微生物とい

う生き方」にあると考えれば，それがもう一つの「共生という生き方」と深く関係するのは当然だろう．簡単にいってしまえば，小さく環境に露出して生きる微生物にとって，まず自分の仲間と，そして種の違う他の生物と手を携えて共に生きることは生存にとって必須なのである．

微生物がおそらくすべての多細胞生物と，さらには微生物どうしとの間に張り巡らしている共生のネットワークは，現在進行中の微生物学の第二の革命の中心的な課題の一つである．それを取りあげる本書において，総論と指定されている本章ではあるが，充実した各論と重複する愚を避けて，個人的な関心に基づくいくつかの話題と，断片的な感想のごときものを中心に述べることをあらかじめお許しいただきたい．

1.2 共生研究の歴史

花に集まるミツバチ，イソギンチャクとクマノミ，キノコを栽培するハキリアリ，…「だから人間も仲良く」と教訓のタネにされる共生という概念が，微生物の研究から生まれたことは案外知られていないかもしれないので，初めに少し古い話に触れておく．

岩の表面に生えるイワタケや針葉樹の樹皮から垂れ下がっているサルオガセなど，よくコケの仲間だと間違われる地衣類が，光合成を行う微細藻類とカビが一体化した複合生物だといいだしたのは，スイスの植物学者 Schwendener（1829～1919）である．彼が緻密な顕微鏡観察をもとに 1867 年に発表したこの「仮説」は，当時の主流の植物学者に頭から否定された．しかし，その陰で少数のすぐれた研究者に刺激を与えて，木本植物の外生菌根やマメ科植物の根粒など，いくつかの微生物がかかわる共生系の研究が，19 世紀のうちに始まるきっかけになった[3]．その中の一人でドイツの De Bary（1831～1888）は，1879 年に「異なる生物が共に生きる」現象を表すために「共生」（symbiosis）という言葉をつくったことから共生概念の提唱者といわれる．一方で彼は 1845～49 年の悲劇的なアイルランドの「ジャガイモ飢饉」を引き起こしたジャガイモ疫病菌のライフサイクル解明などの業績によって，カビの学問としての「菌学」の創始者ともされている．

このように共生の研究は，純粋培養という手法をもとにして近代微生物学が成り立つのとほぼ同時期に，それとは少し離れていた菌学と共に始まった．その状況を象徴する次のような事実がある．Pasteur が微生物の自然発生説を最終的に否定した「白鳥の首」フラスコ（図 1.1a）を使った実験は科学史的に有名だが，それはフランス学士院が募集した懸賞課題に応募したものであった．De Bary も，同じ課題に前述のジャガイモ疫病菌の単胞子が発芽し，菌糸を伸ばし，植物体に侵入し，胞子を再生する過程を顕微鏡で明らかにした成果をもって応募していたのである（図 1.1b）[4]．集団としての微生物を取り扱う純粋培養と，微生物を個体レベルで追う顕微鏡観察という，二つの対照的な手法が競り合ったこのいきさつを考えると，共生の研究が菌学と共に始まりながら，その後長く微生物学の主流からはずれていた理由がわかるように思われる．

1.3 共生の定義

先に述べた De Bary による共生の定義には「互いに助け合う」という条件が入っていない．このことは，彼がジャガイモ疫病菌やサビ病菌など植物病原菌についての経験をもとに，初めから共生を，病原体の寄生なども含めて広く捉えようとしていたことを意味している．そのような立場から見れば，環境を共にする種の違う二つの生物の間に働く相互作用は，「助ける」，「中立」，「攻める」の三つの場合を組み合わせた，表 1.1 のような

■ 1章 微生物と共生 ■

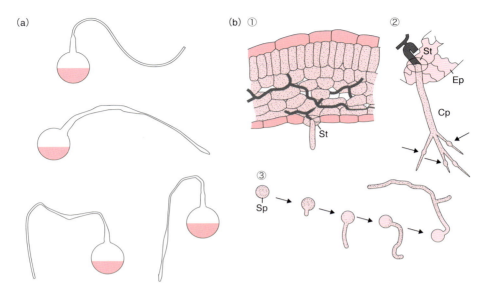

図 1.1 さまざまな形の「白鳥の首」フラスコ(a)とジャガイモ疫病菌の生活環(b)
(a) L. Pasteur, *Annales des sciences naturelles*, **4**(16), 5 (1861) の Fig25 を転載. (b) ①ジャガイモ葉組織中の菌糸, ②気孔から伸びた胞子柄, ③胞子の発芽過程. A. De Bary, "Die gegenwärtig herrschende Kartoffelkrankheit, ihre Ursache und ihre Verhütung," A. Förster'sche Buchhandlung, Leipzig（1861）より転載.

表 1.1 種間相互作用の型式

生物B \ 生物A	助ける	中立	攻める
助ける	相利共生	—	—
中立	片利共生	中立	—
攻める	寄生 捕食	片害	抗生 競争

くつかの型式に分類することができる.

　狭義の共生は, パートナーどうしが助けあって双方が利益を得る相利共生 (mutualism) を指すが, 一方だけが助けられる片利共生 (commensalism) も「助ける」作用では連続している. 病原体の宿主への寄生 (parasitism) や活性汚泥のフロック中での原生生物による細菌の捕食 (predation) のように, 一方が損をする関係でさえ, 場と時間の取り方や個体と集団のどちらから見るかによっては, 得をしていることになる. したがってそれをさらに広げて, 中立 (neutralism), 片害 (amensalism) から, 共生の正反対の抗生 (antibiosis) あるいは競争 (competition) までを含めて, 環境に適応する生物の生存戦略の一環と捉えることは, 生態系のなかで異種間に働く多様な相互作用を理解し, 新しい展望を得るうえで役に立つ見方だといえるだろう. ただし当たり前だが, この一つの見方を受け入れるかどうかは人さまざまで, 寄生や競争まで共生に含めては統一的な法則を見つけにくくなる (?), あるいは一般の理解を (もしかしたら研究費も?) 得られにくくなるという正直な反対意見もあることを, 蛇足ながらつけ加えておこう[5].

　そこで, 微生物がかかわる相利または片利共生系に絞って考えてみると, 共生体としての微生物とその宿主またはパートナーの位置関係によって, 細胞外共生 (ectosymbiosis) と細胞内共生 (endosymbiosis) に区別され, また共生によって受ける利益がパートナーの生存・増殖に必須かどうかによって, 絶対共生 (obligatory symbiosis) と通性共生 (facultative symbiosis) を実験的に

区別できる．細胞内共生している微生物には，ゾウリムシのキラー因子やアブラムシの菌細胞の中の *Buchnera* のように，進化の過程でゲノム縮小を起こして絶対共生となっているものが多いのは，過去にミトコンドリアや葉緑体をつくりだした進化の途中過程を示唆しているとされる（第17，18章参照）．しかし細胞内共生をする微生物もさまざまで，たとえば根粒中で細胞内共生して窒素固定を行う根粒菌は，独立に培養することもできる通性共生菌である．以下に述べる最近見つかったカビの内部共生細菌の例は，共生の定義を考えるうえでも興味深い．

　イネ苗立ち枯れ病を引き起こすクモノスカビの一種である *Rhizopus microsporus* は植物毒素として働く二次代謝産物リゾキシンを産生することが知られていたが，その菌糸中に *Burkholderia* 属に属する細菌が内部共生していることが見いだされた[6]．抗生物質処理でその共生菌を除去するとカビは毒素産生能を失い，菌糸を破壊して純粋培養することができた共生菌は独立に毒素をつくることが確認され，さらにあらかじめ共生菌を除去したカビに純粋培養した共生菌を再感染させると毒素産生能が回復した．まさに病原体についてのKochの三原則を完全に満たしたこの共生菌は，さらにこのカビが胞子嚢胞子を形成するのにも不可欠な役割を果たし，そうして形成される胞子の中に入り込むことがわかった．まとめると，カビは細菌がつくる毒素を利用してイネ細胞を破壊しながら栄養を獲得し，細菌のほうはカビに胞子をつくらせて，それに乗って長距離移動する能力を手にいれるという相利共生が成り立っていることになる．見方を変えると，この細菌の独立性の高い内部共生は，カビに感染して自分のニッチを広げるための寄生の一種とも考えられ，共生と寄生の連続性，そして共生を広い意味で捉えることの意義を示しているといえるだろう．

1.4 微生物共生を通して見た難培養性微生物

　土壌や海水などの環境試料について，寒天固体培地上につくらせたコロニーから求められる菌数が顕微鏡による直接計数値より桁外れに小さいという，いわゆる「平板計数値の巨大異常」（great plate count anomaly）[7] は，難培養性微生物の存在を早くから示唆していた．同じようなことは動物腸管やメタン発酵槽の中などで共生する微生物から，さまざまな動植物と共生する微生物まで広く認められていて，微生物共生系が難培養性微生物の大きな部分を占めているのは確かである．冒頭にも触れたようにPCR法はこの問題の解明に大きく貢献したが，ここでは昔ながらの培養技術でこの問題に取り組むとどうなるかを，筆者がかつて出会ったある微生物共生系を例に辿ってみたい．

　取りあげるのは，単独では増殖できない，後に *Symbiobacterium thermophilum* と名づけられたトリプトファナーゼ陽性で好熱性の絶対共生細菌T株と，その増殖を支援する単独で増殖可能な，後に *Geobacillus* 属と同定されたS株からなる片利共生系である．

① 発見の端緒は，L-トリプトファンの酵素合成に応用できる耐熱性トリプトファナーゼ生産菌を自然界から探す微生物スクリーニングだった．少量の堆肥をトリプトファンを含む液体培地に接種して60 ℃で培養すると，顕著な酵素活性を示す混合培養が得られたが，目的のT株を平板培地上にコロニーとして得ることはできなかった．

② そこで，液体培地を使って酵素活性をもつ培養が得られる最大希釈での植継ぎを根気よく繰り返す，いわゆるMPN（most probable number）法による集殖培養を断続的に7年間行った．しかし，2種類の菌が関与するこ

とを知らずに植継ぎで純化しようとするのだから，結果は不安定でしばしば行き詰まった．このような系には，メタン発酵ですでに行われていた共培養の手法に従って，単独培養可能な支持菌S株をあらかじめ過剰に加えたうえでMPN法を行うべきだったが，イメージが定まらない対象について研究手段を合理的に考えることはそれほど容易ではない．

③結局，MPN法だけではT株を十分に濃縮できなかった．突破口を開いたのは，たまたま抗生物質のバシトラシンによる選択を試みたところT株が大幅に濃縮され，それを平板培地にまいて出現したコロニーの1％程度がトリプトファナーゼ陽性を示し，それを顕微鏡で調べると2種類の菌が混合していたことだった．しかしここでの操作が成功したのは偶然によるところが大きく，論文投稿時に審査員から再現実験ができるように条件を正確に記述せよと要求されてたいへん困った[8]．

④最終的に，図1.2に示すような透析培養フラスコを製作して膜を隔ててS株と共培養することによって，T株の純粋な単独培養は達成された．その際の両株の増殖測定には，自動化される前の定量PCR法をようやく使用した．いくら手作業の定量PCR法でもその鋭い切れ味は印象的で，新しい技術を積極的に導入することの重要性を痛感した．また，尊敬するガラス職人と設計図を引いては相談しながらつくったフラスコは，もう一つの決定的な役割を果たした．この種のフラスコのアイデアは過去にもあったが実用された事例は聞いたことがなく，小道具を工夫することの重要性も実感した[9]．

⑤こうしてS. thermophilumという新属新種の学名が確定するころになって，この菌が寒天固体培地上に透明で微細な，肉眼ではほとんど見えないコロニーを低い頻度でつくっていることに気づいた．ゲル化剤の寒天をゲランガムに変えるなどの培地の改良によって，コロニー形成率は大幅に向上して100％に近づく一方で，液体培地で純粋培養したこの菌の濁度は大腸菌の10分の1程度しかない，文字通り見えない菌であることもわかった．共生の仕事にかかわって微生物の増殖測定には関心をもっていたつもりだったが，改めてその奥深さに気づかされた．

以上，些細な個人的感想を含めたためにだらだらしたが，微生物共生系という難培養性微生物を取り扱うときに出会うさまざまな問題をかなりカバーしているのではないかと考えて，あえて記した．こうして単独培養が可能になったS. thermophilumはその後に全ゲノム配列が決定され，GC含量が放線菌に近い68.7％の高さでありながらFirmicutes門に近い新しい系統をつくり，ほとんどあらゆる環境に普遍的に分布して，増殖に微量の炭酸ガスを要求するユニークな細菌であることなどがこれまでに明らかになっている[10]．

現在，環境メタゲノムから単一細胞ゲノム解析まで，「DNAを通して見る」手法の貢献は，共生微生物の分野でもめざましいものがあるが，逆にゲノム配列が決まるとそれで安心してしまう弊害

図1.2 S. thermophylumの単独培養に用いた透析培養フラスコ

孔径2 μmのメンブランフィルターを使用し，S株を左，T株を右の区画に接種して培養した．

はないだろうか．培養することによって得られる生きたゲノムの情報と産業的利用の可能性を考えると，培養できない共生微生物を培養する努力はむしろ一段と強化されなくてはならない．固体培地作製時に寒天をリン酸塩と別べつにオートクレーブするという智慧が，難培養性微生物のコロニー形成率を大幅に改善することを具体的に示した事例を，共生系ではないが引用しておく[11]．

1.5 微生物の「信号共生」について

　これまで調べられている微生物どうしの共生系の多くは，メタン発酵や難分解性化合物を分解する微生物群のように，基本的にメンバーの間で増殖に必須なエネルギー源，電子，微量栄養素などをやり取りする「栄養共生」とみなすことができる．しかしそれとは別に，種を異にするメンバーがある種の化学信号のやりとりを介して，増殖とは別の特異的な細胞機能を発現して利益を得るような微生物共生系があるのではないか．栄養共生に対して「信号共生」といえるかもしれないそのようなシステムを考える土台になるのが，広く細菌に見られるクオラムセンシング（quorum sensing）である．

　病原細菌にとって，感染後あまりに早く病原性遺伝子を発現して宿主の免疫系に阻まれたりしないようにするには，仲間の数がクオラム（定足数）に達したのを検知して，集団として協調して遺伝子をいっせいに発現するのが有利である．そのために個々の細菌は周囲に低分子量の自己誘導因子を分泌し，その濃度がある閾値に達すると目的の遺伝子を発現させる．このような細菌の「社会的行動」の鍵となっている自己誘導因子には病原性のみならず，生物発光，薬剤抵抗性，運動性，バイオフィルム形成，抗生物質産生，菌体外酵素産生など多彩な機能が知られているが，それらはもともとは同じ種の細胞間で働く種内信号として見いだされたものである．しかし，たとえばグラム陰性細菌に広く見いだされる自己誘導因子アシルホモセリンラクトン（AHL）は，共通するラクトン環に鎖長や分岐が異なるアシル基がついた構造的に多様な一群の化合物であり，それぞれが種の特異的信号として使い分けられる一方，同じものが複数の種に使われて異種間の会話が成立している例も知られている[12]．

　生物発光を行うグラム陰性細菌 *Vibrio fischeri* から，AHL に次いで第二の自己誘導因子として見いだされた AI-2 については，その生合成遺伝子 *luxS* の配列が広くグラム陽性細菌にまで分布することなどを根拠に，細菌間の共有信号である可能性が早くから指摘されていた．フラノースのホウ酸エステルという特異な構造の生成にかかわるその酵素 LuxS が，生体内の重要なメチル基供与体である S-アデノシルメチオニン（SAM）を再生する活性化メチル回路（activated methyl cycle）を構成する一員だというのは予想外の発見だった．そのため，AI-2 欠損変異株が示す表現型は信号機能の欠損によるのではなく，代謝的欠損に由来するのではないかという疑問が生まれた．しかし，LuxS の反応産物が化学的にきわめて不安定な 4,5-ジヒドロキシ-2,3-ペンタジオン（DPD）であることが明らかにされて化学合成も実現した結果，DPD が可逆的に変換されて生じる二つの異性体のそれぞれが，種の異なる細菌のレセプタータンパク質（LuxP と LsrB）によって信号として認識されて AI-2 の機能を発現することが確かになった[13]（図 1.3）．実は図にも示したように，AHL もこの同じ回路から生成するので，普遍的なシグナル分子の合成が一次代謝に直結している意味をこれから考える必要があるだろう．いずれにしても，一つの細菌に種特異的な AHL と非特異的な AI-2 という，少なくとも二つの信号認識機構があることは，クオラムセンシングが単に自分の仲間の数を検知するだけではなく，微

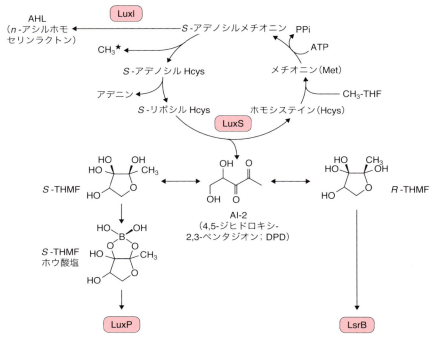

図 1.3 AI-2 と AHL をつくりだす活性化メチル回路と 2 種類の AI-2 の認識経路の概略

生物コミュニティの中で自分の仲間と他者との比率という，より高次の情報を得る手段になっている可能性を示唆して興味深い．

病原細菌の病原性や，薬剤抵抗性に関係が深いバイオフィルム形成にかかわるクオラムセンシングは，新しい抗菌剤開発の標的として関心を集めている．致死的に働くこれまでの抗生物質が耐性変異を起こしやすいのに対して，信号を介して菌の病原性を特異的に抑制するやり方は耐性菌がでにくいのではないかという期待があるが，これまでのところそれは満たされていないようである[14]．

細菌のクオラムセンシングの信号は，生物の種どころかドメインを越えて，さまざまな動植物に驚くほど多様な効果を発揮している[15]．AHL がマメ科植物の根の遺伝子発現パターンを大幅に変化させ，実験動物ではサイトカイン類の産生を介して免疫調節機能を発揮するなどの事例を見ると，細菌との信号共生が地球生命圏の生物種全体に及んでいることが実感される．

1.6 抗生物質か共生物質か？

抗生は広い意味で共生の一型式だというすでに述べた見方に立てば，抗生物質が共生物質であるのは当たり前だということもできる．しかしここでは，生態系における抗生物質の役割についてもう少していねいに検討したうえで，それが狭い意味での共生とどのようにかかわっているかを眺めることにしたい．

まず考えなければならないのは，抗生物質は本当に抗生のために働いているのかという疑問だろう．Waksman が命名して以来，実験的に確かめられないままにされていたこの暗黙の了解を支持する数少ない事例になっているのが，植物病原菌による病害がほとんど発生しないという，世界各地で知られる不思議な「発病抑止土壌」

(disease-suppressive soils）である．その抑止活性には土壌 pH や粘土鉱物の種類なども寄与するが，主要な働きをしているのが土壌微生物がつくる抗生物質だという証拠が示されている[16]．たとえば，根圏に多い土壌細菌 *Pseudomonas fluorescens* には，ワタ苗立枯れ病を起こす土壌由来の植物病原性のカビを抑制する効果が認められたが，この細菌がつくる強力な抗カビ抗生物質のピロールニトリン生合成遺伝子を欠損させた変異株はその抑制活性を失い，遺伝子を戻してやると活性も復活した[17]．同種の細菌が産生する別の抗生物質や緑青色色素ピオシアニンについても同じような結果が得られており，根圏の微生物群集の活動に，抗生物質の抗菌作用が関与していることは確かなようである．

しかしそれにもかかわらず，一般的な土壌などから最小阻止濃度（MIC）に達する抗生物質が検出されないという経験的事実は[18]，微生物群集のなかでの抗菌活性の役割に対する根強い疑問のもとになっている．またそれをさらに進めて，今から 3 万年前（マンモスの時代）のアラスカの永久凍土からバンコマイシン耐性遺伝子が検出されるように[19]，人為的な原因によらない抗生物質耐性の役割を考え直す必要もあるかもしれない．

そのような考えの中から，さまざまな抗生物質が MIC 以下の亜阻止（sub-inhibitory）濃度で，本来の標的とは無関係な多数の遺伝子の転写をそれぞれに特徴的なパターンで促進または阻害するという観察を根拠に，抗生物質は細胞機能を調節するための信号なのだという魅力的な仮説がだされた[20]．ある種の *Streptomyces* 属株から見つかったペプチドで，同じ属内の種に限って広く二次代謝や形態分化を誘導するゴードスポリン[21]は，この仮説を具体的に裏づける事例といえそうである．また，放線菌や枯草菌にリボソームや RNA ポリメラーゼを標的とする抗生物質の耐性変異を付与すると，二次代謝産物や菌体外酵素の生産性が飛躍的に増加するという「リボソーム工学」の普遍的な成果は[22]，耐性遺伝子がもつ隠れた本来の生理機能を発掘していることなのかもしれない．いずれにしても，微生物からは抗菌活性以外に実に多様な生理活性をもつ化合物が見いだされているわけで，それらが幅広い種間，場合によってはドメイン間で微生物が会話するための信号として機能している（あるいはしていた）という考えは，新規の生理活性物質を探索する論理的根拠としても重要だろう．

その供給源となっている *Streptomyces* 属放線

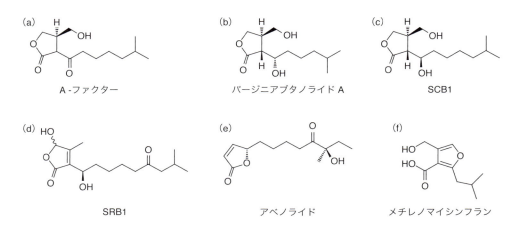

図 1.4 放線菌の γ-ブタノライドおよび類縁の一次信号分子の構造

菌では，γ-ブタノライド構造をもつ一群の低分子化合物が，二次代謝を活性化する普遍的な自己誘導因子として働いている．最も早く見いだされた A-ファクターは，*Streptomyces griseus* のストレプトマイシン産生と胞子形成を自己誘導する因子であった．特異的なレセプタータンパク質 ArpA とそれによって制御される包括的な転写制御遺伝子 adpA を介して，nM レベルで数百の遺伝子の転写を促進または抑制するホルモン類似の機構が明らかにされている[23]．A-ファクターの生合成にかわる遺伝子 afsA の相同配列は，レセプター遺伝子 arpA の相同配列とセットになって *Streptomyces* 属の多くの種のゲノムから見つかっている[24]．それをホルモンと呼ぶか，クオラムセンシングと呼ぶかは人さまざまであるが，その化学的本体は立体配置や側鎖を少しずつ異にする γ-ブタノライドの集合で，それぞれが基本的に特異的な種内信号として働いている．一方，2種類の放線菌が同じ γ-ブタノライドを使っているなど[25]，AHL に類似したところがある．さらに化学構造がやや異なるフラン環をもつ因子も見つかっている[26]（図 1.4）．これらの多様な信号物質を使って，放線菌が種内のみならず種間でどのような会話を行っているのか，その実態の解明が待たれる．

それを抗生物質信号説と重ね合わせて考えると，γ-ブタノライドのようなレセプターを介する特異的な一次信号は，基本的には種内または狭い範囲の類縁の種に働きかけて二次代謝を迅速に活性化し，そうしてつくりだされる多様な低分子化合物は，非特異的な二次信号として幅広い微生物種にゆっくりと働きかけるという二段構えの制御系の姿が浮かんでくる．そのような信号ネットワークの中で働く抗生物質は，やはり微生物コミュニティの動きを制御する共生物質というべきかもしれない．

1.7 微生物共生研究のこれから――あるバイオコントロール計画について

最後に農業上重大なある病原性カビのバイオコントロール（生物学的防除）に触れて，本章をしめくくる．

Aspergillus flavus は，わが国の醸造産業で国菌とされているコウジカビ（*A. oryzae*）の「悪魔の双子」で，強力な発がん性をもつカビ毒素であるアフラトキシンを産生する．アメリカ，南米，東南アジア，アフリカなど世界各地のトウモロコシ，落花生などの作物に寄生して穀粒を汚染し，巨大な経済的損失と肝がんなどの健康被害の原因となっている．このカビを防除するために，アフラトキシン生合成能が欠損した無毒株の野外放出による防除がアメリカなどで進められている．驚いたことに選ばれた無毒株は，トウモロコシの圃場において有毒の野生株に対して圧倒的な顕性不活性（優性阻害，dominant negative）を示し，相対的に少ない菌数の放出で防除の目的を達成できることがわかった[27]．ここでその遺伝的背景などに触れる余裕はないが，面白いのはこの効果が現れるには両株が物理的に接触する必要があることで[28]，おそらくそれは多くのカビの菌糸がもっている，自分のみならず相手のカビの菌糸，細菌，さらには植物の根や線虫にまで，まるで動物のように絡みついて攻撃し，あるいは共生する性質がもとになっていると思われる．たとえば遺伝学のモデル生物として知られる *A. nidulans* が，多数の放線菌株のなかでとくに *S. hygroscopicus* と共培養したときに，菌糸で相手を包み込みながらまったく新しいポリケタイドをつくりだすのをはじめ[29]，カビと他の微生物との思いがけない相互作用について新しい観察が相次いでいる．

共生としては特殊な場合かもしれない例を最後にあげた理由は，それが自然の微生物群集の構成と活性を微生物間の相互作用を介して人為的に操

作するという，これからの微生物共生研究の応用の一つの方向を示しているからである．集団としての微生物の環境中での挙動を実験的に捉える技術的基盤がかなり整ってきた今，醸造，農業，医療などの応用の現場での微生物共生の研究が，基礎・応用の両面で大きな果実をもたらすことを強く期待したい．

（別府輝彦）

文　献

1) D. Rumsfeld, "Known and Unknown," Penguin Group (2011).
2) R. Y. Stanier, What is Microbiology?, "Essays in Microbiology," John Wiley & Sons (1978), p.1.
3) R. Honegger, *The Bryologist*, **103**, 307 (2000).
4) C. Matta, *J. History Biol.*, **43**, 459 (2010).
5) A. E. Douglas, "The Symbiotic Habit," Princeton Univ. Press (2010), p.5.
6) G. Lackner et al., *Trends Microbiol.*, **17**, 570 (2009).
7) R. I. Amann et al., *Microbiol. Rev.*, **59**, 143 (1995).
8) S. Suzuki et al., *J. Gen. Microbiol.*, **134**, 2353 (1988).
9) M. Ohno et al., *Biosci. Biotechnol. Biochem.*, **63**, 1083 (1999).
10) 別府輝彦，生物工学会誌, **90**, 428 (2012).
11) T. Tanaka et al., *Appl. Environ. Microbiol.*, **80**, 7659 (2014).
12) L. Eberl, B. Tummler, *Int. J. Med. Microbiol.*, **294**, 123 (2004).
13) C. S. Pereira et al., *FEMS Microbiol. Rev.*, **37**, 156 (2013).
14) M. Schuster et al., *Annu. Rev. Microbiol.*, **67**, 43 (2013).
15) E. K. Shiner et al., *FEMS Microbiol. Rev.*, **29**, 935 (2005).
16) D. Haas, G. Defago, *Nat. Rev. Microbiol.*, **3**, 307 (2005).
17) D. S. Hill et al., *Appl. Env. Microbiol.*, **60**, 78 (1994).
18) D. Gottlieb, *J. Antibiot.*, **29**, 987 (1976).
19) V. M. Costa et al., *Nature*, **477**, 457 (2011).
20) J. Davies, *Microbiol. Mol. Bio. Rev.*, **74**, 417 (2010).
21) H. Onaka et al., *J. Antibiot.*, **54**, 1036 (2001).
22) 越智幸三 他，生物工学会誌, **92**, 612 (2014).
23) Y. Ohnishi, S. Horinouchi, *Biofilms*, **1**, 319 (2004).
24) H. Nishida et al., *Environ. Microbiol.*, **9**, 1986 (2007).
25) J. R. Nodwell, *Mol. Microbiol.*, **94**, 483 (2014).
26) S. Kitani et al., *Proc. Natl. Acad. Sci. USA.*, **108**, 16410 (2011).
27) H. K. Abbas et al., *Toxin Rev.*, **3**, 59 (2011).
28) C. Huang et al., *PLoS One*, **6**, e23470 (2011).
29) V. Schroeckh et al., *Proc. Natl. Acad. Sci. USA.*, **106**, 14558 (2009).

☑ **Symbiotic Microorganisms**

II

哺乳類・脊椎動物と共生

2章　新時代を迎えた腸内常在菌研究

3章　宿主－腸内細菌叢間相互作用

4章　皮膚細菌叢の全貌

5章　プロバイオティクス研究とその歴史

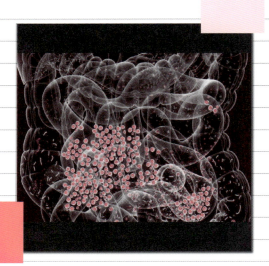

新時代を迎えた腸内常在菌研究

Summary

腸内常在菌が棲む場である大腸は，ヒトの臓器の中で最も疾患の種類が多い場所である．21世紀に入り，培養を介さない分子生物学的手法を用いた腸内常在菌解析が可能になり，ようやくその全容が見えてきた．さらに，その解析結果は生活特性との関連を明らかにする手段として用いられ，健康指標としての意義をもちつつある．

2.1 はじめに

ヒトの大腸内には多様な常在菌が棲息し，複雑な常在菌叢（microbiota）を形成している．ヒトが排泄する大便の約10%は生きた細菌で占められ，その大部分が偏性嫌気性菌（酸素のあるところでは生育できない細菌）である．詳細な研究により実に500〜1,000種類の細菌が，大便1 gあたり約1兆個棲みついていることが明らかにされている．

腸内常在菌の構成はきわめて個人差が大きいため，大腸はヒトの臓器の中で最も疾患の種類の多い場所である．腸内常在菌を構成している細菌が直接腸管壁に働き，消化管の構造・機能に影響し，宿主の栄養，薬効，生理機能，老化，発がん，免疫，感染などにきわめて大きな影響を及ぼす．腸内常在菌が産生する腐敗産物（アンモニア，硫化水素，アミン，フェノール，インドールなど），細菌毒素，発がん物質（ニトロソ化合物など），二次胆汁酸などの有害物質は腸管自体に直接障害を与え，がんやさまざまな大腸疾患を発症するとともに，一部は吸収され，長期的には宿主の各種内臓に障害を与え，発がん，肥満，糖尿病，肝臓障害，自己免疫病，免疫能の低下などの原因になっていると考えられている（図2.1）．

1970〜80年代にかけて，嫌気培養技術の確立・応用により，ヒトの腸内常在菌の大部分の菌種・菌株が偏性嫌気性菌であることが知られるようになった．その嫌気培養法の応用による常在菌検索法の確立によって研究領域は広がり，それまで解明できなかった常在菌叢の菌群構成の一部が明らかとなり，ヒトの健康，老化，疾病などとの関係もわかってきた．そして21世紀に入り，これまでの培養可能な常在菌叢の解析に代わって，分子

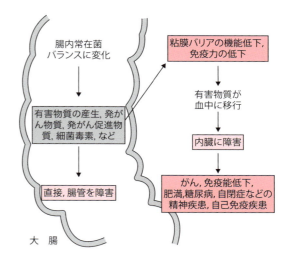

図 2.1 腸内常在菌と疾患の関係

生物学的手法を用いた培養困難な常在菌叢を含む多様性解析が行われるようになり，ようやく腸内細菌の全貌が見えてきた．

2.2 培養法によるヒト腸内常在菌の解析

　腸内常在菌の総合的な研究は1960年代に始まった．研究の進展に伴って腸内常在菌の検索・分離・培養が可能となり，その分類・同定も精力的になされてきた．その結果，腸内常在菌の大部分が偏性嫌気性菌であることが明らかにされ，大腸菌や腸球菌が最優勢であるという古い見識が完全に改められた．すなわち，腸内常在菌の解析には高度な嫌気培養法やすぐれた発育支持力をもつ培地を用い，腸内容の採取直後から培養し終わるまで，それらが空気に触れて死滅することのないように操作しなければならないと指摘されてきた[1]．

　ヒト腸内に常在する培養可能な細菌は約300種類とされている．日本人の健常成人30名の大便から分離・菌種同定された腸内常在菌のうち，高菌数・高頻度で出現する菌種として，*Bacteroides*（*B.*）*vulgatus*, *B. thetaiotaomicron*, *B. uniformis*, *Parabacteroides distasonis*, *Faecalibacterium*（*Fb.*）*prausnitzii*, *Fusobacterium russii*, *Prevotella*（*Pr.*）*buccae*, *Pr. oris* があげられる．次いで，*Bifiodbacterium*（*Bif.*）*adolescentis*, *Bif. longum*, *Collinsella*（*Co.*）*aerofaciens* などがあげられる．また，低頻度であるが高菌数で検出される菌種も数多くある[2]（表2.1）．ハワイ

表2.1　培養法によって検索した腸内常在菌の菌種構成（健常成人30名）

高頻度（60%以上の検出）*	中頻度（60%以下の検出）	低頻度（30%以下の検出）
Bacteroides fragilis グループ		
B. vulgatus, B. uniformis, B. thetaiotaomicron		*B. ovatus, B. splanchnicus, B. ureolyticus, B. putredinis*
Parabacteroides distasonis		
Bacteroides spp.		
Prevotella spp.		*Pr. veroralis*
Faecalibacterium prausnitzii		
Fusobacterium russii		*F. naviforme, F. nucleatum, F. mortiferum, F. varium*
	Lactobacillus	*Mitsuokella multiacida*
	L. catenaforme	
Bifidobacterium		
Bif. adolescentis, Bif. lomgum, Bif. catenulatum, Bif. pseudocatenulatum		*Bif. breve*
Collinsella aerofaciens		
Eubacterium rectale		*Eub. Moniliforme*
Eubacterium spp.		
Blautia obeum		
Blautia producta		
Blautia-Ruminococcus spp.		
Peptostreptococcus spp.		*Ps. anaerobius, Ps. prevotii*
Clostridium		
C. innocuum, C. ramosum, C. clostridioforme	*C. beijerinckii, C. coccoides, C. butyricum, C. paraputrificum, C. perfringens*	

*菌数（大便1gあたり10^8以上）

在住の日系アメリカ人[3]やアメリカ人[4]の腸内常在菌を解析した結果からは，*B. vulgatus*, *B. uniformis*, *Fb. prausnitzii*, *Bif. adolescentis*, *Bif. longum*, *Bif. infantis*, *Bif. breve*, *Co. aerofaciens*, *Eubacterium*（*E.*）*rectale*, *Ruminococcus*（*R.*）*productus*, *R. albus* などが最優勢に検出される．

このように菌種レベルでの解析が可能になり，それまでの菌群レベルでしか解析できなかった腸内常在菌の生体が，より詳細に把握されるようになった．しかし，培養困難な菌株が存在することや未分類な菌種が大多数であることも明らかにされた．

2.3 培養を介さない手法による腸内常在菌の解析

先人の数多くの努力によって確立された嫌気培養法の応用により，ようやく腸内常在菌の全貌が見えてきたように思えたが，たとえ高度な嫌気培養装置を用いて検出しても，それらの多様性解析には限界があることが明らかとなった．つまり，それを構成している腸内常在菌の約 30% は培養可能な既知菌種であるが，残りは培養困難かあるいはその菌数の少なさのため，難分離性の未知菌種（群）であると推定された．

しかしその後の遺伝子を介した手法の発展により，腸内常在菌の多様性解析は飛躍的に進展している．とりわけ，リボソーム RNA（ribosomal RNA; rRNA）は生物に普遍的に存在する保存性の高い核酸分子であり，細菌の進化系統研究に最も有効な分子マーカーとして頻繁に使われている．1990 年代以降，16S rRNA 遺伝子の塩基配列をもとにした菌種レベルでの系統分類法が確立し，さまざまな細菌種の遺伝子配列データが蓄積され，誰もが容易に微生物研究に用いることが可能となっている．これらのデータをもとに，16S rRNA 遺伝子の特定配列を標的とした菌種特異的プライマーを用いた PCR 法が確立され，多種類の細菌種が混在する試料から特定の菌種を検出・同定することが可能となった．従来の培養法よりも，標的菌種を簡便，迅速，正確に検出および同定できるようになった．

腸内常在菌の大部分を占める難培養・難分離の常在菌の解析にも 16S rRNA 遺伝子を指標とする分子生物学的手法が導入され，ようやく難培養・難分離の腸内常在菌の全貌が見えてきた[5-10]．以下で，16S rRNA 遺伝子解析を用いた手法により解析された腸内常在菌解析成績を中心に紹介する．

2.3.1 菌種特異的プライマーによる腸内常在菌の解析

ヒトの腸内常在菌の菌群レベルでの解析には，Frank ら[9]による *Clostridium*（*C.*）*coccoides-Eubacterium rectale* グループ（*Clostridium* クラスター XIVa, XIVb）や *B. fragilis* グループに特異的なプローブ，Harmsen ら[12-14]による *Lactobacillus*/*Enterococcus*, *Ruminococcus* グループ，*Atopobium* クラスターに特異的なプローブ，および Langendiik ら[5]の *Bifidobacterium* 属に特異的なプローブが有効とされている．これらの報告は，腸内常在菌の構造解析に分子生物学的手法による新しい分類体系を導入した点で非常に意義が大きい．

Suau ら[6]の菌種レベルでの解析により，*Fb. prausnitzii* が高頻度かつ高菌数で存在することがわかった．また，FISH 法とフローサイトメトリーの組合せにより，Zoetendal ら[15]は，未培養 *Blautia*（*Bl.*）*obeum* 様菌種がヒトの腸内常在菌の最優勢構成菌群である *C. coccoides-E. rectale* グループの約 16% を占める最優勢菌種であることを示した．さらに Mueller ら[16]は，230 名のヨーロッパ人の腸内常在菌の構成

を，年齢層，性別，および国で分けて解析した．彼らはイタリア人における *Bifidobacterium* の構成比は，年齢層に関係なくフランス人，ドイツ人，スウェーデン人のそれに比べ2～3倍も高いこと，60歳以上の高齢者群における大腸菌群は，地域に関係なく若年齢群（20～50歳）に比べ高いこと，*Bacteroides-Prevotella* グループは男性群が女性群に比べて高いことを示した．Takada ら[17]は，FITC，TAMRA，Cy5 の蛍光色素と菌種特異的プローブを組み合わせて，*Bifidobacterium* 7菌種を同時に検出・識別するマルチカラー FISH 法を開発した．しかし，多種のプローブからほぼ同レベルの蛍光強度を得るための条件設定はきわめて難しく，この手法が腸内常在菌全体を解析するシステムに応用されるには至っていない．本法において検出感度を向上させるためには，rRNA 量の少ない菌体の検出方法，プローブの細胞膜透過性やハイブリダイゼーション効率の向上など，基本的な技術の改良も必要である．

2.3.2　16S rDNA―クローンライブラリー法

16S rDNA―クローンライブラリー法は，大便から抽出した DNA 中の 16S rRNA 遺伝子を PCR 法で増幅した後，得られた増幅産物をクローニングによって単離して塩基配列を解読し，構成菌種を解析する方法である．この手法により，分離培養が困難な菌群の構造解析のみならず，その遺伝子情報の入手が可能となる．

Wilson ら[10]は本法を腸内常在菌の解析に初めて用い，培養法では分離困難であった Gram-positive low G+C グループ（すなわち *C. leptum* サブグループ）が優勢に検出されることを示した．Suau ら[6]は健常成人1名から284クローンを解析し，*Bacteroides* グループ，*C. coccoides* グループおよび *C. leptum* サブグループの三つの菌群が腸内常在菌全体の95%を占めることを報告した．Hayashi ら[7,8,18]は，健常成人，ベジタリアンおよび高齢者の腸内常在菌を詳細に解析し，健常な日本人男性3名の大便から744クローン（DNA）を取りだし，抽出クローンの25%をホモロジー率98%を示す31の既知菌種に同定し，残り75%のクローンが99の新規な系統型（ファイロタイプ，phylotype）に属することを明らかにした（表2.2）．

このような 16S rDNA によるクローンライブラリーの構築によって，ヒト腸内常在菌は *Clostridium* クラスターⅣ，Ⅸ，ⅩⅣa，ⅩⅧや *Bacteroides*，*Streptococcus*，*Bifidobacterium* の各グループなどに属するクローンであることが明らかになった．そして分離されたクローンのうち，*Clostridium* rRNA クラスターⅣ（全クローンに占める割合は11～22%）およびⅩⅣa（同23～59%）に属する菌株が多く常在していることも明らかとなった．また，極端なベジタリアンの腸内常在菌を検索したところ，*Clostridium* クラスター ⅩⅣa，Ⅳ，ⅩⅧが優勢に検出されることが認められた[23]．さらに高齢者（75～88歳）の腸内常在菌解析の結果（表2.2），240クローンを分離し，その46%を27種類の既存菌種に分類し，残り54%はファイロタイプであるとしている[8]．高齢者の腸内より分離されたクローンは83種類の菌種あるいはファイロタイプであり，その13%は新規のファイロタイプであった．健常成人の成績[7]とは異なり，高齢者では *Clostridium* クラスター ⅩⅣa の出現が一例を除いて低く（2.5～3.6%），*Clostridium* クラスターⅣやⅨ，および Gammaproteobacteria（ガンマプロテオバクテリア）の高頻度出現が認められている．また，Eckburg ら[19]は3名の健常成人の大腸の粘膜組織（盲腸，上行結腸，横行結腸，下行結腸，S字結腸，直腸）および大便から13,355クローンを解析し，各個体に固有のフローラが形成されていること，部位によって常在菌の構造に違いが

表2.2 16S rDNA クローンライブラリー法による健常成人，ベジタリアンおよび高齢者の腸内常在菌の比較(%)

細菌（群）	健常成人			ベジタリアン	高齢者		
	A	B	C		D	E	F
Clostridium クラスター I	0	1.1	0	0	0	0	0
Clostridium クラスター IV (*Clostridium leptum* グループ)	22.7	12.4	11	13.1	34.7	16.1	9.5
Clostridium クラスター IX	0	9.8	34	0	0	35.8	14.3
Clostridium クラスター XI	0	0.4	0.8	0	0	1.2	0
Clostridium サブクラスター XIVa (*Clostridium cocoides* グループ)	58.8	23.7	29	59.6	25.3	2.5	3.6
Clostridium サブクラスター XIVb	0.5	0	0	0	0	0	0
Clostridium クラスター XVI	0	4.1	0	1.7	4	0	0
Clostridium クラスター XVII	0	8.3	0	0	0	2.5	0
Clostridium クラスター XVIII	0	0	0.4	12	0	0	0
Bifidobacterium	0	0.4	5.3	0.5	0	0	0
Lactobacillus	0	0	0	0	0	1.2	0
Cytophaga-Flexibcter-Bacteroides	5	9.4	16.3	6	20	8.6	15.4
Streptococcus	3.7	28.8	0.4	0	2.7	1.2	0
Preteobacteria	0.5	0.8	1.6	0	5.3	17.3	54.8
その他	8.8	0.8	1.2	7.1	8	13.6	2.4

あることを報告した．Wang ら[20]は同様に，健常成人1名の小腸および大腸内の4部位における粘膜組織から得た347クローンは Firmicutes, Bacteroidetes, Proteobacteria, Fusobacteria, Verrucomicrobia, Actinobacteria の六つの門（phyla）に分類されること，小腸粘膜部位では *Streptococcus* が最優勢で，常在菌の多様性が他の部位に比べて最も低いこと，遠位回腸部位以遠では Bacteroidetes, *Clostridium* クラスター XIVa，および IV が優勢であると報告した．さらに Hayashi ら[21]は，大腸で最優勢菌群である *C. coocoides* グループや *C. leptum* グループなどは上部消化管から検出されにくいことを明らかにしている．これらの研究により，ヒト腸内常在菌の大半が培養困難な未分類の嫌気性菌群で占められていることが明らかにされてきた．

2.3.3 ヒト腸内常在菌の定量的な PCR 解析

大便から直接抽出したDNAを鋳型として，16S rRNA 遺伝子の菌種・菌群に特異的な配列部分を標的とするプライマーを用いて検出する方法が一般的であり，その基準となる菌株DNAで作成した検量線から定量化する．PCR法はきわめて微量な鋳型DNAを高感度に検出でき，特異的プライマーと SYBR Green I などの蛍光色素を用いたインターカレーター法[22]，あるいは TaqMan プローブとの組合せ[23]による定量的な解析が主流となっている．

この手法が腸内常在菌の解析に応用されたのは Wang らの報告[24]が最初であり，腸内常在菌の最優勢の12菌種に特異的なプライマーを用いた半定量的な解析によって，*Fb. prausnitzii*, *Blautia productus*, *C. clostridioforme* などがヒト腸内に最優勢で存在することを示した．

Matsuki ら[25]は *Bifidobacterium* の菌種特異

的プライマー（表 2.3）を用いて，ヒト成人 46 名の大便サンプルから抽出した DNA を用いて *Bifidobacterium* の菌種分布を解析した．その結果，*Bif. adolescentis* グループ，*Bif. catenulatum* グループ，および *Bif. longum*（*Bif. longum* subsp. *longum*）の 3 菌種が健常成人の最優勢菌種として存在していること，乳児特有の菌種であるとされてきた *Bif. breve* や *Bif. infants*（*Bif. longum* subsp. *infantis*）が成人から少数例ながら低い菌数レベルで検出されることを報告した（表 2.4）．これは定量的 PCR 法によって，従来の培養法の検出限界以下の低い菌数レベルで在住している菌種が検出できることを示した典型例である．

同様に Matsuki ら[25]は，ヒト腸内常在菌の最優勢構成菌群である *C. coccoides* グループ，*C. leptum* サブグループ，*B. fragilis* グループ，*Bifidobacterium*，*Atopobium* クラスター，および *Prevotella* の各菌群に特異的なプライマー（表 2.5）を用いて解析した．その結果，*C. coccoides* グループ，*C. leptum* サブグループ，*B. fragilis* グループ，*Bifidobacterium*，および *Atopobium* クラスターはすべての検体から最優勢構成菌群として分離され，*Prevotella* は約半数の検体から分離されること，*C. coccoides* グループおよび *B. fragilis* グループは *C. leptum* サブグループ，*Bifidobacterium*，*Atopobium* クラスターに比べ検体間での菌数変動が少ないことを確認した．また，成人 6 名の 8 カ月間の検体内での最優勢菌群の菌数変動は少なく，長期間安定していることを確認している．Dubernet ら[26]は *Lactobacillus* 属特異的プライマーを用いて，Song ら[27]は TaqMan プローブを用いた定量的 PCR 法による *Clostridium* のクラスター I, XI, XVIa, お

表 2.3　ヒト腸内由来 *Bifidobacterium* の検出に有効な菌種特異的プライマー[25]

ターゲット	プライマー	配列	生成物のサイズ (bp)
Bifidobacterium	g-Bifid-F	CTCCTGGAAACGGGTGG	549〜563
	g-Bifid-R	GGTGTTCTTCCCGATATCTACA	
Bif. adolescentis グループ	BiADOg-1a	CTCCAGTTGGATGCATGTC	279
	BiADOg-1b	TCCAGTTGACCGCATGGT	
	BiADO-2	CGAAGGCTTGCTCCCAGT	
Bif. angulatum	BiANG-1	CAGTCCATCGCATGGTGGT	275
	BiANG-2	GAAGGCTTGCTCCCCAAC	
Bif. bifidum	BiBIF-1	CCACATGATCGCATGTGATTG	278
	BiBIF-2	CCGAAGGCTTGCTCCCAAA	
Bif. breve	BiBRE-1	CCGGATGCTCCATCACAC	288
	BiBRE-2	ACAAAGTGCCTTGCTCCCT	
Bif. catenulatum グループ	BiCATg-1	CGGATGCTCCGACTCCT	285
	BiCATg-2	CGAAGGCTTGCTCCCGAT	
Bif. longum	BiLON-1	TTCCAGTTGATCGCATGGTC	831
	BiLON-2	GGGAAGCCGTATCTCTACGA	
Bif. infantis	BiINF-1	TTCCAGTTGATCGCATGGTC	828
	BiINF-2	GGAAACCCCATCTCTGGGAT	
Bif. dentium	BiDEN-1	ATCCCGGGGGTTCGCCT	387
	BiDEN-2	GAAGGCTTGCTCCCGA	
Bif. gallicum	BiGAL-1	TAATACCGGATGTTCCGCTC	303
	BiGAL-2	ACATCCCCGAAAGGACGC	

表 2.4 菌種特異的プライマーによる健康成人（46 名）の大便由来 *Bifidobacterium* 各菌種の検出菌数および検出頻度[25]

	平均値 ± SD	検出人数（割合%）
Bifidobacteirum	9.4 ± 0.7	46 (100)
Bif. adolescentis グループ	9.1 ± 0.9	38 (82.6)
Bif. angulatum	6.6 ± 0.2	5 (10.9)
Bif. bifidum	8.3 ± 0.8	13 (28.3)
Bif. breve	7.3 ± 0.7	8 (17.4)
Bif. catenulatum グループ	8.9 ± 0.8	41 (89.1)
Bif. longum	8.1 ± 0.7	44 (95.7)
Bif. infantis	6.9 ± 0.7	2 (4.3)
Bif. dentium	7.2 ± 0.5	4 (8.7)

表 2.5 菌種特異的プライマー使用による健常成人の腸管から分離される菌の解析[25]

	平均値 ± SD	検出頻度（%）
Clostridium coccoides グループ	10.3 ± 0.3	100
Clostridium leptum サブグループ	9.9 ± 0.7	100
Bacteroides fragilis グループ	9.9 ± 0.3	100
Bifidobacterium	9.4 ± 0.7	100
Atopobium クラスター	9.3 ± 0.7	100
Prevotella	9.7 ± 0.8	45.7

よび XVIb の各グループについて，それぞれ特異的な菌群レベルでの解析を行った．

16S rRNA 遺伝子を標的とした菌種特異的なプライマーによる PCR での検出は，簡便で検出感度や定量性が高い．しかし，DNA を標的とした定量的 PCR 法では，ヒト大便では標的とする菌種の菌数が 10^5 /g 以下になると特異的な検出ができなくなる．DNA の抽出方法や精製法を改善しても，せいぜい $10^{4.5}$ /g が検出限界であると考えられる．

一方，Matsuda ら[28]は 1 細胞あたり 10^3 個程度存在する 16S あるいは 23S rRNA を標的とする Enterobacteriaceae, *Enterococcus*, *Staphylococcus*, *Pseudomonas*, *Clostridium perfringens* に特異的なプライマーを作製し，定量的なリアルタイム PCR（RT-PCR）法により大便中の 10^3 /g レベルの菌数が検出できることを確認した．この手法は今後，腸内常在菌において 10^6 /g 以下のレベルで存在する菌群を解析するうえで有効な手法になると考えられる．

2.3.4　ターミナル RFLP 法によるヒト腸内常在菌の解析

16S rDNA クローンライブラリー法は腸内常在菌を構成している菌種（群）を解析できるが，それを行うには多くの時間と費用がかかる．そこで，多様な微生物叢を数値として把握する分子生物学的手法として，RFLP（restriction fragment length polymorphism）法による多様性解析と遺伝子解析システムによる全自動解析を組み合わせた「ターミナル RFLP（T-RFLP）解析」と呼ばれる手法が提案された[29]．これは 16S rRNA 遺伝子などを増幅するプライマーの 5' 末端を蛍光標識し，制限酵素処理で得られた末端断片（T-RF）の多型を遺伝子解析システムによって解析する方法である．この手法により自動的かつ迅速に解析できるようになった．

腸内常在菌の多様性解析において本法と 16S rDNA 塩基配列を使った各分子生物学的手法とを比較すると，その多様性解析やデータベース構築という点ですぐれている．実際には図 2.2 に示すように大便より直接得られたクローンを PCR 増幅後に 2 種類の制限酵素で切断し，遺伝子解析システムにより検出された多様な T-RF パターンのピーク面積を自動測定し，それにより複雑な腸内常在菌を解析する．大便材料から得られた T-RF パターンのクラスター解析により，ヒト腸内常在菌の多様性解析が可能となった．解析は簡便であり，再現性が得られることも確認されている[30]．

このように個人ごとの T-RF パターンで表現される「腸内常在菌プロファイル」を作製し，その集積によりデータベースが構築されれば，パターンが常態であるか，あるいは病態のどの段階である

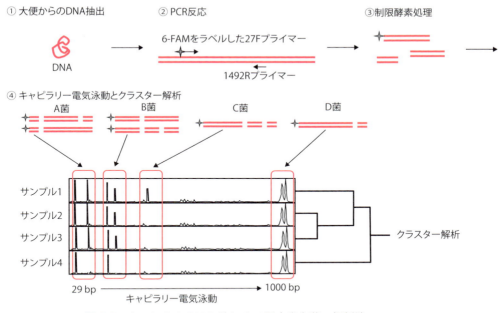

図 2.2 ターミナル RFLP 法による腸内常在菌の解析法

かという判定が可能になるかもしれない．さらに，得られた T-RF パターンから特定菌種（群）の検出も可能となる．これらを確立するためには，今後，本法による腸内常在菌の解析成績を数多く蓄積することが必要である．将来，これらが関連する大腸疾患の診断・予防に有効な手段になることが期待されている．

2.4 腸内常在菌はどのようにして形成されるのか

胎内は母体の高い排除機能のおかげで細菌をまったく寄せつけないため，ヒトは母体の胎内にいるときは無菌の環境で育つ．しかし，新生児として生まれると間もなく皮膚・口腔・気道・消化管などの粘膜でさまざまな細菌が増殖する．

乳児の腸内常在菌の検索は Tisser によって始められ，乳児の腸内最優勢細菌が *Bifidobacterium* であることが明らかになると[31]，その有効性が検討されるようになった．

Bifidobacterium が最優勢菌種として存在する腸内環境は，感染症の罹患率や腸炎の発症率が低いことが示されている．

また，乳児の腸内常在菌の形成に最も影響を与える要因は乳児の栄養方法である．栄養法の違いによる乳児の腸内常在菌を比較したところ，*Bifidobacterium* は母乳・人工栄養児とも最優勢菌を構成し，両者には有意な差は認められない．しかし，Enterobacteriaceae, *Bacteroides*, *Enterococcus*, および *Clostridium* は母乳栄養児に比べ混合栄養および人工栄養において有意に高いことが報告されている[32]．

筆者ら[33] は母乳栄養児 35 名と人工栄養児 35 名の大便から分離された 1105 株および 1604 株を分離して菌種レベルで検索したところ，両群とも *Bif. breve* が共通して高菌数・頻度で検出され，人工栄養児では母乳栄養児に比べて多様な菌種の出現が報告され，とりわけ *C. paraputrificum, C. difficile, C. ramosum, C. innocuum, C. tertium, C. perfringens* などが高率に検出さ

れるとしている．しかし相対比率にて解析してみると，母乳栄養児における *Bifidobacterium* は約96％を占めるのに対し，人工栄養児では約63％の占有率となっており，母乳栄養と *Bifidobacterium* の腸管内での比率とは高い相関があることが伺えた．

乳児腸管由来 *Bifidobacterium* の菌種構成は栄養法の違いにより異なることが知られている．母乳栄養児では *Bif. infantis* subsp. *lactentis* が最優勢に出現すると述べられたが，他の研究者は *Bif. infantis* subsp. *infantis*, *Bif. breve* が優勢に分離されるとしている．また Reuter[34] は *Bif. infantis*, *Bif. breve*, *Bif. bifidum* などを優勢に分離している．同様に Mitsuoka[35] は，*Bif. infantis*, *Bif. longum*, *Bif. bifidum*, *Bif. breve*, *Bif. adolescentis* の順に検出されるとしている．さらに筆者ら[33]は，*Bif. breve* が1カ月齢の乳児の腸内優勢菌として検出されて，*Bif. infantis* が検出されなかったとしているが，1995年に再調査したところ，*Bif. breve* 以外に *Bif. infantis* や *Bif. longum* も高率に検出されることを明らかにした．乳児腸管内における *Bifidobacterium* の検出率がそれぞれ異なるのは，病院環境，保育環境，地域環境，栄養方法など，さまざまな要因の影響を受けて乳児の腸内常在菌の構成が変化するためであると考えられる．

腸内常在菌の解析はこれまで培養法によって行われてきたが，近年は単離・培養を介さないアプローチもでてきており，培養法では検出が困難な未知腸内常在菌も検出できるようになった．培養法で検出が難しい理由は，①菌数が少ない，②生きているが培養できない（増殖が遅い），③高度嫌気性もしくは難培養性である，などがあげられる．とくに，高度嫌気性菌または特殊な条件下での培養が必要な菌種（群）が腸内に多く存在することが解析を難しくしている．実際に総菌数と培養菌数を比較したところ，成人の腸内常在菌では約80％がこのような培養困難な菌種で占められていると報告されている．乳児腸内常在菌の総菌数をダイレクトカウント法によって計測したところ，約30％は培養可能な菌種であるが，残りの約70％は難分離・難培養の腸内常在菌で占められていることが明らかとなった．この難分離・難培養腸内常在菌をどのように把握し，全容を解明するのかがきわめて重要な課題となってきた．

分子生物学的手法が導入されることによって，これまでの成績に依存することなく，腸内常在菌を新たに把握しようとすることが要求されている．得られた成績の数値化により確実で再現性のあるデータベースが構築され，多くの研究者が望んでいる簡便・迅速・比較可能な腸内常在菌検索法が提供されていくと期待されている．

2.5 腸内常在菌解析による新しい健康診断法の確立

急速な高齢化と飽食による生活習慣病患者の増大により，国民医療費はすでに40兆円を超えており，国家財政上で喫緊の課題になっている．よって国民生活のQOL（生活の質，quality of life）を大きく損なわない予防医学的手法の開発が切望されているが，まだ具体的な突破口は見いだされていない．

そこで，腸内常在菌解析と生活特性との関連性を解明し，完成した腸内常在菌−生活特性データベースを駆使した，生活習慣の予測，罹患予測，現状の比較などが可能となるであろうと確信している．つまり，腸内常在菌解析が健康の維持・増進や疾患リスクの軽減に結びつき，やがてはQOLの向上に結びついていく．これらの試みは健康予防効果を促進し，これから増え続ける国民医療費の大幅削減に貢献することになろう（図2.3）．

現代日本人3220名の腸内常在菌の構成と143

項目に及ぶ属性(年齢，性別など)や食生活，生活習慣，運動習慣などのアンケート調査を実施し，腸内常在菌と食生活・生活習慣との関係を検索した．すると，腸内常在菌のパターンが，食生活や生活習慣などによって 8 グループに分類された(表 2.6)．

この解析結果をもとにして腸内常在菌データベースを構築し，生活習慣の予測や将来の健康状態を把握して，個人ごとの健康維持・増進や病気予防などに利用することが可能になるであろう．

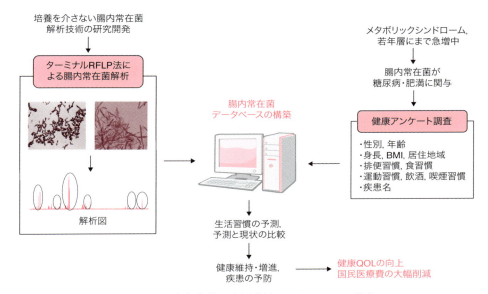

図 2.3　腸内常在菌―生活特性データベースの構築
医療費総額 40 兆円のうち，老人医療費は 23 兆円を占める．データベースの構築により，腸内常在菌と生活特性の関係が明らかになれば，生活習慣病の予測・予防が実現し，その結果として医療費の削減が期待できる．

表 2.6　日本人 3,220 名の腸内常在菌パターンと生活特性

グループ	おもな腸内常在菌(群)	生活特性
クラスター 1 ($n=797$)	Firmicutes, Ruminococcus, Clostridium XIVa, Bacteroides	喫煙・飲酒なし，便秘気味，BMI 標準内の 60 歳以上の女性群
クラスター 2 ($n=193$)	Clostridium III+XVIII, Ruminococcus, Eubacterium, Bifidobacterium, Coriobacteriaceae, Actinomyces	乳酸菌摂取，BMI 標準内の 59 歳以下の女性群
クラスター 3 ($n=397$)	Clostridium I, Eubacterium, Ruminococcus, Bacteroidetes	喫煙・飲酒なし，野菜，海藻，魚介類，納豆をとる BMI 標準内の 60 歳以上の女性群
クラスター 4 ($n=476$)	Clostridium XIVa, Fusobacterium, Eubacterium, Ruminococcus, Bacteroidetes	BMI 標準内の女性群
クラスター 5 ($n=322$)	Clostridium XIVa, Eubacterium, Streptococcus, Actinomyces	野菜，海藻，魚介類，納豆をとる群
クラスター 6 ($n=441$)	Clostridium XIVa, Eubacterium, Ruminococcus, Slackia, Collinsella, Gordonibacter	便秘ではない 59 歳以下の男性群
クラスター 7 ($n=482$)	Clostridium, Lachnospira, Selenomoas, Parabacteroides, Lactobacillus	喫煙・飲酒習慣あり，野菜，海藻，魚介類，納豆をとる BMI 標準外の 60 歳以上の男性群
クラスター 8 ($n=112$)	Clostridium, Fusobacterium, Roseburia, Lactococcus, Streptococcus, Bacillus	喫煙あり，BMI 標準外の 59 歳以下の男性群

2.6 おわりに

　以上のように単分離・培養を介さないアプローチにより，ようやく腸内常在菌の全貌が見わたせるようになってきた．その結果，ヒトの腸管内には数多くの未分類の細菌が複雑な群集構造をつくりあげて共生していることが明らかとなった．これらの腸内常在菌の局在や分布，生物活性・機能と結びつけて総合的にこのエコシステム系を理解していくことが今後の課題である．さらに，16S rDNA塩基配列による腸内常在菌の多様性解析はヒトの健康増進・病気予防にための方策を探る示すうえで重要な役割を演じることが期待されている．

（辨野義己）

文　献

1) T. Mitsuoka et al., *Zentrabl. Bakt. Hyg. I. Orig.*, **A234**, 219 (1976).
2) 辨野義己,「腸管内微生物の多様性解析とその役割」,『発酵乳と乳酸菌飲料の科学－新たな機能を求めて(細野明義編)』, 弘学出版 (2002), pp.27-43.
3) W. E. C. Moore, L. V. Holdeman, *Appl. Microbiol.*, **27**, 961 (1974).
4) W. E. C. Moore et al., The effect of diet on the human fecal flora, "Banbury report & Gastrointestinal Cancer: endogenous factors (W. R. Bruce et al eds.).", Gold Spring Harbor Laboratory (1981), pp.11-24.
5) P. S. Langedijk et al., *Appl. Environ. Microbiol.*, **61**, 3069 (1995).
6) A. Suau et al., *Appl. Environ. Microbiol.*, **65**, 4799 (1999).
7) H. Hayashi et al., *Microbiol. Immunol.*, **46**, 535 (2002).
8) H. Hayashi et al., *Microbiol. Immunol.*, **47**, 557 (2003).
9) A. H. Franks et al., *Appl. Environ. Microbiol.*, **64**, 3336 (1998).
10) K. H. Wilson, R. B. Blitchington, *Appl. Environ. Microbiol.*, **62**, 2273 (1996).
11) E. G. Zoetendal et al., *Appl. Environ. Microbiol.*, **64**, 3854 (1998).
12) H. J. Harmsen et al., *Microb. Ecol. Health Dis.*, **11**, 3 (1999).
13) H. J. Harmsen et al., *Appl. Environ. Microbiol.*, **66**, 4523 (2000).
14) H. J. Harmsen et al., *Appl. Environ. Microbiol.*, **68**, 2982 (2002).
15) E. G. Zoetendal et al., *Appl. Environ. Microbiol.*, **68**, 4225 (2002).
16) S. Mueller et al., *Appl. Environ. Microbiol.*, **72**, 1027 (2006).
17) T. Takada et al., *J. Microbiol. Meth.*, **58**, 413 (2004).
18) H. Hayashi et al., *Microbiol. Immunol.*, **46**, 535 (2002).
19) P. B. Eckburg et al., *Science*, **308**, 1635 (2005).
20) M. Wang et al., *FEMS Microbiol. Ecol.*, **54**, 219 (2005).
21) H. Hayashi et al., *J. Med. Microbiol.*, **54**, 1093 (2005).
22) T. Ishiguro et al., *Anal. Biochem.*, **229**, 207 (1995).
23) P. M. Holland et al., *Proc. Nat. Acad. Sci. USA*, **88**, 7276 (1991).
24) R. F. Wang et al., *Appl. Environ. Microbiol.*, **62**, 1242 (1996).
25) T. Matsuki et al., *Appl. Environ. Microbiol.*, **70**, 167 (2004).
26) S. Dubernet et al., *FEMS Microbiol. Lett.*, **214**, 271 (2002).
27) Y. Song et al., *Appl. Environ. Microbiol.*, **70**, 6459 (2004).
28) K. Matsuda et al., *Appl. Environ. Microbiol.*, **73**, 32 (2007).
29) W-T. Liu et al., *Appl. Environ. Micribiol.*, **63**, 4516 (1997).
30) M. Sakamoto et al., *Microbiol. Immunol.*, **47**, 133 (2003).
31) M. H. Tisser, "Recherches sur la flora intestinale normale et pathogique du nurisson," These de Paris (1900).
32) P. L. Stark, A. Lee, *J. Med. Microbiol.*, **15**, 189 (1982).
33) Y. Benno et al., *Microbiol. Immunol.*, **28**, 975 (1984).
34) G. Reuter, *Zemtalnl. Bakteriol. Parasitenk. Infektionskr. Hyg. Abt. I Orig.*, **191**, 486 (1963).
35) T. Mitsuoka, *Zemtalnl. Bakteriol. Parasitenk. Infektionskr. Hyg. Abt. I Orig.*, **A210**, 52 (1969).

Part II 哺乳類・脊椎動物と共生

宿主−腸内細菌叢間相互作用

Summary

　ヒトを含む動物の消化管内には，腸内細菌と呼ばれる多種多様な微生物が共生している．この腸内細菌の集団（腸内細菌叢）は宿主の腸管細胞群と密接に相互作用することで，複雑でありつつも洗練された腸内生態系（腸内エコシステム）を築いている．ヒトにおいて，腸内細菌叢を含む腸内エコシステム全体の恒常性の維持が宿主の健康につながることは，以前より認識されていた．近年，腸内エコシステムのバランスの乱れが，大腸炎や大腸がんといった腸管関連疾患のみならず，肥満や糖尿病，動脈硬化，アレルギー，自己免疫疾患といった全身性疾患にまで影響を及ぼすことが次つぎと明らかになっている．これらの疾患発症メカニズムを正しく理解し，その制御による疾患予防や治療を目指すには，宿主側の原因探索のみならず，宿主−腸内細菌叢間相互作用の詳細までを含め，統合的に理解する必要がある．本章では，腸内エコシステムが宿主の恒常性維持にどのように寄与し，またその破綻がどのように疾患発症につながるのか，宿主−腸内細菌叢間相互作用の観点から最新の研究事例や筆者らの研究成果を交えて紹介する．とくに，腸内細菌叢の遺伝子群を網羅的に解析するメタゲノム解析と，その機能情報として腸内細菌叢から産生される代謝物質を網羅的に解析するメタボローム解析とを組み合わせた，「メタボロゲノミクス」による腸内細菌叢の制御を目指したアプローチについて解説する．

3.1 はじめに

　あらゆる脊椎動物は消化管をもち，その管腔内には数多くの微生物が共生している．ヒトの消化管内にも腸内細菌と呼ばれる細菌が生息しており，その種数はおよそ1,000種類，細胞数は1人あたり100兆個にも及ぶ[1]．またその重量は1.0〜1.5 kg程度にもなり，肝臓や脳と同程度もしくはそれ以上の重さであることが知られている．これら腸内細菌の集団は「腸内細菌叢（gut microbiota）」と呼ばれ，ただ動物の消化管内に棲んでいるのではなく，宿主と密接なやりとり（宿主−腸内細菌叢間相互作用）を行っている．腸内細菌が生息している消化管は口から肛門をつなぐ1本の管であり，ちくわやストローの"穴"のようなものである．したがって，消化管内の空間は体の内部に存在するものの，外界と面しているので「内なる外」ともいえる．腸内細菌はこの「内なる外」の空間に存在しているのである．

　腸内細菌は消化管の中でもおもに大腸に生息しており，小腸と比べて1万倍ほどの細菌が存在すると考えられている．腸管には上皮細胞や免疫細胞，内分泌細胞，神経細胞などさまざまな細胞が存在し，腸内細菌はこれらとも複雑に関係し合っている．宿主は食事によって腸内にさまざまな栄養素を送り込み，これらは腸内細菌の栄養源にもなる．一方で，宿主の腸管細胞は抗菌ペプチドや免疫グロブリンA（IgA）など，細菌を排除するような物質も分泌しており[2]，ある程度の選択性をもって腸内細菌を受け入れていると考えられる．腸内

細菌は，消化管に共生することで，宿主が死滅しない限り永続的に栄養源を得ることができ，それらをさらに代謝することでさまざまな化合物（腸内代謝物質）をつくりだす．腸内細菌によって産生される代謝物質は，宿主の腸管細胞のみならず，腸から吸収されて血中に移行して全身に作用するため，生体の恒常性とも深くかかわっている（図3.1）．

腸内代謝物質の種類や量は，腸内細菌叢の構成（腸内に定着している細菌の種類や数）や，宿主の食事内容によって影響を受ける[3, 4]．腸内細菌は腸管内で待っているだけで栄養源を獲得できるが，宿主の食事が唯一の栄養源になるため，宿主が摂取する食品に大きく依存してその構成が最適化されていくと考えられる．遺伝的背景が等しい一卵性双生児においても腸内細菌叢の構成は異なっており[5]，腸内細菌叢の構成に与える影響は遺伝的素因よりも食習慣などの環境要因のほうが大きいといえる．同じ食品を摂取しても，もともとの腸内細菌叢の構成が異なれば代謝のされ方が異なり，結果的に産生される化合物の種類や量が異なる．産生された腸内代謝物質が宿主に与える影響も異なるため，宿主によい影響を及ぼす腸内細菌叢を維持すべきであろう．腸内細菌叢の構成は長年の食生活に依存すると考えられるが[6]，それは腸内の環境，すなわち消化液の量や質，腸管細胞や免疫細胞から分泌される抗菌ペプチドや抗体の種類や量などに基づいて最適化されると考えられる．つまり腸内では，さまざまな種類の細菌が絶妙なバランスで存在する複雑な生態系（腸内エコシステム）が形成されている（図3.1）．

腸内エコシステムはある程度の変化（日々の食事内容や生活習慣など）では簡単にはそのバランスが崩れない頑健性をもつが，過度の外的要因が加わることでその恒常性が破綻すると，腸内細菌叢のバランスが崩れ（これをdysbiosisと呼ぶ），さまざまな疾患につながることが報告されている[7-11]．このように，宿主と腸内細菌叢との間には密接な相互作用が存在しており，本章ではこれらについて具体例を交えて紹介する．

3.2 宿主から腸内細菌への影響

宿主－腸内細菌叢間相互作用を理解するためには，宿主が産生して腸内細菌に影響を及ぼす物質

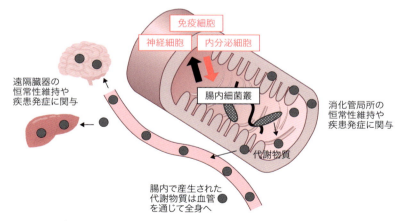

図3.1　腸内エコシステムによる生体の恒常性維持とその破綻による疾患発症
腸内細菌叢が免疫細胞や神経細胞，内分泌細胞などと密にクロストークすることで，複雑な腸内生態系（腸内エコシステム）を形成している．これらの異種生物間クロストークにおいて，腸内細菌の構成成分や腸内細菌由来代謝物質が重要な役割を担っており，生体の恒常性維持にも寄与している．一方，腸内細菌叢のバランスが崩れると，大腸炎や大腸がんといった消化管局所での疾患発症のみならず，肝臓がん，アレルギー，代謝疾患など，遠隔臓器や全身性の疾患発症につながる．

と，腸内細菌が産生して宿主に影響を及ぼす物質の両者について考えなければならない．

　腸内細菌が存在する腸管内は，前述のように外界とつながっている空間であり，絶えず食品や外来の微生物と接している．したがって，有害な抗原や病原性微生物は適切に排除する必要があり，宿主は腸管から粘液や抗菌ペプチド，IgA などを分泌している[2]．たとえば絨毛突起の間に位置する陰窩には，防御因子を備えるパネート細胞が存在し，ディフェンシンやカテリシジンなどの抗菌ペプチドを産生している．これらの抗菌ペプチドは，病原性微生物を排除もしくは腸内細菌の数を一定に保つ働きがある．例として，パネート細胞から分泌される Reg3γ は，ペプチドグリカンを認識することでグラム陽性菌特異的に殺菌活性をもつことが知られている[12,13]．Reg3γ の発現量は離乳直後に 3,000 倍にも増加することが知られており，離乳によって生じる腸内エコシステムの変化に対応し，恒常性を保つことに寄与していると考えられる[12]．

　IgA はおもに腸管で産生される抗体であり，粘膜組織に存在する免疫細胞の一種である B 細胞の最終分化段階である形質細胞が産生する．生体内における免疫細胞の 6〜7 割は腸に存在するといわれ，抗原や病原体の侵入を防いでいる．通常，抗原や病原性微生物が体内に入った場合，それらを排除するために働く抗体は免疫グロブリン G（IgG）が中心となる．腸管内で異物と認識されるものは体内に入ることはなく，「内なる外」を通過している間に IgA によって排除される．消化管内は非自己の物質や細菌が絶えず通過する．ありとあらゆる非自己を排除してしまっては食事から栄養を吸収することもできず，腸内細菌も定着することができない．消化管内にはある程度の非自己を受け入れる「免疫寛容」と呼ばれるシステムが存在し，絶妙なバランスで有害，無害を判別している．

　腸管上皮に存在する杯細胞はムチンと呼ばれる粘性の高い液を分泌し，腸管上皮細胞の上にムチン層を形成している．大腸ではムチン層には内層（上皮細胞の表面に近い側）と外層（管腔側）があり，内層には多量の抗菌ペプチドや IgA が存在しているため，腸内細菌はそこにはほとんど存在しない．一方で，外層には腸内細菌が存在し，この空間で腸内細菌が産生分泌する代謝物質が宿主とのクロストークの大きな担い手と考えられる．

　腸管上皮細胞にはさまざまな糖鎖が発現している．なかでもフコースは，腸管上皮細胞が発現しているフコース転移酵素によって細胞表面の糖鎖の末端に付加され，病原性微生物の感染に関与する他，腸内細菌の遺伝子発現を制御したり，腸内細菌の細胞壁構成分子として利用されたりするなど，宿主と腸内細菌との間で共生因子としての役割を担っていると考えられている．腸管上皮細胞上での糖鎖のフコシル化は，セグメント細菌（segmented filamentous bacteria; SFB，または "*Candidatus* Arthromitus"）をはじめとする腸内細菌によって誘導され，また抗生物質の投与によって消失することから，フコシル化は腸内細菌依存的な反応であると考えられる[14]．また，フコシル化には 3 型自然リンパ球（innate lymphoid cells 3; ILC3）が産生する IL-22 およびリンホトキシンが必要であることが知られており，腸内細菌，免疫細胞，腸管上皮細胞の三者の相互作用によって制御されている．マウスを用いた実験では，フコース転移酵素である *Fut2* 遺伝子を欠損させると，*Salmonella enterica* serovar Typhimurium（ネズミチフス菌）および *Citrobacter rodentium*（マウスにおける感染性大腸炎を誘発する病原性細菌）の感染による炎症が重症化することが知られており，フコシル化は病原性微生物の感染阻害に寄与することが示唆されている[14]．さらに，*Fut2* 欠損マウスでは野生型マウスに比べ，*Enterococcus faecalis*

の存在比が増加するため，フコシル化の消失はdysbiosisを誘導し，その結果として病原性微生物の感染が重症化する可能性も示唆されている[15]．このように，宿主は腸管内において抗菌ペプチドや抗体，糖鎖修飾などにより，外来の化合物や細菌の有害，無害を判別していると考えられる．

3.3 腸内細菌から宿主への影響

前節では腸内細菌に影響を及ぼす宿主側因子について紹介した．本節では腸内細菌が産生して宿主に影響を及ぼす因子について紹介する．とくに近年，酢酸，プロピオン酸，酪酸など，腸内細菌が発酵代謝により産生する短鎖脂肪酸に関する研究が盛んに行われており，新たな知見が次つぎと報告されている．

3.3.1 短鎖脂肪酸による肥満・糖尿病抑制効果

近年，腸内細菌叢のdysbiosisが肥満や糖尿病発症に関与しているという知見が次つぎと報告されている．肥満マウスと正常マウスの腸内細菌叢をそれぞれ無菌マウスに移植したところ，肥満マウス由来の腸内細菌叢が移植されたマウスでのみ体重が増加することが明らかになった[5]．さらに，一方が肥満でもう一方が正常な双子の人たちを集め，それぞれの腸内細菌叢を無菌マウスに移植した実験でも，肥満者から腸内細菌叢を移植されたマウスでのみ有意に体脂肪量が増加した[8]．これは腸内細菌叢の構成次第で太りやすさが変わってくることを示唆している．さらに，肥満の子供の腸内細菌叢では健常な子供に比べて*Akkermansia muciniphila*に近縁な腸内細菌が有意に少ないこと[16]や，高BMI群（BMI>30）に比べて正常群（BMI<25）ではChristensenellaceae科の相対存在比が有意に高い[17]など，抗肥満に寄与すると考えられる具体的な細菌種もいくつか報告されるようになってきた．

他にも，腸内細菌叢と2型糖尿病の関係についてもさまざまな研究成果が報告されている．腸内細菌は不溶性食物繊維を代謝することで短鎖脂肪酸を産生する．マウスの実験において，腸内細菌が産生した短鎖脂肪酸は消化管内のL細胞に発現しているGタンパク質共役型受容体43（G protein-coupled receptor 43; GPR43）やGPR41を介してグルカゴン様ペプチド1（glucagon-like peptide-1; GLP-1）の分泌を促すことが知られている[18]．GLP-1は膵臓からのインスリン分泌や食欲抑制を促すホルモンであり，通常は食後に適量が分泌されるが，糖尿病患者ではその分泌量が低下することが知られている．ヒトにおいて，短鎖脂肪酸の中でもとくにプロピオン酸が大腸で作用し，ペプチドYY（PYY）やGLP-1などの消化管ホルモンの血中濃度の増加に寄与することが報告されている[19]．

腸内細菌が産生する短鎖脂肪酸が，腸管局所以外でも生体に影響を及ぼすことが近年明らかになってきた．脂肪細胞においてはGPR43を介してインスリン感受性を低下させることで脂肪の蓄積を抑制する．一方，筋肉や肝臓においてはインスリン感受性を高めることで糖質の代謝を促し，生体内の代謝恒常性を維持している[20]．膵臓のβ細胞においてもGPR43が発現しており，これにも腸内細菌由来の酢酸が作用し，インスリン分泌を促進することが報告されている[21]．しかし，高脂肪食摂取により作製した2型糖尿病モデルマウスの膵臓のβ細胞においては，腸内細菌叢由来の酢酸がβ細胞のGPR41やGPR43を介してインスリン分泌を抑制し，結果として耐糖能を悪化させるといった報告もある[22]．したがって，膵臓のβ細胞におけるGPR41やGPR43を介した腸内細菌叢由来酢酸の2型糖尿病への関与については，今後もさらなる研究を行わなければならないが，腸内細菌叢由来の短鎖脂肪酸は抗肥満や糖尿病予防に有効である可能性がある．

3.3.2 酢酸による腸管出血性大腸菌 O157:H7 からの感染防御

　腸内細菌によって産生される短鎖脂肪酸にはさまざまな種類がある．短鎖脂肪酸の一つである酢酸には，腸管出血性大腸菌感染を予防する効果があることを筆者らが見いだしたので紹介する[23]．

　ある種のビフィズス菌を無菌マウスに定着させたノトバイオートマウスは腸管出血性大腸菌 O157:H7 を経口感染させても生存するのに対し，別のビフィズス菌を定着させたノトバイオートマウスに同病原菌を経口感染させたところ死亡した．これらのビフィズス菌の違いを比較ゲノム解析により探索したところ，フルクトース（果糖）のトランスポーターの有無であることが明らかとなった．すなわち，予防株ビフィズス菌はフルクトースを代謝して，結果的に大腸内で多量の酢酸を産生することが可能であった．一方，非予防株ビフィズス菌はフルクトースのトランスポーター遺伝子をもたないため，フルクトースを代謝できず，産生する酢酸量も少なかった．予防株ビフィズス菌によって産生された酢酸は腸管上皮に作用することでバリア機能を高め，O157 感染によって生じる炎症を抑制し，結果的に O157 の産生するシガ毒素が腸管から生体内へ侵入するのを防いでいた．酢酸は病原性大腸菌の生育阻害や毒素活性の抑制に直接的に作用するわけではなく，宿主の腸管細胞に働きかけることで機能したことから，宿主腸管を介したビフィズス菌と病原菌の相互作用を示す一例といえる（図 3.2）．

3.3.3 酪酸による免疫細胞の分化誘導促進と炎症抑制

　腸内細菌の中でも Clostridiales 目の細菌は，酪酸を産生する能力をもつことが知られている．腸内細菌によって産生された酪酸にはさまざまな機能がある．筆者らは，酪酸が免疫応答を抑制する制御性 T 細胞（regulatory T cell；T_{reg} 細胞）の分化誘導をエピジェネティックに促進すること

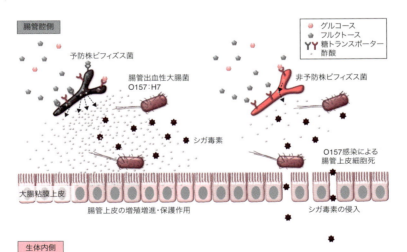

図 3.2　ビフィズス菌による腸管出血性大腸菌 O157:H7 感染予防機構
腸管出血性大腸菌 O157:H7 について感染死予防能をもつビフィズス菌（左）は，ATP 結合カセット型の糖トランスポーターを発現している．そのため，結腸末端という栄養源が乏しい環境でも糖の代謝が可能であり，その代謝の最終産物として多量の酢酸を産生する．その結果，O157 感染によって生じる結腸での軽い炎症は酢酸により抑制されるため，腸管内に多量に存在するシガ毒素は血中へ移行せずマウスは生存する．一方，感染死を予防できない非予防株ビフィズス菌（右）は ATP 結合カセット型の糖トランスポーターを発現していないために，結腸末端での糖代謝が低く，酢酸を十分に産生できない．そのため，O157 感染により結腸で軽い炎症が生じ，その結果，炎症部位では腸のバリア機能が低下することから，シガ毒素が血中へ流入することでマウスが死に至る（文献 23 より改変して転載）．

で，大腸炎を抑制できることを見いだしたので紹介する[24]．SPF[*1]（specific-pathogen free）マウスの腸内細菌叢をクロロホルム溶液処理してクロロホルム耐性菌（chloroform-resistant bacteria; CRB）[25]を作成し無菌マウスに定着させたマウス（CRBマウス）では，無菌マウスと比較して大腸粘膜における末梢誘導型のT_{reg}細胞（peripherally derived T_{reg} cell, pT_{reg}細胞）の数が著しく増加していた[24]．無菌マウスでは腸内細菌による発酵が起こらないため，盲腸内に食物繊維が滞留して水分を含んで膨潤し，盲腸が肥大化する現象が観察される．一方，CRBマウスでは盲腸肥大が正常化していたことから，CRB群が食物繊維を代謝し，その過程で産生される代謝物質が，大腸粘膜におけるpT_{reg}細胞の誘導に重要な役割を果たしていると考えられた．

　CRBマウスに高繊維食や低繊維食を与えて比較した結果，腸内発酵があまり起こらない低繊維食群では，大腸におけるpT_{reg}細胞の数が半減していた．CRB群は96.6%がClostridiales目細菌であったことから，Clostridiales目細菌が食物繊維を発酵して産生する腸内代謝物質は，pT_{reg}細胞の誘導に主要な役割を果たすことが明らかとなった．高繊維食および低繊維食を与えたCRBマウスの盲腸内代謝物質をメタボローム解析により網羅的に調べた結果，酢酸やプロピオン酸，酪酸などの短鎖脂肪酸，およびロイシンやイソロイシン，γ-アミノ酪酸といったアミノ酸の含量が，高繊維食を与えたCRBマウスの盲腸内で増加していた．

　脾臓由来のナイーブT細胞を用いたin vitroでのT_{reg}細胞の分化誘導培養試験において，これらの代謝物質を培地中に添加してその作用を評価した結果，プロピオン酸にはわずかな，酪酸には顕著なT_{reg}細胞の分化誘導促進作用が認められた．マウス試験においても酪酸をデンプンに架橋した酪酸化デンプンをSPFマウスに与えたところ，大腸におけるpT_{reg}細胞の数は対照群のおよそ2倍にまで増加したことから，酪酸はpT_{reg}細胞誘導促進作用をもつことが示唆された．酪酸はヒストン脱アセチル化酵素（histone deacetylase; HDAC）阻害剤として機能することが知られていることから，ナイーブT細胞からのin vitro T_{reg}細胞分化誘導培養系に酪酸を添加した状態で，クロマチン免疫沈降シーケンス（chromatin immunoprecipitation-sequence; ChIP-seq）法によりヒストンアセチル化について網羅的に解析した．その結果，T_{reg}細胞のマスター転写因子であるFoxp3遺伝子上流のプロモーター領域，およびイントロンに存在するCNS（conserved non-coding sequence）3エンハンサー領域におけるヒストンH3のアセチル化が亢進することが明らかとなった．

　酪酸化デンプン摂食マウスにおいて誘導されたpT_{reg}細胞は，抑制性サイトカインであるIL-10を産生し，実際にこれによる抗炎症作用の可能性が示唆された．そこで，炎症性腸疾患（inflammatory bowel disease; IBD）の実験的モデルとして知られているヘルパーT細胞介在性の慢性大腸炎モデルマウスを作製した．酪酸化デンプンを含む飼料を与えたところ，大腸粘膜におけるpT_{reg}細胞の割合が非投与群と比較して増加し，腸炎発症時の所見である体重減少，大腸粘膜への炎症性細胞浸潤，および腸管壁肥厚が軽減した．したがって，前述の酢酸と同じように，酪酸そのものに直接的な抗炎症作用があるわけではなく，酪酸がエピジェネティックな反応を介してT_{reg}細胞のマスター転写因子の発現誘導を亢進させることでpT_{reg}細胞の分化誘導促進をし，間接的に炎症を抑制していることが明らかとなった（図3.3）．

　腸内細菌叢由来の短鎖脂肪酸による抗炎症作用

[*1] ヒトの健康への影響する可能性がある特定の病原生物が存在しない．

について，アメリカのGarrettらの研究グループは，高濃度の短鎖脂肪酸をSPFマウスや無菌マウスに3週間飲水投与させることで，腸管粘膜において胸腺由来のT_{reg}細胞（thymus-derived T_{reg} cells, tT_{reg}細胞）が増加することを報告した[26]．前述のpT_{reg}細胞の分化誘導には酪酸が重要であったのに対し，tT_{reg}細胞の誘導にはプロピオン酸や酢酸に強い作用が認められたものの，酪酸の効果は弱かった．これはGarrettらが短鎖脂肪酸を飲水投与していたため，ほとんどの短鎖脂肪酸は小腸で吸収されてしまい，大腸へは到達しなかったためと考えられる．そのため，この実験系では本来の腸内細菌による短鎖脂肪酸産生の場である大腸局所における機能は検討できず，さらに非生理的な高濃度の短鎖脂肪酸が血中に流入してしまうことにも留意する必要がある．実際に彼らの結果では，酢酸やプロピオン酸はナイーブT細胞からの分化を誘導するわけではなく，tT_{reg}細胞が発現しているGPR43に作用することで大腸への遊走を促進すると考察しており，これは短鎖脂肪酸が血中に流入したことによって生じる全身性の作用と考えられる．

腸内細菌の多くは大腸に存在しているため，宿主－腸内細菌叢間相互作用の第一の現場は大腸であると考えられる．大腸内で産生された代謝物質は，腸から吸収されて血中に移行し，肝臓を経て全身を巡る場合もあるが，宿主－腸内細菌叢間相互作用の最前線を理解するには，実際の現場である大腸での相互作用を評価できるような実験系を構築することが望ましい．

3.3.4 自閉症症状と関連する腸内細菌叢由来代謝物質

短鎖脂肪酸の他にも，宿主に影響を及ぼす腸内

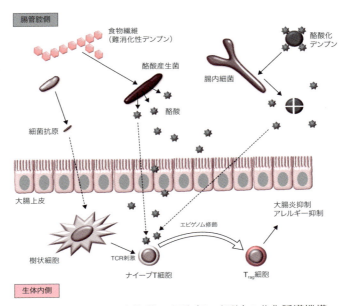

図3.3　酪酸による制御性T細胞（T_{reg}細胞）の分化誘導機構
Clostridiales目細菌群などの酪酸産生菌が，食物繊維の発酵代謝により腸管内で酪酸を産生する．大腸粘膜固有層において酪酸がナイーブT細胞にエピジェネティックに作用することで，T_{reg}細胞のマスター転写因子である*Foxp3*遺伝子の発現を誘導し，ナイーブT細胞からT_{reg}細胞への分化誘導を促進する．大腸局所で誘導されたT_{reg}細胞は，大腸炎やアレルギーなどの免疫応答を抑制する．酪酸化デンプンの摂取により腸管内の酪酸濃度を高めた場合も同様に，大腸炎やアレルギーを抑制できる（文献24より改変して転載）．

代謝物質は多数存在する．これまでは疾患や炎症の抑制といった有益な働きについて述べてきたが，本項では疾患を誘発する有害な腸内細菌叢由来代謝物質について紹介する．

腸内細菌が産生する尿毒症物質の1種が，精神疾患の自閉症スペクトラムの発症に関与することがマウス実験で報告されている[9]．妊娠しているマウスにポリイノシンポリシチジン酸〔poly（I:C）〕を腹腔内投与することで，その産仔が自閉症様症状を呈するというマウスモデルがあり，その仔マウスには腸内細菌叢のdysbiosisが認められた．仔マウスではdysbiosisの結果として腸管バリア機能が低下し，腸管への透過性が高まることによって，腸管内でつくられた尿毒症物質の一つである4-エチルフェニル硫酸（4-ethylphenylsulfate；4EPS）が血中に移行しやすくなり，自閉症様症状を呈することが明らかとなった．このモデルにおいて，腸管透過性を改善するようなプロバイオティクスとして*Bacteroides fragilis*を投与すると，4EPSの血中濃度が低下し，自閉症様症状も改善した．したがって，dysbiosisによって腸管のバリア機能が破綻して有害物質が体内に侵入し，脳機能にまで影響を及ぼしたことから，腸内細菌叢の構成を維持することがいかに重要であるかが伺える．

一方で，プロバイオティクス投与による腸内環境の改善が自閉症治療の新たなターゲットとなる可能性も示唆されたことにもなる．ここでの事例はマウスモデルであるが，ヒトにおいてもさらなる研究が進展することを期待したい．

3.3.5 肝臓がん発症に関与する腸内細菌叢由来代謝物質

腸内細菌が産生する代謝物質は，体内へ取り込まれた後に全身へ移行することから，腸内細菌叢の機能が腸以外の遠隔臓器の疾患発症にも関与することは，理解するに難くない．胆汁中に含まれるコール酸などの一次胆汁酸は腸内細菌により二次胆汁酸に代謝され，これらが大腸がんの発症と関連があることは古くから指摘されていたが，肝臓がんを引き起こす要因の一つになりうることが近年報告された[7]．

7,12-ジメチルベンズ[*a*]アントラセン（7,12-dimethylbenz[a]anthracene；DMBA）を用いた発がん誘導マウスモデルに高脂肪食を与えることで肝臓がんが誘発される．通常食摂取時は95％が発がんせず，5％が肺がんを発症する．一方，高脂肪食摂取時には100％が肝臓がんを発症し，32％が肺がんを併発する．高脂肪食摂取時に血中で増加する代謝物質を調べたところ，二次胆汁酸の一つであるデオキシコール酸（deoxycholic acid；DCA）の濃度が顕著に高いことが明らかとなった．一次胆汁酸の一種であるコール酸は，腸管内に分泌された後，腸内細菌によって二次胆汁酸の一種であるDCAに代謝される．DCAは腸管から再吸収され，肝臓へ戻った際に肝星細胞の老化を促進し，炎症性サイトカインなどの分泌を促す．その結果，最終的には肝臓がんを発症することが明らかとなった．本モデルにおいて高脂肪食摂取時は*Clostridium*属細菌群の中のクラスターXIに属する単一の細菌が特徴的に増加しており，系統解析の結果，最も近縁の種はDCA産生菌として知られる*Clostridium sordellii*であった．

以上の結果から，高脂肪食摂取などによってdysbiosisが誘導されると，腸内で産生された有害な代謝物質が遠隔臓器に移行し，最終的に障害が生じる可能性が示唆された．腸内代謝物質は腸管のみで宿主と相互作用を行うわけではなく，腸管から吸収されて血流に乗ることで全身に作用する機会が生じることになる．そのため，生体全体の恒常性維持のためにも，腸内環境を適切に管理することが重要であると考えられる．

3.3.6 動脈硬化に関与する腸内細菌叢由来代謝物質

前述の肝臓がんの例と同様に，腸内細菌が産生した代謝物質が体内に移行し，疾患のリスクファクターとなる例が他にも報告されている．卵や乳製品に多く含まれるコリンや赤身肉などに多く含まれる L- カルニチンは，腸管内において腸内細菌の働きによりトリメチルアミン（TMA）に代謝される．TMA は腸から吸収された後に肝臓でトリメチルアミン -N- オキシド（TMAO）へと代謝される．マウス実験やヒト血清のメタボローム解析によって，TMAO はアテローム性動脈硬化を促進することが明らかになっている[27, 28]．したがって，卵，乳製品，赤身肉などの多量摂取は，腸内細菌の働きを介して動脈硬化のリスクを高めていることになる．

食事内容の欧米化が生活習慣病のリスクを高めていることは以前から知られていたが，その発症原因の一つに腸内細菌による代謝が関与していたことは驚くべき事実である．食事由来のコリンや L- カルニチンが腸内細菌による代謝を受け，結果として動脈硬化のリスクを高めることが明らかになったわけである．マウス実験においては，コリンのアナログを経口投与することで，腸内細菌によるコリンからの TMA 産生反応を阻害することができ，その結果，動脈硬化を抑制できることが報告されている[29]．本例のように，宿主－腸内細菌叢間相互作用を正確に理解することでその制御が可能となるので，このような相互作用を標的とした創薬が期待される．

3.3.7 炎症性腸疾患と dysbiosis

炎症性腸疾患（inflammatory bowel diseases; IBD）は，潰瘍性大腸炎（ulcerative colitis; UC）とクローン病（Crohn's disease; CD）を含む慢性の腸疾患である．これらの原因として，これまでに多数の一塩基多型（single nucleotide polymorphism; SNP）が報告されている[30]．マウスモデルにおいては，SNP などの宿主の遺伝子異常のみでは IBD を自然発症しないことから，その原因は遺伝子異常のみではなく，腸内細菌叢やウイルス感染などの環境要因も関与していることが示唆されている．

健常者および IBD 患者における腸管内容物や腸粘膜接着菌の腸内細菌叢構成の解析結果から，主要な腸内細菌群の 1 種である Clostridiales 目細菌群が IBD 患者において減少していることが示唆されている[31, 32]．また，IBD 患者では腸内細菌叢の多様性が低下する一方，バクテリオファージの多様性は増加することも報告されている[33]．現時点で IBD の発症にかかわる宿主－腸内細菌叢間相互作用の詳細は明らかにされていないが，本疾患の発症に dysbiosis が関与している可能性は濃厚であり，IBD の予防や治療のためにはさらなる研究が必要と考えられる．とくに近年，まだその効果の詳細は明確にはなっていないものの，便細菌叢移植療法 (3.4 節) による UC 治療の臨床試験結果も報告され始めていることから[34, 35]，宿主－腸内細菌叢間相互作用に基づく新たな治療方法確立に期待したい．

3.3.8 セロトニン産生

セロトニンはさまざまな役割をもつ神経伝達物質であり，生体内のセロトニン総産生量の 90% は，腸管内の腸クロム親和性細胞によって産生される．セロトニンは腸管内でぜん動運動[36]や血小板凝集[37]にかかわるとされ，過敏性腸症候群（irritable bowel syndrome; IBS）との関与も指摘されている[38]．近年では，腸クロム親和性細胞のモデルとなる培養細胞（RIN14B 細胞）に，腸管内に存在するさまざまな代謝物質を添加したところ，酪酸，プロピオン酸，コール酸，DCA などを添加した場合には，セロトニン分泌量が増加することが報告されている[39]．さらに，芽胞形成

性の腸内細菌やそれらが腸管内で産生すると考えられる DCA を無菌マウスに投与したところ，腸管内分泌細胞からのセロトニン産生が促された．よって，腸管の腸クロム親和性細胞によるセロトニン産生は，芽胞形成性の腸内細菌が産生する代謝物質により誘導されることが明らかとなった[39]．しかし，このようなセロトニン産生量の増加がIBS改善に及ぼす影響については検証されておらず，今後の研究が期待される．

3.4 乱れた腸内環境を改善するための手段

これまでに紹介した研究事例によって，腸内細菌が産生する代謝物質は健康維持に非常に重要である一方，さまざまな疾患の引き金になってしまう可能性があることもご理解いただけたかと思う．健康維持のためには腸内細菌叢のバランスを適切な状態に保つことが重要であると考えられるが，もし何らかの要因で腸内細菌叢のバランスが崩れ，dysbiosis となってしまった際には，どのようにして腸内環境を改善したらよいのだろうか．

疾患を伴わない軽度の dysbiosis であれば，食習慣の改善や腸内環境を整える可能性がある食品の摂取などで，ある程度は腸内環境の改善が見込めると考えられる．たとえば，継続的な脂肪の多い食事や食物繊維の少ない食事は dysbiosis の原因になるといわれているため[40]，このような食生活は改めたほうがよいだろう．また，ヨーグルトなどに含まれるプロバイオティクスや，オリゴ糖などのプレバイオティクスを積極的に摂取することによっても，腸内環境の改善を見込める可能性がある[41, 42]．

しかし，dysbiosis によって重篤な疾患を発症しまった場合には，腸内細菌叢を丸ごと入れ替えるような，大掛かりな処置が功を奏することもある．抗生物質の長期投与などによって発症する

Clostridium difficile 感染性大腸炎は，欧米で症例数が多い腸管感染症の一つである．とくにアメリカでは約50万人が罹患し，年間約3万人が死亡しており，これまでに約5,000億円の対策費が投じられている[43]．*Clostridium difficile* 感染性大腸炎患者に対して，抗生物質投与による治療よりも圧倒的に治療効果が得られる手法として一躍脚光を浴びたのが，便細菌叢移植療法（fecal microbiota transplantation; FMT）である[44]．FMT は内視鏡を用いて健常者の便を患者の腸管内に投与する手法であり，腸内細菌叢を丸ごと入れ替えることを目指した治療方法である．本章でも紹介したように，腸内細菌のバランス異常やそれに伴って産生される代謝物質によってさまざまな疾患が引き起こされる可能性が示唆されていることから，FMT はそれらの疾患の治療に有効ではないかと期待されている．現在，潰瘍性大腸炎や *C. difficile* 感染性大腸炎などの腸管関連疾患，および肥満や糖尿病といった代謝疾患の治療に対し，積極的に FMT の臨床研究が行われている．

近年，FMT と共に注目されているのが，腸内細菌カクテルである．FMT は健常者の腸内細菌叢を丸ごと投与するが，その中にどのような菌が含まれているかを完全に把握することは困難である．したがって，安全性の観点から課題が残されており，さらに腸内細菌叢のドナーが違えば FMT の効果も違ってくる可能性もある．一方，腸内細菌カクテルは，便の中から有効な腸内細菌を分離・培養し，それらを生菌製剤として利用する方法である．腸内細菌カクテルの有用性は現在も研究段階である．たとえば，ヒト腸内細菌叢から選抜した17種の腸内細菌カクテルの投与によって，T_{reg} 細胞が誘導されることが明らかになっている[45]．腸内細菌カクテルは投与する細菌があらかじめ把握できているため，安全性の観点から FMT よりもすぐれていると考えられる．しかし，本章冒頭で述べたように腸内環境は食生

活に大きく依存するため，万人に対して同一の腸内細菌カクテルを投与しても，全員が有益な効果を得ることができない可能性が高い．したがって，腸内環境を改善するためには，結局のところ一人ひとりの腸内環境に合わせた食生活改善，あるいは適切な腸内細菌カクテルを開発する必要があると考えられる．今後もさまざまな腸内細菌カクテルの有用性が明らかにされることを期待したい．

3.5 宿主－腸内細菌叢間相互作用のさらなる理解に向けたメタボロゲノミクス

　宿主－腸内細菌叢間相互作用を正確に理解するには，腸内細菌側の変動と宿主側の変動に合わせて，共通の変動因子である代謝物質までをも含めて理解する必要がある．すなわち，従来盛んに行われているメタ16S解析やメタゲノム解析に加え，メタボローム解析も並列的に実施しなければならないと考えられる．筆者らはこれまでに，メタボロミクスとメタゲノミクスを組み合わせた概念として「メタボロゲノミクス」の重要性を提唱してきた[23, 24, 46]．本章で紹介したいくつかの事例では，すでにメタボロゲノミクスの概念が用いられている．腸内環境内で生じている複雑な生命現象を明らかにするためには，今後もメタボロゲノミクス研究を推し進めていく必要がある．

　メタゲノミクスは腸内細菌叢の遺伝子地図を作成するために重要である．しかし，遺伝子はいわば設計図であり，その遺伝子が実際に腸内で機能しているかどうかは，遺伝子の有無だけではわからない．工場の設計図だけを見ても，実際にどのラインが稼働し，何が生産されているかは，現場を見ないことにはわからないのと同様である．一方，メタボロミクスは産生された化合物を網羅的に知ることができる．メタゲノミクスで得られた遺伝子地図とメタボロミクスの情報を照らし合わせることによって，実際に腸内で稼働している腸内細菌叢の代謝経路を把握することができる．このように，異なる階層の情報を統合することにより，初めて宿主と腸内細菌叢間のクロストークを正確に理解することができ，腸内エコシステムの制御につながると考えられる．

　ここで，筆者らが行った最近のメタボロゲノミクスの研究事例を紹介する．アデニン食摂取による慢性腎臓病発症マウスモデルにおいて，塩化物イオンチャネル活性化剤の一つで慢性便秘治療に用いられるルビプロストンを経口投与して腸内環境を改善すると，腎不全の病態スコアを改善できることを明らかにした[46]．これは，腎不全発症によって生じたdysbiosisをルビプロストン摂取によって適切に改善することで，腸内細菌叢由来の尿毒症物質であるインドキシル硫酸や馬尿酸の血中濃度を低下させることができ，慢性腎臓病の改善につながったと考えられる．本事例のように，メタゲノミクスにより腸内細菌叢のバランスを知るだけでなく，メタボロミクスによって腸内環境変動の結果として生じる現象を同時に検証することで，腸内環境の改善に基づく疾患の治療法や改善策にたどり着くことができると考えられる．宿主と腸内細菌叢の間で行われるクロストークについてより一層の理解を深めるためにも，メタボロゲノミクスの概念がこの分野で活用されることを期待する．

3.6 おわりに

　本章では，宿主と腸内細菌叢間の複雑なクロストークについて，具体例を交えて紹介し，また今後さらなる理解を進展させるためにも，メタボロゲノミクスの概念が重要であることを述べた．

　昨今の報告により，腸内細菌叢のdysbiosisは腸管局所における疾患のみならず，全身性の疾患につながることが次つぎと明らかとなってきてい

る．そのため腸内細菌叢を含む腸内エコシステムと生体との相互作用は，一つの臓器あるいはそれ以上の生命機能の中枢であることを認識し，包括的に理解していく必要があると考えられる．しかし，腸内細菌叢の構成が個人ごとで異なるように，その機能も個人ごとに異なると考えられる．

腸内エコシステムの機能を包括的に理解するためには，同一プラットフォーム上での基盤情報の蓄積が必要不可欠である．とくに，データ駆動型の腸内エコシステム研究を推し進めるにあたり，メタボロゲノミクスの手法によって腸内細菌叢の遺伝子地図を取得し，さらに代謝物質の情報を遺伝子地図上へ統合した情報を個人ごとに蓄積していくことがきわめて重要である．個人ごとの腸内エコシステム代謝マップを構築することで，初めて腸内細菌叢の機能を意のままに制御することが可能になるだろう．腸内細菌叢の機能を制御することができれば，腸内細菌叢のdysbiosisが原因となるような疾患の予防や治療法を確立することが可能となり，人類の健康維持に大きく貢献できると考えられる．本章がその一助となることを期待したい．

（村上慎之介，福田真嗣）

文 献

1) J. Qin et al., *Nature*, **464**, 59 (2010).
2) L. W. Peterson, D. Artis, *Nat. Rev. Immun.*, **14**, 141 (2014).
3) M. Matsumoto et al., *Sci. Rep.*, **2**, 233 (2012).
4) H. Daniel et al., *ISME J.*, **8**, 295 (2014).
5) P. J. Turnbaugh et al., *Nature*, **444**, 1027 (2006).
6) G. D. Wu et al., *Science*, **334**, 105 (2011).
7) S. Yoshimoto et al., *Nature*, **499**, 97 (2013).
8) V. K. Ridaura et al., *Science*, **341**, 1241214 (2013).
9) E. Y. Hsiao et al., *Cell*, **155**, 1451 (2013).
10) S. Fukuda, H. Ohno, *Semin. Immunopathol.*, **36**, 103 (2014).
11) W. Aw, S. Fukuda, *Semin. Immunopathol.*, **37**, 5 (2015).
12) H. L. Cash et al., *Science*, **313**, 1126 (2006).
13) R. E. Lehotzky et al., *Proc. Natl. Acad. Sci. USA*, **107**, 7722 (2010).
14) Y. Goto et al., *Science*, **345**, 1254009 (2014).
15) T. A. Pham et al., *Cell Host & Microbe*, **16**, 504 (2014).
16) C. L. Karlsson et al., *Obesity*, **20**, 2257 (2012).
17) J. K. Goodrich et al., *Cell*, **159**, 789 (2014).
18) G. Tolhurst et al., *Diabetes*, **61**, 364 (2012).
19) E. S. Chambers et al., *Gut*, **64**, 1744 (2015).
20) I. Kimura et al., *Nat. Commun.*, **4**, 1829 (2013).
21) J. C. McNelis et al., *Diabetes*, **64**, 3203 (2015).
22) C. Tang et al., *Nat. Med.*, **21**, 173 (2015).
23) S. Fukuda et al., *Nature*, **469**, 543 (2011).
24) Y. Furusawa et al., *Nature*, **504**, 446 (2013).
25) K. Atarashi et al., *Science*, **331**, 337 (2011).
26) P. M. Smith et al., *Science*, **341**, 569 (2013).
27) R. A. Koeth et al., *Nat. Med.*, **19**, 576 (2013).
28) W. H. Tang et al., *N. Engl. J. Med.*, **368**, 1575 (2013).
29) Z. Wang et al., *Cell*, **163**, 1585 (2015).
30) J. C. Barrett et al., *Nat. Genet.*, **40**, 955 (2008).
31) D. N. Frank et al., *Proc. Natl. Acad. Sci. USA*, **104**, 13780 (2007).
32) H. Sokol et al., *Proc. Natl. Acad. Sci. USA*, **105**, 16731 (2008).
33) J. M. Norman et al., *Cell*, **160**, 447 (2015).
34) P. Moayyedi et al., *Gastroenterology*, **149**, 102 (2015).
35) N. G. Rossen et al., *Gastroenterology*, **149**, 110 (2015).
36) M. D. Gershon, J. Tack, *Gastroenterology*, **132**, 397 (2007).
37) C. P. Mercado et al., *Sci. Rep.*, **3**, 2795 (2013).
38) C. Stasi et al., *Tech. Coloproctol.*, **18**, 613 (2014).
39) J. M. Yano et al., *Cell*, **161**, 264 (2015).
40) M. J. Claesson et al., *Nature*, **488**, 178 (2012).
41) E. Holmes et al., *Sci. Transl. Med.*, **4**, 137rv6 (2012).
42) T. Kato et al., *DNA Res.*, **21**, 469 (2014).
43) F. C. Lessa et al., *N. Engl. J. Med.*, **372**, 825 (2015).
44) E. van Nood et al., *N. Engl. J. Med.*, **368**, 407 (2013).
45) K. Atarashi et al., *Nature*, **500**, 232 (2013).
46) E. Mishima et al., *J. Am. Soc. Nephrol.*, **26**, 1787 (2015).

Part II　哺乳類・脊椎動物と共生

皮膚細菌叢の全貌

Summary

われわれにとって外界との接点である皮膚は，微生物との接点でもある．皮膚には無数の細菌が存在しており，さまざまな相互作用を通して共生・共存しつつ，ときにはわれわれを疾患へと陥れる．しかしその全貌が明らかとなってきたのは最近のことであり，その機能的な解析はまだ始まったばかりである．本章では皮膚共生細菌叢について「適切な相互作用」を例に共存の仕組みの一端を理解し，最近明らかになりつつある皮膚共生細菌叢の全貌を俯瞰する．「皮膚細菌叢はどこからくるのか」，「時間とともにどう変化するのか」という素朴であるが本質的な問いに対して最近の知見を紹介するとともに，最も一般的な皮膚疾患であるニキビやアトピー性皮膚炎を例に疾患と皮膚細菌叢との関連性を解説する．また，いまだ解明されていない皮膚免疫機能との関連性を解き明かす最新の研究成果も紹介する．最新のバイオテクノロジーを駆使して明らかになった皮膚細菌叢とヒトとの相互作用メカニズムについて紹介するとともに，共生細菌に共生するバクテリオファージの研究を通して明らかになったファージと皮膚細菌叢の共生関係についても解説する．

4.1　皮膚細菌叢の全貌

体の表面を覆っている皮膚は外界との接点として，水分の喪失や透過を防ぎ体温の調節をはかりつつ，微生物からの攻撃や物理化学的な刺激を防ぐバリアとして，さらには感覚器(センサー)として働いており，多様な機能をもつ[1]．その機能の獲得と維持において，共生細菌との適切な相互作用がきわめて重要であることが近年明らかとなりつつある．ほぼすべてのヒトの皮膚に存在しているきわめて一般的な共生細菌であるアクネ菌(*Propionibacterium acnes*)を例に，「適切な相互作用の関係」を理解してみよう．

毛穴の奥にある脂腺から分泌される皮脂には脂質が多く含まれており，表皮と毛を疎水的に被覆・保護している．その脂腺内部は酸素濃度が低く，アクネ菌などの嫌気性細菌には都合のよい生息環境となっている．このアクネ菌が生産・分泌する脂質分解酵素(リパーゼ)により，皮脂に含まれる脂質が加水分解され，遊離脂肪酸となる．この遊離脂肪酸により皮膚表面のpHが酸性に維持され，黄色ブドウ球菌(*Staphylococcus aureus*)などの病原菌の増殖が抑制されると考えられている(図4.1)[2]．ニキビの原因としてやり玉にあげられるアクネ菌であるが，病原性の微生物を防ぐバリア機能の維持にはきわめて重要な働きをして

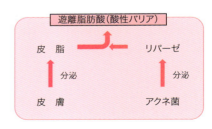

図4.1　皮膚マイクロバイオームとの共生関係

■ 4章　皮膚細菌叢の全貌 ■

いることがわかる．

　ではわれわれの皮膚には，他にどのような細菌が共生しているのだろうか．細菌叢の組成（コミュニティ）を解析する方法として，サンプルから直接抽出したゲノム DNA を対象に，微生物間で高度に保存されている領域（一般的には 16S rRNA 遺伝子）の配列をターゲットにした（ユニバーサル）プライマーを用いて PCR 法を行い，得られた PCR 産物の配列とその数を比較することで，各微生物の相対的な割合を解析する分子生物学的手法が汎用されている．この手法のメリットは，従来行われていた微生物培養というステップが不要なため，培養困難な微生物も同定できる点にある[2]．皮膚共生細菌叢（皮膚マイクロバイオーム）の解析にこの手法を取り入れた先駆的な試みが，Dekio らにより報告されている[3]．その研究では，5 人の健常人から得られた額（forehead）のサンプルを解析し，計 416 個の 16S rRNA 配列を得た（約 83 配列／1 サンプル）．配列解析の結果，343 配列（約 82％）は既知の微生物配列に相当し，その内の 257 配列（約 66％）がアクネ菌由来であった．アクネ菌がマイクロバイオームの大部分を占めるというこの結果は，微生物培養による従来法から得られた結果とおおむね一致するものであった．興味深いのは，約 18％に相当する 73 配列が新規配列として同定されたことである．16S rRNA を標的とした解析手法の導入により，従来法では同定が困難であった微生物の存在が明らかにされた．

　Grice ら[4]のグループは 16S rRNA 遺伝子のほぼ全長配列解析を行いつつ，大量のクローニング[*1]を行うことで，高い分離精度と解像度を両立し，全身の皮膚細菌叢カタログの作成を行った．具体的には，ユニバーサルプライマー（8F

と 1391R）を用いた PCR 法を行うとともに，1 サンプルあたり平均 500 個以上のクローニングを行った．この解析手法を用いて，10 人の健常者から眉間（glabella），鼻孔（nare），背中（back），掌（hypothenar palm），かかと（plantar heel）など，頭から足まで計 20 カ所からサンプルを抽出し，メタゲノム解析を行った．計 112,283 配列（約 561 配列／1 サンプル）が得られ，眉間や背中などの脂質分泌（脂漏）部位，鼻孔などの湿潤部位，掌などの乾燥部位に分けて，それぞれの部位に特徴的なマイクロバイオームの解析が行われた．脂質分泌部位では *Propionibacterium* 属や *Staphylococcus* 属の細菌が優勢であった．また，湿潤部位では *Corynebacterium* 属の細菌が優勢で，*Staphylococcus* 属の細菌も見られた．乾燥部位では多様な分布が見られたが，beta-Proteobacteria 綱と Flavobacteriales 目の細菌が広く観察されている．本データは体中の皮膚マイクロバイオームを高解像度で解析したという点に加え，16S rRNA のほぼ全長に及ぶ領域を解析しており，後述する次世代シーケンサーを用いたデータとの比較においても有用なデータセットとなっている．

4.2　皮膚細菌叢の由来と時間的変化および類似性

　では，そもそも「無菌」状態の胎児はどのようにして皮膚細菌叢を獲得するのだろうか．Dominguez-Bello と Knight らは妊婦 9 人，新生児 10 人の皮膚マイクロバイオームを解析した[5]．その結果，自然分娩で産まれた新生児（baby born vaginally）の皮膚マイクロバイオームは母親の腟のマイクロバイオームに似ている一方，帝王切開で産まれた新生児（baby born via Cesarean section）の皮膚マイクロバイオームは母親の皮膚（綿棒で前腕から採取）のマイクロバイ

＊1　目的の DNA 配列をベクターに組み込み，ベクターを感染させた大腸菌を培養し，DNA を抽出することで，目的の DNA 配列を大量に調整する手法である．

4.2 皮膚細菌叢の由来と時間的変化 および類似性

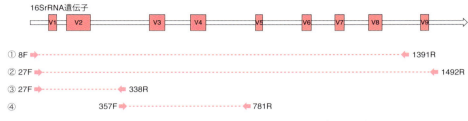

図 4.2　16S rRNA 遺伝子の配列解析ターゲット部位
①，②はクローニングに使用されるプライマーセットの例．③，④は NGS を用いたマイクロバイオーム解析で使用されるプライマーセットの例．皮膚マイクロバイオームの解析には 27F-338R のプライマーセット（③）が，腸内マイクロバイオームの解析では 357F-781R のプライマーセット（④）の使用が勧められている（文献 6）．

オームに似ていることが示された．すなわち，初期の段階で新生児の皮膚マイクロバイオームを規定するものは，その新生児の分娩様式であることが明らかとなった．なお，この研究では，次世代シーケンサーを導入し，16S rRNA の一部の領域を対象としたプライマーをデザインすることで，手間のかかるクローニングというステップを回避し，かつ解像度も飛躍的に向上させている．今日ではクローニングを省いたこの手法（16S rRNA アンプリコンシーケンス法）が広く普及しているが，16S rRNA のどの領域を解析対象とするのか，解析対象のサンプルによって使い分ける必要がある[6]（図 4.2）．

Blaser ら[7]は，皮膚細菌叢の時間的変化を解析した．6 人の健常者から，左右前腕（forearm）のサンプルを取得し，さらに 8〜10 カ月後に 2 回目のサンプリングを行い（6 人中 4 人），16S rRNA 配列の解析を行った．その結果，同じときに採取された左右前腕サンプル間の類似度のほうが，8 カ月後に採取された同一部位（左と左，もしくは右と右）の類似度よりも高い，という興味深い結果が示された．

一方，Costello と Knight ら[8]は，糞便，口腔，外耳道，鼻孔内，頭髪，皮膚など（最大で）計 27 カ所のサンプリングを 3 カ月に渡り計 4 回（6 月 17 日，18 日，9 月 17 日，18 日）行った．その結果，性別，個人，採取日の違いではなく，マイクロバイームの採取部位（生息環境）がクラスター形成に最も強く影響する因子であることが明らかとなった．また階層的クラスタリングの結果からも，①採取部位（生息環境）＞②個人＞③採取日の順で影響すること，24 時間におけるマイクロバイオームの組成変化は 3 カ月の変化より小さいこと，などが明らかとなった．さらに興味深いことに，前腕および額に舌から採取した細菌叢を接種してその時間経過を観察したところ，前腕では接種された舌の細菌叢により類似していたのに対し，額では刻々と本来の額の細菌叢に戻っていき，同時に，*Propionibacterium* 属の相対量も本来の額の量に戻ったと報告している（図 4.3）．これらの実験結果は，観察期間が短い点を考慮に入れたうえで，額のような脂質分泌部位では（脂質分解能の高い *Propionibacterium* 属の増殖が見られるので）細菌叢の形成に環境要因がより強く影響すると考えられる．

Fierer と Knight らは，51 人の学生から取得した左右の掌のサンプル（綿棒で掌をこすることで採取）を用いた解析を実施した．その結果，女

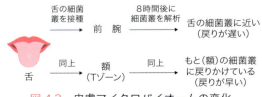

図 4.3　皮膚マイクロバイオームの変化

性の掌のマイクロバイオームのほうが男性のそれよりも多様性があること，左右の掌ではわずか17％，個人間では13％のファイロタイプ（本解析では97％以上の相同性をもつ近縁種と定義）しか共有されていないこと，約30％の配列が*Propionibacterium*属由来であること，などの知見を報告している[9]．

4.3 皮膚細菌叢と疾患および生理機能

4.3.1 ニキビとの関連

本章の初めに，われわれと皮膚共生細菌叢との「適切な相互作用の関係」について述べた．皮膚の疾患と皮膚共生細菌叢との関係はどこまで解明されているのだろうか．たとえば痤瘡（ニキビ）は最も一般的な皮膚疾患であり，10代の85％，成人の11％が罹患しており，読者の多くもその経験があると思われる．しかし，実のところニキビの病因はまだ解明されていない[2]．その一因と考えられている（通称）アクネ菌とは，グラム陽性・高GC含量（60％）細菌の*P. acnes*であり，健常人にも広く分布している常在細菌である．このアクネ菌が生産・分泌する脂質分解酵素（リパーゼ）により脂質から加水分解された遊離脂肪酸によって皮膚表面のpHが酸性に維持され，病原微生物の増殖が抑制されるというメカニズムは冒頭に説明した通りである．アクネ菌とニキビとの因果関係はあるのだろうか．また，その他の疾患との関連は解明されているのだろうか．

筆者らのグループは，皮膚科医の診断のもと，ニキビのある患者49人，ニキビのない健常者（コントロール）52人を解析対象に，皮膚マイクロバイオームを採取した．具体的には，粘着テープ（ビオレストリップ）を用いて鼻から角栓（マイクロコメド）を採取し，そのマイクロコメドからゲノムDNAを抽出した．V1～V9領域を含む

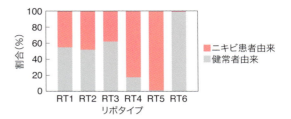

図4.4 アクネ菌のリボタイプ（RT）と由来患者の関係

16S rRNA遺伝子のほぼ全長（27F～1492R）配列をクローニングし，計31,461配列取得した．解析の結果，27,358配列（約87％）がアクネ菌由来のものであった[10]．興味深いことにニキビ患者群とコントロール群の間でアクネ菌の相対比率に有意差はなかった（それぞれ約85％と約87％）．そこで筆者らは，16S rRNAの配列多型をもとにアクネ菌を株（strain）レベルでリボタイプ（ribotype；RT）に分類した．その結果，RT1型，2型，3型株は，患者群とコントロール群間にほぼ均一に分布する一方，RT4型，5型株は患者群に由来する配列が多く，RT6型株はほぼコントロール群に由来することが明らかとなった（図4.4）．このRT4型，5型株は，McDowellら[11]によってニキビとの関連が報告されたアクネ菌のIA1 CC3タイプと一致していた．これらの結果から，アクネ菌の一部の株（RT4型，5型など）がニキビの発症に関連している可能性が推測される．これは病原性大腸菌O157株のように，一部の株が病原性をもつことと同様であり，今後RT4型，5型などの「ニキビ関連株」がニキビを引き起こす分子メカニズムの解明が待たれる．

4.3.2 アトピー性皮膚炎との関連

一方，KongとSegreらはアトピー性皮膚炎の子供12人から，増悪前（baseline disease state），増悪中（disease flare），治療後（post-treatment for disease flare）の3点で皮膚のマイクロバイオームを解析し，炎症との関連性を調

べている[12]．その結果，アトピー性皮膚炎が重症化すると細菌叢の多様性が低下する一方で，黄色ブドウ球菌（*S. aureus*）が支配的に増加するという関連が明らかとなった．また，抗菌剤や抗炎症剤を使用することにより，増悪中の黄色ブドウ球菌の支配的な増加が抑制され，細菌叢の多様性が維持されることも示されている．今後，マイクロバイオームという視点から治療効果の解明を進めることで，患者のマイクロバイオームに最適化した効果的な個別化治療への応用が期待される．

4.3.3 創傷治癒との関連

細菌叢と皮膚の生理機能，特に，局所的な免疫応答や組織の再生・創傷治癒に関する機能との相互作用について，近年分子レベルでの理解が進んでいる．皮膚には，表皮ブドウ球菌（*S. epidermidis*）を含む，さまざまなブドウ球菌属が生息している．Lai と Gallo らのグループ[13]により，ブドウ球菌由来のリポタイコ酸（lipoteichoic acid；LTA）が Toll 様受容体 3（TLR3）によって活性化された角化細胞（ケラチノサイト）を選択的に抑制することが報告された．通常，損傷を受けた後の炎症反応では，TLR3 によって角化細胞が活性化され，炎症性サイトカインが放出される．報告では，LTA は角化細胞からの炎症性サイトカインの放出を抑制するとともに，損傷によって引き起こされる炎症も TLR2 依存的に抑制することが示された．この抑制は，LTA が IL-6 や TNF などの炎症性メディエーターの生産を抑制することによって起こる．TLR3 のリガンド添加により角化細胞の IL-6 や TNF-α の発現が誘導されるが，表皮ブドウ球菌の培養液を加えると，この発現誘導が抑制される．この結果は，ある種の皮膚共生細菌由来産物が致命的な炎症反応を制限し，創傷治癒に貢献する可能性を示している．

4.4 ヒトと皮膚細菌叢の共生関係

Li ら[14]は，ヒト（ホスト）とマイクロバイオームとの関係を解析した興味深い結果を報告している．第一に，健常者とニキビ患者から採取したマイクロバイオームの遺伝子発現プロファイルを解析したところ，ニキビ患者のマイクロバイオームではビタミン B_{12} の生合成経路に関する遺伝子の発現が健常者のものよりも低下していることがわかった（この結果は追加サンプルの RT-PCR 解析でも確認できた）．

第二に，ビタミン B_{12}（ヒドロキソコバラミン，1 mg）を健常者に筋肉内注射し（血中ビタミン B_{12} 量が数倍（1500 〜 57,000 pg/mL）に増加する量），その直前・2 日後・14 日後で皮膚マイクロバイオームを採取し，その遺伝子発現プロファイルを解析した．過剰のビタミン B_{12} がビタミン B_{12} の生合成経路を抑制（ネガティブ・フィードバック）することは以前から知られている．今回の研究で 14 日後に採取されたマイクロバイオームでは，ビタミン B_{12} の生合成経路の遺伝子発現プロファイルが直前のもの，また 2 日後のものと比較して有意に低下していたが，このような現象はビタミン B_{12} の非投与群（非筋肉内注射群）では観察されなかった．

第三に，筋肉内注射した健常者 10 人のうち 1 人がニキビを発症した．そのマイクロバイオームの遺伝子発現プロファイルを解析したところ，ニキビを発症しなかった 9 人のものとは異なること，さらに 2-オキソグルタル酸（α-ケトグルタ

図 4.5 ヒトと皮膚マイクロバイオームとの共生関係におけるビタミン B_{12}

ル酸)からスクシニル CoA への反応酵素をコードするニキビ菌の遺伝子 PPA0693 の発現が最も低かった(抑制されていた)ことが判明した．行き場を失った 2-オキソグルタル酸がポルフィリン合成経路に向かうという仮説を立てた筆者らは，アクネ菌の培地にビタミン B_{12} を添加することにより，(培地中の)ポルフィリン量が添加しない場合と比べて有意に増加することを最後に示し，仮説の立証を行っている(図 4.5)．

この結果から，ホストであるヒトの体調変化(本研究では人工的な血中ビタミン B_{12} 量の増加)により，共生細菌叢であるマイクロバイオームの遺伝子発現プロファイルが変化して代謝産物の量が変化することで，ホストとの相互作用に影響をもたらしうるという一連の関係性を学ぶことができる．先にも述べたが，同じく筋肉内注射した健常者 10 人のうち 9 人はニキビを発症しなかったように，ビタミン B_{12} がただちにニキビの発症につながるわけではない．今後，ポルフィリンの発現誘導に関する分子メカニズムが解明されることが望まれる．

図 4.6　*P. acnes* ファージの電子顕微鏡像
文献 15 より転載．

した(図 4.7)．比較ゲノム解析の結果，強い耐性を示すグループ(IB-3)に属するアクネ菌ゲノムは，制限修飾系(restriction modification system)の遺伝子を余分にもつことが明らかとなった．また筆者らが初めてゲノム配列を解析した Type III グループのアクネ菌は，本解析で用いたすべてのファージに対して耐性を示した．一部耐性を示す Type II グループのアクネ菌にはニキビのないコントロール群に由来することが多い RT6 型が含まれており，耐性に関与する分子メカニズムの解明と疾患発症との関連性の解析が望まれる．

4.5　皮膚細菌叢との共生

皮膚細菌叢と「共生」する(バクテリオ)ファージの研究も注目を集めている．細菌がヒトと共生し，ときに病気を引き起こすように，ファージは細菌に感染し，ときに共存するが，通常は感染した細菌に溶菌を引き起こし，細菌は死滅する．

P. acnes ファージは 50 nm の正 20 面体の頭部と 150 nm の尾部をもつ(図 4.6)．筆者らは単離したファージから 48 株を抽出し，次世代シーケンサーを用いてゲノム配列解析するとともに，比較ゲノム解析を行い，特徴的な配列の解析を行った[15]．さらに，代表的な 15 株をアクネ菌 67 株に感染させて，その感受性と耐性を解析したところ，強い耐性を示すグループの存在を確認

4.6　おわりに

本章では近年その全貌が急速に明らかになりつつある皮膚の共生細菌叢について，「適切な相互作用」を例に共存の仕組みの一端を理解してから，その概要を俯瞰した．新生児の皮膚細菌叢を規定するものはその新生児の分娩様式であることや，時間とともに変化する皮膚細菌叢について，最新の研究結果とともに解説した．しかし，これらはわれわれの細菌叢の形成過程のほんの一端を解析したに過ぎず，その全容を明らかにするには今後さらなる解析が必要である．

また，最も一般的な皮膚疾患であるニキビやアトピー性皮膚炎を例に疾患と皮膚細菌叢との関連性について現在の知見を紹介した．これらは最も

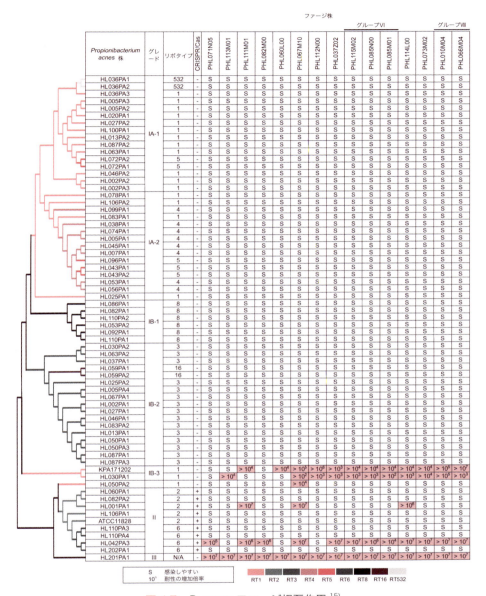

図 4.7　*P. acnes* ファージ相互作用[15]

アクネ菌 67 株と *P. acnes* ファージ 15 株の関係を示す．Type I A-1, I A-2, I B-1, および I B-2 は，代表的な 15 のファージ株に対して耐性を示さなかった．一方，Type I B-3, II は一部のファージ株に，Type III は解析に用いたすべてのファージ株に対し耐性をもっていた．

注目を集めている研究分野であり，今後これらの知見の深化とともに，腸内細菌との関連性や新たな免疫メカニズムなど，これまでにない視点からの解析結果も期待されている．われわれヒトの代謝機能と皮膚共生細菌叢との直接的な相互作用解析に関しては，その解析が始まったばかりであり，今後のバイオテクノロジーの発展と併せて，新たな診断手法や疾患の予防や治療につながるメカニズムの解明が期待されている．

（冨田秀太，Huiyjing Li）

文　献

1) 清水 宏, 『あたらしい皮膚科学　第2版』, 中山書店(2011).
2) E. A. Grice, J. A. Segre, *Nat. Rev. Microbiol.*, **9**, 244 (2011).
3) I. Dekio et al., *J. Med. Microbiol.*, **54**, 1231 (2005).
4) E. A. Grice et al., *Science*, **324**, 1190 (2009).
5) M. G. Dominguez-Bello et al., *Proc. Natl. Acad. Sci. USA*, **107**, 11971 (2010).
6) J. Kuczynski et al., *Nat. Rev. Genet.*, **13**, 47 (2012).
7) Z. Gao et al., *Proc. Natl. Acad. Sci. USA*, **104**, 2927 (2007).
8) E. K. Costello et al., *Science*, **326**, 1694 (2009).
9) N. Fierer et al., *Proc. Natl. Acad. Sci. USA*, **105**, 17994 (2008).
10) S. Fitz-Gibbon et al., *J. Invest. Dermatol.*, **133**, 2152 (2013).
11) A. McDowell et al., *PLoS ONE*, **7**, e41480 (2012).
12) H. H. Kong et al., *Genome Res.*, **22**, 850 (2012).
13) Y. Lai et al., *Nat. Med.*, **15**, 1377 (2009).
14) D. Kang et al., *Sci. Transl. Med.*, **7**, 293ra103 (2015).
15) J. Liu et al., *ISME J.*, **9**, 2116 (2015).

Part II 哺乳類・脊椎動物と共生

プロバイオティクス研究とその歴史

Summary

"プロバイオティクス（probiotics）"は，はじめは"抗生物質（antibiotics）"に対比する言葉として用いられた．プロバイオティクスの定義は，その時代ごとの科学的な裏づけや他の言葉との整合性により変遷を遂げてきた．当初の解釈は生菌もしくは生菌剤であったが，最近では生菌（生菌剤）そのものだけではなく，"プロバイオティクスを含む食品"に対しても使われるようになった．そのため，プロバイオティクスとして用いる際には，その種類（微生物）の安全性が重要となる．

プロバイオティクスの新たな機能の発見とその作用機序の解明の歴史を紐解くと，この分野の目覚ましい進歩を感じられる．また，現在に至るプロバイオティクスの実践と研究の進展は，科学技術の発展のみならず，長い年月をかけて培われた食文化（食経験）によるところも大きく，まさに温故知新である．2015年に「特定保健用食品（トクホ）」と「栄養機能食品」に加え，「機能性表示食品」の表示も国から認められた．研究成果を消費者にわかりやすく表示できるようになったことから，今後も新規のプロバイオティクス開発や研究が進展すると考えられる．本章ではプロバイオティクスとは何か，その概要と歴史について解説する．

5.1 プロバイオティクスを体系づける黎明期の研究

現在の「プロバイオティクス」の考え方に至る重要で草分け的な研究成果は，110年も前に得られている．Tissierは1906年に，健常な乳児の糞便と下痢を発症した乳児の糞便の細菌叢を比較したところ，*bacillus bifidus communis*（原著論文で記載された表記で，現在の分類の*Bifidobacterium*属）が下痢便では減少していることを明らかにした[1]．そこで，乳児，小児，成人の腸炎患者に対して，食事成分も考慮しながら*bacillus bifidus communis*などの生菌を投与すると，その症状が改善でき，またその腸内細菌叢が正常に変わったことを報告している[1]．この知見は，腸内細菌の餌となるオリゴ糖を加える乳児用ミルク開発のきっかけになったのみならず，腸内細菌叢の視点から母乳栄養児と人工乳栄養児を比較する起点にもなっていると考えられる．

また同じ年にCohendyは，伝統的製法の発酵乳から乳酸菌*1を生菌分離し，それを健常な被験者が生菌で摂取する実験を行っている[2]．被験者の糞便の乳酸菌を調べ，生菌摂取をやめても2週間程度はその細菌が検出されたことを報告し，摂取した細菌が一定期間は腸管に定着することを明らかにした．そして1907年にMetchnikoffは，発酵乳の摂取と不老長寿説まで想像できる著書を出版し，そのなかで腸内細菌叢の維持や成り立ち

---

*1 「乳酸菌」とは分類学上の名称ではなく，25属から構成されている慣用的な総称である．細胞形態は桿菌または球菌で，グラム陽性，カタラーゼ陰性，内生胞子をつくらず，運動性は一般的にはない．長い食経験から有毒性や感染性のない細菌群，すなわちGRAS（Generally Recognized As Safe）の視点から，属ではなく菌種や菌株レベルで乳酸菌と考える場合もある．また，『戸田新細菌学』（南山堂，2007）のように，後述するビフィズス菌を乳酸菌に含める場合もある．

5章 プロバイオティクス研究とその歴史

表 5.1 プロバイオティクスを定義したおもな文献

定　義	提唱者	提唱年	文献
"antibiotics（抗生物質）"に対比する言葉として，"probiotics（プロバイオティクス）"が用いられた	Vergin	1954	8
微生物の培養生成物のことを，プロバイオティクスと称した	Lilly と Stillwell	1965	9
腸内細菌叢のバランスに作用する菌および生成物を，プロバイオティクスと称した	Parker	1974	10
腸内微生物のバランスを改善することにより宿主動物に有益な効果を及ぼす生きた微生物の飼料添加物を，プロバイオティクスと称した	Fuller	1989	11
ヒトや動物に投与した際に，微生物細菌叢の改善によって，消化器系，呼吸器系，泌尿器系などを対象に広く宿主の健康に好影響を与える生きた一種もしくは混合微生物を，プロバイオティクスと称した	Havenaar	1992	12
宿主の健康とその維持増進に有益な効果をもたらす微生物細胞調製物または微生物細胞の構成物を，プロバイオティクスと称した	Salminen ら	1999	13
プロバイオティクスを，"living drugs（生菌剤）"と称した	Elmer	2001	14
十分な量を投与したときに好影響を与える生きた微生物とした	FAO / WHO	2002	15

には，食事内容（栄養）が大きな影響を及ぼしていることを述べている[3]．このことは多くの研究により支持されてきたが，2014 年に David らにより，腸内細菌叢の維持や変動には食事内容が鍵を握っていることが，現在の最新の手法による詳細な解析で総括された[4]．

1920 年に Cheplin と Rettger は，*Bacillus acidophilus*（原著論文で記載された表記で，現在の分類では *Lactobacillus* 属）を用いた発酵乳を動物やヒトが摂取することで腸内細菌叢が変化することを報告している[5, 6]．さらに 1924 年に Kulp と Rettger は，当時 *Bacillus* 属と称されていた菌種を *Lactobacillus acidophilus* と呼び，分離源の異なる乳酸菌に着目したさまざまな比較解析を行っている[7]．

5.2　プロバイオティクスの定義とその考え方

「probiotics」（プロバイオティクス）という言葉は，1954 年に "Antibiotics and probiotics" という論文のタイトルで使用されている．その後，プロバイオティクスのおもな定義は，表5.1 のようにその時代の研究成果に基づき変化してきた[8-15]．1965 年の Lilly と Stillwell による，*Colpidium campylum* の培養生成物が *Tetrahymena pyriformis* の生育を促進したことに関する研究では，上記と同様に「antibiotics」（抗生物質）に対比する言葉としてプロバイオティクスが用いられている[9]．1966 年に出版された『乳酸菌の研究』[16]の「乳酸菌製剤」の項では，ヨーロッパ各国，アメリカ，日本で種々の乳酸菌製剤が市販されていたことが紹介されている．その記載の中で興味深いのは，日本のみがビフィズス菌[*2] を生菌剤として使用していたことである．また西ドイツやイギリスでは大腸菌製剤が用いられていたが，これは健常なヒト腸内細菌叢の常在菌で，乳酸を産生するという特徴をもち，整腸の目的で経口投与されていた．1997 年には，非病原性の *Escherichia coli* の投与でクローン病の再発抑制効果が見られたという報告がある[17]．酪酸を産生する *Clostridium butyricum*[18]，有胞子乳酸菌と称された *Bacillus coagulans*[19] に

[*2] *Bifidobacterium* の 1 属のみを「ビフィズス菌」と称している．細胞形態は Y 字状や V 字状，分岐状などで，グラム陽性，カタラーゼ陰性，内生胞子をつくらず，運動性もない．ビフィズス菌は「善玉菌」のイメージから乳酸菌として扱われる場合もあるが，乳酸菌は Fermicutes 門，ビフィズス菌は Actinobacteria 門に分類されている．両者はグルコースからの乳酸および酢酸の産生能が異なる特徴がある．

ついては以前よりプロバイオティクスとして使用されてきたが、最近になってその効果や作用機序がさらに明らかにされてきたものもある。

表5.1の通り、Parker[10]、Havenaar[11]、Fuller[12] の定義では、プロバイオティクスの効果について、宿主の腸内細菌叢バランスの改善に視点をおいている。その後、幅広くプロバイオティクス研究が進むにつれて、腸内細菌叢バランスのみがその有益な効果の理由ではないことがわかってきたため、作用機序を限定しない定義に変化した[13]。なお、1999年のSalminenらの解釈[13]では生菌であることを必須としていないが、プロバイオティクスの解釈は生菌もしくは生菌剤を意味する場合も多い[14]。プロバイオティクスの概念は生菌そのものだけではなく「プロバイオティクスを含む食品」に対しても使われるようになっている。プロバイオティクスは機能性食品、ひいては特定保健用食品の関与成分としての位置づけが高く、経口から摂取することも意味をもつ点であろう。日本において特定保健用食品の制度ができたのは1991年で、食品の三次機能(生体調節機能)に特化した制度が、プロバイオティクスの定義が広義になる以前に制定されていることは興味深い。

また、プロバイオティクスが生菌である必要がなく非経口による摂取でもよいと考えを広げると、それは生体反応修飾物質(biological response modifier; BRM)ともみなされる。BRMの定義は、宿主の生体反応を修飾して腫瘍に対する治療効果を上げる物質またはその方法とされてきた。さらにBRMの定義は、生体反応に関与する物質またはその方法にまで広げられる傾向にある。またプレバイオティクスは、結腸内の有用菌を増殖させるか有害菌の増殖を抑制することで宿主の健康に有益な作用をもたらす難消化性食品成分であると定義される[20]。そしてバイオジェニクスは、菌体成分が直接あるいは腸内細菌叢を介して生

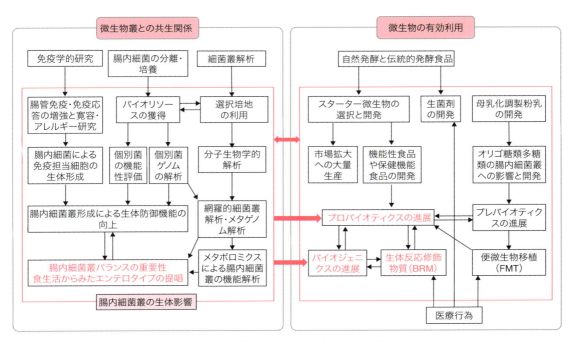

図5.1 微生物叢との共生関係の一覧
微生物叢との共生関係に関する研究とプロバイオティクス、プレバイオティクス、バイオジェニクス、生体反応修飾物質(BRM)の関係。文献22の図を一部改変。

体調節機能をもつ食品成分と定義され，腸内細菌叢を介することなく直接的に血圧降下，免疫賦活，コレステロール低下，整腸，抗腫瘍などの生体調節・生体防御・疾病予防・老化制御などにはたらく食品成分と広義に解釈される[21]．それらの言葉の範疇が入り組んできている様子を図5.1に示す．

5.3 プロバイオティクスの機能とそれに用いられる微生物

Tissier，CohendyやMetchnikoffの研究に基づく医学的および食生活（日常生活の生理作用）の研究により，現在までに数多くのプロバイオティクス機能が明らかにされてきた．National Center for Biotechnology Information（NCBI）のコンテンツのPubMed（http://www.ncbi.nlm.nih.gov/pubmed）で「probiotics」の単語を検索すると，13,332の論文があった（2015年11月末時点）．これを1954～2014年における5年ごと（1990年以降）でまとめたものが図5.2である．2000年以降，プロバイオティクスに関する研究がいかに飛躍的に増えたかが伺える．

プロバイオティクスの到達先である宿主腸管には腸内細菌叢が存在するため，腸管内（表面）は生体のどの部位よりも細胞数が多い．それゆえ，日々の食物由来成分の影響，栄養吸収や相互拮抗作用，構成細菌叢の代謝物の影響，宿主免疫の影響などが複雑に絡み合っている．2000年に「宿主とその共生微生物は，それぞれの遺伝情報が入り組んだ集合体である『超有機体』(superorganism)」であるという重要な提唱[23]があった．しかし1965年に，宿主と腸内細菌叢は共生関係にあることがすでに報告されており，宿主の生理的に必要な特性や構造は，生体の発達の間に優勢に生息した細菌叢によって消化管粘膜に部分的に形成され，生後の一定期間に優勢になる細菌に関して生体は排除する応答を示さないことが共生のメカニズムであるとしている[24]．その共生の概念は，①消化管構造の修飾，②生理的な消化機能の調節，③消化管内での代謝物産生，④消化管感染抵抗性，⑤免疫応答の刺激に分類されている．

これらの考えに基づき，すべての細菌を病原菌であるかのような扱いはすべきでないという知見が浸透してきた．また世界各国には伝統的な発酵食品が数多くあり，食生活の中で微生物を積極的に食していた．そこから，長い食経験のある微生物はきわめて安全であるという「GRAS」という考え方が定着している．プロバイオティクスもその範疇に入る場合も多く，まさに「故きを温ねて新しきを知る」（温故知新）で，現在のプロバイオティクス研究は行われてきた．

GRASや分離源からの安全性が考慮された結果，ビフィズス菌や乳酸菌などを中心としてプロ

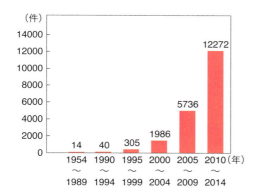

図5.2 プロバイオティクスに関する論文数の増加
1954～1989年と1990～2014年までの5年ごとについて「probiotics」をPubMedで検索した件数（2015年11月末には13,332件であった）．

表5.2 摂取したプロバイオティクスの働き・効果・作用点

作用	効果・作用点
腸内環境改善作用	腸管運動の活発化 腸内細菌叢のバランス維持・改善
免疫調節作用 その他の作用	菌体成分の効果 プロバイオティクスの産生物質の効果 生体刺激・相互作用 腸内細菌叢のバランス改善

バイオティクス効果のある微生物の研究が進んだ．その機能評価はヒトへの臨床試験，日常生活での生理作用，実験動物や産業動物での研究など多岐に及ぶ．以下，プロバイオティクスの機能とプロバイオティクスに用いられる種類(微生物)の視点から概説する．

5.3.1 プロバイオティクスの機能 [22, 25-28)]

ヒトおよび動物の健康，さらには産業動物の生産性の視点から，さまざまなプロバイオティクスの機能が報告されている．摂取したプロバイオティクスの働き・効果・作用点は表5.2のように総括され，そのおもな研究報告を表5.3に示した．

その影響は，①腸内環境改善(整腸)作用，②免疫調節作用の二つに集約され，③その他に分類されるものもあると考えられる．ここでは，プロバイオティクス(生菌)およびそれらを含む食品を区別せずプロバイオティクス機能として述べる．

(1) 腸内環境改善(整腸)作用

「整腸作用」という用語は通便の改善，すなわち下痢や便秘の解消を指す．わが国では特定保健用食品(通称，トクホ)の制度が制定され，その保健の用途の「おなかの調子を整える食品」の関与成分としてプロバイオティクスが貢献しており，国民の健康に対する意識向上にも役立っている．その

表5.3 おもなプロバイオティクスの機能 [a)]

腸内環境改善(整腸)作用
- 便秘の解消(通便回数の増加)
- 乳児のロタウイルスによる下痢に対してその症状期間の短縮と発症件数の減少
- *Salmonella* Typhimurium, *S. enterica*, *Shigella sonnei*, enterohemorrhagic *Escherichia coli*, *Clostridium difficile* などによる下痢についても治療の有効性
- 放射線治療による下痢の発症率へ有効性
- 抗生剤治療の際の下痢や菌交代症などの細菌叢バランスの回復
- 乳糖不耐症(牛乳摂取時の下痢を含めたおなかの不調)の軽減効果
- 細菌叢バランス改善による発がんや腐敗産物と関連する大腸内酵素 [b)] 活性の低下
- 腸内組織の成熟に必要なポリアミン量の増加
- 酢酸産生による腸管バリア機能増強に基づく腸管出血性大腸菌O157の感染防御
- 潰瘍性大腸炎や過敏性大腸炎の軽減効果
- 低出生体重児における壊死性腸炎の予防

免疫調節作用
- 免疫性を介する種々の感染防御効果
- 発がんリスク低減効果
- がん再発防止効果
- アレルギーの低減効果
- 花粉症・鼻炎の軽減効果

その他の作用
- 血圧降下作用
- 食物由来過剰コレステロールの摂取量低減効果
- 胃内ピロリ菌リスク低減効果
- 肝機能改善効果(肝硬変の重症度低下や肝性脳症リスク低下)
- 感染原因菌やその毒素の腸管への付着性の競合による定着阻止による感染防御効果
- ミネラル吸収促進効果
- ストレス軽減効果
- 肌状態の改善効果

a) プロバイオティクスの機能は菌株レベルでの科学的な検証が求められるが，詳細については他書を参照されたい．
b) β-グルクロニダーゼ，β-グルコシダーゼニトロレダクターゼ，アゾレダクターゼ，ウレアーゼ，トリプトファナーゼなどを指す．

許可においては，便秘の解消を意味する通便回数の増加，便色の黄色化，臭いの減少などが評価されている．プロバイオティクスによる糞便の臭い軽減効果は，ペットや産業動物に応用した研究が多く見られる．

下痢についてはいろいろな原因があるので，プロバイオティクスの作用メカニズムもいろいろな場合があると考えられる．乳児のロタウイルスによる下痢に対しては，その症状期間の短縮と発症件数の減少が報告されている．*Salmonella* Typhimurium, *S. enterica*, *Shigella sonnei*, enterohemorrhagic *Escherichia coli*, *Clostridium difficile* が原因の下痢，および放射線治療による下痢についてもプロバイオティクス摂取の有効性が示されている．さらにプロバイオティクス摂取により，旅行中に生じる予測できる下痢の発生が予防された．そして，乳糖不耐症（牛乳摂取時の下痢を含めたおなかの不調）の軽減効果も知られる．

また，抗生物質の投与による下痢や菌交代症に対しても，プロバイオティクスの摂取により耐性菌の増殖が抑えられ，正常な細菌叢バランスの回復が促進される．細菌叢バランス改善の観点では，糞便中のβ-グルクロニダーゼ，β-グルコシダーゼ，ニトロレダクターゼ，アゾレダクターゼ，ウレアーゼ，トリプトファナーゼなどの各酵素活性を低下させ，インドール，p-クレゾール，アンモニアの含量や発がん物質の産生量を減少させる．

腸粘膜の機能低下が認められる高齢者や腸粘膜が未発達な乳児ではポリアミン量が低くなるが，プロバイオティクスの摂取は腸管内のポリアミン量を増加させる．細菌叢を介していない感染防御の系として，無菌マウスに経口投与した*Bifidobacterium*属が酢酸を産生して宿主の腸管バリア機能を増強し，腸管出血性大腸菌O157の感染を防御するという例が報告されている．

（2）免疫調節作用

無菌動物は，通常の動物と比較して免疫系が未熟であることは知られていた．そこで無菌マウスに正常なマウス細菌叢を経口投与してビフィズス菌を単独定着させると，免疫系の正常な発達が確認された．ここから，腸内細菌叢あるいはその構成細菌は粘膜免疫形成において不可欠なものと理解されてきた．すなわち，免疫賦活作用はプロバイオティクスのもつ重要な働きの一つである．そのため，免疫系を介した種々の感染症に対する感染防御や症状軽減については数多くの報告が見られる．また，健康な人でも日々3,000〜6,000個の細胞ががん化しているが，ナチュラルキラー細胞などのがんに対する免疫（腫瘍免疫）によりがん細胞の増殖が抑えられている．プロバイオティクスには発がんリスク低減効果やがん再発防止効果があるが，そのおもな機構は腫瘍免疫を司るナチュラルキラー細胞などの活性化であると説明されている．

一方，プロバイオティクスは，状況によっては免疫系を調節することもある．*L. rhamnosus* GG株の摂取により，乳児のアトピー性皮膚炎の早期予防効果やアトピー性皮膚炎発症率の低下が認められている．その他，食物アレルギー，花粉症，鼻アレルギーについて，種々の菌種菌株で多くの知見が蓄積している．

その一つとして，アレルギーの発症と関係する1型ヘルパーT（Th1）細胞と2型ヘルパーT（Th2）細胞のバランスと腸内細菌叢の関係も明らかにされた．プロバイオティクスが乳酸菌などのグラム陽性菌である場合，その菌体細胞のリポタイコ酸やペプチドグリカンが宿主側のToll様受容体を通じて抗原提示細胞に作用する．これを受けてインターロイキン-12などが抗原提示細胞から放出されてTh1細胞を誘導し，このTh1細胞がγ-インターフェロンなどを放出しTh2細胞の出現を抑え，結果としてアレルギーを抑えると推

定されている．マウスを用いた実験では，アレルギー発症と関係の深い IgE の産生が抑えられることが確認されている．

近年，ヒトの腸内細菌叢の構成細菌や腸内細菌の付着（刺激）によって 17 型ヘルパー T（Th17）細胞や制御性 T 細胞が宿主につくられることが明らかとなった．今後，安全性を確認したうえで，プロバイオティクスのもつ免疫調節作用について，さまざまな応用が，作用機序の解明とともに展開されると思われる．

(3) その他の作用

表 5.3 に示した通り，上記の二つの作用以外にも種々の視点から研究が進んでいる．たとえば血圧降下作用の場合，高血圧自然発症ラットを用いた実験において，発酵乳で摂取した乳酸菌の菌体成分（菌体細胞壁画分）がプロスタグランジン I2 の産生を促進し，その結果，血管平滑筋を弛緩させて腎臓でのナトリウムの再吸収を抑制することによる血圧降下作用が提唱されている．

またラットを用いた試験により，食物由来過剰コレステロールの摂取量低減効果の作用機序が確認されている．体内のコレステロールの大部分は肝臓内のヒドロキシメチルグルタリル（HMG）-CoA 還元酵素によって合成されるが，乳酸菌により腸管でのコレステロールの吸収阻害が起こり，コレステロールから胆汁酸への異化作用が促進され，結果的に血中コレステロールが減少する機序が提唱されている．

Lactobacillus gasseri OLL2716 株を用いて製造したヨーグルトを 1 日 2 回，8 週間摂取すると，ピロリ菌（*Helicobacter pylori*）の活性が抑制され，胃や胃粘膜の炎症改善効果が認められた．ピロリ菌の病原タンパク質 CagA が，血液により全身に運ばれることが明らかにされ，ピロリ菌は胃潰瘍や胃がんのリスクだけでなく心臓や血液，神経などの病気の原因にもなっている可能性

が明確になってきた[29]．抗生剤を用いてピロリ菌を除去することの重要性が増すと考えられるが，OLL2716 株をピロリ菌除菌療法に併用することで，効果的に除菌されることが報告されている．

VSL#3 は，*Streptococcus* 属（*S. thermophilus* DSM 24731 株），*Bifidobacterium* 属（*B. longum* DSM 24736 株，*B. longum* subsp. *infantis* DSM 24737 株，*B. breve* DSM 24732 株），*Lactobacillus* 属（*L. paracasei* DSM 24733 株，*L. plantarum* DSM 24730 株，*L. acidophilus* DSM 24735 株，*L. delbrueckii* subsp. *bulgaricus* DSM 24734 株）を含有する製品である．VSL#3 を肝硬変の患者が毎日，6 カ月間摂ることで，肝性脳症による入院リスクが低下し，肝硬変の重症度が低下した[30]．

以上の機能については，科学的に作用機序が証明されて健康表示ができるものがある一方，実験動物での結果であるためヒトでの試験が求められる段階のものもあり，今後の研究発展が期待される．

5.3.2 プロバイオティクスに用いられる種類（微生物）

プロバイオティクスは生菌で摂取するので，その安全性は特に重要である．分離源や菌種から考えられる安全性に加え，GRAS や動物実験に基づく視点と，後述の細菌の全ゲノム情報に基づく視点から，プロバイオティクスに使用される細菌は菌株レベルで選択されている．

具体的には，乳酸菌の範疇である *Lactobacillus* 属，*Streptococcus* 属（*S. thermophilus* の 1 菌種のみが該当し，他の菌種との併用でのプロバイオティクス効果の証明），*Lactococcus* 属（*L. garvieae* は菌株レベルでその安全性に慎重を要する），*Enterococcus* 属（生菌摂取の際には染色体上の薬剤耐性遺伝子の取り込みについて言及される場合がある）が利用されている．

その他のグラム陽性菌としては，ビフィズス菌の和名で知られる *Bifidobacterium* 属はヒト，とくに日本人の腸内細菌叢の主要な構成菌種であることから，多くの菌種菌株が発酵乳に添加されてプロバイオティクス効果を謳った製品が数多く販売されている．*Bacillus* 属には *B. cereus*（セレウス菌）や *B. anthracis*（炭疽菌）などのように病原性をもつ菌種もあるが，*B. subtilis* や *B. coagulans* などのようにプロバイオティクスとして利用されている菌種もいる．またチーズ製造のスターターとなる *Propionibacterium freudenreichii* やとくに酪酸産生能が注目されている *Clostridium butyricum* などは，プロバイオティクスとして有用性を示すことが報告されている．また，グラム陰性菌である大腸菌 *Escherichia coli* の非病原性株に，医療的な使用としてクローン病の再発抑制効果の報告がある．酵母の *Saccharomyces cerevisiae* にもプロバイオティクス効果が知られている．

5.4 プロバイオティクス効果をもつ細菌のゲノム解析から導かれた重要な知見

ビフィズス菌と乳酸菌のゲノム解析株の優先順位として，発酵製造の産業利用および腸管系のプロバイオティクス効果の高い菌種菌株が選択された．ビフィズス菌は一つの属（*Bifidobacterium*）で構成され，宿主となる生物種ごとにビフィズス菌の種が分岐している様子が伺えるので，現在は *Bifidobacterium* 属に属する菌種は 50 を超えている．一方の乳酸菌は 25 属にまたがり，合計すると約 400 種に分類されている．そのなかで機能性の評価されているものや安全性の高いもの（後述）が菌株レベルでプロバイオティクス乳酸菌と理解されている．

乳酸菌として初めて全ゲノム情報が公表されたのは，チーズスターターとして利用されている *Lactococcus lactis* subsp. *lactis* IL1403 株[31]であり（2001 年），乳酸菌として最も多くの菌種がある *Lactobacillus* 属で最初の報告は，プロバイオティクス効果が認められている *Lactobacillus plantarum* WCFS1 株[32]であった（2003 年）．一方，ビフィズス菌で初めてのゲノム情報の報告は，ヒト消化管由来の *Bifidobacterium longum* NCC2705 株[33]であった（2002 年）．それ以降ビフィズス菌と乳酸菌のゲノム情報は急速に蓄積され，数多くの属，種，そして菌株の異なるゲノム情報が公開された．それによって，近縁間での比較ゲノム解析が可能となり，ゲノム構造の基本情報〔組換え，insertion sequence（IS），配列の欠失，水平伝播，ファージなど〕，代謝系，細胞付着性，感染防御や免疫賦活効果などのプロバイオティクス効果も含めた作用機序の解明に貢献してきた．そこで，それらの作用機序についてゲノム情報を基盤とする研究から解明していく試みに対して「probiogenomics（プロバイオゲノミクス）」という言葉が提唱された[34]．以下，プロバイオゲノミクスに基づく研究成果について概説する．

5.4.1 *Lactobacillus rhamnosus* GG 株ゲノムの特徴

Lactobacillus rhamnosus GG 株は，プロバイオティクス効果の研究報告がたくさん蓄積された菌株である[35,36]．*L. rhamnosus* GG 株は，アメリカ生物資源バンク（American Type Culture Collection；ATCC）に，*L. rhamnosus* 53103 株として寄託されている．細菌のゲノムは，継代中に欠損したり反転が起きたりすることが知られている．GG 株は全ゲノム長が 3,010,111 bp[37]であるのに対して 53103 株は 3,005,051 bp[38]であり，前者の推定遺伝子（ORF）数は 2944 であるのに対し後者は 2834 と減少していた．53103 株ゲノムの 8.9 kb 領域（accession no.

AP011548 の 618,415 〜 627,294）は GG 株ゲノムと比べて反転していた．

5.4.2 *Lactobacillus casei* グループの線毛

乳酸菌やビフィズス菌に「線毛はない」という意見と，集菌による遠心分離で線毛が脱落したり，消化管の中にあり免疫系に認識されていないだけで，実際にはあるという意見があった．一方で，線毛は細胞付着性や免疫賦活効果に貢献することも他の細菌では認知されていた．

Lactobacillus casei グループ（*L. casei*, *L. paracasei*, *L. rhamnosus* の 3 菌種）のゲノムの *spaCBA* 遺伝子がコードするのは菌体表層タンパク質であることはわかっていたもののその機能は不明であったが，GG 株のゲノム解析および機能学的・形態学的な研究により，SpaCBA は線毛タンパク質であり細胞付着性に関与していることが明らかにされた[37]．すなわち，GG 株ゲノムには sortase と LPXTG 配列をもつ SpaCBA タンパク質（cell-wallanchored protein; CWAP）があり，LPXTG 配列を介して細胞壁に共有結合する細胞壁結合タンパク質配置固定機構が機能していた．このことから，プロバイオティクス効果として知られていた GG 株の強い細胞付着性と免疫賦活効果の作用機序は，この線毛によるものと強く示唆される．ATCC 53103 株ゲノムにおいても *spaCBA* 遺伝子がコードされており，ネガティブ染色によって形態学的な線毛が確認できる（図 5.3）．

ゲノム既知の乳酸菌の情報に基づくと，*Lactobacillus* 属で *spaCBA* 遺伝子をもつのは *L. casei* グループのみであり，線毛をもつのはこのグループの特徴であった．*Lactobacillus* 属で *L. casei* グループが分岐した後，*spaCBA* 遺伝子が水平伝播して *L. casei* グループのゲノムに入り込み，その後に 3 菌種への分岐が起きて *L. casei* グループに特異的な遺伝子群になったと推察される[39]．また，乳製品由来の *L. casei* ATCC 334 株ゲノムに *spaCBA* 遺伝子がコードされていないのは，宿主細胞への付着の必要がなくなったからであろう．またヒトの消化管から分離されたが長く発酵乳製品に使用された菌株においては，*spaC* 遺伝子配列の途中に終始コドンが入ってこの ORF が二つに分断されているが[39]，以前よりその菌株に細胞付着性がないことは知られていた．このことから，*L. casei* グループの SpaCBA（線毛）の有無は菌種特異的というより，分離源とその後の培養環境によって違いが生じていると考えられる．

5.4.3 分離源によって異なる *L. rhamnosus* のゲノムのタイプ

口腔，膣，尿路，消化管，伝統的製法のチーズ，臨床サンプルなどから，合計 100 菌株の *L. rhamnosus* ゲノムを GG 株にマッピングし，種々の性状を試験する総合的解析もなされている[40]．その研究成果として，ゲノムタイプから大きく二つに分けられることがわかった．たとえば sortase と SpaCBA に相同性が高く，免疫染色で線毛の確認されたものが 32 菌株あり，その

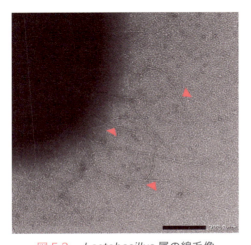

図 5.3 *Lactobacillus* 属の線毛像
ネガティブ染色による *L. rhamnosus* ATCC 53103 株の線毛（SpaCBA，赤矢印）の電子顕微鏡像．

多くが消化管と臨床サンプル由来のものであった．また，ヒト消化管，泌尿器官，膣由来の合計24菌株は胆汁酸耐性あり，もしくはやや耐性ありであったが，ヒト口腔，伝統的発酵食品，臨床サンプル由来の合計78株についてはその耐性能の程度にはバリエーションがあった（図5.4）[41]．すなわち，同菌種のなかでも分離源（生き様）によって性状に特徴があり，それに伴ったゲノム構造の変化が確認されている．

5.4.4 L. reuteri のロイテリン産生能

L. reuteri は，感染防御などのプロバイオティクス効果が数多く報告されている菌種であり，抗菌物質としてロイテリン（3-ヒドロキシプロピオンアルデヒド；3-HPA）を産生する．L. reuteri JCM 1112 株の全ゲノム解析からロイテリン合成酵素遺伝子（gupCDE 遺伝子）を特定し，これらのノックアウトを行い，gupCDE 遺伝子破壊株を作出した．液体培地での実験により，この L. reuteri gupCDE 遺伝子破壊株は 3-HPA 合成酵素活性がなく，ロイテリンを産生できなかった[41]．

抗菌物質を産生する種々の乳酸菌が知られているが，消化管内でプロバイオティクスの産生した抗菌物質が検出されたという報告はほとんどみられなかった．図5.5に，経口投与されたプロバイオティクスが産生した抗菌物質を in vivo で検出した結果を示す．無菌マウスに，それぞれ L. reuteri JCM 1112 株と L. reuteri gupCDE 遺伝子破壊株を経口投与し，マウス盲腸内容物からロイテリンの主要成分である 3-HPA を二次元 ^{13}C-NMR 法で検出を試みた．その結果，L. reuteri JCM 1112 株を経口投与したマウス盲腸内容物から，ロイテリンの主要成分である

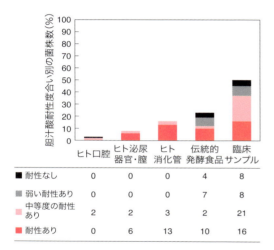

図 5.4　分離源によって異なる L. rhamnosus の胆汁酸耐性能の違い

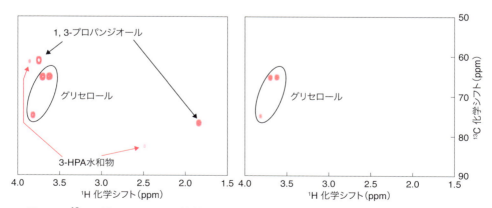

図 5.5　^{13}C$_3$-グリセロールを基質としたロイテリン（3-HPA 水和物：抗菌物質）の二次元核磁気共鳴法による in vivo 検出

L. reuteri JCM 1112 株（左図）と L. reuteri gup CDE 遺伝子破壊株（右図）を，それぞれ無菌マウスに経口投与し，各菌株の消化管への単独定着マウスを作出した．それぞれの盲腸内容物から 3-HPA 水和物の in vivo 検出を試みた結果，左図では 3-HPA 水和物を検出し，右図では 3-HPA 水和物が検出されていない．

3-HPA が検出された[41]．腸内細菌叢の構成細菌や経口投与したプロバイオティクスが消化管内で抗菌物質を産生している可能性が示されたことで，今後のプロバイオティクス研究の一助になると考えられる．

5.4.5 *Bifidobacterium* 属の線毛

Bifidobacterium 属の各菌種においては，乳酸菌と同じような理由で，ゲノム情報から線毛の存在が明らかにされた[33, 42, 43]．*Bifidobacterium breve* UCC2003 株の線毛は付着因子として機能していることが示された[42]．*Bifidobacterium bifidum* PRL2010 株は sortase に関連した線毛をもち，その遺伝子を *Lactococcus lactis* で発現させることで腫瘍壊死因子（tumor necrosis factor；TNF）-α 応答性，すなわちプロバイオティクス効果が高まることが報告されている[43]．

5.4.6 *Bifidobacterium* 属の糖代謝能

炭水化物（糖）は腸管に棲む細菌叢の重要な炭素源であるため，その構成細菌の強い選択圧となっている．合計 47 種類に及ぶ異なる菌種・亜種の *Bifidobacterium* 属のゲノム情報により，各菌株の糖代謝に関する遺伝子が解析された結果，*Bifidobacterium* 属は他の腸内細菌叢の構成細菌より多くの糖代謝関連遺伝子をもち，とくにグリカン（単糖やその誘導体が脱水結合してつくる物質の総称）の代謝関連遺伝子ももち，それらが発現していることが確認された[45]．すなわち，消化管内に定着している *Bifidobacterium* 属は自身の代謝できる糖源を増やすことによって棲み分けと生存競争を有利にしており，結果的にはそれによって，*Bifidobacterium* 属がヒト（宿主）消化管内の種々の糖の代謝と吸収を増強させている．このようにして，ヒトの栄養補給においての共生関係がつくりあげられている．

5.4.7 腸内細菌叢のエンテロタイプ

一方，世界中のヒトの腸内細菌叢が詳細に解析されて三つの「エンテロタイプ」に分類されることが示され[44]，日本人の腸内細菌叢は 8 割以上がルミノコッカス・タイプで，日本人ではとくにビフィズス菌が多いことが知られている．1 人のヒトの消化管には複数のビフィズス菌種が生息しており，システム的に棲み分けがなされているのかどうか興味がもたれるところである．

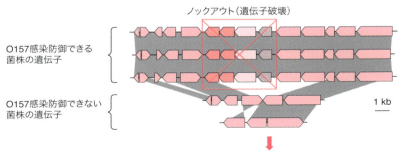

図 5.6 5 菌株のビフィズス菌の全ゲノム解析による責任遺伝子の検索
O157 に感染防御できる菌株とできない菌株の全ゲノム情報からすべての遺伝子を比較し，遺伝子の有無（構造が異なる箇所）を探す．その箇所をノックアウト（遺伝子破壊）した際に感染防御の機能が失われれば，その遺伝子が関与していると考えられる．

5.4.8　*B. longum* の O157 予防効果

前述の無菌マウスを用いた腸管出血性大腸菌 O157 感染死モデルにおける *B. longum* の O157 感染死の予防効果の作用機序解明には，感染防御能のある菌株と感染防御能のない菌株の比較ゲノム解析もその一助となっている．供試したビフィズス菌のすべての菌株の完全なゲノム配列を比較することで，フルクトース(果糖)トランスポーター遺伝子の有無に違いがあることが見いだされた(図5.6)．この遺伝子が鍵となったフルクトース代謝によって産生される酢酸が，腸管出血性大腸菌 O157 感染死を予防するプロバイオティクス効果の作用機序であった[46]．

5.5　おわりに

医療行為として便微生物移植 (fecal microbiota transplantation; FMT)[48] という治療法が実施され，よい成果を上げつつある．ヒトの安全性の確認された糞便（ヒト腸内細菌叢のすべて）を患者の消化管に移植するという治療法である．そのカプセル化も検討されるなど，「究極のプロバイオティクス」として期待されている．

Benno は，今後のプロバイオティクスの機能研究を進めるうえで，①発がん高リスク地域における臨床試験，②がん治療への応用試験，③新規バイオマーカーによる免疫効果，④発がん予防および腸内常在菌への効果判定，⑤分子生物学的手法による腸内常在菌の多様性解析，⑥現在までに単離されていない腸内常在菌の検出，⑦プロバイオティクス菌株の安全性および安定性の確認，⑧新規プロバイオティクス菌株の検索や新規なプロバイオティクスの開発を提言しており[28]，この研究分野における重要な指針であると考えられる．

プロバイオティクス機能の解明において，*in vitro* や *in vivo* のすぐれた研究により多くの貢献がなされ，無菌マウスも導入されて，なお一層の有用な研究成果が提供された．さらに 2000 年代に入り，メタゲノム解析による腸内細菌叢の菌種構成や遺伝子情報が「遺伝子地図」として得られ，遺伝子の発現に基づくトランスクリプトミクスや代謝産物の全容を理解するメタボロミクスなどの手法により腸内細菌叢の「発現遺伝子情報」や「代謝物情報」の取得が可能となってきた．それらの統合オミクスを駆使することで，細菌側の機能情報加えて宿主細胞との相互作用情報が統括的に解析される時代に入った．そのため，次々とプロバイオティクス効果の作用機序が明らかにされる状況にあり，今後，ヒト試験での有効性や安全性の確認が一気に加速することが期待される．

(森田英利)

文　献

1) M. H. Tissier, *C. R. Roc. Biol.*, **60**, 359 (1906).
2) M. M. Cohendy, *C. R. Roc. Biol.*, **60**, 364 (1906).
3) E. Metchnikoff, "Essais optimists" A. Maloin (1907), pp.125-174.
4) L. A. David et al., *Nature*, **505**, 559 (2014).
5) H. A. Cheplin, L. F. Rettger, *Proc. Natl. Acad. Sci. USA*, **6**, 423 (1920).
6) H. A. Cheplin, L. F. Rettger, *Proc. Natl. Acad. Sci. USA*, **6**, 704 (1920).
7) W. L. Kulp, L. F. Rettger, *J. Bacteriol.*, **9**, 357 (1924).
8) F. Vergin, *Hippokrates*, **25**, 116 (1954).
9) D. M. Lilly, R. H. Stillwell, *Science*, **147**, 747 (1965).
10) R. B. Parker, *Anim. Nutr. Health*, **29**, 4 (1974).
11) R. Fuller, *J. Appl. Bacteriol.*, **66**, 365 (1989).
12) R. Havenaar, M. J. H. Huis in't Veld, Probiotics: A general view, "Lactic acid bacteria in health and disease Vol 1 (J. B. J. Wood eds.)," Elsevier Applied Science Publishers (1992).
13) S. Salminen et al., *Trends Food Sci. Technol.*, **10**, 107 (1999).
14) G. W. Elmer, *Am. J. Health Syst. Pharm.*, **58**, 1101 (2001).
15) Food and Agricultural Organization of the United Nations and World Health Organization, "Guidelines for the Evaluation of Probiotics in Food," Canada (2002).
16) 浜田小弥太，「乳酸菌製剤」，『乳酸菌の研究(北原覚雄 編)』，東京大学出版 (1966), pp.476-500.

17) H. A. Malchow, *J. Clin. Gastroenterol.*, **25**, 653 (1997).
18) 宮入菌剤研究所 編,『ミヤリサン研究会講演記録』(1950), p.6.
19) 中山大樹,「有胞子乳酸菌の利用」,『乳酸菌の研究（北原覚雄 編）』, 東京大学出版 (1966), pp.501-506.
20) G. R. Gibson, M. B. Roberfroid, *J. Nutr.*, **125**, 1401 (1995).
21) 光岡知足,「機能性食品－プロバイオティクス, プレバイオティクス, バイオジェニックス」,『腸内フローラとプロバイオティクス（光岡知足 編）』, 学会出版センター (1998), pp.1-13.
22) 川島拓司,「プロバイオティクス1 定義」,『プロバイオティクス・プレバイオティクス・バイオジェニックス〔(財)日本ビフィズス菌センター 監修〕』,（財）日本ビフィズス菌センター (2006), pp.87-92.
23) J. Lederberg, *Science*, **288**, 287 (2000).
24) R. Dubos et al., *J. Exp. Med.*, **122**, 67 (1965).
25) 細野明義 編,『発酵乳の科学』, アイ・ケイコーポレーション (2001).
26) 伊藤喜久治他 編,『プロバイオティクスとバイオジェニクス』, エヌ・ティー・エス (2005).
27) 光岡知足 編,『プロバイオティクス・プレバイオティクス・バイオジェニックス』,（財）日本ビフィズス菌センター (2001).
28) 辨野義己, 実験医学増刊, **32**, 663 (2014).
29) A. Shimoda et al., *Sci. Rep.*, **6**, 18346 (2016).
30) R. K. Dhiman et al., *Gastroenterology*, **147**, 1327 (2014).
31) A. Bolotin et al., *Genome Res.*, **11**, 731 (2001).
32) M. Kleerebezem et al., *Proc. Natl. Acad. Sci. USA*, **100**, 1990 (2003).
33) M. A. Schell MA et al., *Proc. Natl. Acad. Sci. USA*, **99**, 14422 (2002).
34) M. Ventura et al., *Nat. Rev. Microbiol.*, **7**, 61 (2009).
35) M. Kalliomäki et al., *Lancet*, **361**, 1869 (2003).
36) A. Pärtty et al., *Pediatr. Res.*, **78**, 470 (2015).
37) M. Kankainen et al., *Proc. Natl. Acad. Sci. USA*, **106**, 17193 (2009).
38) H. Morita et al., *J. Bacteriol.*, **191**, 7630 (2009).
39) H. Toh et al., *PLoS One*, **8**, e75073 (2013).
40) F. P. Douillard et al., *PLoS Genet.*, **9**, e1003683 (2013).
41) H. Morita et al., *DNA Res.*, **15**, 151 (2008).
42) M. O'Connell Motherway et al., *Proc. Natl. Acad. Sci. USA*, **110**, 11151 (2013).
43) F. Turroni et al., *Proc. Natl. Acad. Sci. USA*, **110**, 11151 (2013).
44) M. Arumugam et al., *Nature*, **473**, 174 (2011).
45) C. Milani et al., *Sci. Rep.*, **5**, 15782 (2015).
46) S. Fukuda et al., *Nature*, **469**, 543 (2011).
47) E. van Nood et al., *N. Engl. J. Med.*, **368**, 407 (2013).
48) K. Kakihara et al., *Blood*, impress.

☑ **Symbiotic Microorganisms**

無脊椎動物と共生

6章　昆虫における共生の総論

7章　シロアリ共生微生物

8章　ショウジョウバエと共生細菌の相互作用

9章　線虫の腸内細菌

Part III　無脊椎動物と共生

昆虫における共生の総論

Summary

昆虫は微生物との緊密な相利共生関係を進化させることでニッチ（生態的地位）を拡大し，膨大な種多様性を産みだした．多くの昆虫系統群は，体外・体表・腸内・組織内・細胞内のいずれかに特定の微生物種を宿し，それらの共生微生物は餌の分解・栄養素の合成・空中窒素固定・窒素老廃物再利用・生体防御などにより宿主昆虫に大きく貢献している．進化が進んだ共生系では昆虫と微生物の相互依存が強まり，互いの存在がなければ生存すら困難な絶対的共生関係も見られる．本章では昆虫と微生物の多様な相利共生系を具体例をあげて概観するとともに，その共通性について論じる．

6.1　多くの昆虫は微生物と必須の共生関係をもつ

昆虫はこれまでに約 100 万種が記載され，生物種の記載総数約 200 万の半数をも占めている．未記載種も含めれば，この倍以上の種がいるかもしれない．この昆虫の驚異的な種多様性は，昆虫が占めるニッチ（niche）の多様性を示すことにほかならない．ニッチとは，ある種（系統群）が生物群集内で占める生態的地位のことで，餌・生息場所・活動時間・捕食者・寄生者などさまざまな要素からなる．異種が安定的に共存するには，ニッチの重なりは小さいほうがよい．たとえば，ほとんどの動物は植物細胞壁を構成する木質を消化できないし，あるいは栄養素が偏った特定の植物種の篩管液だけで生育することもできない．もしこうしたことが可能になれば，新たなニッチを開拓し，占有できるであろう．

第 7 章で詳述するシロアリは，木質を消化する腸内微生物との 1.5 億年以上にわたる共生によって枯死植物のみを摂食して繁栄し，第 19 章で詳述するアブラムシも細胞内共生細菌（*Buchnera* *aphidicola*）と 1.5 億年以上，共に進化し，相補的に栄養交換することで，特定植物種の篩管液のみを吸汁して旺盛な繁殖力をもつ．ハキリアリとキノコシロアリは，収穫した植物質をキノコに消化させる外部共生系を確立したことで，それぞれ中南米とアジア・アフリカの熱帯・亜熱帯の優占種群となった．クワガタムシなど，幼虫が枯死材を摂食する甲虫類では，雌成虫がマイカンギア（mycangium）と呼ばれる器官をもつことが多い．そこに特定の木質分解性真菌類の菌糸を収納してもち運び，産卵時に植え付けて餌の木質分解を促進し，また宿主昆虫が合成できない栄養素を補填する．

昆虫と微生物の相利共生は栄養面にとどまらない．幼虫や蛹を病原体から防ぐため，あるいは共生キノコを雑菌から守るために，抗生物質を分泌する放線菌（Actinobacteria）門の共生細菌をもち運ぶ昆虫も知られている．また昆虫の腸内細菌群集も哺乳類の場合と同様に（Part II 参照），宿主の免疫系を活性化して病原菌や寄生虫に対する防御機能を高めることが知られており，ショウジョウバエなど（第 8 章参照）のモデル生物やヒ

ト病原体の中間宿主となる吸血性の蚊で研究が進んでいる．ミツバチ成虫の腸内細菌群集も，蜜や花粉中の植物多糖分解に寄与するとともに，病原体への抵抗性を高めるとされている．

以下に，昆虫－微生物共生系のさまざまな側面を紹介していく．おもな相利共生例を一覧にした表6.1も参照されたい．なお本章は，相利共生（mutualism）に焦点を絞っており，片利共生（commensalism）と寄生（parasitism）については詳しく触れない．

6.2　昆虫の消化を助ける共生微生物

ほとんどの動物は木材を餌にできないが，昆虫は特に幼虫期に枯死材を摂食するものが少なくない．シロアリと材食性ゴキブリは一生を通じて枯死植物体のみを摂食するし，カミキリムシやキバチなどの幼虫は硬い枯死材に穿孔し，腐朽が進行した材であればクワガタムシやカブトムシ，双翅目などの幼虫の餌となる．

枯死材の主成分である木質はリグニン，セルロース，ヘミセルロースで構成されており，昆虫を含む多くの動物はこれらの高分子化合物の消化酵素をもたないか，もっていてもその酵素だけでは十分に分解できない．そこで昆虫は，木質を消化できる微生物を腸内に共生させるか，あるいはもち運んで幼虫の餌となる枯死材に播種することで，木質消化を可能としている．前者の代表がシロアリで，後者がキクイムシなどの甲虫やキバチである．また後者がさらに進化し，特定のキノコを栽培して食べるという「農業」を始めたのが，キノコシロアリや，キクイムシ科とナガキクイムシ科の一部，そして材ではなく生葉や枯葉が材料であるが，ハキリアリなどのAttini族[*1]である．枯葉は材ほど頑丈ではないが難分解性であり，ま

た生葉は消化しやすい細胞質を含むかわりに有毒成分が存在することが多く，共生微生物の働きによって効率的かつ安全にこれらを餌として利用できる．

6.2.1　腸内微生物の消化共生

シロアリはゴキブリの1系統から生じた真社会性昆虫で，その直接の祖先はおそらく現生のキゴキブリ（Cryptocercus属）のような亜社会性の材食性ゴキブリだったに違いない．キゴキブリとシロアリの共通祖先は1.5億年以上前に木質分解性の原生生物を獲得し[1,2]，それ以前の祖先ゴキブリがすでに保有していた各種腸内細菌と共に，きわめて高効率な木質消化共生系を確立した[3,4]．これらの微生物群集を除去するとシロアリは死んでしまうし，微生物もシロアリ腸内以外の環境では生きられない．こうした必須の相利共生関係を絶対共生（obligate symbiosis）と呼ぶ．

このシロアリ－腸内微生物共生系の詳細は第7章に譲り，ここではシロアリと同じ真社会性昆虫であるミツバチの腸内共生系を紹介したい．ミツバチ（Apis属）の腸内微生物叢では，メタ16S rRNA解析（分類マーカーである16S rRNA遺伝子配列に基づく細菌群集のカタログ化）によるとわずか8種類の細菌が大部分を占めている[5]．とくにGammaproteobacteria綱のGilliamella apicolaとBetaproteobacteria綱のSnodgrassella alviの2種は，各種ミツバチとマルハナバチ（Bombus属）から最優占種として検出され，他の環境からは検出されない．つまりこれらのハチの腸内に特異的に共生している[6,7]．シロアリ同様，ミツバチも社会性昆虫であるために腸内細菌を次代に受け継ぎやすく（垂直伝播，vertical transmission），宿主と共進化（coevolution）してきたと考えられる．

一般に動物の腸内細菌叢は数百種以上からなるうえに大多数が難培養性なため，詳細な研究は困

[*1] 「族」は亜科と属の中間に用いられることが多い分類単位（tribe）．

■ 6章 昆虫における共生の総論 ■

表 6.1 おもな昆虫−微生物相利共生系

宿主昆虫目	宿主昆虫下位分類群	宿主餌	共生部位	共生系	微生物門・綱	微生物科	微生物種	共生機能	文献
網翅目	ゴキブリほぼすべて	雑食	細胞内	必須	Bacteroidetes 門	Blattabacteriaceae	*Blattabacterium* spp.	栄養補償、窒素再利用	91
	キゴキブリ科	枯死材	腸内	必須	腸内微生物群集（原生物、真正細菌、古細菌）			木質分解、栄養補償、窒素固定など	92
等翅目	下等シロアリすべて	枯死材	腸内	必須	腸内微生物群集（原生物、真正細菌、古細菌）			木質分解、栄養補償、窒素固定など	4
	ムカシシロアリ科	枯死材	細胞内	必須	Bacteroidetes 門	Blattabacteriaceae	*Blattabacterium* sp.	栄養補償、窒素再利用	91
	高等シロアリすべて	材・土壌など	腸内	必須	腸内微生物群集（真正細菌、古細菌）			木質分解、栄養補償、窒素固定など	4
	キノコシロアリ亜科	キノコ栽培	体外	必須	担子菌門	Lyophyllaceae	*Termitomyces* spp.	木質分解、栄養補償	33
半翅目 （腹吻亜目と頸吻亜目の詳細は19章参照）									
腹吻亜目			細胞内	必須	Gammaproteobacteria 綱	Enterobacteriaceae	*Buchnera aphidicola*	栄養補償	93
	アブラムシ科（ツノアブラムシ亜科以外）	植物液	細胞内・外	日和見	Gammaproteobacteria 綱	Enterobacteriaceae	*Serratia symbiotica*	寄生蜂防御・高温耐性・栄養補償	94,95
			細胞内・外	日和見	Gammaproteobacteria 綱	Enterobacteriaceae	"*Ca.* Hamiltonella defensa" + bacteriophage APSE	寄生蜂防御、寿命は短縮	51,96
			細胞内	日和見	Gammaproteobacteria 綱	Enterobacteriaceae	"*Ca.* Regiella insecticola"	栄養補償（宿主植物変更）・寄生菌防御	97,98
			細胞内	日和見	Gammaproteobacteria 綱	Coxiellaceae	"*Ca.* Rickettsiella viridis"	宿主体色変化・寄生菌防御	99,100
			細胞内	日和見	Alphaproteobacteria 綱	Rickettsiaceae	*Rickettsia* sp.	寄生菌防御、悪影響も	100,101
			細胞内・外	日和見	Mollicutes 綱	Spiroplasmataceae	*Spiroplasma* sp.	寄生菌防御？、悪影響も	100,102
	ツノアブラムシ亜科	植物液	細胞内・外	必須	子嚢菌門	Clavicipitaceae	酵母様共生体 (YLS)	栄養補償	87,103
	カイガラムシ上科の多く	植物液	細胞内	必須	Bacteroidetes	Blattabacteriaceae	"*Ca.* Uzinura diaspidicola" など	栄養補償	90,104
	キジラミ科	植物液	細胞内	必須	Gammaproteobacteria 綱 Betaproteobacteria 綱	Enterobacteriaceae Oxalobacteraceae	"*Ca.* Carsonella ruddii" "*Ca.* Profftella armatura"	栄養補償 防御物質生産	54,105
異翅亜目	カメムシ科	植物液	中腸の盲嚢	必須	Gammaproteobacteria 綱	Enterobacteriaceae	*Erwinia* sp.	栄養補償	106
	ツチカメムシ科	植物液	中腸の盲嚢	必須	Gammaproteobacteria 綱	Enterobacteriaceae	"*Ca.* Rosenkranzia sp."	栄養補償	107
	キンカメムシ科	落果	中腸の盲嚢	必須	Gammaproteobacteria 綱	Enterobacteriaceae	未命名	栄養補償	108
	ベニツチカメムシ科	落果	中腸の盲嚢	必須	Gammaproteobacteria 綱	Enterobacteriaceae	"*Ca.* Benitsuchiphilus tojoi"	栄養補償	109
	ツチカメムシ科	植物液	中腸の盲嚢	必須	Gammaproteobacteria 綱	Enterobacteriaceae	多系統、未命名	栄養補償	110
	マルカメムシ科	植物液	中腸の盲嚢	必須	Gammaproteobacteria 綱	Enterobacteriaceae	"*Ca.* Ishikawaella capsulata"	栄養補償	81
	クヌギカメムシ科	植物液	中腸の盲嚢	必須 日和見	Gammaproteobacteria 綱	Enterobacteriaceae	"*Ca.* Tachikawaea gelatinosa" *Sodalis* sp.	栄養補償	83
	ホシカメムシ科	植物液	中腸 M3 部	必須	放線菌門	Coriobacteriaceae	*Coriobacterium glomerans* など	栄養補償	111,112
	オオホシカメムシ科	植物液	中腸の盲嚢	必須	Betaproteobacteria 綱	Burkholderiaceae	*Burkholderia* spp.	栄養補償	112
	ヘリカメムシ科	植物液	中腸の盲嚢	必須	Betaproteobacteria 綱	Burkholderiaceae	*Burkholderia* spp.	栄養補償	84
	ナガカメムシ科	植物液	細胞内	必須	Gammaproteobacteria 綱	Enterobacteriaceae	"*Ca.* Schneideria nysicola" など	栄養補償	113
	トコジラミ科	血液	細胞内	必須	Alphaproteobacteria 綱	Anaplasmataceae	*Wolbachia* sp. wCle	栄養補償（ビタミンBなど）	70,72
	サシガメ科（オオサシガメ）	血液	腸内	必須	放線菌門	Nocardiaceae	*Rhodococcus rhodnii*	栄養補償	114

6.2 昆虫の消化を助ける共生微生物

目	科	食性	共生部位	必須/日和見	門	綱	科	菌名	役割	文献
咀顎目	ヒトジラミ科(ヒト寄生)	血液	細胞内	必須		Gammaproteobacteria 綱	Enterobacteriaceae	"Ca. Riesia pediculicola"	栄養補償(ビタミンBなど)	68,69
	ヒトジラミ科(マカク寄生)	血液	細胞内	必須		Gammaproteobacteria 綱	Enterobacteriaceae	"Ca. Puchtella pedicinophila"	栄養補償	115
	チョウカクハジラミ科	羽毛	細胞内	必須		Gammaproteobacteria 綱	Enterobacteriaceae	Sodalis sp.	栄養補償	116,117
双翅目	ツェツェバエ科	血液	細胞内・外	必須/日和見		Gammaproteobacteria 綱	Enterobacteriaceae	Wigglesworthia glossinidia / Sodalis glossinidius	栄養補償(ビタミンBなど)/栄養補償?	62,65
	クモバエ科・コウモリバエ科	血液	細胞内	必須		Gammaproteobacteria 綱	Enterobacteriaceae	"Ca. Aschnera chinzeii" など	栄養補償	118,119
	タマバエ科	葉実	マイカンギア	必須	子嚢菌門		Botryosphaeriaceae	Botryosphaeria dothidea	栄養補償	120,121
	ミバエ科	果実	腸内・餌中	日和見		Gammaproteobacteria 綱	Enterobacteriaceae	Klebsiella, Pectobacterium など	ペクチン分解、栄養補償、窒素固定	59,60
	ショウジョウバエ科	腐敗物	細胞内・外	日和見		Mollicutes 綱	Spiroplasmataceae	Spiroplasma sp.	線虫感染防止	122
	カ科	血液 / 血液	細胞内 / 組織内生殖巣など	日和見 / 日和見		Alphaproteobacteria 綱 / Alphaproteobacteria 綱	Acetobacteraceae / Anaplasmataceae	Asaia spp. / Wolbachia sp. wAlbB, wMelPop	Wolbachia の感染抑止 / 免疫系活性化による寄生菌防御	123,124 / 125,126
膜翅目	オオアリ族	雑食	細胞内	必須		Gammaproteobacteria 綱	Enterobacteriaceae	"Ca. Blochmannia spp."	栄養補償、窒素再利用など	76,78
	シリアゲアリ族	雑食	細胞内	必須		Gammaproteobacteria 綱	Enterobacteriaceae	"Ca. Westeberhardia cardiocondylae"	コロニー酸供給	80
	Attini族(ハキリアリなど)	キノコ栽培	体外 / 体表	必須	担子菌門 / 放線菌門		Leucocoprineae / Pseudonocardiacea	Leucoagaricus gongylophorus / Pseudonocardia spp.	栄養補償 / 寄生真菌からの共生キノコ防御	30,37
	Allomerus属のアリ	昆虫捕食	体外	必須	子嚢菌門		Chaetothyriales	未命名	捕食用罠構造の支持体として使用	127
	ミツバチ・マルハナバチ	蜜・花粉	腸内	?		Gammaproteobacteria 綱 / Betaproteobacteria 綱	Orbaceae / Neisseriaceae	Gilliamella apicola / Snodgrassella alvi	糖質分解発酵、生体防御	8
	ギングチバチ(Philanthus属)	ミツバチ	アンテナ腺	必須	放線菌門		Streptomycetaceae	Streptomyces philanthi	幼虫・繭の寄生菌からの防衛	47,49
	キバチ	木材	マイカンギア	必須	担子菌門		Amylostereaceae	Amylostereum spp.	餌木の弱体化とセルロース分解	19,20
鞘翅目	ゾウムシ科 / オサゾウムシ科	植物質	細胞内	必須		Gammaproteobacteria 綱	Enterobacteriaceae	"Ca. Nardonella spp."	栄養補償	128
	コクゾウムシ族	穀物	細胞内	必須		Gammaproteobacteria 綱	Enterobacteraceae	Sodalis sp.	栄養補償	129
	オトシブミ科	葉食	マイカンギア	必須	子嚢菌門		Trichocomaceae	Penicillium herquei	幼虫の寄生菌からの防御、多糖分解?	50
	キクイムシ科	枯死材	マイカンギア	必須	担子菌門 / 子嚢菌門 / 放線菌門		Peniophoraceae / Ophiostomataceae / Streptomycetaceae	Entomocorticium spp. / Ceratocystiopsis spp. など / Streptomyces spp.	餌木の弱体化、栄養補償 / 餌木の弱体化、栄養補償 / 寄生菌からの共生菌防御	22,44,45
	キクイムシ科 / ナガキクイムシ科	枯死材	マイカンギア	必須	子嚢菌門		Ceratocystidaceae / Ophiostomataceae	Ambrosiella spp. / Raffaelea spp. など	幼虫の餌	25,26
	クワガタムシ科	枯死材	マイカンギア	必須	子嚢菌門		Saccharomycetaceae	Pichia spp.	餌中の木質分解	23
	クロツヤムシ科	植物	腸内	?	腸内細菌群集				窒素固定	24
	コメツキモドキ科	雑食	マイカンギア	必須	子嚢菌門		Wickerhamomycetaceae	Wickerhamomyces anomalus	幼虫の餌	27,28
	ハネカクシ科(アリガタハネカクシ)	雑食	?	必須		Gammaproteobacteria 綱	Pseudomonadaceae	Pseudomonas sp.	防御物質(ペデリン)産生	52,53
	ハムシ科(コロラドハムシ)	葉食	唾液	日和見		Gammaproteobacteria 綱	Pseudomonadaceae	Pseudomonas sp. など	植物防御系の撹乱	130

難である．その点，ミツバチ腸内細菌叢はきわめて単純で群集構造も安定しており，さらに最優占2種が単離培養可能なため，腸内細菌研究の格好のモデルとなっている[8, 9]．働きバチ成虫1匹が保有する腸内細菌総数は10億個にのぼり，*G. apicola*と*S. alvi*はそれぞれ後腸前半部の腸液中と腸壁をほぼ占有している．共生微生物は昆虫の幼虫期において重要な役割を果たす例が多いが，ミツバチの場合は幼虫の栄養が養育係の成虫に完全に依存しているためか，幼虫には腸内細菌がほとんどいない[10]．蛹から羽化したばかりの成虫はほぼ無菌であり，その後に他のメンバーの糞に接触することで腸内細菌群集を獲得できる[11]．糞食（coprophagy）は，腸内微生物叢を同種他個体が共有するための典型的な手法である．

働きバチ成虫の腸内細菌叢のメタゲノム解析（微生物群集全体のゲノムDNA塩基配列解析）によると，糖質分解酵素の遺伝子群が非常に多く，*G. apicola*の他，後腸後半部で優占的な*Lactobacillus*属と*Bifidobacterium*属細菌に由来している．これらは昆虫自身の酵素だけでは分解しにくいペクチンなどの植物多糖の消化を助けていると思われる[12-14]．さらにシングルセル・ゲノミクス（1細胞のゲノムDNAを酵素で大量に複製して塩基配列解析する手法）により細菌1細胞ごとの遺伝子組成を調べた結果，*G. apicola*は多様な系統からなり，各系統が異なる糖質分解酵素遺伝子セットをもっていた[15]．したがって，見かけ上は8種類でも，実際にはさらに多くの種（無性生殖生物である細菌の「種」は生殖隔離ではなく，ニッチによって規定される．このような「種」をecotypeと呼ぶ[16]）に分かれる可能性がある．*S. alvi*は，消化ではなく栄養供給で貢献しているらしい[13]．

ミツバチの腸内細菌群集はこれらの機能の他，腸壁に寄生する*Crithidia*属原生生物の感染防止に寄与するという報告もあるが[17, 18]，その機構はよくわかっていない．ミツバチの腸内細菌を除去してもミツバチは死なないので必須の存在とはいえないが，多くの動物腸内細菌群集において示唆されているように，栄養・防衛両面で有益な存在であるに違いない[8]．その意味で，研究が容易なミツバチ腸内共生系の解明は，多くの動物腸内共生系の一般的な理解に大きく役立つものと思われる．

6.2.2　マイカンギア真菌類の消化共生

材食性昆虫は，腐朽菌の分泌物あるいは分解産物を検知して産卵場所を決めると考えられているが，その腐朽菌を自らもち運ぶものもいる．キバチ（膜翅目）は産卵管の基部にマイカンギアと呼ばれる袋状の構造をもち，普段は体内に収納されている．キバチの雌は新しい枯死木や衰弱木（あるいは*Sirex*属のキバチは生木であっても）に産卵し，その際にマイカンギアに収納していた*Amylostereum*属の白色腐朽菌（担子菌門）を植物毒性のある粘液とともに注入する．樹木は生体防御反応として樹脂（ヤニ）を分泌して侵入者を阻止しようとするが，共生真菌と粘液が維管束系を塞ぎ，侵入部周辺を枯死させてしまう[19]．共生真菌はセルロースとヘミセルロースを分解する酵素を分泌し，キバチ幼虫の木質消化を補助する[20]．おそらく，材中で羽化した成虫が脱出する際に坑道中の共生真菌をマイカンギアに収納するのであろう．こうして共生真菌は基本的には子孫へと垂直伝播される．ただし，外来種のキバチが土着種と同所的に生息している地域では，両種間で本来の共生真菌種が入れ替わる例が報告されている[21]．

キクイムシ科の甲虫（bark beetle）は体表の窪みに*Entomocorticium*属（担子菌門）あるいは子嚢菌門の*Ceratocystiopsis*属などの共生真菌を保有しており，雌成虫が寄主木の樹皮下に穿孔する際にこれらを植え付ける．キバチの場合と同様，共生真菌は宿主を衰弱させ，木質分解という消化

の面に加え，窒素化合物などの栄養供給面でも宿主に貢献する[22]．キクイムシとキバチはともにマツなどの大害虫として知られており，その威力はこうした真菌類との相利共生によるものといえる．

　クワガタムシもマイカンギアをもっている．2010年にTanahashiら[23]は日本産クワガタムシ22種を調べ，雌成虫のみが産卵器に隣接する袋状の器官をもつことを初めて発見した．これは体表が嵌入してできた構造物で，内部にはキシラン分解性として知られる*Pichia*属真菌類（子嚢菌門）が保持されていた．共生真菌の性質や特異性，マイカンギアにどのように収納されるのかなどの詳細は未知で，続報に期待したい．一方，クワガタムシに近縁で成虫・幼虫ともに材食性のクロツヤムシはマイカンギアをもたない[23]．クロツヤムシは亜社会性昆虫で，幼虫は蛹になるまで親のケアが必要である．親は木材を噛み砕いて与え，家族間で糞食もするらしい．したがって，親から子孫への腸内微生物の垂直伝播が可能であり，成虫はマイカンギアをもつ必要がないのかもしれない．クロツヤムシの腸内微生物叢の機能の詳細は不明だが，空中窒素固定（nitrogen fixation）をするという報告がある[24]．枯死材には窒素分が少ないため，窒素固定と窒素化合物の供給は共生微生物の主要な役割の一つであり，シロアリでよく研究されている（第7章参照）．

6.2.3　消化共生から「農業」へ

　キクイムシ科や近縁のナガキクイムシ科には，マイカンギアで運ぶ真菌類を坑道内で栽培し，その共生真菌自体を主食にするものがおり，養菌性キクイムシ（ambrosia beetle）と呼ばれる．養菌性キクイムシはキクイムシ（bark beetle）に比べて，さらに難分解性で貧栄養な材の中心部に穿孔し，子嚢菌門の*Ambrosiella*属と*Raffaelea*属を中心とした真菌群集を坑道内で栽培する[25, 26]．

幼虫は専らこの共生カビを食べて生育する．養菌性キクイムシは亜社会性であることが多く，真社会性の種類もいる．これは宿主の「タネ」を次代に確実に受け継ぐために進化した形質かもしれない．

　真菌類を主食とする昆虫にオオキノコムシ科の甲虫がいるが，これに近縁なコメツキモドキ科（あるいはオオキノコムシ科内の亜科）も養菌性である．Toki[27, 28]は2012〜2013年に，ニホンホホビロコメツキモドキ（*Doubledaya bucculenta*）が腹部末節にマイカンギアをもち，枯死したタケに産卵する際に酵母様真菌（*Wickerhamomyces anomalus*）を卵に付着させ，タケ内腔で栽培して幼虫の餌にすることを発見した．幼虫はこの共生カビだけを食べて成虫まで育つことが可能である．

　こうした「農業」を営む昆虫として最も有名なのはハキリアリである．ハキリアリは中南米の熱帯に生息し，多様な樹種の生葉を切りとって巣にもち帰る．もち帰った葉を細かく噛み砕き，それを苗床にして担子菌門の*Leucoagaricus gongylophorus*を栽培する．ハキリアリは基本的にはこの菌糸（塊）のみを食べて生きているので，全栄養を共生キノコに依存することになる．ハキリアリと呼ばれるのは*Atta*属と*Acromyrmex*属で，約1000万年前に分岐したと推定されている[29]．これらはAttini族に含まれるが，他のAttini族もキノコを栽培する．キノコを栽培する生態は約5000万年前に登場したと推定され，ハキリアリ以外の種は落葉などを集めて菌床にする[29]．Attini族と共生キノコのそれぞれの分子系統の樹形は基本的に一致しており，すなわち共種分化を遂げるほどの密接な関係が続いている[30]．ただし，有翅生殖虫による運搬を介した共生キノコの垂直伝播は，ハキリアリとその姉妹群である*Trachymyrmex*属との共通祖先が獲得した形質で，それ以前に分岐した他のAttini族はどこかから共生キノコの胞子を拾ってきて栽培

する．つまり共生キノコを毎世代，環境中から獲得する必要がある．そうした性質のためか，キノコ栽培性 Attini 族の中の2系統群においては例外的に，それぞれまったく異なる系統の真菌に共生キノコが入れ替わっている[29]．いずれにしても，共生キノコがこれらのアリの巣以外で繁殖している例は知られていない．

このキノコ栽培性 Attini 族アリは中南米で優占的な草食動物あるいは分解者である．一方，アジアとアフリカの熱帯で類似のニッチを占めるのが，キノコシロアリ亜科（Macrotermitinae）である．これはまったく異なる昆虫系統群がそれぞれ独立に真社会性とキノコ栽培性を獲得した，驚くべき収斂進化（evolutionary convergence）の例である．すべてのキノコシロアリは Termitomyces 属の担子菌と絶対共生関係にあり，その起源は3,000万年以上前に遡る[31, 32]．キノコシロアリは枯葉や枯死材などを摂食し，巣に帰るとそれらを短時間で排泄して菌床にする．Attini 族アリのものと類似した形状の菌園（fungus comb）を構築し，共生キノコの菌糸を栽培する．シロアリは共生キノコが産生する菌糸塊（conidium）およびキノコが分解した植物質を菌糸ごと摂食する．古くなり放棄された菌園からは共生キノコの子実体が形成され，シロアリの巣から外界に突きでて胞子を放出する．Attini 族のアリ同様，キノコシロアリも種によって，共生キノコを垂直伝播するものと，水平伝播で毎世代環境中から獲得するものがある[33]．

6.3 昆虫を防衛する共生微生物

6.3.1 共生真菌を防御する微生物

上述のような外部共生系においては，共生真菌を雑菌から選別して維持・管理する必要がある．実際，Attini 族アリの菌園には Escovopsis 属（子嚢菌門）の食菌性（共生キノコを殺して栄養源にする）のカビが寄生することがあるし[34]，キノコシロアリの菌園からシロアリを除くと，翌日には子嚢菌門の Xylaria などがあっという間に菌園を覆い尽くしてしまう．

キノコシロアリの菌園管理機構については，シロアリが雑菌をこまめに摘み取っているのであろう，という程度の推測しかなされていないが，Attini 族アリにおいては興味深い知見がある．ハキリアリを含むキノコ栽培性 Attini 族は，その体表に Pseudonocardia 属（放線菌門）の細菌を付着させており，これが抗生物質（dentigerumycin）を分泌して寄生菌の繁殖を防ぎ，しかも共生キノコにはほとんど影響しないという[35, 36]．この防衛共生細菌は Attini 族アリに特異的に共生しており，アリの種によってはマイカンギアのような窪み構造に収納していることもある．宿主と厳密な共種分化はしていないものの，基本的には垂直伝播によって次世代に受け継がれる[37, 38]．ただし近年，Attini 族と共生放線菌の特異性には強い疑義がだされ，激しい論争になっている[39, 40]．懐疑派の主張によると，Attini 族は，垂直伝播ではなく環境中から Pseudonocardia 属や Streptomyces 属の複数の放線菌群集を選別して利用するとしている[41, 42]．また，アリの体表の放線菌は菌園保護に役立つという根拠はなく，むしろアリ自身の病原菌防御を担うなどの可能性を提示している[40, 43]．いずれにせよ，共生放線菌が菌園を含めた巣全体の防御に深くかかわっているのは確かそうである．

同様の共生真菌防衛機構は，bark beetle のマツオオキクイムシ（Dendroctonus frontalis）においても発見されている．マイカンギアで運搬する Entomocorticium 属の共生真菌は，青変病菌（Ophiostoma minus，子嚢菌門）との競争に弱く，青変病菌が繁殖するとマツオオキクイムシ幼虫の生育は阻害される[44]．ところがマツオオキクイムシは，マイカンギアに共生真菌だけ

ではなく Streptomyces 属の一種を同時に収納しており，この共生放線菌が分泌する抗生物質（mycangimycin）は青変病菌の繁殖を抑制する一方で，共生真菌の繁殖は抑制しない[45]．

6.3.2 子孫の防御にかかわる微生物

　Streptomyces 属などの共生放線菌による防衛の対象は共生真菌に限らない．Philanthus 属のギングチバチは，ミツバチの成虫を捕らえ麻酔をかけて幼虫の餌にする，単独生活性の狩りバチである．このハチは土中につくった獲物の貯蔵庫に産卵する際，触角の節間（アンテナ腺）から白い分泌物をだし，部屋の壁に塗るような動作をする．この分泌物には Streptomyces philanthi と命名[46]された放線菌が大量に含まれており，部屋の壁面と蛹の繭は，この放線菌の菌糸で覆われる[47]．繭からは 9 種類もの抗生物質が検出され，多様な病原微生物から蛹を保護していると考えられる[48]．Philanthus 属を含む Philanthini 族の約 50 種のハチについて調べたところ，ほとんどの個体から S. philanthi に近縁な 16S rRNA 遺伝子配列が検出された．進化過程での宿主の入れ替わりが多く，共種分化はしていないものの，約 6800 万年前から共生関係が続いていると推定された[49]．

　マイカンギアで運搬する真菌類を防御に使用する例もある．オトシブミ科の甲虫は樹木の葉を巻いてつくった「ゆりかご」の中に産卵し，幼虫はそのなかで葉を食べながら成長する．Euops 属がつくる「ゆりかご」は黄色いカビで覆われるが，これは雌成虫が腹節間のマイカンギアから分泌した Penicillium herquei（子嚢菌門）が増殖したものである．この共生真菌はセルロース分解を行うとともに抗生物質の (+)-scleroderolide を分泌し，他のカビの生育を阻害する．このカビを除去すると，幼虫と蛹の生存率は著しく低下する[50]．

6.3.3 天敵や捕食者への防御にかかわる微生物

　アブラムシなどに日和見感染する細胞内共生細菌には，寄生蜂の感染率低下や病原性真菌への抵抗性を増加させるものが多く見つかっている（表 6.1）．その機構の多くは不明だが，"Candidatus Hamiltonella defensa"（Candidatus は「候補」の意味で，未培養微生物の仮の種記載時につける）には，寄生蜂幼虫を殺す毒素の遺伝子をもつバクテリオファージが感染しており，それによって宿主を寄生から防いでいる[51]．

　鞘翅目のアリガタハネカクシ（Paederus 属）の仲間は体内にペデリン（ポリケチドの一種）という有毒物質をもち，体液がヒトの皮膚に付着すると炎症を起こして水疱を生じる．この物質は，虫自身ではなく Pseudomonas 属の内部共生細菌が合成すると考えられている[52,53]．

　また，半翅目のキジラミ科の一部は，栄養補償をする細胞内共生細菌（"Candidatus Carsonella ruddii"）に加え，"Candidatus Profftella armatura" という細胞内共生細菌を同時にもつ．後者のゲノム配列解析の結果，わずか 465 kb（大腸菌の 10 分の 1）の小さなゲノム上の遺伝子の 15% もが，ペデリンに類似する diaphorin というポリケチド合成のためのものであることがわかった[54]．この化合物は細胞毒性をもち，捕食者に対する防御になると思われる．このような毒物生産性の共生細菌は，昆虫以外ではカイメンなどの固着性無脊椎動物によく見られる[55]．

6.4　栄養を補償する共生微生物

　枯死植物体，とくに木質は窒素分をほとんど含まないため，それを消化するだけでは昆虫の栄養は満たされない．シロアリの腸内微生物群集は消化だけではなく，空中窒素固定，窒素再利

用，各種アミノ酸とビタミン類の合成という面でも必須の貢献をしている（第7章に述べる）．ハキリアリやキクイムシにおいても，共生真菌は単に餌を消化するだけではなく，窒素化合物の合成・供給という点でも重要である．ハキリアリの場合，菌園中の真正細菌群集が空中窒素（N_2）固定を行っているとされ[56]，さらに働きアリ腸内の優占細菌種も窒素固定能をもつ可能性が示唆されている[57]．前述のクロツヤムシの他，マイカンギアをもたないタイプのキクイムシの一種（*Dendroctonus valens*）[58]や，地中海ミバエ（*Ceratitis capitata*）[59,60]の腸内細菌も窒素固定をするという報告がある．

どの動物においても腸内微生物群集は宿主の栄養の一端を担っているが，栄養交換を介した相利共生関係は，昆虫細胞内共生系においてより明確である．とくに植物篩管液や導管液のみを摂食する半翅目においては，アブラムシ，カイガラムシ，セミ，ヨコバイ，キジラミなど，旧同翅亜目（現・腹吻亜目と頸吻亜目）のほとんどすべての種が細胞内共生細菌と絶対共生している．こうした共生細菌は菌細胞（bacteriocyte, mycetocyte）と呼ばれる特殊な巨大細胞に収納され，菌細胞塊（bacteriome, mycetome）を形成することが多い．半翅目の異翅亜目，つまりカメムシの場合は複雑で，細胞内共生細菌をもつ系統群と，中腸後半部の盲嚢と呼ばれる腸内腔に開口する器官に共生細菌を保有する系統群がある[61]．昆虫細胞内共生系は旧同翅亜目の各種をモデルとして盛んに研究され，貴重な知見が多数得られており，第19章で詳述する．ここではほかの例を紹介する．

6.4.1 吸血性昆虫の細胞内共生細菌

植物の篩管液や導管液と同様，動物の血液の成分も偏っている．とくに，一生を通じて脊椎動物の血液のみを摂食する昆虫の多くは細胞内共生細菌を保有している．アフリカ睡眠病の病原体である原生生物トリパノソーマを媒介するツェツェバエ（*Glossina*属）の成虫は，雌雄ともに吸血性である．昆虫には珍しく胎生で，幼虫は成虫体内で栄養を摂取し，産仔後すぐに蛹化する．このハエは細胞内にウィグルスウォーチア（*Wigglesworthia*属）と命名された腸内細菌科（Enterobacteriaceae）の絶対共生細菌を保有する．ゲノムサイズは 698 kb と小さく，血液中に乏しいビタミンB類などを供給することがわかっている[62,63]．*Wigglesworthia*のような必須の細胞内共生細菌を一次共生体（primary symbiont）と呼び，数千万年から1億年以上にわたり共生関係を継続してきたものが多い．卵を介して精確に垂直伝播をするため，宿主虫（host）と共生体（symbiont）は共種分化を遂げる．

ツェツェバエは*Wigglesworthia*に加えて，Enterobacteriaceae 科の*Sodalis glossinidius*という細胞内あるいは組織中に見られる共生細菌をもつことが多い[64]．これは必須の共生体ではなく，一次共生体に加えて日和見的に感染（facultative infection）する二次共生体（secondary symbiont）である．二次共生体の宿主への寄与は不明確なことが多いが，*S. glossinidius*の場合，*Wigglesworthia*のビタミンB合成を補助するという説があり[65]，感染すると寿命が延びるとされている[66]．ゲノムは約 4.2 Mb で，一次共生体のように小さくないが，2431個の機能遺伝子に対して1501個もの偽遺伝子（フレームシフト変異などで機能を喪失した遺伝子）をもつ[65,67]．一次共生体は宿主細胞由来の栄養に依存してゲノムを縮小してしまっているため，もはや宿主外では生存できず，人工培養も不能なのが通例だが，二次共生体はこの*S. glossinidius*も含め，培養可能なことが多い．

近年日本でも再び問題になっているヒトジラミ（*Pediculus humanus*）も，"*Candidatus* Riesia pediculicola"と命名された Enterobacteriaceae

科の細胞内共生細菌を保有している[68]．ゲノム (575 kb) 解析の結果，*Wigglesworthia* 同様にビタミンBを供給することがわかった[69]．この共生細菌を除去すると，シラミは1齢幼虫で死亡する．カメムシの仲間であるトコジラミ（*Cimex lectularius*，ナンキンムシ）は，*Wolbachia* 属の細胞内共生細菌をもつ[70]．*Wolbachia* 属は多様な昆虫の細胞内や組織中に共生し，卵を通じて垂直伝播もするが，細胞質不和合や雄殺しを起こすなど利己的に振る舞い，一般には片利共生あるいは寄生性である[71]．トコジラミの共生 *Wolbachia* 属のゲノムサイズは 1.25 Mb で，寄生性の *Wolbachia* 属と変わらないが，ビオチン（ビタミンBの一種）合成系を水平伝播で他の細菌系統群から獲得したことにより，例外的に必須の相利共生体に進化した可能性が示唆されている[72]．

6.4.2 雑食性昆虫の細胞内共生細菌

餌の栄養素が偏っていないはずの雑食性昆虫にも，細胞内共生細菌をもつものがいる．ほぼすべてのゴキブリ（雑食性と材食性含む）と，最も原始的なシロアリであるムカシシロアリ（*Mastotermes darwiniensis*）は脂肪組織中に菌細胞をもち，*Blattabacterium* という Flavobacteriales 目の細菌を必ず保有している．昆虫の多くは窒素老廃物を尿酸として排泄するが，ゴキブリとシロアリは尿酸を排泄せずに脂肪組織中に貯蔵する性質がある．そこで，*Blattabacterium* は尿酸を再利用してアミノ酸などを合成し，宿主に供給する，というのが定説であった．ところが *Blattabacterium* の縮小したゲノム（約 640 kb）には尿酸分解酵素（ウリカーゼ）遺伝子がなく[73]，一方でゴキブリ自身が尿酸分解酵素をもっていることが後に明らかとなった[74]．*Blattabacterium* は尿素のかたちで宿主から窒素分を受け取り，それをリサイクルして多様なアミノ酸やビタミン類を合成しているようだ．

なぜ，雑食性のゴキブリが2億年も細胞内共生細菌を維持し続けているのだろうか．現代の家屋害虫は例外として，野外では栄養価の高い餌を常に食べられるとは限らないため，栄養欠乏時に備えて窒素分貯蔵と再利用系を進化させたのかもしれない．また，他のシロアリ同様の腸内共生微生物群集をもつムカシシロアリとキゴキブリがなぜ *Blattabacterium* を保有し続けているのか，どのような進化過程でシロアリは *Blattabacterium* を喪失したのか，これらは謎のままである．

雑食性で強力な捕食者でもあるアリにも細胞内共生細菌をもつ系統群がいる．日本で普通に見られるクロオオアリなどを含むオオアリ族（Camponotini）のアリは，中腸近傍の菌細胞内に "*Candidatus* Blochmannia" と命名された Enterobacteriaceae 科の共生細菌を保有している[75, 76]．ゲノムサイズは 706～792 kb と小さく，塩基組成はグアニン（G）とシトシン（C）の含量（GC含量）は 27～30% しかなく，ATに大きく偏っている[77]．ゲノムサイズが 1 Mb 以下でGC含量が極端に低いのは細胞内共生細菌の大多数に共通した特徴であり，詳細は第19章で論じる．"*Ca.* Blochmannia" のゲノムは尿素分解酵素（ウレアーゼ）と各種必須アミノ酸およびビタミン合成系の遺伝子を保持しており，窒素リサイクルと栄養素供給がその主要な役割と思われる．硫酸還元能ももつので，硫黄化合物提供も役割の一つと考えられている[78]．

しかしゴキブリ以上に栄養に困らないように思えるアリが，なぜこのような細胞内共生系を長い進化時間の中で維持し続けているのだろうか．共生細菌を除去した働きアリに1齢幼虫を飼育させると蛹化成功率が激減するが，必須アミノ酸を与えると回復すること，蛹の時期から成虫にかけて共生細菌の窒素代謝系遺伝子が高発現することなどから，共生細菌は，おもに餌をとれない蛹の時

期の栄養補償と，幼虫に高栄養食を与える成虫の栄養補給に重要な役割を果たすようである[79]．示唆的なのは，シリアゲアリ族 (Crematogastrini) で発見された細胞内共生細菌 ("*Candidatus* Westeberhardia cardiocondylae") のゲノム (533 kb) が，必須アミノ酸とビタミン合成系のほとんどの遺伝子を失っているにもかかわらず，コリスミ酸 (chorismate) は合成可能なことである[80]．コリスミ酸はチロシンの前駆体であり，チロシンはさらに変換されて昆虫の外骨格の主成分であるクチクラの原料となる．つまり，アリの細胞内共生細菌の必須の役割は，蛹の時期に十分量のクチクラ原料を供給することかもしれない．

6.5　共生微生物の伝播様式

　昆虫の生存に必須な共生微生物を確実に次代に伝えるため，親から子へ垂直伝播するさまざまな機構が進化している．ほぼすべての昆虫細胞内共生細菌は経卵感染によって母系垂直伝播し，その分子機構はアブラムシなどを例に多くの研究があるが，未解明な部分も多い．体外共生する真菌類や放線菌の場合はマイカンギアに収納して運搬し，腸内微生物は糞食や，シロアリの場合には肛門食によって共有（水平伝播）し，さらに垂直伝播する．ところが，ハキリアリやキノコシロアリのように，絶対共生キノコを毎世代環境から獲得する例もある．ここでは，多様な共生体伝播方式をもつカメムシの例などを紹介しながら，垂直伝播と水平伝播の長所と短所を論じたい．

6.5.1　カメムシの共生細菌伝播様式

　カメムシの多くは，中腸後半部の盲嚢に宿主種に特異的な共生細菌を保有している．これらの共生細菌を除去した虫の生育は著しく阻害され，おそらく野外では生存競争に勝てない．カメムシ科やマルカメムシ科などを含むカメムシ上科の多くは Enterobacteriaceae 科の共生細菌を保有し，細胞内共生細菌同様に，ゲノムは小さく GC 含量が低い．たとえば，マルカメムシ (*Megacopta punctatissima*) の中腸盲嚢共生細菌である "*Candidatus* Ishikawaella capsulata" のゲノムサイズは 746 kb で，GC 含量は 30% である[81]．細胞内ではないものの，安定した環境に保持され，また垂直伝播によって継代するため，細胞内共生細菌と同様のゲノム進化をしたと思われる．遺伝子組成もやはり必須アミノ酸などの窒素化合物合成に特化している．マルカメムシの雌はこの共生細菌を特殊なカプセルに入れて卵塊の側に付着させておき，孵化した幼虫はまずこのカプセルの中身を吸って共生細菌を獲得する[82]．カメムシ科やホシカメムシ科などは卵の表面に共生細菌を塗ることで次代に伝え[61]，クヌギカメムシ科は多糖を主成分とするゼリーに埋めるかたちで産卵し，敵がいない厳冬期に孵化した幼虫は共生細菌入のゼリーを摂食し，成長してから春を迎える[83]．

　このように，カメムシ類は共生細菌を次代に垂直伝播する多様な方式を進化させたが，ヘリカメムシ上科のカメムシは，Enterobacteriaceae 科ではなく Betaproteobacteria 綱の *Burkholderia* 属細菌を環境中から摂取して，中腸盲嚢部に共生させる[84]．環境中には多様な微生物がいるにもかかわらず，特定の系統群だけが中腸盲嚢部直前のくびれ部分を通過できる．選別機構は不明だが，大腸菌や餌中の染色剤は「ゲート」を通過できない[85]．ちなみに *Burkholderia* 属細菌は芳香族化合物などの難分解性物質の分解菌としても知られており，農薬分解能力をもった同細菌株を共生させたホソヘリカメムシ (*Riptortus pedestris*) は，虫自身も農薬抵抗生をもつことを，2012 年に Kikuchi らが明らかにしている[86]．

6.5.2　垂直伝播と水平伝播

　Attini 族アリやヘリカメムシなどの例に見た

ように，必須の共生微生物でありながら垂直伝播せず，環境から取得するものがいるのはなぜだろうか．毎世代環境から取得するというのはたいへんリスクが高く，またその微生物種だけを選別する機構を進化させねばならない．おそらく，垂直伝播の長所と水平伝播の長所のトレードオフの問題であろう．

垂直伝播する共生微生物は有効集団サイズ（交雑可能な個体群の大きさ）が小さく，しかも毎世代びん首効果（bottleneck effect）がかかるために自然選択が十分に働かず，遺伝的浮動（genetic drift），つまり偶然による有害突然変異の蓄積が生じやすい．とくに無性生殖生物ではその傾向が強い（Muller's ratchet と呼ぶ）．また絶対共生体は他系統との競争が少ないため，ますます有害突然変異が排除されにくいであろう．その結果，宿主とゲノムレベルで相互補完するきわめて効率的な共生系が進化する一方で，本来は維持していたほうが適応的に有利な形質まで偶然失ってしまう危険性がある．

その点，環境中からの水平伝播による獲得では，共生微生物の系統間での競争が生じるため自然選択が働きやすく，有害突然変異の蓄積を防ぎ，さらにはホソヘリカメムシの例のように農薬分解能力をもつなど，宿主の適応度（fitness）を明確に上昇させるような共生微生物の進化も可能である．

6.6　共生微生物の起源

最後に，共生微生物の起源について考えてみたい．植物質分解性の共生真菌は木材腐朽菌に近縁だし，共生放線菌は土壌などから単離培養される種に近いことが多いが，なぜ特定の種や系統が共生体として進化したのかは不明である．昆虫と絶対共生する細胞内共生細菌の場合，その起源は1億年以上遡ることも多く，さらに不明瞭である．そのなかでは，前述のトコジラミの *Wolbachia* 属の細胞内共生細菌は，もともと日和見感染する片利共生あるいは寄生性だったものが，水平伝播による遺伝子獲得で必須の相利共生体になったことが強く示唆された，貴重な例である．アブラムシでは一次共生体である *Buchnera* に加えて多くの二次共生細菌が報告されているが（表6.1），おそらくこうした日和見的共生微生物種が，何らかのきっかけで必須の共生体へと進化していったのであろう．実際，アブラムシのなかでもツノアブラムシ亜科では例外的に，寄生性の冬虫夏草（麦角菌綱）に近縁な酵母様共生体が *Buchnera* に置き換わり，絶対共生体となっている[87, 88]．細胞内共生する一次共生体を喪失して別の絶対共生体を保有する例は，しばしば見られる．

ただし，どのような系統群の微生物でも細胞内共生体になれるわけではなく，表6.1に示したように，Enterobacteriaceae 科のものが圧倒的に多い．しかも，異なる昆虫系統群で独立に獲得されたにもかかわらず，いくつかの単系統群（単一の祖先をもつ系統群）に集約される[89]．ゴキブリの細胞内共生細菌 *Blattabacterium* と半翅目・頸吻亜目全体（セミ，ヨコバイなど）および同・腹吻亜目のカイガラムシ一次共生細菌（"*Candidatus* Uzinura" など．第19章参照）も，それぞれ独立に獲得されたはずだが，Flavobacteriales 目の中で単系統群を形成する[90]．もっとも，細胞内共生は進化の過程でゲノムのアデニン（A）＋チミン（T）の含量と塩基置換速度の極端な増加を伴うため，本来は異なる系統のものが見かけ上単系統群を形成してしまっている可能性は捨てきれない（long-branch attraction というアーティファクト）ので，解釈は注意を要する．

いずれにせよ，ある程度近い分類群のものが細胞内共生体として進化したことは間違いない．必須アミノ酸やビタミン類の合成能は細菌に一般的なので，決定的な共生要因にはならないが，真核生物の免疫などの防衛機構をかいくぐる能力は，

一部の細菌系統群に特有のものであろう．そうした能力をもつ系統群が，寄生，片利共生体から，ツェツェバエの二次共生細菌 *S. glossinidius* のように，日和見的相利共生体として徐々にゲノム構造を変化させ，絶対共生体へと進化したのであろう．

（本郷裕一）

文　献

1) M. Ohkuma et al., *Proc. R. Soc. Lond. B*, **276**, 239 (2009).
2) B. Misof et al., *Science*, **346**, 763 (2014).
3) C. Schauer et al., *Appl. Environ. Microbiol.*, **78**, 2758 (2012).
4) Y. Hongoh, *Cell. Mol. Life Sci.*, **68**, 1311 (2011).
5) D. L. Cox-Foster et al., *Science*, **318**, 283 (2007).
6) V. G. Martinson et al., *Mol. Ecol.*, **20**, 619 (2011).
7) N. A. Moran et al., *PLoS One*, **7**, e36393 (2012).
8) N. A. Moran, *Curr. Opin. Insect Sci.*, **10**, 22 (2015).
9) A. Katsnelson, *Nature*, **521**, S56 (2015).
10) V. G. Martinson et al., *Appl. Environ. Microbiol.*, **78**, 2830 (2012).
11) J. E. Powell et al., *Appl. Environ. Microbiol.*, **80**, 7378 (2014).
12) P. Engel et al., *Proc. Natl. Acad. Sci. USA*, **109**, 11002 (2012).
13) W. K. Kwong et al., *Proc. Natl. Acad. Sci. USA*, **111**, 11509 (2014).
14) F. J. Lee et al., *Environ. Microbiol.*, **17**, 796 (2015).
15) P. Engel et al., *PLoS Genet.*, **10**, e1004596 (2014).
16) F. M. Cohan, *Annu. Rev. Microbiol.*, **56**, 457 (2002).
17) H. Koch, P. Schmid-Hempel, *Proc. Natl. Acad. Sci. USA*, **108**, 19288 (2011).
18) D. P. Cariveau et al., *ISME J.*, **8**, 2369 (2014).
19) B. Slippers et al., *S. Afr. J. Sci.*, **99**, 70 (2003).
20) J. J. Kukor, M. M. Martin, *Science*, **220**, 1161 (1983).
21) A. L. Wooding et al., *Biol. Lett.*, **9**, 20130342 (2013).
22) D. L. Six, *J. Chem. Ecol.*, **39**, 989 (2013).
23) M. Tanahashi et al., *Naturwissenschaften*, **97**, 311 (2010).
24) J. A. Ceja-Navarro et al., *ISME J.*, **8**, 6 (2014).
25) B. D. Farrell et al., *Evolution*, **55**, 2011 (2001).
26) M. Kostovcik et al., *ISME J.*, **9**, 126 (2015).
27) W. Toki et al., *PLoS One*, **7**, e41893 (2012).
28) W. Toki et al., *PLoS One*, **8**, e79515 (2013).
29) T. R. Schultz, S. G. Brady, *Proc. Natl. Acad. Sci. USA*, **105**, 5435 (2008).
30) C. R. Currie et al., *Science*, **299**, 386 (2003).
31) R. Brandl et al., *Mol. Phylogenet. Evol.*, **45**, 239 (2007).
32) D. K. Aanen, P. Eggleton, *Curr. Biol.*, **15**, 851 (2005).
33) D. K. Aanen et al., *Proc. Natl. Acad. Sci. USA*, **99**, 14887 (2002).
34) C. R. Currie et al., *Proc. Natl. Acad. Sci. USA*, **96**, 7998 (1999).
35) C. R. Currie et al., *Nature*, **398**, 701 (1999).
36) D. C. Oh et al., *Nat. Chem. Biol.*, **5**, 391 (2009).
37) C. R. Currie et al., *Science*, **311**, 81 (2006).
38) S. B. Andersen et al., *Mol. Ecol.*, **22**, 4307 (2013).
39) E. J. Caldera, C. R. Currie, *The American Naturalist*, **180**, 604 (2012).
40) U. G. Mueller, *Curr. Opin. Microbiol.*, **15**, 269 (2012).
41) S. Haeder et al., *Proc. Natl. Acad. Sci. USA*, **106**, 4742 (2009).
42) J. Barke et al., *BMC Biol.*, **8**, 109 (2010).
43) T. C. Mattoso et al., *Biol. Lett.*, **8**, 461 (2012).
44) R. W. Hofstetter et al., *Oecologia*, **147**, 679 (2006).
45) J. J. Scott et al., *Science*, **322**, 63 (2008).
46) M. Kaltenpoth et al., *Int. J. Syst. Evol. Microbiol.*, **56**, 1403 (2006).
47) M. Kaltenpoth et al., *Curr. Biol.*, **15**, 475 (2005).
48) J. Kroiss et al., *Nat. Chem. Biol.*, **6**, 261 (2010).
49) M. Kaltenpoth et al., *Proc. Natl. Acad. Sci. USA*, **111**, 6359 (2014).
50) L. Wang et al., *ISME J.*, **9**, 1793 (2015).
51) K. M. Oliver et al., *Science*, **325**, 992 (2009).
52) J. Piel, *Proc. Natl. Acad. Sci. USA*, **99**, 14002 (2002).
53) M. Kador et al., *FEMS Microbiol. Lett.*, **319**, 73 (2011).
54) A. Nakabachi et al., *Curr. Biol.*, **23**, 1478 (2013).
55) M. C. Wilson et al., *Nature*, **506**, 58 (2014).
56) A. A. Pinto-Tomas et al., *Science*, **326**, 1120

(2009).
57) P. Sapountzis et al., *Appl. Environ. Microbiol.*, **81**, 5527 (2015).
58) J. Morales-Jimenez et al., *Microb. Ecol.*, **58**, 879 (2009).
59) A. Behar et al., *Mol. Ecol.*, **14**, 2637 (2005).
60) Y. Aharon et al., *Appl. Environ. Microbiol.*, **79**, 303 (2013).
61) H. Salem et al., *Proc. Bio. Sci.*, **282**, 20142957 (2015).
62) L. Akman et al., *Nature Genetics*, **32**, 402 (2002).
63) R. V. Rio et al., *mBio*, **3**, e00240 (2012).
64) C. Dale, I. Maudlin, *Int. J. Syst. Bacteriol.*, **49** Pt 1, 267 (1999).
65) E. Belda et al., *BMC Genomics*, **11**, 449 (2010).
66) C. Dale, S. C. Welburn, *Int. J. Parasitol.*, **31**, 628 (2001).
67) H. Toh et al., *Genome Res.*, **16**, 149 (2006).
68) K. Sasaki-Fukatsu et al., *Appl. Environ. Microbiol.*, **72**, 7349 (2006).
69) E. F. Kirkness et al., *Proc. Natl. Acad. Sci. USA*, **107**, 12168 (2010).
70) T. Hosokawa et al., *Proc. Natl. Acad. Sci. USA*, **107**, 769 (2010).
71) M. Wu et al., *PLoS Biol.*, **2**, E69 (2004).
72) N. Nikoh et al., *Proc. Natl. Acad. Sci. USA*, **111**, 10257 (2014).
73) Z. L. Sabree et al., *Proc. Natl. Acad. Sci. USA*, **106**, 19521 (2009).
74) R. Patino-Navarrete et al., *Biol. Lett.*, **10** 20140407 (2014).
75) C. Sauer et al., *Int. J. Syst. Evol. Microbiol.*, **50** Pt 5, 1877 (2000).
76) C. Sauer et al., *Appl. Environ. Microbiol.*, **68**, 4187 (2002).
77) L. E. Williams, J. J. Wernegreen, *PeerJ*, **3**, e881 (2015).
78) R. Gil et al., *Proc. Natl. Acad. Sci. USA*, **99**, 4454 (2002).
79) H. Feldhaar et al., *BMC Biol.*, **5**, 48 (2007).
80) A. Klein et al., *ISME J.*, **10**, 376 (2015).
81) T. Hosokawa et al., *PLoS Biol.*, **4**, e337 (2006).
82) T. Fukatsu, T. Hosokawa, *Appl. Environ. Microbiol.*, **68**, 389 (2002).
83) N. Kaiwa et al., *Curr. Biol.*, **24**, 2465 (2014).
84) Y. Kikuchi et al., *Appl. Environ. Microbiol.*, **71**, 4035 (2005).
85) T. Ohbayashi et al., *Proc. Natl. Acad. Sci. USA*, **112**, E5179 (2015).
86) Y. Kikuchi et al., *Proc. Natl. Acad. Sci. USA*, **109**, 8618 (2012).
87) T. Fukatsu, H. Ishikawa, *Insect Biochem. Mol. Biol.*, **26**, 383 (1996).
88) Y. Hongoh, H. Ishikawa, *J. Mol. Evol.*, **51**, 265 (2000).
89) F. Husnik et al., *BMC Biol.*, **9**, 87 (2011).
90) M. Rosenblueth et al., *J. Evol. Biol.*, **25**, 2357 (2012).
91) N. Lo et al., *Mol. Biol. Evol.*, **20**, 907 (2003).
92) L. R. Cleveland et al., *Mem. Amer. Acad. Art. Sci.*, **17**, 185 (1934).
93) S. Shigenobu et al., *Nature*, **407**, 81 (2000).
94) G. Burke et al., *ISME J.*, **4**, 242 (2010).
95) G. R. Burke, N. A. Moran, *Genome Biol. Evol.*, **3**, 195 (2011).
96) C. Vorburger, A. Gouskov, *J. Evol. Biol.*, **24**, 1611 (2011).
97) T. Tsuchida et al., *Science*, **303**, 1989 (2004).
98) C. L. Scarborough et al., *Science*, **310**, 1781 (2005).
99) T. Tsuchida et al., *Science*, **330**, 1102 (2010).
100) P. Lukasik et al., *Ecol. Lett.*, **16**, 214 (2013).
101) M. Sakurai et al., *Appl. Environ. Microbiol.*, **71**, 4069 (2005).
102) T. Fukatsu et al., *Appl. Environ. Microbiol.*, **67**, 1284 (2001).
103) T. Sasaki et al., *J. Insect Physiol.*, **42**, 125 (1996).
104) Z. L. Sabree et al., *Environ. Microbiol.*, **15**, 1988 (2013).
105) A. Nakabachi et al., *Science*, **314**, 267 (2006).
106) T. Hayashi et al., *Appl. Environ. Microbiol.*, **81**, 2603 (2015).
107) Y. Kikuchi et al., *BMC Biol.*, **7**, 2 (2009).
108) N. Kaiwa et al., *Appl. Environ. Microbiol.*, **76**, 3486 (2010).
109) T. Hosokawa et al., *Appl. Environ. Microbiol.*, **76**, 4130 (2010).
110) T. Hosokawa et al., *Appl. Environ. Microbiol.*, **78**, 4758 (2012).
111) H. Salem et al., *Environ. Microbiol.*, **15**, 1956 (2013).
112) S. Sudakaran et al., *ISME J.*, **9**, 2587 (2015).
113) Y. Matsuura et al., *ISME J.*, **6**, 397 (2012).
114) S. Baines, *J. exp. Biol.*, **33**, 533 (1956).
115) T. Fukatsu et al., *Appl. Environ. Microbiol.*, **75**, 3796 (2009).
116) T. Fukatsu et al., *Appl. Environ. Microbiol.*, **73**, 6660 (2007).
117) W. A. Smith et al., *BMC Evol. Biol.*, **13**, 109 (2013).

118) T. Hosokawa et al., *ISME J.*, **6**, 577 (2012).
119) O. Duron et al., *Mol. Ecol.*, **23**, 2105 (2014).
120) J. J. Heath, J. O. Stireman, *Entomologia Experimentalis Et Applicata*, **137**, 36 (2010).
121) S. Kobune et al., *Microb. Ecol.*, **63**, 619 (2012).
122) J. Jaenike et al., *Science*, **329**, 212 (2010).
123) G. Favia et al., *Proc. Natl. Acad. Sci. USA*, **104**, 9047 (2007).
124) P. Rossi et al., *Parasite Vector*, **8**, 278 (2015).
125) T. Walker et al., *Nature*, **476**, 450 (2011).
126) G. W. Bian et al., *Science*, **340**, 748 (2013).
127) M. X. Ruiz-Gonzalez et al., *Biol. Lett.*, **7**, 475 (2011).
128) C. Conord et al., *Mol. Biol. Evol.*, **25**, 859 (2008).
129) A. Heddi et al., *Proc. Natl. Acad. Sci. USA*, **96**, 6814 (1999).
130) S. H. Chung et al., *Proc. Natl. Acad. Sci. USA*, **110**, 15728 (2013).

Part III　無脊椎動物と共生

シロアリ共生微生物

Summary

　シロアリによる枯死植物成分リグノセルロースの分解・利用能力は，おもに腸内の微生物の働きによるものであり，消化共生と呼ばれる．腸内の微生物は，多様な種からなる複雑な微生物群集となっているが，多くはシロアリに固有の系統で，世代を超えて受け継がれて共進化してきたものと考えられている．セルロース分解性の原生生物を共生させる下等シロアリでは，原生生物がおもにセルロースを分解し，その代謝産物である酢酸をシロアリが吸収・利用している．枯死植物は窒素源などの栄養に乏しく，シロアリの腸内には窒素固定細菌なども共生して，栄養の供給に働いている．原生生物の細胞内や細胞表層には細菌やアーキア（古細菌）が生息しており，それらも栄養の供給に重要であるということがわかってきた．一方，下等シロアリから派生した高等シロアリでは，セルロース分解性の原生生物はみられず，細菌が分解を行う．高等シロアリの食性は多様化しており，腸の構造も複雑になっている．高等シロアリには，巣内で担子菌（キノコ）を栽培するものもあり，担子菌がリグノセルロースの分解・利用にもかかわっている．

7.1　シロアリと微生物の共生

7.1.1　シロアリが繁栄している理由

　シロアリは温帯から熱帯域に生息し，土壌動物としては最も生物量の多いものの一つである．とくに枯死植物の分解者として陸上生態系において重要な役割を果たしており，地球レベルでの炭素循環に貢献する生物でもある．シロアリは木材家屋に経済的に大きな損害を与えている害虫となる一方，土壌の肥沃化や作物の収量向上をもたらす場合もある．

　植物の枯死体は，セルロースが豊富に含まれる．セルロースはグルコースが重合してできた高分子化合物で，「地球上に最も多く存在する有機物」といわれ，分解できれば炭素源・エネルギー源として非常に有用である．しかし，セルロースを独力で分解できる動物はあまり知られていない．それ
は，植物細胞壁に含まれるセルロースが結晶化しており，さらにリグニンやヘミセルロースと絡み合った強固な構造をとっているからである．このような構造物はリグノセルロースと呼ばれ，分解が非常に困難である．

　シロアリは腸内に微生物を共生させることで，他の動物には利用できないリグノセルロースを分解して，有効に利用することができる．これにより，植物の枯死体として大量に供給される有機物をほぼ独占して利用することができ，陸上生態系の中で繁栄しているのである．しかし，植物の枯死体は炭素源には富むが，窒素源などの栄養は大変乏しく，栄養源としては偏っている．シロアリは，この偏栄養の問題も，分解と同様に微生物との共生により解決している．

　微生物との共生に加えて，シロアリは社会性昆虫としての特徴も有している．多数の個体が同一

巣内に生息して，個体間で栄養を交換している．栄養に富み，共生微生物を含んだ排泄物を肛門から分泌して，他の個体がこれを摂食する．これにより，栄養をもらうと同時に共生微生物の受け渡しも行っている．このような社会性の行動により，分解や栄養に大切な共生微生物を世代を超えて確実に受け渡すことができ，枯死植物を摂取して生きていくことができるのである．

7.1.2 共生のタイプ

シロアリは系統によって，下等シロアリと高等シロアリに大別される（図7.1）．下等シロアリは，腸内にセルロース分解性の原生生物（単細胞の真核微生物）を有し，材の中を住処としてその材を食べている（食材性と呼ぶ）．シロアリはゴキブリの系統から生じた昆虫である．シロアリに最も近縁のゴキブリは*Cryptocercus*属の食材性のゴキブリであり，下等シロアリと同様なセルロース分解性の原生生物を腸内に有している．

シロアリの後腸は肥大し，そこに共生微生物が高密度に生息している．下等シロアリの場合，数種から十数種の原生生物と数百種類の細菌が生息している．また，メタン生成アーキアも生息している．原生生物には100 μmを超える大型のものもみられ，後腸の内容積の大半を占めている．細菌は，1 mLあたり10^{10}細胞にもなる高密度で生息している．原生生物の細胞内や細胞表層にも細菌がみられ，原生生物の細胞に共生するこれらの細菌は腸内でも数の多い優占種となっており，腸内の代謝に重要な役割を果たしていると考えられる．このようなシロアリ，腸内の原生生物，その細胞に共生する細菌の三者が多重の共生関係にあること，これが下等シロアリの特徴である[1]．

高等シロアリは下等シロアリの系統群から生じたグループである．しかし，下等シロアリとは異なり，腸内にはセルロース分解性の原生生物がみられず，進化の過程で二次的に失われたものと考えられている．一方で，高等シロアリは，食材性のもの以外に，巣内にキノコを栽培するもの，落葉や地衣[*1]などを巣外から集めてきて食べるもの，土壌中のヒューマス（腐植質）[*2]などの有機物を食べるものなど，食性の多様化がみられる．リグノセルロースの分解には，下等シロアリでのセルロース分解性の原生生物の代わりに，腸内の細菌が働いていると考えられる．

シロアリ腸内の微生物は，そのほとんどが分離・

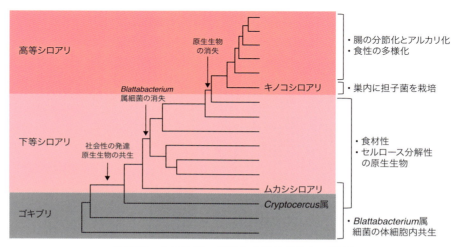

図7.1　シロアリの系統と食性や共生との関係
シロアリの科レベルの系統樹を模式的に示す．シロアリはゴキブリの系統群から派生し，下等シロアリの系統群の中から高等シロアリが生じた．また，系統群の食性や共生のタイプなども記した．

培養することが難しく，培養に基づく微生物学的な研究はあまり進んでいないが，腸内全体の代謝や活性を調べることで，他の生物にはない特徴的な腸内微生物の働きが明らかにされている．最近では，培養を介さない方法（ゲノム情報の解析など）で複雑な微生物の群集構造や個々の微生物の機能が解明されつつある[2,3]．

7.2 宿主・共生微生物の分解・代謝機構

7.2.1 共生原生生物によるセルロース分解

　腸内の原生生物によるセルロース分解を介した消化共生の関係は，1920年代に実験で示された[4]．腸内の原生生物は，シロアリを飢餓状態にするか高濃度の酸素にさらすことで消失する．また，シロアリを澱粉で飼育すると一定期間飼育できるが，腸内の原生生物は消失する．原生生物が消失した状態では，シロアリはもはや材やセルロースを食べて生きていけなくなる．原生生物を腸内に有した個体と一緒に飼育するなどにより腸内に原生生物を再び戻してやることで，シロアリは再び材やセルロースを食べて生きていくことができるようになる．その後の研究で，原生生物がセルロースを分解し，代謝産物として酢酸を生じ，その生じた酢酸がシロアリに吸収・利用されることなどが明らかにされた．こうして，腸内の原生生物による消化共生は，典型的な共生の例として広く知られるようになった．

　シロアリ腸内のセルロース分解性の原生生物については，培養例の報告もあるが，その培養系統は維持されておらず，原生生物の代謝や種差など，不明なことが多い．最近では，腸内容物のメタトランスクリプトーム解析などから，原生生物種にセルロース分解能力をもたらす糖質加水分解酵素の遺伝子群が明らかにされている[5]．セルロースを分子内で切断するエンドグルカナーゼ，端から二糖ずつ切断していくエキソグルカナーゼ，それらによって生じる二糖からグルコースを生じさせるβ-グルコシダーゼ，およびヘミセルロースの分解に働くものなど，多様な酵素遺伝子が見つかっている．一部の酵素については異種発現などによってその性質が調べられているが，結晶化したセルロースを効率よく分解する機構はまだよくわかっていない．おそらく，複数の酵素が協調して働くことが重要なのであろう．興味深いことに，いくつかの糖質加水分解酵素遺伝子は，細菌からの水平伝播によって獲得されたことが推定されている．

7.2.2 宿主の酵素と腸内原生生物

　1990年代になって，実はシロアリ自身もセルロースの分解に関与する酵素を分泌していることが明らかになった[6,7]．下等シロアリでは唾液腺から，高等シロアリでは中腸から，エンドグルカナーゼとβ-グルコシダーゼが分泌され，セルロース繊維の表面やほぐれた箇所を分解し，生じたグルコースは中腸で吸収・利用される．シロアリが材をかじりとって咀嚼することで，これらの酵素が働くことのできるセルロース繊維の表面積が増加していることも有効であると考えられている．しかし，シロアリ自身の酵素での分解は部分的であり，残った結晶性繊維のセルロースは，下等シロアリの場合は後腸で原生生物の細胞内に取り込まれて，原生生物の酵素群によって分解される．このような二重の分解機構をもつことで，シロアリはほとんどすべてのセルロースを分解・利用している（図7.2）．

＊1　カビなどの菌類の菌糸でつくられた構造内に光合成をする藻類またはシアノバクテリアが共生したもの．コケのようにみえ，混同されることが多いが，コケとはまったく別のものである．

＊2　植物の落葉・落枝，枯死体が土壌で微生物の分解を受け，暗褐色の不特定形の有機物質となったもの．リグニンの分解残渣と土壌中の動物や微生物の死骸のタンパク質などが結合した複雑な構造をとっている．

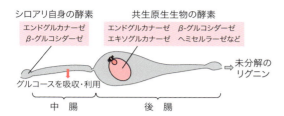

図7.2　下等シロアリにおける二重のセルロース分解機構
シロアリは分解酵素を唾液腺から分泌し，中腸から分解産物であるグルコースを吸収する．後腸では，中腸までに分解されなかった結晶性セルロースを原生生物が細胞内に取り込んで，シロアリがもっていない酵素も使いセルロースを完全分解する．リグニンは腸内ではほとんど分解されずに排泄される．

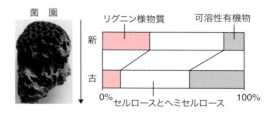

図7.3　キノコシロアリが巣内で栽培するキノコによる選択的なリグニン分解
巣内で *Termitomyces* 属の担子菌が生育する菌園の組成を示す．できたばかりの菌園（新）で多量にあったリグニン様物質は，担子菌の生育が進むにつれて可溶物に変換されていく（古）．その過程では，セルロースとヘミセルロース成分の総和はあまり変化しない．担子菌の働きで，シロアリは消化されやすくなったセルロースを利用することができる．

　シロアリは材のセルロース・ヘミセルロース成分を分解・利用するが，リグニンは腸を通過していく過程で部分的な修飾・構造変化こそ生じているものの，実質的に分解されない[8]．その結果，リグニンはほとんど無機化されることなく糞として排泄される．リグニンを分解せずに，どのようにしてセルロース・ヘミセルロースを効率的に分解して利用しているのか，その機構はいまだ不明である．

7.2.3　高等シロアリによる分解機構

　高等シロアリには，下等シロアリのようなセルロース分解性の原生生物が腸内に生息していない．シロアリ自身の分解酵素と腸内の微生物が働く二重の分解機構である点は下等シロアリと同様であるが，分解に働く腸内の微生物は細菌である．
　巣内に担子菌（キノコ）を栽培するキノコシロアリの場合，食べた植物遺体（材以外に落葉なども含む）をほとんど分解しないまま一度排泄して，巣内に菌園と呼ばれるスポンジ様の構造体をつくる．そこで *Termitomyces* 属の担子菌を栽培して，植物遺体のリグノセルロースを分解させている．この担子菌による分解過程でセルロースの相対量が高まることから，リグニンやヘミセルロースが選択的に除去されると考えられる（図7.3）．シロアリは，菌園上に生育した担子菌の菌糸も食べるが，前処理されて分解が容易になったセルロースも食べている．巣内で担子菌を栽培することで，消化されやすい加工食をつくりだしているといえる．食べたセルロースは，シロアリ自身の酵素と腸内の細菌によって分解される．シロアリ，担子菌，腸内細菌のゲノム・メタゲノム解析によって，三者がそれぞれ異なる糖質加水分解酵素群を働かせることで，効率的にセルロースを分解していることが推定されている[9]．
　一般に，リグニン分解能が高い担子菌である白色腐朽菌では，リグニンペルオキシダーゼやマンガンペルオキシダーゼが分解に重要とされている．しかし，菌園上で生育する *Termitomyces* 属の担子菌にはこれらの酵素活性は検出されていない．その一方で高いラッカーゼ[*3]活性が検出され，ラッカーゼがおもにリグニンなどの除去に働いていると考えられている[10]．キノコシロアリは，高等シロアリの中で単系統群を形成しており，*Termitomyces* 属の担子菌を巣内に共生させることは，進化上に一度だけ起こったものと考えられている．

[*3] 銅を活性中心にもつ酸化酵素で，フェノール類などの芳香族化合物を酸化する．基質特異性は低く，酸化できる化合物は幅広い．菌類ではリグニンの分解に働くものも知られている．

7.2 宿主・共生微生物の分解・代謝機構

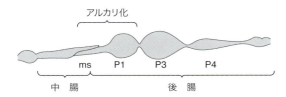

図 7.4　高等シロアリにおける腸の分節化
キノコシロアリを除く高等シロアリでは，後腸の分節化が著しく，P1, P3, P4 と呼ばれる肥大部分に分かれている．ms はミックスセグメントと呼ばれ，中腸と後腸の組織が重複している部分である．ms および P1 部分はアルカリ化が著しい．

キノコシロアリの腸は，下等シロアリの腸と同様，後腸に肥大が認められるだけの比較的単純な構造である．高等シロアリの他のシロアリでは腸の構造は複雑化し，後腸は複数の区画に分節している．また，後腸の前半部の区画は一般に高い pH（アルカリ性）を示す（図 7.4）．一方，下等シロアリやキノコシロアリではこのようなアルカリ化は認められない．とくに，土食いシロアリではアルカリ化が著しく，pH 12 にまで達するとの報告がある[11]．アルカリによって，土壌中の有機物の非酵素的な酸化がなされるとともに，ヘミセルロースの可溶化やリグニン成分との共有結合の解離がなされ，消化分解に役立っていると考えられる．リグノセルロースのパルプ産業プロセスにおいても同様なアルカリ処理が行われている．

食材性の高等シロアリでは，腸内容物を遠心した上清には分解酵素活性はほとんど認められないが，沈殿物である繊維質に付着する細菌が高い分解活性を示す[12]．食材性高等シロアリの腸内細菌のメタゲノム解析で，セルロース・ヘミセルロースの分解に関与すると考えられる多数の酵素遺伝子群が見いだされている[13]．

7.2.4　腸内の代謝

シロアリ腸内で分解されたセルロースは，最終的に酢酸にまで代謝されて，シロアリが吸収・利用する（図 7.5）．実際に腸内で検出される有機酸のほとんどは酢酸が占めている．下等シロアリの

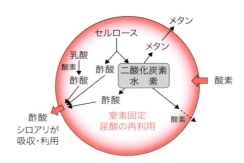

図 7.5　腸内の代謝の模式図と酸素の影響
セルロースは，酢酸・水素・二酸化炭素に代謝され，酢酸はシロアリが吸収して利用する．水素と二酸化炭素からは還元的に酢酸またはメタンが生じる．腸壁からは酸素が常時流入して腸内での代謝に大きく影響する．酸素消費活性は高く，腸壁から中心にかけて急な酸素分圧の勾配が生じている．腸内では窒素固定や尿酸の再利用が嫌気的になされ，窒素源が確保される（下等シロアリについては図 7.7 も参照）．

セルロース分解性の原生生物の代謝について，未解明の部分は多いが，最終代謝産物として酢酸，水素，二酸化炭素を生じると考えられている．水素は，腸内での分圧がきわめて高くなっている場合もあり，腸内の細菌がエネルギー源として利用する重要な代謝産物である[14]．食材性のシロアリに特徴的な腸内での代謝能は，細菌による水素と二酸化炭素からの還元的な酢酸生成であり，シロアリが吸収・利用する酢酸の 1/3 から 1/4 はこの代謝によると見積もられている[15]．水素と二酸化炭素は，アーキアによるメタン生成にも利用され，キノコシロアリや土食いシロアリでは，還元的酢酸生成よりもむしろメタン生成の代謝能が高い．メタンはシロアリには利用されず，環境中に放出される．

シロアリは，哺乳動物などに比べてとても小さく，腸内の環境は常に腸壁を介して浸透してくる酸素の影響を大きく受ける．微小電極を用いた計測により，腸内の中心部は酸素のない嫌気状態で，腸壁から中心部に向かって急激な酸素分圧の勾配があることが判明している[3, 14]．すなわち，体外から腸内に浸透してくる酸素は，腸内で速やかに代謝されている（図 7.5）．先述の還元的酢酸生成

細菌やメタン生成アーキアは，通常は絶対嫌気性で，酸素に高い感受性を示す．しかし，シロアリ腸内から分離・培養されたものは，水素を使って酸素を消費する能力が高く，それぞれの酸素感受性の代謝能を維持することができる．シロアリ腸内から分離される乳酸菌などの発酵性の細菌の多くも，酸素を消費する能力が高く，酸素依存的に乳酸から酢酸に変換して最終代謝産物としている．

7.2.5 窒素栄養の確保

枯死植物は炭素源には富むが，窒素源としてはきわめて乏しい偏った栄養源である．材など枯死植物のみで生きているシロアリにとって窒素栄養源の確保は重要な問題で，腸内の共生細菌が働くことでこの問題を解決している（図 7.5）．

食材性のシロアリには腸内に窒素固定細菌が共生しており，空中の窒素を固定して窒素源を供給している[15]．シロアリ種によっては，体の窒素の 6 割を窒素固定により獲得しているとの報告がある[16]．動物の腸内細菌による窒素固定についてはさまざまな動物種で分離例があるものの，宿主の窒素代謝に大きな影響を及ぼすほどの高い活性を示す例はシロアリのみである．

シロアリの窒素老廃物は多くの昆虫と同様に尿酸である．尿酸は，シロアリの脂肪体と呼ばれる組織に蓄積されたあと，後腸に移行して腸内の細菌により嫌気的に分解されて，窒素源として再利用される．ゴキブリの体細胞には *Blattabacterium* 属の細胞内共生細菌が生息しており，尿酸由来の窒素を昆虫が生合成できない必須アミノ酸に変換している．シロアリの中で最も原始的な系統とされるムカシシロアリにのみ *Blattabacterium* 属の細胞内共生細菌が認められるが，その他のシロアリではこの細胞内共生細菌は認められていない（図 7.1）．複数のゴキブリやムカシシロアリの *Blattabacterium* 属細菌のゲノムが比較され，*Cryptocercus* 属のゴキブリやムカシシロアリに共生している *Blattabacterium* 属細菌は，必須アミノ酸の一部が生合成できなくなっていると推定された[17]．*Blattabacterium* 属の細胞内共生細菌はムカシシロアリ以外のシロアリでは失われ，腸内の細菌が代わりを果たしていると考えられる．

窒素固定や尿酸の再利用で確保した窒素源をもとに，腸内の微生物が自身の細胞に必要なアミノ酸やビタミンなどを生合成する．しかし，シロアリが後腸からアンモニアやアミノ酸などの窒素源を吸収して利用するわけではない．腸内の微生物が肛門から排泄されて他の個体に摂取され，唾液腺または中腸から分泌されるリゾチームやプロテアーゼによって消化されて，中腸で吸収・利用されていると考えられている[3]．

7.3 共生微生物の多様性・進化・群集構造

7.3.1 原生生物の系統と進化・機能

腸内にみられるセルロース分解性の原生生物は，Parabasalia 門の中の少なくとも三つの綱，または Preaxostyla 門の Oxymonadida 目に分類される．Parabasalia 門には *Trichomonas* 属のような寄生性・病原性をもつ種が複数の綱に属しており，シロアリに共生するものは Parabasalia 門内で多系統である[18]．これら腸内の原生生物は，下等シロアリと *Cryptocercus* 属のゴキブリにのみ生息する．シロアリと *Cryptocercus* 属のゴキブリは，系統上姉妹群であることが判明しており，これらの昆虫の共通祖先に共生した原生生物が，宿主である昆虫の種分化に伴って受け継がれ，多様化してきたものであると考えられている[19]．シロアリの系統によっては，いくつかの原生生物種を失っていたり，他のシロアリから水平伝播によって原生生物を獲得した例もみられる．

シロアリに共生するセルロース分解性の原生生

物は，材由来の粒子を細胞内に取り込むために細胞が大きく，また腸内を活発に泳ぐために鞭毛を発達させているものが多い．Parabasalia 門の原生生物は，ミトコンドリアと起源を同じとされる細胞内小器官ヒドロゲノソームをもつ．ヒドロゲノソームは，嫌気性の原生生物にみられるオルガネラで，ピルビン酸などから基質レベルのリン酸化でATPを合成しつつ，酢酸，水素，二酸化炭素を最終代謝産物としている[20]．Oxymonadida 目の原生生物はヒドロゲノソームをもっていないとされており，その代謝能も不明なことが多い．Oxymonadida 目の原生生物の中には，付着器という構造体を介して腸壁に付着しているものもいる．

7.3.2　腸内の細菌の多様性と進化

腸内微生物群集に対する細菌 16S rRNA 遺伝子配列を用いた多様性解析により，1種のシロアリの腸内には数百種以上の細菌が生息していると見積もられている．腸内の原生生物と同様に，それらのほとんどがシロアリに固有な細菌種で，宿主シロアリと共進化してきたものと考えられる．実際，さまざまなシロアリの腸内に生息する多くの細菌種が，複数の細菌グループで互いに近縁な系統群をなしている．一方で，高等シロアリの細菌グループの構成はシロアリの食性によって大きく影響を受けている（図 7.6）．細菌の門レベルで見ると，食材性の下等シロアリや高等シロアリでは，多くの場合，Spirochaetes 門が腸内細菌の半数ほどを占めており，Spirochaetes 門の多様な種が認められる．下等シロアリの場合は，Spirochaetes 門に次いで，Bacteroidetes 門，Firmicutes 門，Elusimicrobia 門が多い．食材性の高等シロアリでは，Spirochaetes 門に次いで，Fibrobacteres 門，TG3 門が多い．しかし，土食いシロアリやキノコシロアリでは，それぞれ Firmicutes 門や Bacteroidetes 門が多く，Spirochaetes 門細菌は比較的少なくなる．ゴキブリの場合，*Cryptocercus* 属は下等シロアリと類似しており，それ以外のゴキブリでは，Bacteroidetes 門，Firmicutes 門が多く，Spirochaetes 門細菌はそれほど多くはない．腸内細菌は，進化の過程において垂直伝播で受け継がれつつ，腸内で消化の役割を果たすために，食性の変化に応じてその構成を大きく変えて適応し

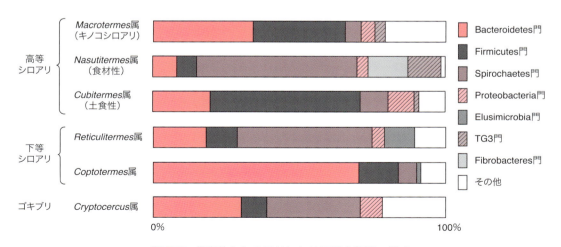

図 7.6　代表的なシロアリにおける腸内細菌の構成

腸内の細菌群集を 16S rRNA 遺伝子配列に基づいて培養を介さずに調べた結果を，細菌の門レベルで示した模式図．*Coptotermes* 属では，食材性のシロアリとしては例外的に Spirochaetes 門細菌の割合が低く，Bacteroidetes 門細菌が多くなっている．これは原生生物の細胞内に共生する Bacteroidetes 門の "*Candidatus* Azobacteroides" 属細菌が細菌群集の大半を占めているためである．

てきたものと考えられる[21]．

これら多様な腸内細菌のほとんどは培養が困難で，その働きはいまだ不明なことが多いが，分離培養株の研究や，培養を介さない方法によるゲノムや遺伝子配列の解析から機能が推定されている．還元的酢酸生成については，Spirochaetes門細菌の分離株がこの性質をもつ[22]．還元的酢酸生成に働く遺伝子群の解析からも，Spirochaetes門細菌が腸内でおもに還元的酢酸生成の役割を果たしていると考えられている．窒素固定については，Spirochaetes門細菌の分離株に活性があるものが得られた．一方，窒素固定に関与する遺伝子の解析では，シロアリ種によってSpirochaetes門の他にもさまざまな細菌が働いていると考えられている[23]．

7.3.3 腸内微生物群集の分布

腸内の微生物群集は腸内にランダムに分布しているわけではない．シロアリの腸内には，腸壁に付着している微生物群と，腸内を泳ぎまわっている微生物群がおり，両者間ではそれぞれ種が異なっている．腸壁付近は酸素分圧も比較的高く，酸素を利用する代謝をしていると考えられる．腸の区画化が著しい高等シロアリでは，腸の区画ごとに微生物種の構成が異なり，高いpHを示す区画ではその条件に適したものが生息しているようである．

下等シロアリの場合は，原生生物の細胞内や細胞表層が腸内の細菌の重要な生息場所となっている．原生生物の細胞はサイズが大きく，腸内の内容積に占める割合が大きい．とくに大型の原生生物には，1細胞あたり10^3～10^4細胞以上の細胞内共生細菌がおり，腸内細菌全体の細胞数に占める割合も高くなっている．また，核内に共生細菌が認められる場合もある．さらに，原生生物の細胞表面にも付着共生する細菌がみられ，腸内に占める割合が高いものがある[1, 2, 24]．これまでに，腸内の原生生物の細胞に共生するものとして，八つの門に属する細菌・アーキアが報告されている（表7.1）．

ほとんどの場合，これらの細菌は種ごとに特定の原生生物種にのみ認められ，種特異的な共生関

表7.1 シロアリ腸内の原生生物に共生する細菌とアーキア

	細菌・アーキアの門	共生細菌・アーキアの属名	宿主原生生物の例（属名）
細胞内共生	Actinobacteria	"Candidatus Ancillula"*	Trichonympha
	Bacteroidetes	"Candidatus Azobacteroides"*	Pseudotrichonympha
	Elusimicrobia	Endomicrobium	Trichonympha
			Dinenympha
	Euryarchaeota	Methanobrevibacter	Dinenympha
			Microjoenia
	Proteobacteria	Desulfovibrio	Trichonympha
	Spirochaetes	Treponema	Eucomonympha
核内共生	Verrucomicrobia	"Candidatus Nucleococcus"*	Trichonympha
			Pyrsonympha
細胞表層で共生	Bacteroidetes	"Candidatus Armantifilum"*	Devescovina
		"Candidatus Symbiothrix"*	Dinenympha
	Spirochaetes	Treponema	Mixotricha
			Pyrsonympha
	Synergistes	"Candidatus Tammella"*	Caduceia

*属内に分離培養されたものがなく，暫定的な属名を示す．

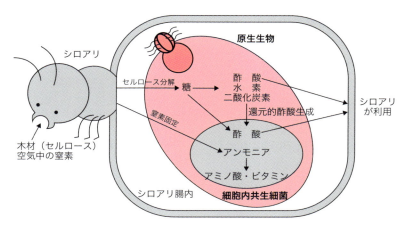

図 7.7 シロアリ腸内原生生物の細胞内共生 *Treponema* 属細菌の働き
腸内の原生生物はセルロースを分解・代謝して酢酸・水素・二酸化炭素を生成し，細胞内共生細菌は水素と二酸化炭素から還元的に酢酸を生成している．細胞内共生細菌は窒素固定の働きもあり，固定した窒素からアミノ酸やビタミンなどの窒素栄養化合物を生合成する．細胞内共生細菌はセルロース分解の中間産物である糖も利用して，生合成に必要なエネルギーを充足させている．

係を築いている．近縁の原生生物種に共生する細菌種はやはり系統が近く，原生生物と共生細菌の系統関係は一致することが多く，共種分化してきたと考えられている．

7.3.4 原生生物と共生する細菌の役割とゲノムの特徴

細胞内共生細菌では，*Endomicrobium* 属，"*Condidatus* Azobacteroides" 属[*4]，*Treponema* 属に属する三つの細菌種でその機能についての研究がなされている[25-27]．いずれも培養せずにゲノム解析が行われているが，活性測定でその機能が確認されているものもある．

細胞内共生細菌は，共通してセルロース分解代謝の中間産物である糖を利用し，多くのアミノ酸やビタミンなどの窒素栄養化合物を生合成する能力がある．"*Ca.* Azobacteroides" 属と *Treponema* 属の細胞内共生細菌のゲノムには窒素固定遺伝子群があり，空中窒素を固定して窒素栄養化合物の生合成のための窒素源の供給にも働いている[26, 27]．窒素固定機能は，細胞表層に付着共生する Bacteroidales 目の細菌でも推定されている．いずれもシロアリの腸内で窒素固定に働くおもな窒素固定細菌とされている．*Treponema* 属の細胞内共生細菌は，窒素固定の他に原生生物が生成する水素と二酸化炭素を利用する還元的酢酸生成機能をもち，腸内で検出される活性の多くがこの細胞内共生細菌によるものである[27]（図 7.7）．

Endomicrobium 属と "*Ca.* Azobacteroides" 属の細胞内共生細菌のゲノムはそれぞれ 1.1 Mbp で，一般的な細菌のゲノムに比べてきわめて小さい．また，ゲノム上には偽遺伝子も多くみられることから，原生生物の細胞内に共生することで，さまざまな環境に適応するための多くの遺伝子を失い，ゲノムが縮小進化していると考えられている[2, 25, 26]．このようなゲノムの縮小化は，多くの細胞内共生細菌でみられる．一方，*Treponema* 属の細胞内共生細菌ではゲノムの縮小化はわずかであり，運動性機能などの細胞内で必要のない遺伝子に限って欠失していることから，細胞内共生細菌としての進化過程の比較的初期にあるものと考えられる[27]．

[*4] 属内に分離培養されたものがなく，暫定的な属名を示す．

細胞表層に付着した細菌が原生生物の運動に関係しているという例は古くから知られており，運動共生と呼ばれている．例として，原生生物の細胞表層に付着したスピロヘータが同調的に波打って原生生物細胞を動かしているものや，細胞表層のSynergistes門細菌が関与しており，その細菌の鞭毛が働くというものがいる．いずれも，原生生物自身の鞭毛は，運動の方向を決める役割のみを果たしているといわれている．しかし，このような運動共生の例は少なく，多くの場合は代謝や栄養を介した共生と考えられる．

7.4 おわりに

シロアリは，腸内共生微生物群集によって，通常は利用が困難なリグノセルロースを資源として効率よく利用している．共生微生物のもつ分解関連酵素など有用な酵素・遺伝子を取りだして応用することだけでなく，どのようにこの資源を分解・利用しているのかを理解することは，セルロースという地球上で最も量が多いが，未利用の資源を有効利用するためにたいへん重要であると考えられる．

シロアリ腸内の共生微生物群集は複雑で，難培養な微生物を多く含むことなどから，きわめて難しい研究材料であるという欠点がある．その一方，同じ種のシロアリならばほぼ同じ微生物群集を有し，再現性よく研究が可能という利点もある．自然界の微生物の生態が新しい技術などで徐々に解明されているように，この共生微生物群集も次第にその群集構造や機能が解明されつつある．その結果，効率よい資源の分解・利用に果たす共生の役割や，宿主と共生微生物群集の共進化，原生生物と細菌の細胞レベルでの共生など，生物学上で興味深いテーマの研究題材であることもわかってきた．シロアリの共生微生物群集の研究により，リグノセルロース資源の有効利用や生物の共生に

よる進化機構などの理解がより進むことを期待する．

（大熊盛也）

文　献

1) M. Ohkuma, *Trends Microbiol.*, **16**, 345 (2008).
2) Y. Hongoh, *Cell Mol. Life Sci.*, **68**, 1311 (2011).
3) A. Brune, *Nat. Rev. Microbiol.*, **12**, 168 (2014).
4) L. R. Cleveland et al., *Mem. Am. Acad. Arts Sci.*, **17**, 185 (1934).
5) N. Todaka et al., *PLoS ONE*, **5**, e8636 (2010).
6) H. Watanabe et al., *Nature*, **394**, 330 (1998).
7) H. Watanabe, G. Tokuda, *Ann. Rev. Entomol.*, **55**, 609 (2010).
8) S. Geib et al., *Proc. Natl. Acad. Sci. USA*, **105**, 12932 (2008).
9) M. Poulsen et al., *Proc. Natl. Acad. Sci. USA*, **111**, 14500 (2014).
10) Y. Taprab et al., *Appl. Environ. Microbiol.*, **71**, 7696 (2005).
11) A. Brune, M. Kühl, *J. Insect. Physiol.*, **42**, 1121 (1996).
12) G. Tokuda, H. Watanabe, *Biol. Lett.*, **3**, 336 (2007).
13) F. Warnecke et al., *Nature*, **450**, 560 (2007).
14) A. Brune, M. Ohkuma, "Biology of Termites: A Modern Synthesis (D. E. Bignell, Y. Roisin, N. Lo, eds)," Springer (2011), pp. 413-438.
15) J. A. Breznak, "Termites: Evolution, Sociality, Symbiosis, Ecology (T. Abe, D. E. Bignell, M. Higashi, eds.).", Kluwer Academic Publishers (2000), pp. 209-231.
16) I. Tayasu et al., *Naturwissenschaften*, **81**, 229 (1997).
17) G. Tokuda et al., *Biol. Lett.*, **9**, 20121153 (2013).
18) S. Noda et al., *PLoS ONE*, **7**, e29938 (2012).
19) M. Ohkuma et al., *Proc. R. Soc. B*, **276**, 239 (2009).
20) M. Müller et al., *Microbiol Mol Biol Rev*, **76**, 444 (2012).
21) A. Brune, C. Dietrich, *Ann. Rev. Microbiol.*, **69**, 145 (2015).
22) J. R. Leadbetter et al., *Science*, **283**, 686 (1999).
23) A. Yamada et al., *Mol. Ecol.*, **16**, 3768 (2007).
24) T. Sato et al., *ISME J.*, **8**, 1008 (2014).
25) Y. Hongoh et al., *Proc. Natl. Acad. Sci. USA*, **105**, 5555 (2008).
26) Y. Hongoh et al., *Science*, **322**, 1108 (2008).
27) M. Ohkuma et al., *Proc. Natl. Acad. Sci. USA*, **112**, 10224 (2015).

Part III 無脊椎動物と共生

ショウジョウバエと共生細菌の相互作用

Summary

共生細菌は，宿主の免疫機構を巧みに逃れるのみならず，宿主に利益をもたらすことにより積極的に共存している．無菌的にした多くの動物が飼育環境下では生存できるため，共生細菌は生存に必須ではないと考えられる．だが実際には，自然な生育環境で動物（宿主）は多くの細菌に取り囲まれて生活しており，宿主は共生細菌と共進化をとげてきている[1]．共生細菌は宿主の免疫をかいくぐるために，宿主の生存に必要な機構を自身の生存や増殖に利用するなどの戦略をもっている．つまり，宿主と共生細菌の相互作用を明らかにするためには，共生機構を細菌と宿主の両面から研究することが必要である．その点において，共生細菌の存在する組織や細胞特異的に遺伝子操作を行えるショウジョウバエは，有用なモデル動物となる．本章ではまず，細胞外である消化管内部に共存している腸内細菌と宿主免疫との相互作用について概説する．続いて，細胞内に侵入して共存する細菌であるボルバキアの共生戦略について取りあげる．

8.1 ショウジョウバエの腸内共生細菌と宿主の相互作用

8.1.1 ショウジョウバエの腸内細菌

後述するボルバキアのような細胞内共生細菌は，個体間では主として卵に細菌が共生することにより伝達される（垂直感染）．一方，腸内細菌は生後に食物と共に経口で摂取した細菌が定着したものであるため，腸内細菌の種類は生育環境，とくに食餌に含まれる細菌によって大きく変わりうる．そのうえ，経口摂取された細菌が定着するかどうかは腸内の環境，つまり食物からの栄養摂取，宿主の栄養摂取状態，宿主の免疫などに依存すると考えられる．

実験室で飼育されているキイロショウジョウバエ (*Drosophila melanogaster*) の腸内細菌の種類については，複数の研究により報告されている[2-4, 10, 17]．菌種の同定は，古くは培養を介するものであったが，近年では細菌の16S rDNA配列を決定することにより，培養が困難な菌種を含めた同定がなされている[2, 3]（表8.1）．これらの報告によると，ショウジョウバエの腸内細菌種のバリエーションは低く，OTU (operational taxonomic unit) 数は20に満たない．解析を行った研究室によって菌種に若干の違いはあるものの，*Enterobacter*属，*Acetobacter*属，*Lactobacillus*属が成虫と幼虫に共通して検出され，これらが全体の90％以上を占めていた．マイナーな菌種としては，*Enterococcus*属，*Corynebacterium*属などが報告されており，これらの菌種の有無は研究室の飼料など飼育環境の影響による違いを反映していると考えられる．ショウジョウバエにおける腸内細菌種の多様性の低さは，野生から採取された個体においても同様であり，OTU数が30前後と実験室飼育下の個体よりもやや多いものの，*Enterobacter*属，

表8.1 ショウジョウバエの常在細菌種

試料	試料の部位	メジャーな細菌の属	備考	文献
研究室飼育野生型 (Oregon R) 野生採集個体	成虫個体	Enterococcus 属 Acetobacter 属 Gluconobacter 属 Wolbachia 属	・三つの独立した研究室ストックおよび野生採集個体を比較	2
研究室飼育コントロール個体 Caudal RNAi 個体	成虫中腸	Enterococcus 属 Acetobacter 属 Gluconobacter 属	・Caudal RNAi により Gluconobacter sp. strain EW707 の割合が上昇する	3
野生採集個体 研究室飼育個体	成虫個体 成虫中腸 幼虫中腸 蛹	Lactobacillus 属 Enterococcus 属 Acetobacter 属 Glucnoacetobacter 属	・Drosophila 属の各種ショウジョウバエを比較 ・食餌の違いの影響を比較 ・野生個体と研究室維持系統の比較	4
研究室飼育野生型 (Oregon R) relish 変異体 (relish[E20])	成虫個体	Enterococcus 属 Lactobacillus 属 Acetobacter 属 Glucnoacetobacter 属	・野生型では Acetobacter 属がメジャーだが，relish 変異体では Enterococcus 属の割合が増え，メジャーとなる	10
研究室飼育野生型	成虫個体	Enterococcus 属 Acetobacter 属 Lactobacillus 属	・無菌個体の貧栄養における発生の遅延は Lactobacillus plantarum を摂取させることにより回復する	17
	成虫中腸	Enterococcus 属 Lactobacillus 属 Corynebacterium 属		

Acetobacter 属，Lactobacillus 属が全体の 85%以上を占めている[4]．野生では果実やそれに付着している酵母を食餌として摂取するので，それとともに細菌や真菌を経口摂取する機会が研究室飼育下と比較して多いと考えられる．それにもかかわらず腸内細菌叢の多様性が低いのは，宿主の免疫や腸内の生理的条件などにより菌種が制限されていることを示唆している．

ショウジョウバエは完全変態昆虫であり，蛹期に幼虫構造から成虫構造への組織の再構築が行われる．幼虫の中腸前部はプログラム細胞死により崩壊し，腸管上皮細胞も成虫腸管上皮前駆細胞により完全に置き換わる[5]．さらに，羽化時には成虫腸管構造が形成されてはいるものの，羽化後 3〜4 日までに腸管幹細胞の盛んな分裂により腸管のサイズが急激に増大する[6]．変態期のショウジョウバエ腸内細菌叢はこのような生理的変化を反映して，蛹化後 24 時間以内に腸内細菌数が劇的に減少する．この時期は複数種の抗菌ペプチド発現が亢進する時期であり[7]，こうした菌数の制御は，変態期における組織構造の崩壊と構築によって体液中へ菌が漏出するのを防ぎ，不要な自然免疫応答を起こさないために重要であると考えられる．また，羽化直後には非常に少なかった腸内細菌数が，数日の内に 1,000 倍以上に増加する．この時期は腸管のサイズが増大する時期と一致しており，これにより腸内細菌の定着が可能になると同時に，抗菌ペプチドなどを発現する上皮細胞数が一定数に達して，成虫腸管の恒常性が確立する．

8.1.2 ショウジョウバエにおける自然免疫の制御と腸内細菌叢に対する影響

ショウジョウバエは，細菌細胞壁成分であるペプチドグリカンをペプチドグリカン認識タンパク質 (peptidoglycan recognition proteins; PGRPs) によって認識し，自然免疫シグナル経路を活性化させることにより，抗菌ペプチドなど

の発現を誘起して細菌感染に対抗する．常在菌である腸内細菌もペプチドグリカンをもつため，宿主の自然免疫を活性化するポテンシャルを有しているわけだが，宿主は，腸内細菌叢を維持するために自然免疫応答を制御している．

ショウジョウバエ個体に侵入した細菌は，おもにPGRP-LCとPGRP-LEという「DAPタイプペプチドグリカン結合分子」を介して宿主に認識され，自然免疫シグナル経路の一つであるImd (immune deficiency) 経路の活性化を引き起こす（図8.1）．その結果，NF-κB (nuclear factor-kappa B) 様因子Relishによって抗菌ペプチドが産生する[8]．しかし腸管上皮細胞においては，ホメオボックス因子であるCaudalがRelishを介して抗菌ペプチド発現を抑制している．興味深いことに，Caudalの発現をRNAiによって抑制すると，抗菌ペプチドの発現が亢進して，腸内細菌叢の菌種が変化し，通常の個体腸内では検出されない*Gluconobacter*属の菌が増加する[3]．哺乳類の腸管上皮組織においても，NF-κBの制御不全や抗菌ペプチド発現制御の不全が炎症性腸疾患の病態に影響する事例が知られており[9]，ショウジョウバエのような比較的単純な腸内細菌叢をもち，かつ宿主の反応を遺伝学的に解析できるモデル系はきわめて有用である．

一方，*relish*変異体においてはImd経路の活性化による抗菌ペプチド産性が不全となり，この個体の腸内細菌叢では*Acetobacter*属の割合が30%前後にまで減少し，代わりに*Enterococcus*属が60%程度を占めるようになる[10]．また，腸内細菌数は腸管全体で10倍ほど増加していた．これらの変化は，常在菌に対してわずかながら活性化したRelishによる抗菌ペプチド産生が腸内細菌叢の種類と菌数を制御していることを示唆していると考えられるが，基底レベルで発現している抗菌ペプチドが菌叢維持にどれほど寄与するのか，また各種抗菌ペプチドが菌叢の種類に与える影響など，不明な点は多く残されている．

腸内常在細菌による不要な自然免疫活性化を避けるため，腸管内ではCaudalによるRelishを介した転写抑制のみならず，さまざまなレベルでの制御がなされている．PirkはImd経路の活性化に際してRelishによって発現誘導され，PGRP-LCおよびPGRP-LEと相互作用することによりImd経路の活性化を抑制する因子である（図8.1）[11-13]．腸管におけるこの因子の発現抑制は，経口摂取された病原菌のみならず，非感染下における腸内常在菌に対する抗菌ペプチドの発現上昇をもたらす．すなわち，PirkはImd経路を負に制御することにより，常在菌に対するImd経路を介した応答を制御している．

腸管内の細菌に対するショウジョウバエの防御応答は，抗菌ペプチドだけではない．腸管上皮細胞は，細胞膜結合型の活性酸素種 (reactive oxygen species; ROS) 産生酵素であるDual oxidase (DUOX) によりROSを腸管内に放出して，病原性細菌を制御している[14]．興味深いことに，常在細菌がこのDUOX活性化を引き起こすことはないのに，ほとんどの非常在細菌は活性化を引き起こす．この際の認識にペプチドグリカンは関与していない．細菌が産生するウラシルがヘッジホッグシグナルを活性化させ，Cadherin 99C依存的なシグナルエンドソーム形成を誘導することにより，DUOXの活性化が起こる[15, 16]．常在細菌と非常在菌の違いはウラシルの放出量にあり，ウラシルをほとんど放出しない菌のみが常在菌として定着できる．ウラシルを放出するかどうかは菌種による違いではなく，なぜ常在細菌のウラシル放出レベルがきわめて低いのかは不明である．

ROSは腸内細菌を殺傷するだけでなく，実は宿主の腸管上皮細胞にも作用し，これを損傷する．これに対し，腸管上皮組織では速やかな幹細胞分裂による修復が行われる．すなわち，ROS

8章 ショウジョウバエと共生細菌の相互作用

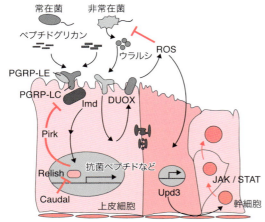

図8.1 腸内細菌により腸管上皮細胞で誘導される反応の制御

常在菌，非常在菌が共に産生するペプチドグリカンは，PGRP-LCやPGRP-LEを介して上皮細胞でImd経路を活性化する．これによる転写因子Relishの活性化はCaudalにより抑制されている．また，Imd自身もPirkにより負に制御される．非常在菌の産生するウラシルは上皮細胞においてROS産生酵素DUOXの活性化を引き起こし，産生されたROSは非常在菌の死滅に働く．また，ROSは上皮細胞をも損傷するが，Upd3の産生や分泌を介して幹細胞におけるJAK/STAT経路の活性化による幹細胞分裂を誘起することで，修復される．

により損傷した腸管上皮細胞からはサイトカインUpd3の分泌が起こり，これが腸管幹細胞におけるJAK-STAT経路の活性化を引き起こすことで細胞分裂が促され，増殖した細胞が上皮細胞へと分化することにより腸管恒常性が維持されている（図8.1）[8]．

これまでに述べてきた，細菌に対する応答の多層的な制御は，常在菌による自然免疫の不要な活性化を抑えるとともに病原性細菌に対しては的確な自然免疫応答を起こすという，相反する制御を実現するためと考えられる．これは，状況あるいは腸内細菌依存的に病態が変化する炎症性腸疾患を解明するうえできわめて重要な機構である．

8.1.3 ショウジョウバエに対する腸内細菌の影響

常在菌の存在は，ショウジョウバエの自然免疫のみならず，発生にも影響を与える．ショウジョウバエでは比較的容易に無菌個体を作製できる．卵を滅菌することで得られる個体は，貧栄養状態での幼虫の発生期間が，常在菌のいる個体よりも長くなる．富栄養の飼料で飼育するとこの遅れが解消することから，常在菌はおそらくショウジョウバエにとって栄養分を吸収しやすい腸内環境をつくっているか，あるいは栄養分を供給している

と思われる[17]．このような，腸内常在菌が宿主であるショウジョウバエの発生や代謝に与える影響については，細菌と宿主双方の遺伝学的操作を利用した研究により，さらに興味深い例が示されている．

無菌処理をした卵を発生させ，幼虫の段階で腸内常在菌であるアセトバクター（*Acetobacter pomorum*）を摂取させることにより菌叢の構築を行うと，通常飼育と同じ時間で発生が進行する．この系を用いた*A. pomorum*の遺伝学的スクリーニングと宿主側の遺伝学的操作により，常在菌のピロロキノリンキノン依存性アルコールデヒドロゲナーゼ（pyrroloquinoline quinone-dependent alcohol dehydrogenase; PQQ-ADH）が，おそらくは酢酸の産生を介してショウジョウバエのインスリンシグナルを活性化し，発生に要する時間や体のサイズを規定していることが明らかとなった[18]．腸内常在菌と宿主の生理機能との相互作用について，その機構の多くはいまだ不明だが，これらに共通の機構を知るために，このようなモデル系による知見の蓄積が大切であろう．

8.2 ショウジョウバエの細胞内共生細菌と宿主の相互作用

8.2.1 細胞内共生細菌ボルバキア

細胞内共生細菌と宿主の相互作用の例として、細胞内共生細菌のボルバキア（*Wolbachia* 属の細菌）と、その宿主としてのショウジョウバエとの相互作用を紹介する。このテーマについては、すぐれた著書が発行されているので、詳しくはそちらも参照されたい[19, 20]。ボルバキア（*Wolbachia pipientis*）は、ヒトを含めた哺乳類に病気を引き起こすリケッチアに近縁の細菌であり、節足動物や線虫類に共生している。とくに、昆虫においては、およそ7割の種にボルバキアが感染しているといわれている。一方、ヒトを含めた哺乳類には感染しない。

ボルバキアは単独で生存できず、宿主細胞内でのみ生存できる。また、感染経路は母から子への伝播（母系伝播・垂直伝播）のみである。いいかえれば、自己を伝播できるのは、雌の生殖細胞に感染したボルバキアのみである。ボルバキアに感染している個体では、生殖細胞のみならず、ほとんどの体細胞にボルバキアが感染している（図8.2）。ボルバキアが感染していないショウジョウバエの体腔にボルバキアを注入すると体中に感染が広がることから、個体内ではボルバキアは細胞から細胞に感染を広げることができると考えられる。

もちろんボルバキアは、雌だけでなく雄にも感染している。雄に感染したボルバキアは自己を他個体に伝播できない。そこでボルバキアは、後述するように宿主の生殖を操作して自己の伝播を図ろうとする。ボルバキアによって生殖を操作されてしまうことは、宿主のショウジョウバエにとって性比の偏りを生じさせ種の存亡にかかわるため、ボルバキアの共生は不都合だけのように思える。最近、この疑問に答える現象が見いだされ、ウイルス感染に対する抵抗性をボルバキアが宿主に与えていることが明らかになった。ショウジョウバエは、ボルバキアを共生させることによって、ウイルス感染症から身を守ることができる。一方、ボルバキアは、ウイルス感染を利用して、宿主集団の中での自身の生存をより有利にし、自己伝播の可能性を高めているといえる。

8.2.2 ボルバキアによる宿主の生殖操作

共生細菌が母系伝播しか伝播経路をもたない場合、雄に伝わった共生細菌はそれ以降自己を伝播できない。そこで、宿主の生殖を操作することによって、宿主集団中での感染個体群、すなわち自己の存続を維持、または拡大している例が知られている。細胞内共生細菌の中でも、とくにボルバキアはさまざまな種類の生殖操作を引き起こす。それらは、「雄殺し（male killing）」、「細胞質不和合（cytoplasmic incompatibility）」、「単為生殖（parthenogenesis）」、「雌化（feminization）」に分けられる（図8.3）[21]。

「雄殺し」とは、共生細菌をもつ雄のみが発育途中で致死となる現象である（図8.3a）。一方、共生細菌をもっている雌は致死とはならない。同じ母親から生まれた兄弟が摂取するはずだった餌を生き残った姉妹が利用できるので、非感染雌の子供（雄と雌）よりも感染雌の子供（雌のみ）のほうが

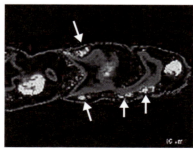

図8.2 ショウジョウバエのマルピーギ管に共生しているボルバキア（口絵参照）
黄色はDNA、青色はF-アクチンを示している。黄色で、核よりも小さなシグナルが、共生しているボルバキアのシグナルであり、矢印で示している。

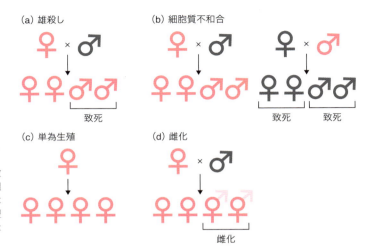

図8.3 ボルバキアが宿主に引き起こす生殖操作
(a) 共生細菌を有する雄のみが発育途中で致死となる．(b) 感染雄と非感染雌の交配の組み合わせでは子孫ができない．(c) 感染雌は交尾なしで倍数体の雌を産む．(d) 遺伝子型が雄であっても，感染個体の表現型は雌となる．赤色は感染個体，灰色は非感染個体．

適応度が高くなる．結果として，共生細菌の感染が維持または拡大されることになる．この他にも，共生細菌の維持や拡大における「雄殺し」の利点として，次のような点があげられる．まず，共食いをする昆虫では，孵化した感染雌が孵化できなかった感染雄を摂食することで，栄養を得ることができる．また，共生細菌により致死となった雄を非感染雌が摂食すれば，水平伝播により，共生細菌の感染が拡大する可能性が生じる．さらには，同じ母親から生まれた雄が致死となれば，雌は別の母親から生まれた雄と交配せざるを得ないので，近親交配が避けられるという利点もあげられている．ボルバキアは，ショウジョウバエ以外にも，蝶や甲虫などの幅広い昆虫に「雄殺し」を引き起こすことが知られている．また，ボルバキア以外にスピロプラズマ (*Spiroplasma poulsonii*) もショウジョウバエに「雄殺し」を引き起こす．

「細胞質不和合」とは，感染雄と非感染雌の交配の組合せで，子孫ができなくなる現象である（図8.3b）．感染雌は，非感染雄との交配でも感染雄との交配でも子孫を残せるが，非感染雌は非感染雄との交配だけでしか子孫を残すことができない．つまり，共生細菌は自己を伝播しない非感染雌に子供を残せなくすることによって，相対的に自己伝播を拡大している．ボルバキアが「細胞質不和合」を引き起こし，自己伝播を拡大できることは，アメリカのカルフォルニア州で確認されており，ショウジョウバエで「細胞質不和合」を引き起こすボルバキアが，年に100 km以上のスピードで拡散したとされている[22]．

「雄殺し」と「細胞質不和合」の生殖操作は，ボルバキアがショウジョウバエに引き起こす生殖操作である．ショウジョウバエ以外の昆虫では，これら以外にも「単為生殖」と「雌化」という別の生殖操作が知られている．

「単為生殖」は，共生細菌が引き起こす宿主の生殖操作の例として，「雄殺し」の次に頻繁に観察される（図8.3c）．ハチ類などの半倍数性のゲノムをもつ節足動物では，通常は未受精卵から半数体 (n) の雄が生まれ，受精した二倍体 ($2n$) は雌となる．ボルバキアに感染すると，未受精卵の染色体が倍加し，二倍体の雌として生まれる．したがって，アブラムシやミジンコが「単為生殖」により二倍体の雌を次つぎに産むように，感染雌は交尾なしで倍数体の雌を産み，宿主集団の中での感染雌の割合が増加する．

また，ボルバキアはキタキチョウ (*Eurema mandarina*) に「雌化」を引き起こすことが知ら

れている（図 8.3d）．キタキチョウの性染色体は，他の鱗翅目昆虫などと同じく雌ヘテロ型であり，雌が ZW 型，雄が ZZ 型である．ボルバキアが感染していると "ZZ 型の雌" になる．「雌化」された個体は，雄（ZZ）と交尾して ZZ 型のみの子を残す．ボルバキアは母系伝播するために，子孫の表現型はすべて雌となり，ボルバキアを伝播することになる．

しかしながら，ボルバキアを含む細胞内共生細菌が宿主の生殖を操作する分子的なメカニズムについては，ほとんど明らかにされておらず，いまだ謎のままである．

8.2.3 ボルバキアによる宿主へのウイルス耐性の付与

単独で生存できず，宿主による垂直伝播でしか自己を伝播できない共生細菌は，宿主集団内に自己が維持され，宿主に自己を伝播してもらうために，自己の生存をかけた "戦略" ともいえるさまざまな工夫を行っている．前述した宿主の生殖操作もその一つであるが，宿主に利益を与えて共生関係の維持を図るという戦略もある．

栄養分が偏っている植物の篩管液（汁）や，動物の血液のみで成長する昆虫では，共生細菌が必要な栄養分を供給している例が知られている．たとえば，アブラムシの大部分は *Buchnera* 属の細菌を共生細菌として保有している．アブラムシの成長に必要な必須アミノ酸のほとんど，およびビタミンなどは *Buchnera* が合成している[23]．*Buchnera* を除去されたアブラムシは生育が阻害され，子孫を残せない．

また，宿主が利用できる食物の種類を共生細菌が決定している例もある．マルカメムシ（*Megacopta punctatissima*）は大豆を食害する害虫として知られており，Gammaproteobacteria に属する共生細菌を有している．一方，タイワンマルカメムシ（*M. cribraria*）は近縁でありながら，大豆を利用することができない．ところが，両者の共生細菌を人為的に交換すると，タイワンマルカメムシは大豆を利用できるようになり，逆にマルカメムシは大豆を利用できなくなる[24]．つまり，大豆の利用の可否を決めているのは，共生細菌といえる．

前述したように，ボルバキアは自己伝播を有利にするために「雄殺し」や「細胞質不和合」によりショウジョウバエの生殖を操作する．しかしながら，生殖操作の程度が過ぎ，宿主集団の雄の割合が極端に低下すれば，宿主の種の存続が危うくなる．ショウジョウバエが，わざわざボルバキアを共生させている理由は最近まで謎であったが，ボルバキアを共生させていることで，ショウジョウ

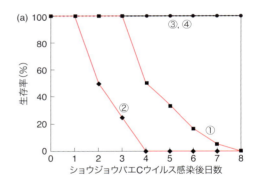

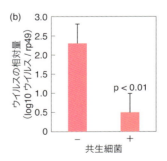

図 8.4 ボルバキアによる宿主に付与されるウイルス感染抵抗性

(a) ショウジョウバエ C ウイルスに感染した後の野生型ショウジョウバエの生存率．①ウイルス（+），共生細菌（+），②ウイルス（+），共生細菌（−），③ウイルス（−），共生細菌（+），④ウイルス（−），共生細菌（−）．(b) 感染後のショウジョウバエ個体におけるウイルス量．ボルバキアが共生しているハエと，抗生物質処理でボルバキアを除去したハエを比較した．

バエが利益を得ていると考えられる現象が見いだされた．すなわち，ボルバキアが，ウイルス感染に対する抵抗性をショウジョウバエに与えていることが明らかにされたのである[25, 26]．

図8.4（b）に示すように，ボルバキアが共生している野生型のショウジョウバエでは，抗生物質を投与してボルバキアを排除した同じ野生型のハエに比べて，ショウジョウバエCウイルス（Drosophila C virus; DCV）に感染しても体内でのウイルス増殖が抑制される．また，ボルバキアが共生しているハエでは，DCVに対する感染抵抗性が上昇する（図8.4a）．ボルバキアは，DCV以外にも，調べられたすべての一本鎖プラスRNAウイルスに対する抵抗性を付与したが，DNAウイルスに対する抵抗性には影響を与えなかった．したがって，ボルバキアは一本鎖プラスRNAウイルス特異的に感染抵抗性を宿主に付与するといえる．このメカニズムについてはほとんど理解されていないが，ボルバキアをヒトのウイルス病の対策として利用しようとする試みがすでになされている．

近年，人的交流のグローバル化や気候温暖化などによって，昆虫などの節足動物が媒介するウイルス病の脅威が加速している．2014年に69年ぶりに国内感染が確認された蚊が媒介するデングウイルス，同じく蚊が媒介するウエストナイルウイルスや黄熱ウイルス，ダニが媒介するダニ媒介性脳炎ウイルスなど，これらの病気を引き起こすウイルスの多くは一本鎖プラスRNAウイルスである．

ボルバキアを利用したウイルス病対策が検討・実施されているので，その例を紹介する．自然界でボルバキアが共生していないネッタイシマカに，ショウジョウバエのボルバキアを人為的に共生させると，蚊の体内でのデングウイルスの増殖を抑制できることが示された[27]．同じく蚊が媒介して感染症を引き起こすチクングニアウイルスでも同様であった．このことを利用して，蚊が媒介するウイルス病の拡大を防ぐために，自然界のネッタイシマカをボルバキア共生個体群に置き換える取り組みがオーストラリアなどで行われている[28, 29]．すでに，人為的にボルバキアを共生させたネッタイシマカが自然界に定着していることが確認され，媒介ウイルス病の拡大防止効果に期待が寄せられている．その一方で，アカイエカでは媒介するウエストナイルウイルスの感染を上昇させるという報告もある[30]．したがって，ボルバキアをウイルス病対策として活用するためには，ボルバキアがどのようにして宿主のウイルス抵抗性を操作しているのか，そのメカニズムを理解する必要がある．

8.3 おわりに

宿主としてのショウジョウバエと，腸内共生菌・細胞内共生菌の相互作用を述べてきた．そこには，宿主と共生菌が互いの生存をかけて培ってきた，生存戦略ともいえる「生命の知恵」が凝縮されている．最近では，その共進化の知恵を積極的に利用しようとする動きも見られている．今後も多くの研究者の興味を引きつけ，また彼らによって驚異の知恵が明らかにされるものと期待している．

（矢野　環，倉田祥一朗）

文　献

1) M.-N. Margaret et al., *Proc. Natl. Acad. Sci. USA*, **110**, 3229 (2013).
2) C. R. Cox, M. S. Gilmore, *Infec. and Immun.*, **75**, 1565 (2007).
3) J.-H. Ryu et al., *Science*, **319**, 777 (2008).
4) J. A. Chandler et al., *PLoS Genetics*, **7**, e1002272 (2011).
5) C. Y. Lee et al., *Dev. Biol.*, **250**, 101 (2002).
6) L. E. O'Brien et al., *Cell*, **147**, 603 (2011).
7) P. Tzou et al., *Immunity*, **13**, 737 (2000).
8) N. Buchon et al., *Nat. Rev. Immunol.*, **14**, 798 (2014).

9) P. T. McKenney, E. G. Pamer, *Cell*, **163**, 1326 (2015).
10) N. A. Broderick et al., *mBio*, **5**, e01117 (2014).
11) A. Kleino et al., *J. Immunol.*, **180**, 5413 (2008).
12) K. Aggaewal et al., *PLoS Pathogen*, **4**, e1000120 (2008).
13) N. Lhocine et al., *Cell Host & Microbe*, **4**, 147 (2008).
14) E.-M. Ha et al., *Science*, **310**, 847 (2005).
15) K.-A. Lee et al., *Cell*, **153**, 797 (2013).
16) K.-A. Lee et al., *Cell Host & Microbe*, **17**, 1 (2015).
17) G. Storelli et al., *Cell Metab.*, **14**, 403 (2011).
18) S. C. Shin et al., *Science*, **334**, 670 (2011).
19) 石川 統, 『昆虫を操るバクテリア』, 平凡社 (1994).
20) 陰山大輔, 『消えるオス：昆虫の性をあやつる微生物の戦略』, 化学同人 (2015).
21) H. W. Werren et al., *Nat. Rev. Microbiol.*, **6**, 741 (2008).
22) M. Turelli, A. A. Hoffmann, *Nature*, **353**, 440 (1991).
23) T. Sasaki, H. Ishikawa, *J. Insect Physiol.*, **41**, 41 (1995).
24) T. Hosokawa et al., *Proc. Biol. Sci.*, **274**, 1979 (2007).
25) L. Teixeria et al., *PLoS Biol.*, **6**, e1000002 (2008).
26) L. M. Hedges et al., *Science*, **322**, 702 (2008).
27) L. A. Moreira et al., *Cell*, **139**, 1268 (2009).
28) T. Walker et al., *Nature*, **476**, 450 (2011).
29) A. A. Hoffmann et al., *Nature*, **476**, 454 (2011).
30) B. L. Dodson et al., *PLoS Negl. Trop. Dis.*, **8**, e2965 (2014).

Part III 無脊椎動物と共生

線虫の腸内細菌

Summary

分子生物学や遺伝学領域で線虫といえば，*Caenorhabditis elegans* が代表的な実験動物である．この細菌食性の線虫にヒトの病原菌を摂取させると寿命が短縮するのに対し，いわゆる善玉菌を摂取させると寿命が延長し，生体防御機能が亢進することを筆者らは発見した．そこで，線虫の腸内細菌について情報を整理しようと試みた．細菌を餌としている線虫に腸内細菌がありうるのか，あるとすればどのような意義づけができるのか，ほとんど情報のない中で筆者なりの解釈を述べる．また，線虫は1億種ともいわれる多様な世界を形成し，地球上で最も個体数の多い動物といわれており，モデル生物として有名な *C. elegans* はその1種にすぎない．そこで，昆虫寄生性の線虫における腸内細菌の共生や，その他の寄生性線虫における細胞内寄生性細菌との共生についても紹介する．しかし線虫と腸内細菌の共生については，注目されたばかりで未解明な部分も多い．読者の知的好奇心を刺激できることを期待し，本章ではこの分野の現状を概説する．

9.1 はじめに

9.1.1 線虫

基礎生物学の世界で線虫というと *Caenorhabditis elegans* を意味する場合が確かに多いが，生物学上の分類としての線虫，すなわち線形動物門は3綱31目267科2,829属24,783種を含む非常に広大な世界を形成している[1]．未同定のものを含めると実際は1億種近くになるとの推定もあり，昆虫の推定総種数3500万をはるかに超える[2]．通常は，陸生のものと海洋性のものに大きく分けられ，植物，昆虫を含む無脊椎動物，脊椎動物までさまざまな生物に寄生するもの，あるいは非寄生性で細菌や糸状菌など他の微生物（線虫を含む）を捕食するものまで多様性に富み，地球上に生息する動物の中で最も個体数が多いともいわれる．そのような線虫の中で，*C. elegans* は細菌食性の1種に過ぎない．

線虫（nematoda）全般については，成書『線虫の生物学』に分かりやすくまとめられている[3]．回虫のように大型のものも含まれるが，多くは名前（nemaは糸を意味する）のとおり，糸状の小さな動物で土壌および底泥中の細菌や真菌を摂食して自活する目立たない動物である．

9.1.2 *C. elegans*

mRNAの発見でも有名なBrennerは，複雑な多細胞生物の発生・分化・神経などの高次な生命現象の解析に適したモデル生物として *C. elegans* を選んだ．体長1mmほどの小さな線虫を材料として行った「器官発生とプログラム細胞死の遺伝的制御」に関する研究功績が称えられて，2002年のノーベル医学生理学賞はBrennerとHorvitzおよびSulstonに贈られた．以来，この小さな虫は生命現象の解明に革新的な進歩をもたらし，"ミニ人間"といわれるほど，生物学にお

9.2 モデル宿主としての C. elegans

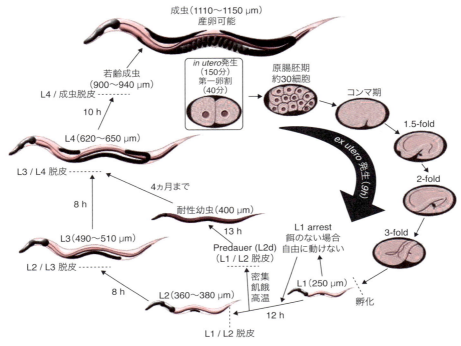

図9.1　22℃におけるC. elegansの生活環
受精を0分とする．矢印のそばには発生ステージに要する時間を示す．第一卵割は受精後40分で起こる．受精後150分間は子宮内，その後は受精卵は体外に9時間置かれ，原腸胚からコンマ期を経て孵化する．ステージ名およびカッコ内に各ステージの体長（μm）を示す．
WormAtlas (http://www.wormatlas.org/hemaphrodite/introduction/Introframeset.html) よりIntroFIG6を転載．

けるスーパーモデルとしての地位を得ている[4,5]．

*C. elegans*は，土壌中によく見られる細菌食性線虫グループであるRhabditida目に属しており，大腸菌を餌として実験室内で飼育することができる．他の多くの線虫と同様に，孵化後4回の脱皮を経て成虫（雌雄同体）になる（図9.1）．成虫になってからも生殖細胞だけは増殖を続けるが，雌雄同体における精子数は最初につくられた300個に限定される．したがって，産卵される自家受精卵も約300個であり，精子が枯渇してからの産卵は未受精卵となる．雌雄同体は5対の常染色体と1対の性染色体（XX）をもつ．生殖細胞が減数分裂する際に性染色体の不分離が起こり，性染色体がXOとなる受精卵が0.1%程度の頻度で発生し，この場合は雄になる．雄と交配して精子を受け取った場合は他家受精を優先し，総計

1,000個の受精卵を産む場合もある．生体防御系は，p38MAPK経路，TGF-β経路，インスリン／インスリン様成長因子経路によって調整されており，非常に多様な抗菌因子を有するが，専門的な食細胞はない[6,7]．

9.2 モデル宿主としてのC. elegans

9.2.1 感染モデル

*C. elegans*は基礎生物学材料との認識が一般的であったが，哺乳類を用いた実験に比べて実験施設の準備が容易であり，動物愛護の観点から規制が強まっている動物実験の対象にも含まれないことから，筆者らは生体防御と老化と栄養の関係を探る目的で，免疫栄養学（immunonutrition），免疫老化（immunosenescence）および抗老化

(anti-senescence；antiaging)研究にC. elegans を適用することにした．当初は早期老化マウスを使用して研究したいと考えていたが，諸般の事情でかなわなかった．そんなときに，老化研究で使われているこの虫のことを書籍で知り，細菌を食べる虫に病原菌を食べさせるとどうなるのか，という単純な好奇心から研究を開始した．実験を発想したのは2000年，こんな奇妙奇天烈な実験は誰もしていないと思っていたが，その前年にハーバード大学のAusubelら[8]が緑膿菌をC. elegansに摂取させると短期間で死滅することを報告していた．

一番乗りを逃しはしたものの，急ぎさまざまな食中毒細菌をC. elegansに摂取させ，国際的に標準的な餌として利用されている大腸菌OP50を摂取した群と寿命を比較した[9]．黄色ブドウ球菌(*Staphylococcus aureus*)，サルモネラ，下痢原性大腸菌(腸管出血性大腸菌，腸管病原性大腸菌，腸管毒素原性大腸菌，腸管凝集接着性大腸菌，腸管侵入性大腸菌，分散接着性大腸菌，EAST1毒素遺伝子保有大腸菌)，腸炎ビブリオ(*Vibrio parahaemolyticus*)，*Listeria monocytogenes*，*Yersinia enterocolitica*，*Aeromonas sobria*，*Bacillus cereus*を成虫(3日齢)に摂取させたところ，腸管侵入性大腸菌と*B. cereus*を除く12種で寿命の有意な短縮が見られ，とくに黄色ブドウ球菌，サルモネラ，*L. monocytogenes*で顕著であった．しかしながら，野生型の非病原性大腸菌として国際的に認知されているHS株でも寿命の短縮が観察されたことから，下痢原性すなわち腸管への病原性を検討するモデルには難しいと判断した．

ヒトは長い進化の中で腸の粘膜をバリアとする生体防御系を発達させ，これを挟んで内側は無菌の清浄な世界を確保しながら，その外側にいる重さ約1 kg，数にして100兆を超える腸内細菌と対峙し共存する奇跡を実現している．したがって，細菌が腸管で病原性を発揮するには特殊な病原因子を必要とするのであり，これをC. elegansで解析できるとの見通しは誤っていたようだ．また，ヒトとC. elegansで同じように腸という名称が使われているが，考えてみればその生体防御上の立場は大きく異なっている．細菌食性のC. elegansでは，すべての細菌は咽頭部にあるグラインダーで磨り潰されて腸内で消化吸収される．ヒトにとっての粘膜の内側と同様にC. elegansの腸内は清浄に保たれるべき場所なのかもしれない．多細胞生物であるがゆえに腸という言葉に錯覚しがちだが，細菌を食べるアメーバや食細胞の食胞に該当するのがC. elegansの腸ではないだろうか．

これまでC. elegansをモデルとして病原因子の解析に成功した病原菌の場合でも，腸管ではなく日和見的にヒトに呼吸器感染などを起こす際に必要となる因子などの発見につながった例のほうがどちらかといえば多い[9-18]．下痢原性のない大腸菌であっても，腸管以外の組織に入った場合には感染症を起こすことが多い．前述のHS株が線虫の寿命を短縮させたのは，われわれの生体防御系に対抗する性質を腸管外の組織で保持していることを反映していると考えられる．そのためC. elegansについては少し違った視点で腸内細菌を考える必要があろう．

9.2.2 生体防御に及ぼす老化の影響

サルモネラを3日齢の成虫に与えたときと比べて，7日齢の成虫に与えた場合はより急速に死滅した[19]．線虫から回収される菌数を調べると，若齢期には菌数が低くコントロールされているが，日齢とともに菌数は増加し，老齢線虫に病原菌を摂取させた場合は初日から高い菌数が回収された[9](図9.2)．筆者らは，これをC. elegansの消化器および生体防御系の老化[7, 20-23]を反映しているものと考え，老化による日和見感染モデルの作製

■ 9.3 *C. elegans* と腸内細菌 ■

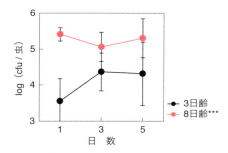

図9.2 3日齢と8日齢の線虫にレジオネラを摂取させて1〜5日後に虫体から回収される菌数
***：$p < 0.001$.

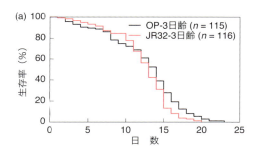

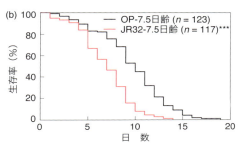

図9.3 レジオネラに対する線虫の耐性に及ぼす加齢の影響
3日齢(a)あるいは7.5日齢(b)の線虫に大腸菌(OP)あるいはレジオネラ(JR32)を給餌した(Day 0). 3日齢から始めた場合は対照の大腸菌給餌群との間で生存曲線に差はなかったが, 7.5日齢から給餌するとレジオネラ給餌群の寿命が有意に低下した. ***：$p < 0.001$.

を試みた．

高齢者や免疫力の低下したヒトに肺炎を起こす *Legionella pneumophila* を3日齢から経口摂取させたが，一般的な餌である大腸菌 OP50 を与えた対照群と終生変わりはなかった．しかしながら，8日齢で大腸菌 OP50 から *L. pneumophila* 摂取に切り替えた場合は，対照群よりも有意に早く死滅した[24]（図9.3）．*L. pneumophila* は細胞内寄生性の病原菌で，マクロファージに取り込まれた後はリソソームが食胞に融合するのを抑制し，食胞内でも生き残って増殖することができる．*C. elegans* においてもこの病原因子をノックアウトした菌株は病原性を喪失し，8日齢から摂取させた場合でも対照群との間で生存率に差は見られなかった．

以上の結果は，ヒトと *C. elegans* において共通の病原因子が使われていることを示唆しており，*C. elegans* のモデルとしての有用性が改めて確認されたといえよう．また，生体防御機能は *C. elegans* においても加齢により減弱するため，若齢期に摂取した菌に対しては被害もなく抵抗性を終生保つのに対し，日齢が進んでから摂取菌種を変更されると，生体防御系を最適な状態に調整して対応することが難しくなると推察される．A型肝炎などのように，小児期に感染するとたいした症状も示さず免疫が成立するのに，成人してから初感染した場合には重篤な症状を示す感染症と似

ている．獲得免疫では，免疫記憶が維持され，同じ感染症に二度とかからない現象が古くから知られている．*C. elegans* は自然免疫機構だけしかなく，食細胞すらもたない．しかし，若齢期であれば防御（免疫の記憶）が成立して，それが終生にわたって続く，実に不思議な現象である．ただし，ミジンコでも自然免疫機能の記憶が報告されていることからすると，自然免疫しかもたない動物も免疫記憶のしくみを有している可能性があり，たいへん興味深い[25]．

9.3 *C. elegans* と腸内細菌

9.3.1 *C. elegans* と乳酸菌

1908年，食細胞による生体防御の研究でノーベル賞を受賞した Metchnikoff は，乳酸菌がヒトの長寿に寄与する可能性について論じた書籍をそ

の前年に出版した．この書籍こそ，現在のプロバイオティクスという概念へと発展した原点である．その後，乳酸菌の有益な効果について精力的な研究が進められた結果，現代ではプロバイオティクスとして商品化された菌株も多い．整腸作用，高脂血症予防効果，免疫賦活効果などさまざまな効能について報告がなされてきたが，抗老化効果を明快に示した実験データは，発酵乳の長寿効果を示したTakanoらの報告以外になかった[26]．そこで，筆者らの研究室のIkedaら[19]がビフィズス菌（本章では広義の乳酸菌に含める）や乳酸桿菌を線虫の一種であるC. elegansに摂取させたところ，平均寿命にして20〜30％延長することが判明し，乳酸発酵物ではなく乳酸菌自体が正常な多細胞動物の寿命を延長することが世界で初めて示された．それはMetchnikoffの著書が出版されてからちょうど100年目のことであった．その4年後にはMatsumotoら[27]がマウスにおいても乳酸菌の寿命延長効果を証明している．

ヒトのプロバイオティクスとして有名な乳酸菌だが，脊椎動物だけでなくミツバチやエビなど無脊椎動物に与えた場合にもその健康維持に有用との報告がある[28,29]．また，自然界のC. elegansは地上に落ちて腐敗した果実などの乳酸菌を食べているらしい[30,31]．乳酸菌がC. elegansに長寿をもたらすという筆者らの実験結果は，自然に近い給餌条件になっていたのかもしれない．腸内細菌として共生するのではなく餌として食べられる存在であったとしても，善玉菌として保健効果をもたらすのが乳酸菌なのかもしれない．動物はその進化の過程において無脊椎動物の時代から，もしかしたら細菌を食べるアメーバのような原虫時代から古き縁で乳酸菌と結ばれていたのでは，と想像をたくましくしたくなる結果だ．実際，腸内細菌に由来する菌体成分がごく微量ながら吸収されてヒトの血中にも存在し，免疫系の健全な発達と維持に役立っている[32]．腸内で生きて働くだけが腸内細菌の仕事ではない．

種々の動物を用いた実験により，繁殖開始時期を遅らせると寿命が延長することが知られている[33]．しかしながら，筆者らの研究ではC. elegansが成虫に達するまでは通常の餌を用いて飼育しており，乳酸菌を摂取させたのは成虫になってからである．したがって，乳酸菌の効果は性成熟の遅延によるものではない．また，カロリー制限は寿命を延長する最も確実な方法として公知の現象であるが[34]，C. elegansの乳酸菌摂取では体の大きさなどに影響が認められない用量でも寿命が延長しており，カロリー制限以外の機構による効果と考えられる[35]．

若齢成虫期に乳酸菌を4〜5日間摂取させたC. elegansは，その後のSalmonella EnteritidisやLegionella pneumophila感染に対して，通常の餌で飼育された群よりも強い抵抗性を示した[19,36]（図9.4）．乳酸菌を摂取しているC. elegansは同日齢の対照群に比べて運動性なども高く保たれているため，その高い感染抵抗性が乳酸菌摂取による全体的な老化抑制によりもたらされたものなのか，あるいは生体防御系を特異的に賦活したことによるものかは不明である．しかしながら，C.

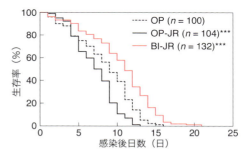

図9.4　線虫のレジオネラ（JR）に対する耐性に与えるビフィズス菌（BI）の影響

孵化後に大腸菌を与え続ける群（OP）と，3日齢からビフィズス菌を与える群を設けた．8日齢（Day 0）でレジオネラ給餌に切り替えたところ，OPから切り替えられた群（OP-JR）はOPを与え続けた対照よりも生存曲線が左方に移動して寿命が有意に低下したのに対し，事前にビフィズス菌を与えていた群（BI-JR）は対照よりもむしろ寿命が延長した．***：$p < 0.001$．

elegans の生体防御を担う主要なシグナル伝達経路の一つである p38MAPK 経路に変異のある虫体では乳酸菌の長寿効果が消失することから，生体防御系の賦活を通じて長寿がもたらされている可能性は高い[35]．

プロバイオティクス研究と *C. elegans* という意外な組合せには予想を超えた反響があり[37-40]，共生の生物学を論じる本書において，線虫の腸内細菌に関する章を担当するに至った．しかしながら，「線虫の腸内細菌」というには高い壁がある．

細菌食性の *C. elegans* にとって，細菌は捕食して消化すべき対象であって，腸内に共生させるものではないはずだ．筆者らの乳酸菌研究についても，*C. elegans* の腸内で善玉菌として共生していることを前提に推察した質問を受けることが少なくないが，生きた乳酸菌が *C. elegans* から大量に回収されることはなく，共生研究の対象としては不適切な実験動物かもしれない．

以上の状況に鑑みて，以下の項では，細菌食性の *C. elegans* にとっては避けることのできない腸管内での細菌との攻防について知見を整理し，その後で線虫における共生細菌の文献から情報を提供する．

9.3.2 細菌食性線虫 *C. elegans* の腸内細菌というジレンマ

腸管内の細菌には片利共生しているもの，相利共生しているものがあり，その菌体や代謝産物は宿主の健康に大きな影響を及ぼしていることが明らかにされつつある．ヒトの場合，腸内の100兆を超える菌の遺伝子総数は60万ともいわれる．宿主であるヒトと比べると細胞数で約2倍，遺伝子数では20倍になる．われわれの体を考えるとき，ヒトと細菌の遺伝子を併せて考慮すべきというホロゲノム（hologenome）理論がだされ，共生細菌がホロビオント（holobiont）と呼ばれるのはもっともなことだと考えられる．しかしながら，

細菌食性の動物が細菌と共生することがありうるのか．矛盾するようだが，肉食の怖そうなサメに寄り添っているコバンザメ，魚を捕まえるはずのイソギンチャクに寄り添うクマノミ，またワニの口内を掃除するといい伝えられているナイルチドリなどの例もあり，あながち否定もできなさそうだ．

自然界では，線虫は細菌や糸状菌を食べるが，食べられたはずの細菌が老化した線虫を分解したり，線虫をトラップにかけて消化したりする外部寄生性の糸状菌や，線虫内部に胞子として入り込んでから増殖する内部寄生型の糸状菌もいる[41]．さらに，これらの細菌食性線虫を捕捉する線虫がいる[42]．われわれの足元の土壌中ではこのような複雑なマイクロ・ジュラシック・ワールドが繰り広げられており，現時点で本当の共生と呼べるものが線虫と腸内細菌の間にあるのか明らかではない．

Shiroyama[43] によると，深海には硫化水素を酸化してエネルギーを得る硫黄酸化細菌を中心とする生態系があり，この細菌の棲みかとして自身の体表を提供しながら，体表で増殖した菌を食べる線虫がいる．線虫は，硫化水素の豊富な堆積物の深部と酸素が存在する表層の間を行き来することで細菌の増殖を促しながら，ヒトの DC-SIGN に似た C 型レクチンを体表に分泌し，これで菌を体表にトラップしておいて随時食べているという[44, 45]．両者の関係は，食べられるようになることで地球上の生息範囲を広げたトウモロコシとヒトの関係を連想させる．

このような細菌食性線虫と細菌の共生の事例も報告されているが，腸内細菌としての共生を報告した例はない．前述のように *C. elegans* から腸内細菌として回収される理由は，老化により腸細胞の微絨毛が短縮したり，核が消失したりすることによる消化機能の低下により，本来消化すべき細菌を消化できなくなり[23]，そこに生体防御系の老化が重なることで攻守が逆転し，摂取された

はずの菌が老齢期に腸管内で増殖するためと理解される[37]．実際，餌のはずの大腸菌株 OP50 が老齢線虫からは回収されうるし，死菌を摂取した C. elegans は生菌を与えた群よりも概して長生きすることから，餌のはずの大腸菌が老齢線虫では病原菌になっているのであろう．どちらの視点にたっても共生という言葉が似つかわしくないように思えるが，次項で述べるような考え方も提唱されている．

9.3.3 共生か消化不良か？

筆者らが実験室で大腸菌など 1 種類の細菌を用いて C. elegans を飼育した場合と同様に，野外において多様な細菌を摂食している C. elegans についても，1 匹あたり 0 〜 10 万個の細菌が回収される[46]．筆者らの実験では，1 匹あたりの菌数が 10 万に達すると死ぬ場合が多い[9]．加齢に伴い消化器や生体防御系の老化以外にも咽頭部のグラインダーの劣化などが重なって，日齢とともに未消化菌数が増えるようである[47]．老化線虫の腸管内で増えた細菌は遺伝子の交換を行うことで[48]，線虫内での生存に適した方向へ進化しようとする動きがある[49]．さらには，細菌の非コード RNA が線虫の行動や寿命に影響しているとの報告もあり[50]，細菌は決して食べられるだけの存在ではなく，最終的には細菌が C. elegans を分解しつくすことになる．ライフステージの変化に伴い，餌食であった細菌が逆に C. elegans を餌にする．弱肉強食の応酬ともいえる状況ではとても共生と認めがたいが，以下のような考えもある．

C. elegans の腸内では抗菌物質による選択圧が働いており，その環境下で中等度に増えることができた菌は，その後に病原性の高い菌が摂取されて入ってきた場合に防御的に働くと期待でき，

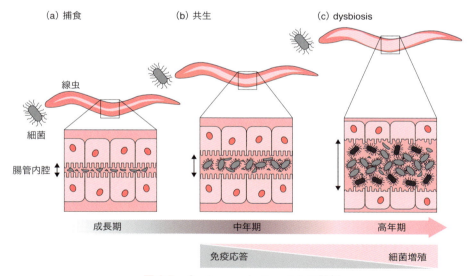

図 9.5　*C. elegans* と *E. coli* との関係

線虫のさまざまな発生段階は，ヒトと微生物相の関係を研究するうえでのモデルとなる．(a) 成長期では，細菌はおもに餌となる（薄灰色）．咽頭グラインダーによって細菌はほぼ完全に砕かれ，生菌は腸管内腔には存在しない〔C. L. Kurz et al., *EMBO J.*, **22**, 1451 (2003)〕．(b) 若齢成虫では，磨り潰しから逃れた細菌が増殖して腸管内腔のいくつかの箇所でコミュニティを形成し〔C. Portal-Celhay et al., *BMC Microbiol.*, **12**, 49 (2012)〕，片利共生生物または共生生物として存在している（薄灰色）．(c) 加齢が進むと，腸管内腔で増殖した細菌は宿主に害をもたらし〔M. D. McGee, D. Gems, *Aging Cell*, **10**, 699 (2011)〕，細菌の停留を起こす〔D. Garigan et al., *Genetics*, **161**, 1101 (2002)〕．これは，dysbiosis を起こした細菌の代謝の変化を反映している可能性がある（濃灰色）．細菌の貯留と細菌の代謝の変化自体が宿主に有害となるかもしれない (C. Portal-Celhay et al., 2012)．細菌の増殖を阻害すると微生物の dysbiosis が妨げるられ，寿命も延長する〔D. Garigan et al., 2002; D. Gems, D. L. Riddle, *Genetics*, **154**, 1597 (2000)〕．文献 37 より転載．

野外に生息する C. elegans にとっては相利共生になっているかもしれない[37]（図9.5）．確かに，Enterococcus faecium のように腸内の菌数が多くなっても C. elegans の生存への影響が小さい菌もあるようで[51]，このような菌が増えている場合は，後続の悪玉菌に対して腸内細菌による防御効果をある程度発揮しうる場面も考えられるが，まだ想像の域をでない．

9.4 線虫にとっての共生とは

9.4.1 世代を超えた共生

いろいろ検討してきたが，線虫と腸内細菌の関係は共生という概念には収まりにくい．しかしながら，これは共生という言葉を考えるときに，一つの生物個体の中で片利性や相利性を検討するのが習慣化しているからかもしれない．交尾後に食われることもある雄カマキリの話や，人の場合であれば子どもによい教育を受けさせるために苦労をいとわず働く親の話のように，生物は自己保全に次いで次世代の育成にエネルギーを注ぐもののようだ．前述した老齢の C. elegans が細菌の逆襲を受けて死んでいくことも，その身を捧げて，次世代の餌となる腸内細菌を増やしていると考えれば，C. elegans という種としては共生といえるのかもしれない．

細菌食性線虫と一口にいっても，その種類ごとに好適な餌となる細菌種があり，有機物を腐らせている細菌をなんでもかんでも食べるわけではないようだ[52]．子虫が生まれる場所には生育に適した種類の細菌があるべきだが，子虫の頃は消化力が強く，腸内に細菌はいない．一方，産卵期を終える頃から成虫の腸内では菌数が増えてくる．これを生育環境に播種することで子虫に適した菌を増やすと考えられる．老齢の線虫は自身を培養器に替えて細菌を増やす．世代時間の短い線虫のことなので，孫虫どころか曾孫虫やあるいはそれ以上下った子孫にその身から好適な菌を提供するのかもしれない．これは個体としては死をもたらすもので共生とは考えにくいが，種の保存を主眼として考えた場合は細菌と線虫の両方に利益をもたらす相利共生のようにも解釈される．後述の昆虫病原性線虫のように，endotokia matricida（卵巣内幼虫発育，つまり子宮内孵化）させた子虫に自身を提供することを生活環に取り入れている線虫もいることを併せて考えると，線虫にとっての共生は，1個体の利益・不利益を中心に考えがちなわれわれの想定を超えたところに設定されているとしても不思議ではなさそうだ．

一般に野生動物は死ぬまで生殖力を保有する．ヒトのように閉経して生殖できなくなった後も長い余命を有する動物はまれである．C. elegans に有精卵を産めなくなってからも長い余命があることを，筆者らは不思議に思っていた．もしかすると，有用な菌をその環境に播種したり，自分の体内で増殖させたりして子孫に有益な環境を提供する役割を果たすために，C. elegans などは生殖能力を失ってからも長い余命を有する動物へと進化したのかもしれない．

9.4.2 武器として共生する腸内細菌 [45, 52-54]

C. elegans のような自活型ではなく，ヒトを含む多様な動物から植物，糸状菌まで，特異的な寄生性を示す線虫が数多く存在する．その中で，Mermithida 目，Rhabditida 目，Tylenchida 目，Aphelenchida 目には昆虫寄生性の線虫がいる．寄生している間は宿主を殺すことはないが，発育した後で宿主から脱出するときに，体液の漏出などを起こして結果的に死に至らしめることはある．一方で，積極的に宿主である昆虫を殺すものもあり，これらはとくに昆虫病原性線虫と呼ばれる．

すべての昆虫病原性線虫は，C. elegans と同じ Rhabditida 目に属しており，Heterorhabditis 属（C. elegans と系統発生学的に近い）の4種と

Steinernema 属の 10 種が確認されている．種ごとに得意とする昆虫はいるものの，標的となる虫の種類は比較的幅広く，害虫駆除の生物農薬として期待されている．これら線虫の寄生戦略は以下の通りである．

まず，感染態幼虫が昆虫の口や肛門そして気門などの自然開口部を中心に内部へ侵入し，腸や気管の壁を破って体腔内へ入り込む．感染態幼虫は耐久型3期幼虫ともいわれ，*C. elegans* では dauer と呼ばれる耐性幼虫に相当する（図9.1）．これは餌不足や過酷な環境など，線虫の生存に不利な条件下で現れる表現型で，昆虫病原性線虫の場合は宿主となる昆虫に出会うまでを耐性幼虫として耐え忍んでいるのであろう．首尾よく昆虫体内に侵入した感染態幼虫はそこで耐久型幼虫から回復し，閉じていた口や肛門が開口して腸内の共生細菌を放つ．共生菌は Enterobacteriaceae 科の *Xenorhabdus* 属および *Photorhabdus* 属で，この共生菌の代謝産物は昆虫の食細胞を抑制することができ，また昆虫の生体防御機能を抑制する物質を昆虫病原性線虫が分泌する場合もあって，昆虫体内で急速に増殖する．*Photorhabdus* 属菌のように殺虫毒素を産生するものもあり，一般に感染後数日で昆虫は死亡する．共生菌は昆虫の組織を分解しながら増殖し，抗菌物質を産生して他の微生物の増殖を抑え，同時に共生関係のない他の線虫を阻害する物質もつくりだす．こうして，獲物とした昆虫体内は共生菌とその宿主線虫だけの世界に変わっていき，線虫は共生菌と代謝産物を摂取して発育していく．

昆虫体内で回復した3期幼虫は4期幼虫から成虫へと生育して昆虫体内で産卵する．その際，前述の卵巣内幼虫発育が，とくに *Heterorhabditis* 属でよく見られる．こうして昆虫体内で2〜3世代にわたって生息したのち，餌不足を感知した1期幼虫が感染態幼虫へと発育していく．この過程では，*C. elegans* の幼虫が dauer になるのと同様の機構が働いていると考えられるが，昆虫病原性線虫では餌として摂取していた共生菌が腸内に残り，次の感染のための武器となる．こうして生まれたおびただしい数の感染態幼虫は，昆虫の死体を離れて土壌中に分散し，次の獲物を狙う．

共生菌は昆虫体内に入ると単独で病原性を発揮するが，昆虫に経口感染できるわけではない．その侵入に際しては昆虫病原性線虫の助けが必要であり，線虫も昆虫の中で増殖した共生菌を餌としなくては昆虫体内での発育は難しい．まさに典型的な相利共生となっている．

9.4.3 ボルバキアの細胞内共生

真核生物にとって究極の共生細菌といえば，細胞内共生菌がミトコンドリアや葉緑体などのオルガネラにまで進化したことを誰もが思い浮かべる．そこで，腸内細菌の話からは大きくそれるが，線虫における細胞内共生細菌としてのボルバキア（*Wolbachia*）についても考察する．

ボルバキアは昆虫の細胞内共生菌として有名であり[55]，宿主に大きな影響を与える Alphaproteobacteria である（第8章参照）．昆虫や節足動物では，どちらかといえば本菌だけが得をする片利共生あるいは寄生状態で存在する．しかし，寄生性線虫として一科をなす糸状虫（フィラリア）においては相利共生の状態と考えられる例が多く，胚や幼虫の生育発達に必須であり，成虫では生殖にも影響する．Taylor らの総説[56]によると，糸状虫の皮下細胞が合胞体となって形成している側索にボルバキアが多く共生しており，生殖原基に本菌の姿はないが，卵母細胞の発達に伴って側索から移動してきた菌が感染する．胚や第4期子虫のような代謝活性の高い時期には本菌の存在がときに重要で，代謝物や栄養を供給していると考えられ，たとえばマレー糸状虫が合成能を喪失したヘム，ヌクレオチド，リボフラビン，フラビンアデニンジヌクレオチドの供給を本菌が担ってい

る．そのため，抗生物質を用いて本菌を抑制すると糸状虫の細胞がアポトーシスを起こす．成虫の活性や寿命にも本菌は影響することから，酸化ストレスや宿主の免疫に対する抵抗性にも関与している可能性がある．本菌とその産生物は炎症反応を起こすため，駆虫剤使用後の副作用にも関係していると考えられており，糸状虫症の治療には駆虫薬よりもむしろ抗生剤の利用が良好な結果をもたらすと期待されている．

前述のフィラリアと違って C. elegans にはボルバキアは共生していない．しかし，真菌食性線虫の Bursaphelenchus okinawaensis について最近興味深い論文がだされた[57]．それによると，B. okinawaensis（C. elegans と同様に雌雄同体）は自家受精によって雌雄同体の虫を産む．ここまでは C. elegans と同じだが，雄がいる場合は自己の精子を使いきった雌雄同体に雄が交尾する（C. elegans の場合は雄との交尾で得た精子を優先的に使用して他家受精し，これを使い切ってから自家受精する）．この場合，理論的には雌雄同体と雄が半数ずつ生まれてくるはずだが，実際に生まれてくるのは雌雄同体がほとんどである．その理由はまだ明らかではないが，昆虫ではボルバキアの作用として以下のような現象がある．

キタキチョウにおけるボルバキアの役割を研究した成書[55]を中心に，生殖に及ぼすボルバキアの影響を紹介する．細胞内共生細菌であるボルバキアが親から子へと垂直感染して伝播していくとした場合，ミトコンドリアと同様に本菌を次世代へ伝えるのは卵子であって精子ではない．つまり，本菌がこの世に広がるうえで雄は役に立たない．そこで昆虫に寄生しているボルバキアは宿主の子孫をすべて雌にしてしまうことがある．その手段としては，①雄殺し，②細胞質不和合，③単為生殖，④雄を雌に性転換（雌化）があげられる（第8章参照）．

さて，前述の B. okinawaensis が雄と交尾しても雌雄同体ばかりが生まれてくる理由だが，ボルバキアに感染した昆虫で雌ばかりが生まれてくるのと同様のシステムが働いている可能性が考えられる．論文[57]の中で Shinya らもその可能性について考察している．B. okinawaensis において本当にボルバキアが子虫の性別を決めているのかどうか，研究の進展に期待したい．

9.5 おわりに

C. elegans をモデルにして，いわゆる善玉菌の研究を行うことが可能かどうかを検討したところ，共生の視点から線虫における腸内細菌を考えるという難しい課題と機会を得た．近年，新たな知見が数多く得られているが，本章で述べたように未解明な部分もまだまだ多い．線虫における共生細菌の研究とその現状を読者の皆様が概観するうえで，拙文が少しでも役に立つことを願って筆をおくこととする．

（西川禎一，中臺枝里子，小村智美）

文　献

1) 遠藤広光，http://www.kochi-u.ac.jp/w3museum/Fish_Labo/Member/Endoh/Metazoa/nematoda.html (2015/10/06).
2) 白山義久，『線虫の生物学』，石橋信義 編，東京大学出版会 (2003), pp. 3-11,
3) 石橋信義 編，『線虫の生物学』，東京大学出版会 (2003).
4) 三輪錠司，『線虫の生物学』，石橋信義 編 東京大学出版会 (2003), pp. 46-71.
5) 小原雄治，『線虫：1000 細胞のシンフォニー』ネオ生物学シリーズ，共立出版 (1997).
6) 西川禎一 他，生活科学研究誌，**4**, 51 (2005).
7) R. Pukkila-Worley, F. M. Ausubel, *Curr. Opin. Immunol.*, **24**, 3 (2012).
8) M. W. Tan et al., *Proc. Natl. Acad. Sci. USA*, **96**, 715 (1999).
9) K. Hoshino et al., *Jpn. J. Food Microbiol.*, **25**, 137 (2008).
10) B. K. Dhakal et al., *Biochem. Biophys. Res. Commun.*, **346**, 751 (2006).
11) M. Kothe et al., *Cell. Microbiol.*, **5**, 343 (2003).

12) S. Mahajan-Miklos, *Cell*, **96**, 47 (1999).
13) E. Mylonakis et al., *Mol. Microbiol.*, **54**, 407 (2004).
14) A. L. O'Quinn et al., *Cell. Microbiol.*, **3**, 381 (2001).
15) H. Schulenburg, J. J. Ewbank, *BMC Evol. Biol.*, **4**, 49 (2004).
16) C. D. Sifri et al., *Infect. Immun.*, **71**, 2208 (2003).
17) C. D. Sifri et al., *Infect. Immun.*, **70**, 5647 (2002).
18) L. E. Thomsen et al., *Appl. Environ. Microbiol.*, **72**, 1700 (2006).
19) T. Ikeda et al., *Appl. Environ. Microbiol.*, 2, 6404 (2007).
20) C. L. Kurz, M. W. Tan, *Aging Cell*, **3**, 185 (2004).
21) M. J. Youngman et al., *PLoS Genet.*, **7**, e1002082 (2011).
22) D. Papp et al., *PLoS Pathog.*, **8**, e1002673 (2012).
23) M. D. McGee et al., *Aging Cell*, **10**, 699 (2011).
24) T. Komura et al., *Appl. Environ. Microbiol.*, **76**, 4105 (2010).
25) J. Kurtz, K. Franz, *Nature*, **425**, 37 (2003).
26) T. Takano et al., *Bifidobacteria Microflora*, **4**, 31 (1985).
27) M. Matsumoto et al., *PLoS ONE*, **6**, e23652 (2011).
28) A. Vasquez et al., *PLoS ONE*, **7**, e33188 (2012).
29) G. Dash et al., *Fish & Shellfish Immunol.*, **43**, 167 (2015).
30) J. Choi et al., *ISME J.*, **10**, 558 (2016).
31) M. Felix et al., *Curr. Biol.*, **20**, R965 (2010).
32) T. Clarke et al., *Nat. Med.*, **16**, 228 (2010).
33) ウィリアム・R・クラーク, 『生命はどのようにして死を獲得したか：老化と加齢のサイエンス』, 共立出版 (2003), pp. 76-82.
34) R. Arking, 『老化のバイオロジー』, メディカル・サイエンス・インターナショナル (2000), pp. 285-304.
35) T. Komura et al., *Biogerontology*, **14**, 73 (2013).
36) T. Komura et al., "Recent Advances on Model Hosts, (E. Mylonakis et al., eds.)", Springer Science (2012), pp. 19-27.
37) F. Cabreiro, D. Gems, *EMBO Mol. Med.*, **5**, 1300 (2013).
38) L. C. Clark, J. Hodgkin, *Cell Microbiol.*, **16**, 27 (2013).
39) E. Ottaviani et al., *Biogerontology*, **12**, 599 (2011).
40) E. Ottaviani, C. Franceschi, *Invertebrate Surviv. J.*, **9**, 89 (2012).
41) 二井一禎, 『線虫の生物学』, 石橋信義 編, 東京大学出版会 (2003), pp. 251-264.
42) 石橋信義, 『線虫の生物学』, 石橋信義 編, 東京大学出版会 (2003), pp. 84-93.
43) 白山義, 『線虫の生物学』, 石橋信義 編, 東京大学出版会 (2003), pp. 75-83.
44) S. Bulgheresi et al., *Appl. Environ. Microbiol.*, **72**, 2950 (2006).
45) J. Chaston, H. Goodrich-Blair, *FEMS Microbiol. Rev.*, **34**, 41 (2010).
46) M.-A. Felix, F. Duveau, *BMC Biol.*, **10**, 59 (2012).
47) C. Portal-Celhay et al., *BMC Microbiol.*, **12**, 49 (2012).
48) C. Portal-Celhay et al., *FASEB J.*, **27**, 760 (2013).
49) C. Portal-Celhay et al., *Infect. Immun.*, **80**, 1288 (2012).
50) H. Liu et al., *Nat. Commun.*, **3**, 1073 (2012).
51) D. A. Garsin et al., *Proc. Natl. Acad. Sci. USA*, **98**, 10892 (2001).
52) M. Clausi et al., *Redia*, **95**, 79 (2012, 2012).
53) 吉賀豊司, 『線虫の生物学』, 石橋信義 編, 東京大学出版会 (2003), pp. 197-209.
54) 真宮靖, 『線虫の生物学』, 石橋信義 編, 東京大学出版会 (2003), pp. 165-180.
55) 成田聡子, 『共生細菌の世界：したたかで巧みな宿主操作』, 東海大学出版会 (2011).
56) M. Taylor et al., *FEMS Immunol. Med. Microbiol.*, **64**, 21 (2012).
57) R. Shinya et al., *G3*, **4**, 1907 (2014).

☑ **Symbiotic Microorganisms**

IV

水生動物と共生

10章　魚類と共生細菌に関する総説

11章　海洋無脊椎動物と微生物の共生系

12章　海綿動物と共生微生物

Part IV 水生動物と共生

魚類と共生細菌に関する総説

Summary

魚類の腸管には，水，底泥，餌などを通して常に多数の微生物，おもに細菌が侵入してくる．これらの細菌の大部分は，魚類の生体防御作用や他の微生物との競合により，あるいは消化管内の栄養条件や物理化学的条件が適当でないために，長時間腸管内にとどまることはできない．しかし，比較的少数の細菌種はこれらの条件に耐え，長期間腸管に棲み着き，固有の細菌叢（腸内細菌叢）を形成する．腸内細菌の中にはビタミンを産生して宿主に供給したり，高分子分解酵素を産生して宿主の消化を助けたり，あるいは抗菌物質を産生して外来の病原菌の増殖を阻止し，宿主を感染症から防除したりする種類が含まれることから，宿主との間に共生関係があることが示唆される．

10.1 魚類の腸内細菌叢の解析法

魚類の細菌叢の解析には従来，寒天平板を用いた培養法が用いられてきたが，近年では，培養できない細菌の存在がクローズアップされてきたことから，DAPI（4',6-diamidino-2-phenylindole）などの蛍光色素と蛍光顕微鏡による全菌数の測定法や，分子生物学的手法による構成細菌の解析方法などが導入されている．すなわち，PCR法の開発や16S rRNA遺伝子のデータベースの充実により，細菌の分子分類体系が確立し，さらにDNAシーケンサーの開発や次世代シーケンサーの出現により大量のDNAの配列を解読することができるようになって，種レベルでの腸内細菌叢の解析が容易になってきた[1]．しかし，多くの研究成果は培養法によって行われていることから，本章では両者の知見を合わせて紹介する．

10.1.1 培養法による測定

従来の魚類の腸内細菌叢に関する研究は，おもに好気性および通性嫌気性細菌を対象としており，総じて海水魚類では *Vibrio* 属や *Photobacterium* 属などの Vibrionaceae（ビブリオ）科の細菌が多いのに対し，淡水魚類では *Aeromonas* 属や *Pseudomonas* 属，Enterobacteriaceae（腸内細菌）科などの細菌が優占することが知られている[2]．しかし1979年以降，ソウギョ，キンギョ，ニジマスなどの淡水魚から *Bacteroides* 属，*Clostridium* 属，*Eubacterium* 属および *Fusobacterium* 属が，また，一部の海水魚類からも低密度ながらも Bacteroidaceae（バクテロイデス）科や *Clostridium* 属の細菌が分離されたため，偏性嫌気性細菌も注目されるようになった[2-4]．培養法によって測定したわが国の主要魚類の腸内細菌叢を表10.1および表10.2に示す．

淡水魚のティラピア，コイ，キンギョ，アユなどには，ある種の偏性嫌気性細菌（当初 *Bacteroides* A型菌と命名）が優占することが知られていた[2,4]．本菌は，その後，抗生物質のバンコマイシンを経口投与したヒト自閉症児の糞便から分離された *Cetobacterium somerae* と同一

10.1 魚類の腸内細菌叢の解析法

表 10.1 培養法で測定した海水魚類の主要腸内細菌叢[2]

主要細菌種(属)	平均生菌数(log CFU/g)					
	ウミタナゴ	カツオ	シロギス	ネズッポ	マアジ	マイワシ
Bacillus	nd	nd	1.0	3.2	nd	5.2
Flavobacterium	1.4	nd	2.2	1.8	nd	0.9
Moraxella	3.3	2.6	nd	2.7	1.1	nd
Pseudomonas	3.3	4.6	3.8	3.8	nd	3.7
Vibrio	7.3	5.6	6.0	5.2	7.6	6.0

nd：検出せず

表 10.2 培養法で測定した淡水魚類の主要腸内細菌叢[2]

主要細菌種(科／属)	平均生菌数(log CFU/g)					
	アユ	ウナギ	キンギョ	コイ	ティラピア	ニジマス
好気性細菌＋通性嫌気性細菌						
Acinetobacter	2.5	3.4	nd	nd	nd	4.1
Aeromonas	7.0	5.2	9.3	8.5	7.9	5.9
Enterobacteriaceae	6.8	6.7	3.6	7.4	6.1	6.1
Plesiomonas shigelloides	4.9	6.4	3.5	nd	2.8	1.1
Pseudomonas	2.9	3.9	8.4	7.5	5.8	5.6
偏性嫌気性細菌						
Cetobacterium somerae	6.5	nd	7.9	6.8	8.2	2.4
その他の Bacteroidaceae	nd	2.4	2.9	4.9	3.0	2.7
Clostridium	nd	4.4	nd	nd	2.6	2.6

種であることが判明した(図10.1)[5,6]．淡水魚の糞便から分離した C. somerae もバンコマイシン耐性能をもつが，本菌はバンコマイシンをまったく投与していない魚類から分離されており，ヒト自閉症児との関連性については謎も多い．

一方，淡水魚類の腸内に常在する好気性細菌の Aeromonas 属は日和見感染菌であることから種同定が必要であった．そこでDNA-DNA ハイブリダイゼーション法を用いることによって，飼育した淡水魚および河川に生息する魚類から分離した Aeromonas 属が A. hydrophila, A. caviae, A. sobria, A. veronii, A. jandaei などから構成されていることが判明した[7,8]．

10.1.2 非培養法による測定

海水魚類8種の腸管に生息する細菌数は，通常，全菌数で $10^9 \sim 10^{11}$ cells/g，生菌数は $10^4 \sim 10^{11}$ CFU/g の範囲内にあることから，培養可能な細菌は全菌数の 0.00003〜80.9% に相当する(図10.2)[9]．このように全菌数が2桁(100倍)以内に収まるのに対し，生菌数が魚種や試料によって大きく(7桁，100万倍)変動することは特筆すべき特徴である．ただし，海水魚類の多くの試料では，培養可能な細菌の割合は1％未満であった．一方，淡水魚5種の腸内細菌では，全菌数が $10^7 \sim 10^{11}$ cells/g，生菌数が $10^5 \sim 10^{11}$ CFU/g であり，培養可能な細菌は全菌数の 0.04〜100％であった．いずれにしても，このように培養可能な細菌の割合が少ない理由としては，①生きてはいるが培養できない VBNC (viable but non-culturable) 状態の細菌が存在することの他に，②培養条件が合わないために培養できない細菌 (not-yet-cultured) が多数を占めていることなどが考えられる．そのため，培養法に頼らない解析

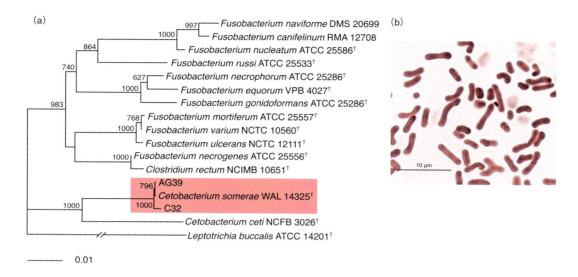

図 10.1 淡水魚類から分離した *Cetobacterium somerae*（AG39 および C32）の分子系統樹(a)と顕微鏡写真（グラム染色，b）
文献 2 を一部改変.

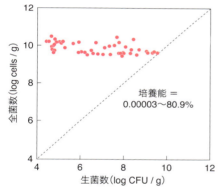

図 10.2 海水魚 8 種の腸管内容物中の全菌数と生菌数
文献 2 を一部改変.

表 10.3 培養法，クローンライブラリー (CL) 法および FISH 法によって測定したティラピア腸内細菌叢（%）

細菌群（綱）	培養法	CL 法	FISH 法
Alphaproteobacteria	0.0	0.0	20.6
Bacteroidia	5.1	18.8	16.7
Fusobacteria	38.2	52.9	
Betaproteobacteria	0.0	3.5	20.5
Gammaproteobacteria	53.4	23.5	16.9
Actinobacteria	0.0	0.0	12.3
Bacilli	2.8	0.0	12.3
Clostridia	0.6	1.2	

法として，16S rRNA や 16S rDNA を標的とした FISH (Fluorescent *in situ* hybridization) 法，クローンライブラリー法，定量的 PCR 法，次世代シーケンサーによる測定法などが考案されている[2]．

表 10.3 は，従来からの培養法の他に，クローンライブラリー法と FISH 法によって淡水魚のティラピアの腸内細菌叢を調べた結果である．複数の寒天培地を組み合わせた培養法では，Gammaproteobacteria 綱および Fusobacteria 綱がそれぞれ 53.4 および 38.2% を占め，この他に Bacteroidia 綱（5.1%），Bacilli 綱（2.8%），Clostridia 綱（0.6%）が検出されている．一方，16S rRNA 遺伝子を増幅して構築するクローンライブラリー法では Fusobacteria 綱，Gammaproteobacteria 綱および Bacteroidia 綱がそれぞれ 52.9%，23.5% および 18.8% を占め，さらに Betaproteobacteria 綱（3.5%）

およびClostridia綱（1.2%）も検出されている．さらに，16S rRNAを標的とした蛍光プローブを用いたFISH法ではAlphaproteobacteria綱（20.6%），Betaproteobacteria綱（20.5%），Gammaproteobacteria綱（16.9%），Bacteroidia綱/Fusobacteria綱（16.7%），Actinobacteria綱（12.3%），およびBacilli綱，Clostridia綱（12.3%）がほぼ同程度検出された．さらに，培養法とクローンライブラリー法で検出された細菌種の組成を比較すると，培養法では13種の細菌が検出され，*C. somerae*および*Aeromonas veronii*がそれぞれ38.2%および26.4%を優占した．これに対し，クローンライブラリー法では8種が検出され，*C. somerae*（52.9%），*Bacteroides* sp.（17.6%）および*Edwardsiella tarda*（17.6%）が多かった．培養可能な細菌の割合は16.6%であったことから，生菌数と全菌数が異なる以外に，検出された優占菌種やそれらの割合にも検出方法による差異があることが判明した．

同様に前述の3種類の方法で調べた養殖マダイの腸内細菌叢を表10.4に示した．培養法ではGammaproteobacteria門のみが検出されたのに対し，クローンライブラリー法では*Bacillius*属，Alphaproteobacteria綱およびGammaproteobacteria綱がそれぞれ61.3%，16.6%および10.2%を占め，他にClostridia綱（6.1%），Actinobacteria綱（2.8%），Betaproteobacteria綱（2.5%）およびDehalococcoidia綱（0.5%）などが検出された．FISH法では，Alphaproteobacteria綱（34.2%），Gammaproteobacteria綱（23.6%），Actinobacteria綱（21.9%）およびBetaproteobacteria綱（18.4%）などが検出された．次に，培養法およびクローンライブラリー法で検出された細菌種の組成を比較すると，培養法ではおもにVibrionaceae科に属する13種の細菌が検出され，*V. scophthalmi*（28.9%），*V. parahaemolyticus*（20.6%）および*Photobacterium phosphoreum*（12.4%）などが優占した．これに対し，クローンライブラリー法ではVibrionaceae科はまったく検出されず，*Lactococcus lactis*（50.6%），*Brevundimonas vesicularis*（14.8%）および*Acinetobacter lwoffi*（12.3%）などが多数を占めた．

このようにティラピアと比べ，培養法とクローンライブラリー法の間で検出される細菌に共通性が低い理由としては，マダイにおいて培養できる菌の割合がティラピア（16.6%）と比べ，マダイで著しく低い（0.0009〜0.028%）ことに起因すると思われる．培養法で調べた海水魚類の腸内細菌叢はVibrionaceae科が大部分を占めていたのに対し，クローンライブラリー法で調べた腸内細菌叢ではVibrionaceae科細菌がほとんど検出されず，代わりに他の綱に属する細菌が多くを占めていた．このことは，実際にマダイ腸内で優占する細菌の多くは，好気的条件の海洋従属栄養細菌用の寒天培地上で生育できるVibrionaceae科細菌とはかなり異なる培養条件を要求することが示唆される．

表10.4 培養法，クローンライブラリー（CL）法およびFISH法によって測定したマダイ腸内細菌叢（%）

細菌群（綱）	培養法	CL法	FISH法
Alphaproteobacteria	0.0	16.6	34.2
Betaproteobacteria	0.0	2.5	18.4
Gammaproteobacteria	100	10.2	23.6
Actinobacteria	0.0	2.8	21.9
Bacilli	0.0	61.3	プローブなし
Clostridia	0.0	6.1	〃
Dehalococcoidia	0.0	0.5	〃

10.2 魚類腸内細菌叢の特徴

餌や水などと共に魚類の消化管に侵入した細菌は胃での胃酸，腸での胆汁酸，免疫系，低・無酸素条件などの作用を受けて死滅する，あるいは増殖せずに糞便と共に排泄（wash-out）され，それらの条件に適応した一部の細菌は生き残り，腸管

で定着し，常在細菌叢を形成すると考えられている[2])．これら腸内細菌叢は魚種ごとにある程度は定まっているものの，魚類の内的あるいは外的環境要因の影響も受けることも判明している．

10.2.1 消化管の構造

魚類には胃をもつ有胃魚の他に，フグ科魚類やコイ科魚類のように胃をもたない無胃魚も存在する．SeraとIshida[10]は有胃魚のマダイと無胃魚のカワハギの腸内細菌について比較し，前者の細菌は耐酸性と胆汁酸耐性をもつものが多いのに対し，後者は耐酸性能をもたないものが多いことなどから，摂食時に宿主が分泌する胃酸や胆汁酸が強い選択要因となり，外来性の細菌の定着阻止や固有の腸内細菌叢形成に大きな役割をしていることを見いだした．この研究は，魚類の腸内細菌叢形成における宿主の作用を示した特筆すべきものである．

10.2.2 成長段階

魚類では，成長に伴って消化管の形態や摂取する餌などが変化することが多い．そこでキンギョの成長に伴う細菌叢の変化を調べた．その結果，孵化直後は偏性嫌気性細菌も少なく，水や底泥の細菌叢の影響を強く受けていたが，孵化2カ月目以降は Aeromonas, Pseudomonas, C. somerae などが優占し，成魚の腸内細菌叢が定着した（表10.5)[11]．このように孵化後2,3カ月で成魚の細菌叢が定着する現象はサケ科魚類，ティラピア，ドーバーソールなどでも観察されている[12-14]．この時期に宿主魚類で生じる胃の肥大伸長と胃腺の分泌，幽門垂の形成，摂食様式の変化，タンパク質の細胞外消化，腸管壁への脂肪の蓄積，肝臓機能の多様化などの生理的変化[15]が成魚の腸内細菌叢定着に関与しているものと考えられる．

10.2.3 抗生物質の投与

養魚環境では，高密度のストレスの高い条件で魚類を飼育するため，ときに魚類腸管などに生息する Vibrionaceae 科や Aeromonas 属などの日和見感染菌などによって細菌感染症が発症することがある．その治療には，抗生物質を混入した飼料を投与する経口投与法が一般的である．マウスやラットのような実験動物では同じ個体から継時的に糞便を採取でき，魚類でもキンギョやティラピアなど限られた種類では肛門から垂下する粘膜に包まれた糞を採取することが可能である．

そこで，抗生物質が腸内細菌叢に及ぼす影響を調べるため，キンギョに抗生物質のオキシテトラサイクリン（oxytetracycline; OTC）を7日間，魚体重1 kgあたり50 mgを配合飼料に添加して経口投与し，糞便内細菌叢を調べたが，腸内細菌叢に顕著な変化は認められなかった．しかし，薬剤投与前は耐性菌の比率が数%であったのに対し，開始2日目には数10%にまで増加することから，OTC耐性をもつ細胞への交代が細菌種内で比較的容易に生じることが観察された（図10.3）[16]．同様の結果は規定量（毎日魚体重1 kgあたり20 mg）のオキソリン酸を経口投与したと

表10.5 成長に伴うキンギョ腸内細菌叢の変動 [11]

主要菌種（科/属）	孵化からの日数での生菌数(log CFU/g)						
	10	22	44	67	93	153	1年
Aeromonas	6.42	7.24	7.93	7.59	7.37	6.99	7.25
Enterobacteriaceae	4.85	7.08	nd	5.91	nd	5.85	6.18
Pseudomonas	5.36	6.85	nd	6.77	6.20	6.96	6.58
Cetobacterium somerae	nd	nd	3.91	7.26	6.69	6.20	6.88
Clostridium	5.76	6.32	5.97	4.38	5.73	7.04	6.20

10.2 魚類腸内細菌叢の特徴

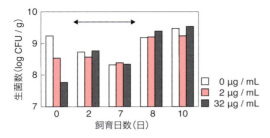

図 10.3　7日間 OTC（50 mg/kg）を経口投与したキンギョの糞便中の *Aeromonas hydrophila* の OTC 耐性 [16]
矢印は投与期間，凡例は寒天境地中の OTC 濃度を示す．

表 10.6　培養法で測定した温度変化に伴うクサフグ腸内細菌叢の変化 [18]

細菌種（属）	各温度での生菌数(log CFU/g)			
	10℃	20℃	29℃	10℃
Vibrio 　1型	nd	3.76	7.66	nd
4型	1.87	nd	2.27	0.77
5型	nd	nd	7.55	0.77
6型	1.99	4.79	7.69	3.44
7型	1.95	5.07	nd	0.77
8型	3.40	1.47	5.21	3.31
9型	4.94	4.89	6.60	5.99
Pseudomonas	5.53	3.00	4.55	3.39
Moraxella	nd	1.30	4.68	1.57
Acinetobacter	1.20	1.40	nd	nd
Flavobacterium	4.49	2.69	4.76	5.28
Micrococcus	1.10	1.29	nd	nd
Staphylococcus	nd	1.69	nd	nd
合計	5.81	5.73	8.26	6.24

きにも認められた [17]．

10.2.4　水　温

　広い温度域においても成育できる広温性魚類では，水温の変化に応じて腸内細菌叢が変動することが予想される．クサフグの稚魚をガラス製の水槽内で飼育し，水温を 10℃から 29℃に上昇させたのち，再び 10℃に戻したときの腸内細菌叢を調べた．その結果，10℃では検出できなかった中温菌の *Vibrio alginolyticus*（*Vibrio* 1型）が 20℃で出現し，29℃では優占した（表 10.6）[18]．このように海水魚類に優占する *Vibrio* 属細菌でも構成菌種に季節変動があることが示唆されるが，種レベルでの報告は少ない．

10.2.5　塩　分

　魚類の中には淡水魚や海水魚の他に，サケ科魚類やウナギなどのように淡水から海水まで幅広く分布する広塩性魚類が存在する．これらの魚類を淡水から海水へ，あるいはその逆方向に移動させると魚類の浸透圧調節機構が著しく変化する．高塩分の海水中では，魚類は 1 日に体重の 10% 以上の海水を飲み，塩分だけを鰓にある塩類細胞から分泌するとともに，塩分濃度の高い尿を排泄するなどして体内から塩分を体外に排出し，浸透圧調節を行うことが知られている [19]．ティラピアを淡水から海水に徐々に移行させると，塩分の増加に伴って，優占種である *C. somerae* や他の Bacteroidaceae 科細菌が減少することが観察されている [20]．また，降海と遡河を行うサケ科魚類 [12] やボラ [21, 22] では，淡水域に生息しているときは *Aeromonas* 属や Enterobacteriaceae 科が，海水域では *Vibrio* 属が優占することが知られている．このような細菌叢変動の原因として，腸内細菌の耐塩性の相違などが考えられる．

10.2.6　餌

　魚類の食性は，おもに草食性，肉食性および雑食性に分類されるが，それらは魚種のみならず，成長段階や季節によっても変化している．多くの海水魚類の腸管では *Vibrio* 属が優占菌であるため，属レベルでは宿主の食性との関連を見いだすことが難しいが，淡水魚類では草食性および雑食性（あるいは長い消化管）の魚類に偏性嫌気性細菌が多い傾向にある．宿主の生理状態に異常をきたすような場合を除けば，同一魚種に別々の餌料を投与しても，短期間であるならば腸内細菌叢は変

111

表10.7 キンギョ腸内細菌叢の個体差(7日間の平均)[27]

おもな細菌群(綱/属)	全菌数に対する割合(平均値±SD, 上段)と出現頻度(%, 下段)					
	個体A ($n=7$)	個体B ($n=7$)	個体C ($n=7$)	個体D ($n=7$)	個体E ($n=7$)	全体($n=35$)
真正細菌	66.7±8.9 (100)	54.2±21.7 (100)	62.0±21.2 (100)	52.1±13.5 (100)	52.4±13.8 (100)	57.5±16.7 (100)
Alphaproteobacteria	20.3±14.2 (100)	32.6±16.1 (100)	23.8±13.7 (100)	39.2±21.3 (100)	55.4±9.9 (100)	34.2±19.3 (100)
Betaproteobacteria	18.8±11.3 (100)	17.0±6.5 (100)	7.2±10.8 (71.4)	7.6±4.1 (100)	13.4±15.6 (100)	12.8±10.9 (94.3)
Gammaproteobacteria	44.8±17.8 (100)	36.2±12.6 (100)	35.4±20.5 (100)	45.3±10.1 (100)	61.7±6.2 (100)	44.7±16.6 (100)
高GC(%)グラム陽性細菌	0.1±0.2 (14.3)	2.9±4.1 (42.9)	0.0±0.0 (00)	2.1±3.9 (28.6)	0.0±0.0 (00)	1.0±2.7 (17.1)
Bacteroides群	3.2±3.4 (57.1)	6.2±8.9 (57.1)	3.8±3.9 (71.4)	0.6±1.6 (14.3)	0.3±0.8 (14.3)	2.8±4.9 (42.9)
Aeromonas属	34.5±18.2 (100)	18.9±11.5 (100)	26.2±18.0 (100)	23.7±9.9 (100)	24.8±10.3 (100)	25.6±14.2 (100)

動しにくいことがキンギョにおいて報告されている[23]．

一方，Ringøら[24]は魚類の腸内細菌叢と餌料の関係についてこれまでの研究を総括し，①餌料の形態(生き餌とペレット)，②脂質(脂質の含量，由来，高度不飽和脂肪酸)，③タンパク質(大豆タンパク質，オキアミタンパク質，その他のタンパク質)，④機能性糖質成分(キチン，セルロース)，⑤栄養補助食品(プロバイオティクス，プレバイオティクス，シンビオティクス，免疫刺激剤)，⑥抗生物質，⑦食餌鉄，⑧酸化クロムなどが魚類の腸内細菌叢に影響を及ぼすことを示した．

10.2.7 個体差と日別変動

前述のようにキンギョの肛門から垂下している糞便の細菌叢を継時的に調べたところ，総生菌数はいずれも10^9 CFU/g 前後であったが，個体によって C. somerae や Pseudomonas 属などの細菌が顕著に変動することが判明した．また，一個体についても測定した日によって各細菌種の生菌数も大きく変動した．これらの結果は腸内細菌叢の安定性に個体差があることを示唆する[25, 26]．同様の結果は16S rRNAに特異的な蛍光プローブ

表10.8 海水魚類の腸管および環境中における魚病細菌 Listonella anguillarum の分布[30]

試 料	保菌率(%)	L. anguillrum 数(CFU/g, mL)
魚類腸内容物	30.7	nd～$4.0×10^8$
海 水	16.7	nd～$4.5×10^4$
海 砂	50.0	nd～$8.1×10^2$

を用いたFISH法でも観察されている(表10.7)[27]．

10.2.8 日和見感染菌

前述のように，魚類の腸管には日和見感染菌が高密度で生息することが判明している．そこで海産魚類の代表的なビブリオ病原菌である Listonella (Vibrio) anguillarum の種苗現場での動態を調べたところ，海産クロレラ(Nannochloropsis oculata)，ワムシ，アルテミアなどの餌料生物や飼育水に本菌が常在することが判明した[28, 29]．また，自然水域における外観上健康な海水魚類の1/3の個体が本菌を腸管内に保有していることが判明した(表10.8)[30]．この他にも，これまでに Vibrio vulnificus, V. alginolyticus, V. ichthyoenteri, V. parahaemolyticus, Photobacterium damselae subsp. damselae (V. damsela) など，日和見感染菌が外見上疾病の兆候のない魚類の腸管からも分

表 10.9 海水魚類および環境から分離した従属栄養細菌 1,705 株の魚病細菌に対する抗菌活性[36]

試験菌	魚病細菌の増殖を阻害した細菌の割合 (%)			
	L. garvieae	P. damselae damselae	L. anguillarum	V. vulnificus
Acinetobacter	0.0	5.0	0.0	0.0
Bacillus	7.7	26.2	0.0	1.5
Coryneforms	0.5	22.9	4.8	4.8
Enterobacteriaceae	2.9	17.3	2.9	5.0
Flavobacterium	0.8	5.8	0.0	0.0
Micrococcus	0.0	0.0	14.3	0.0
Moraxella	0.0	1.7	1.7	0.0
Pseudomonas	3.1	12.8	1.5	1.0
Staphylococcus	0.0	16.7	0.0	0.0
Vibrionaceae	0.7	9.2	0.3	1.6
合計	2.0	11.1	1.0	1.8

離されている．これらの結果は，魚類が何らかの飼育ストレスを受けた場合に，腸内細菌が日和見感染症を引き起こす可能性があることを示唆する．

10.3 魚類腸内細菌の役割

ヒトの腸内細菌が宿主の栄養，疾病，発がん，免疫などに深くかかわっていることが近年の研究から明らかになりつつある[31, 32]．このような研究では無菌 (germ-free) のマウスやラットなどの実験動物が欠かせない．魚類では，一部の種類で実験的に無菌動物が作出されているものの[33-35]，実用段階には至っていない．そのため魚類腸内細菌の機能に関する研究は，ヒトや家畜ほどには発展してはおらず，全体としては生理活性物質や高分子化合物分解酵素の産生に関する研究などが主体となっている．

10.3.1 抗菌物質

水圏微生物が種々の抗菌物質や抗ウイルス物質を産生することはよく知られた事実である．そこで，わが国沿岸域の魚類の腸管における抗菌活性保有細菌の分布を調べたところ，腸内細菌

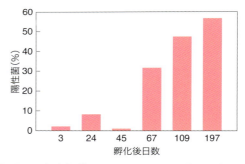

図 10.4 魚病細菌 Photobacterium damselae subsp. piscicida に抗菌活性を示すヒラメ腸内細菌の動態
文献 1 を一部改変．

の 1.1 〜 11.2% (平均 4.1%) が 4 種の魚病細菌 (L. anguillarum, V. vulnificus, P. damselae damselae, Lactococcus garvieae) のいずれかの増殖を阻止することが判明した (表 10.9)[36]．同様に 7 種の淡水養殖魚類について，Aeromonas 属細菌 18 種に対する抗菌活性を調べたところ，0.3 〜 5.9% (平均 2.7%) の腸内細菌が陽性であった[37]．さらにヒラメ腸内細菌の抗菌活性陽性株の割合を調べたところ，ブリ類結節症原因菌の Photobacterium damselae subsp. piscicida (Pasteurella piscicida) に対する割合はヒラメの成長に伴って増大することが判明した (図

表10.10 淡水魚類6種の主要腸内細菌のビタミンB_{12}産生能[45]

主要細菌種	各産生量(ng/mL/OD_{630})における株数(%)				
	<0.1	0.1〜1.0	1.1〜5.0	5.1〜10.0	>10.0
好気性細菌＋通性嫌気性細菌					
Acinetobacter	85.7	7.1	7.1	0.0	0.0
Aeromonas	30.8	53.8	15.4	0.0	0.0
Bacillus	38.5	61.5	0.0	0.0	0.0
Enterobacteriaceae	18.2	24.2	39.4	9.1	9.1
Plesiomonas shigelloides	28.6	42.9	21.4	7.1	0.0
Pseudomonas	45.8	20.8	20.8	8.3	4.2
偏性嫌気性細菌					
Cetobacterium somerae	0.0	0.0	3.3	33.3	63.3
他のBacteroidaceae	35.5	6.5	0.0	12.9	45.2
Clostridium	15.0	0.0	10.0	25.0	50.0

10.4)[38]．これらの結果は，腸内細菌の数％が抗菌物質を産生することによって，外来細菌の腸内への定着を阻止することを示唆する．

魚類腸内細菌が産生する抗菌物質としては，これまでにシデロフォア，リゾチーム，プロテアーゼ，バクテリオシン，有機酸，過酸化水素などが知られている[1]．そこで，魚類から分離した*Vibrio* sp. NM10, *Bacillus* sp. NM12および*Lactococcus lactis*の抗菌物質について調べたところ，それらは低分子のペプチド，シデロフォアおよび過酸化水素であることを見いだした[39-41]．このように抗菌活性をもつ細菌を生菌製剤(probiotics)として飼料に混入し，養殖魚類に投与して，疾病防御を行う研究が世界的に進められている[24, 42-44]．

10.3.2 ビタミン産生

ビタミンの要求性は魚種によって異なることが知られている．たとえば，淡水養殖魚類のビタミンB_{12}に対する要求性は腸内細菌と密接な関係にあることが判明している[45, 46]．ビタミンB_{12}を含まない配合飼料をアメリカナマズやニホンウナギに投与し続けると，食欲不振や成長不良などに陥るが，コイやティラピアでは顕著な症状が表われない．そこでこれら4種の腸内細菌のB_{12}産生能を調べたところ，*C. somerae*のビタミンB_{12}

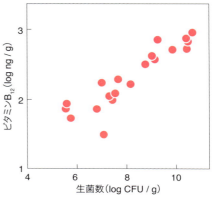

図10.5 コイ腸管内におけるビタミンB_{12}濃度(log ng/g)と*Cetobacterium somerae*数(log CFU/g)の関係
文献2を一部改変．

産生能が高いことが判明した（表10.10)[6, 45]．また，ビタミンB_{12}に対する要求性の低いコイやティラピアの腸管では*C. somerae*が優占するが，要求性の高いウナギやアメリカナマズの腸管では生息しないか低密度であった．

さらに，コイの腸管を四等分し，各部位の内容物中のビタミンB_{12}濃度と*C. somerae*の生菌数の関係を調べたところ，両者の間に正の相関関係が見られたこと($r=0.91$，図10.5)，およびティラピア腸管でのビタミンB_{12}合成能がアメリカナマズより8倍も高いことから[47]，ティラピアや

コイの腸管内では C. somerae のような嫌気性細菌が活発にビタミン B_{12} を合成して宿主に供給しているため，ビタミン B_{12} の要求性が低いことが強く示唆された．

10.3.3　分解酵素

魚類の摂取した飼料成分は消化管を通過するときに種々の酵素の作用を受けて消化される．腸内細菌がプロテアーゼ，アミラーゼ，キチナーゼ，β-N-アセチルグルコサミニダーゼ，リパーゼなどの酵素を産生することから，これらの細菌が宿主の消化を助けていることが予想される[48-54]．

10.3.4　EPA

エイコサペンタエン酸（eicosapentaenoic acid；EPA）は多くの魚類の必須脂肪酸であり，海産クロレラ，糸状菌などが産生することが知られている．しかし，サバ，イワシ，トビウオなどの腸内細菌の1～3％がEPAを産生することがYazawaら[55]によって報告された．さらに，冷水性の海水魚や淡水魚の腸内細菌がEPAを産生することも報告されている[56,57]．これらの事実は，魚油に含まれるEPAは藻類などの食物由来だけではなく，腸内細菌の寄与も重要であることを示唆するものである．

10.3.5　フグ毒

1964年にフグ毒テトロドトキシン（tetrodotoxin；TTX）の構造が決定されて以降，ヒョウモンダコ，ツムギハゼ，スベスベマンジュウガニ，オオツノヒラムシなどフグ科魚類以外の幅広い動物からTTXが検出されており，この毒はフグ科魚類に固有の毒ではないことが明らかになった[58]．1986年にはスベスベマンジュウガニの腸管由来の *Vibrio fischeri*，紅藻（*Jania* sp.）由来の *Shewanella algae*，翌年にはショウサイフグの腸管由来の *V. alginolyticus* などの細菌がTTXを産生すること が発見され[59-61]，その後，多くのTTX産生細菌が分離されている[62]．しかし，無毒フグにもこれらの細菌が存在するなど矛盾点も多く，現在では，海洋細菌が産生したTTXが食物連鎖を通じて濃縮され，それをフグが摂取して蓄積する食物連鎖説が有力となっている．また，これらの知見を応用し，無毒フグを生産する方法も開発されている．

10.4　おわりに

魚類の腸内細菌に関する研究は，当初，漁獲した魚類の腐敗の原因になることや食中毒の原因菌が含まれる場合があるなど，食品衛生学・公衆衛生学観点からのものが主であった．次いで，陸上動物とは異なる細菌叢をもつため，水棲動物における宿主と細菌の相互作用など微生物生態学的観点からの研究に移行した．また，これらの細菌がヒトの日和見感染症の原因となるため，感染防除の観点からの研究もほぼ同時に進行して今日に至っている．次世代シーケンサーの登場により腸内細菌叢の網羅的な解析も可能になったことから，今後は腸内細菌の機能に関する研究が飛躍的に進展することが望まれる．

（杉田治男）

文　献

1) 東佳奈子，中山二郎，腸内細菌学雑誌，**29** (3), 135 (2015).
2) 杉田治男 編，『増補改訂版　養殖の餌と水—陰の主役たち』，恒星社厚生閣 (2014)．
3) T. J. Trust et al., *J. Fish. Res. Bd. Can.*, **36**, 1174 (1979).
4) T. Sakata et al., *Bull. Jpn. Soc. Sci. Fish.*, **47**, 421 (1981).
5) S. M. Finegold et al., *Syst. Appl. Microbiol.*, **26**, 177 (2003).
6) C. Tsuchiya et al., *Lett. Appl. Microbiol.*, **46**, 43 (2008).
7) H. Sugita et al., *Appl. Environ. Microbiol.*, **60**, 3036 (1994).

8) H. Sugita et al., *Appl. Environ. Microbiol.*, **61**, 4128 (1995).
9) H. Sugita et al., *Fisheries Sci.*, **71** (4), 956 (2005).
10) 瀬良 洋，石田祐三郎，『微生物の生態２』，微生物生態研究会 編，東京大学出版会 (1975), pp. 53-70.
11) H. Sugita et al., *Microbial Ecol.*, **15**, 333 (1988).
12) M. Yoshimizu, T. Kimura, *Fish Pathol.*, **10**, 243 (1976).
13) H. Sugita et al., *Bull. Japan. Soc. Sci. Fish.*, **48** (6), 875 (1982).
14) A. C. Campbell, J. A. Buswell, *J. Appl. Bacteriol.*, **55**, 215 (1983).
15) 田中 克，『稚魚の摂餌と発育』，日本水産学会 編，恒星社厚生閣 (1975), pp.7-23.
16) H. Sugita et al., *Nippon Suisan Gakkaishi*, **54** (12), 2181 (1988).
17) H. Sugita et al., *Aquaculture*, **80**, 163 (1989).
18) H. Sugita et al., *Marine Biol.*, **101**, 299 (1989).
19) G. A. Wedemeyer, "Physiology of Fish in Intensive Culture Systems", Chapman and Hall (1996).
20) 杉田治男 他，日本水産学会誌，**48** (7), 987 (1982).
21) A. Hamid et al., *Bull. Jpn. Soc. Sci. Fish.*, **44** (1), 53 (1978).
22) T. Sakata et al., *Bull. Jpn. Soc. Sci. Fish.*, **46** (3), 313 (1980).
23) H. Sugita et al., *Nippon Suisan Gakkaishi*, **54** (9), 1641 (1988).
24) E. Ringø et al., *Aquaculture Nutr.*, **22**, 219 (2016).
25) H. Sugita et al., *Nippon Suisan Gakkaishi*, **53** (8), 1443 (1987).
26) H. Sugita et al., *J. Fish. Biol.*, **36**, 103 (1990).
27) M. Asfie et al., *Fisheries Sci.*, **69** (1), 21 (2003).
28) H. Sugita et al., *Aquaculture Res.*, **36**, 920 (2005).
29) H. Mizuki et al., *Aquaculture*, **261**, 26 (2006).
30) H. Sugita et al., *Aquaculture Res.*, **39**, 103 (2008).
31) 光岡知足，『腸内細菌の話』，岩波書店 (1978).
32) 光岡知足 編，『プロバイオティクス・プレバイオティクス・バイオジェニックス―腸内細菌の関わりを中心としたその研究と意義―』，日本ビフィズス菌センター (2006).
33) R. Lesel, Ph. Dubourget, *Ann. Zoo. Ecol. anim.*, **11**, 389 (1979).
34) J. F. Rawls et al., *Proc. Natl. Acad. Sci. USA*, **101** (13), 4596 (2004).
35) L. N. Pham et al., *Nat. Protoc.*, **3** (12), 1862 (2008).
36) H. Sugita et al., *J. Mar. Biotechnol.*, **4** (4), 220 (1996).
37) H. Sugita et al., *Aquaculture*, **145**, 195 (1996).
38) H. Sugita et al., *Fisheries Sci.*, **68** (5), 1004 (2002).
39) H. Sugita et al., *Appl. Environ. Microbiol.*, **63**, 4986 (1997).
40) H. Sugita et al., *Aquaculture*, **165**, 269 (1998).
41) H. Sugita et al., *Aquaculture Res.*, **43**, 481 (2012).
42) H. Sugita et al., *Aquaculture Res.*, **38**, 1002 (2007).
43) E. Ringø, F. J. Gatesoupe, *Aquaculture*, **160**, 177 (1998).
44) S. K. Nayak, *Fish Shellfish Immunol.*, **29**, 2 (2010).
45) H. Sugita et al., *Aquaculture*, **92**, 267 (1991).
46) H. Sugita et al., *Agric. Biol. Chem.*, **55** (3), 893 (1991).
47) T. Limsuwan, R. T. Lovell, *J. Nutr.*, **111**, 2125 (1981).
48) H. Sugita et al., *Suisanzoshoku*, **46** (2), 301 (1998).
49) H. Sugita et al., *Lett. Appl. Microbiol.*, **23**, 174 (1996).
50) H. Sugita et al., *Lett. Appl. Microbiol.*, **24**, 105 (1997).
51) H. Sugita et al. *Appl. Microbiol.*, **23**, 275 (1996).
52) H. Sugita et al., *Fisheries Sci.*, **65** (1), 155 (1999).
53) H. Sugita, Y. Ito, *Lett. Appl. Microbiol.*, **43**, 336 (2006).
54) S. Itoi et al., *Can. J. Microbiol.*, **52**, 1158 (2006).
55) K. Yazawa et al., *J. Biochem.*, **103**, 5 (1988).
56) E. Ringø et al., *Appl. Environ. Microbiol.*, **58**, 3777 (1992).
57) F. E. Dailey et al., *Appl. Environ. Microbiol.* **82**, 218 (2016).
58) 野口玉雄，『フグはなぜ毒をもつのか―海洋生物の不思議』，日本放送協会 (1996).
59) T. Noguchi et al., *J. Biochem.*, **99** (1), 311 (1986).
60) T. Yasumoto et al., *Agric. Biol. Chem.*, **50**, 793 (1986).
61) T. Noguchi et al., *Marine Biol.*, **94**, 625 (1987).
62) S. Jal, S. S. Khora, *J. Appl. Mcrobiol.*, **119**, 907 (2015).

Part IV 水生動物と共生

海洋無脊椎動物と微生物の共生系

Summary

生態系において微生物はさまざまな生物との共生関係を発達させ，生態系の維持に大きな役割を担っている．水生の無脊椎動物もその例外にもれず，海綿動物，刺胞動物，軟体動物，頭足類などにおいて，宿主と微生物間の多彩なかたちの共生が詳細に観察されてきた．とくに，原始的な体制をもつ無脊椎動物の上皮・特殊化された器官・消化管の微生物菌叢解析により，共生研究の分野に大きなブレークスルーをもたらす発見がなされ，共生系の構造・機能，そして進化への理解が進んでいる．さらに，これらは高等な動物への機能的貢献の解明や共進化の証拠をもたらす原動力となっている．

11.1 はじめに

微生物はさまざまな生物との共生関係にあり，生態系の維持に大きな役割を担っている．水生の無脊椎動物との関係も例外ではなく，生物学の発展に寄与するランドマークとなる研究が数多く進展している（表11.1）．6億年以上の長い年月をかけて進化を続けてきた後生動物の中で，無脊椎動物は既知種のみでも100万種を超え，後生動物全体の95％を占めるほどの高い種多様性を維持している[1, 2]．また，無脊椎動物の多くが海洋種である．生命誕生後から地球上で繁栄し，地球環境の保全と改造に大きく貢献してきた原生生物とこれらの無脊椎動物が，さまざまなかたちで相互作用してきたことは容易に想像される．

本章では，それらの中でイカ発光器共生系，サンゴ共生系，アワビ消化管共生系およびヒドラ上皮の微生物叢に関して得られてきた知見を紹介し，海洋および水生の無脊椎動物の共生系に関する研究が，「共生の生物学」の進展にどのように寄与してきたのかについて理解を深めることを目的とする．なお，海綿動物や深海熱水噴出孔生態系に観察される共生は第12章および第21章で詳しく解説されているので，参照されたい．

表11.1 代表的な海洋無脊椎動物共生系

宿 主	分 類	共生部位	共生体	伝播様式	関係性
サンゴ	刺胞動物類	胃層	褐虫藻（*Symbiodinium* spp.）	水平	二者/複合
ガラパゴスハオリムシ（*Riftia pachyptila*）	環形動物類	trophosome	硫黄酸化細菌	水平	二者
オトヒメハマグリ	二枚貝類	鰓	硫黄酸化細菌	垂直	二者
シンカイヒバリガイ（*Bathymodiolus* spp.）	二枚貝類	鰓	硫黄酸化細菌	水平	二者/複合
ハワイミミイカ（*Euprymna scolopes*）	頭足類	発光器	ビブリオ（*Vibrio fischeri*）	水平	二者

文献5を改変．

11.2 イカとビブリオの共生系──単純な共生モデルが示す共生細菌と宿主動物との強固な同盟

ハワイミミイカ（*Euprymna scolopes*）と *Vibrio fischeri* との発光器共生系の研究は，「宿主の形態変化が共生細菌により誘導されること」を世界で初めて示した点で，きわめて重要性が高く[3-6]，「共生の生物学」のランドマークの一つといえる．これは宿主と共生体の二者からなる単純な共生系で，両者を実験室内で飼育（培養）でき，かつ共生組織を可視化する技術も確立している．宿主のゲノム情報が不足しているものの，共生細菌のゲノム情報基盤と遺伝子改変ツールが整備されており，宿主と共生微生物の相互作用とそれに伴う互いの生理的な変化が詳細に観察され，その仕組みが解明されつつある[4-6]．この共生モデルは，哺乳動物の腸内細菌叢研究にも影響を及ぼし，複雑な腸内細菌群の中で片利共生菌と考えられていた *Bacteroides thetaiotaomicron* が哺乳動物の発達，とくに上皮細胞での糖の産生や栄養取り込みの亢進，血管新生に影響することを見いだすきっかけになっている[3]．

ハワイミミイカは，ハワイの浅瀬に生息する体長約 30 mm ほどの小型のイカである（図 11.1）．昼間は海底の砂に潜って隠れているが，日没後，水中に現れ，摂餌行動をとる．このとき，発光器に共生している *V. fischeri* の生物発光能を活用し，自身が大型動物から捕食されないようカモフラージュしている．宿主は捕食から免れ，共生細菌は生息場を提供されることで，相利共生関係にある．ハワイミミイカと *V. fischeri* の共生系は，宿主が環境中の多様な微生物から特異的に共生細菌を獲得する「環境獲得型」である．GFP あるいは RFP を発現した *V. fischeri* を顕微鏡下で追跡することなどで宿主の発光器への定着様式を詳細に可視化した結果によると，直径わずか 10 μm の微小な入口を三つもつ発光器に入ることが許されるのは運動性をもつ *V. fischeri* のみであり，発光器内への定着は宿主の孵化後 4 時間ほどで完了することが明らかになっている[5]（図 11.1）．

発光器への定着前の短い時間で，共生細菌は多数の環境微生物から宿主により「識別」され，以下の三つのハードルを越えたもののみが共生系の一員となる．一つ目の識別は「発光器への誘引」であり，孵化直後の宿主にのみ観察される発光器付属

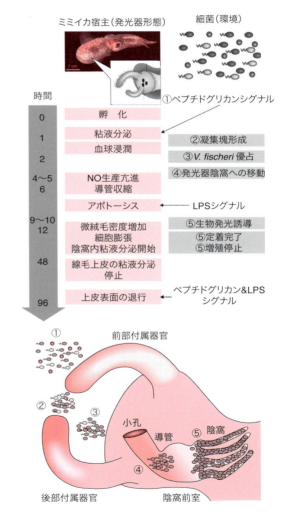

図 11.1　イカとビブリオの発光器共生系の成立
文献 5, 6 を改変．

器官から産生される粘液によってグラム陰性細菌が発光器周辺に集められる．二つ目の識別は「発光器入口への誘導」であり，その粘液にからめとられた細菌が凝集塊となり，発光器の入口に誘導される．この段階で，すでに凝集塊中の大部分を V. fischeri が占める．最後の識別は「発光器への"いばら小道"における生物物理化学的ストレス」である．発光器へ通じる導管で生じる繊毛流によって，運動性をもつ V. fischeri と，さらに上皮組織で生じる酸化ストレス（NO や次亜塩素酸）に対抗しうるいくつかの共生細菌のみが選別され，発光器の奥へと移動し，定着することができる（図11.1）．

共生細菌の変異株を用いた一連の競合定着実験やゲノム情報解析から，実際に共生の成立には共生細菌に適度な運動能力が必要であること，および潜在的な酸化ストレス防御能を有することが見いだされている．そしてなによりも「光る能力」は共生の成立と持続に必須である．共生細菌の生物発光にかかわる *luxA*，*luxI*，*luxR* 変異株は，発光器奥の陰窩の形態変化を誘導せず，発光器にとどまれない[5,6]．さらに近年，発光器の遺伝子発現解析により，共生細菌の放つ青色光は捕食者の目を撹乱するだけでなく，宿主の概日リズムを制御する役割を担っていることが示唆されており，共生細菌の新たな可能性に注目が集まっている[6,7]．

共生細菌である V. fischeri が発光器入口周辺に誘導された後から，宿主の発光器に一連の劇的な形態と生理的な変化が生じる[5,6]（図11.1）．とくに，発光器付属器の消失と，「いばらの小道」として共生菌の識別に役目を果たした導管で，その変化が顕著である．発光器の線毛上皮への血球の浸潤は細菌の細胞壁構成成分であるペプチドグリカン，上皮細胞のアポトーシスはグラム陰性細菌の外膜成分であるリポ多糖（lipopolysaccharide; LPS），そして付属器官の完全なる退行は両者の相乗効果により誘導される．導管の NO は減衰して共生細菌への酸化ストレスは弱まり，アクチン合成が活発になり，導管は収縮する．また，ペプチドグリカン単量体と LPS の相乗効果により上皮の繊毛野が退行する．96時間で以上の形態・生理変化は終わる．

これらのグラム陰性菌の細胞壁構成成分は病原性との関連性が強いが，宿主に必須の形態変化をもたらす可能性を示した意義は大きい．共生動物の上皮細胞で共生あるいは寄生という形態で観察されているグラム陰性細菌と宿主間の相互作用（たとえば哺乳動物の消化管共生あるいは病原性微生物との関係，さらには嚢胞繊維症のようなグラム陰性細菌の持続的定着を含む慢性疾患の機構解明）にも有益な情報を提供するものと期待されている[5]．

11.3 サンゴとゾーキサンテラの共生生系——共生系の安定性と脆弱性 -Holobiont 仮説の提唱

「光」は無脊椎動物と光合成微生物とのさまざまな共生系の成立に貢献してきた．とくに，造礁サンゴとゾーキサンテラ（zooxanthellae）との共生系は，海洋無脊椎動物共生系の中で最もよく研究されている分野の一つである[8]．サンゴは，皮層・中膠・胃層の三層からなる組織が胃腔（腔腸）を囲んだ体制をとり，ゾーキサンテラは胃層に分布して共生している．多くのサンゴはもともとゾーキサンテラをもっておらず，発生の途中で環境中の遊泳型ゾーキサンテラをエンドサイトーシスにより細胞内へ取り込む．

ゾーキサンテラは「褐虫藻」とも呼ばれ，黄金色を呈する渦鞭毛藻（*Symbiodinium*）に属する多様な種を含み，rRNA 遺伝子に基づく分子系統解析により少なくとも九つの主要な単系統群に分かれる[9]．ゾーキサンテラは，イソギンチャク，

■ 11章 海洋無脊椎動物と微生物の共生系 ■

図11.2 白化したサンゴ（手前）と正常のサンゴ（奥）

二枚貝，カイメンなどにも分布している．ゾーキサンテラが光合成によって生産する低分子有機化合物（グリセロール，グルコース，アミノ酸，有機酸）が宿主サンゴの栄養に寄与し，宿主は窒素源の供与や生息場所の提供によりゾーキサンテラに貢献していると考えられている．ゾーキサンテラを含む共存共生微生物を失う，あるいはゾーキサンテラの光合成能が減弱することは，「白化（bleaching）」と呼ばれる状態を引き起こし，サンゴが健全ではないことを示している[10]（図11.2）．ゾーキサンテラの喪失はただちにサンゴを死に至らしめるものではないが，抗病性の減弱や同一生態系内の他の藻類との成長競合で不利となる．ゾーキサンテラの再獲得と共生系の安定化がなされない場合，宿主が瀕死に至る．サンゴとゾーキサンテラの関係は三畳紀中期（2億5000万年前）以前に成立したと推定されていることから[8, 11]，共生系の安定性のみならず脆弱性や復元を研究するうえでも重要度が高い．最近はサンゴ共生系を holobiont（ホロビオント）と名づけられた「宿主と微生物の複合体」とからなる動的な系として捉え始めていることからも，それを伺い知ることができる．

ブラジル固有のイシサンゴ（Mussismilia braziliensis）に生じた斑点状の白化病変と健全な組織における holobiont を対象としたメタゲノム解析により，①白化部からも Symbiodinium が検出されること，②細菌では Proteobacteria, Bacteroidetes, Firmicutes, Cyanobacteria および放射菌が主要グループであり，Vibrionales, CFB complex, Rickettsiales そして Neisseriales が白化病変部に多い傾向が示された[12, 13]．また近年，宿主のサンゴおよび共生体のゲノム情報の集積[11, 14, 15]から，コユビミドリイシ（Acropora digitifera）[11]やハマサンゴ（Porites australiensis）[16]のアミノ酸合成が共生体に補完されている可能性が示唆されるなど，この共生系の高度な理解に向けた生物情報基盤が築かれつつある．

11.4 海洋無脊椎動物の消化管内の微生物叢——消化管共生系の共進化

海洋無脊椎動物の細菌叢研究の歴史は比較的古く，1962年に Colwell と Liston[17]が9種の無脊椎動物を調べ，体表あるいは体液中の細菌叢を報告して以来，多くの調査や研究が進められている．また，"無脊椎動物に固有の消化管内細菌叢は存在するのか？"という疑問に答えるために，多くの研究者がさまざまな生物種で，多様な角度から研究を進めてきた[18]．とりわけ，甲殻類，軟体動物，棘皮動物の消化管内細菌叢の存在意義には大きな関心が払われ，それぞれ固有の細菌叢が存在すること，またそれらの機能として，①餌料源，②細菌産生酵素の供給源，③細菌リザーバー，④寄生，⑤物質変換などが予想されてきた．とくに海洋無脊椎動物の消化管からは，通性嫌気性で活発に運動する「ビブリオ」に分類される菌群が高頻度で分離されてきたことから "Gut Group Vibrio" と呼称され，ヒトに対して病原性を示さない細菌群の研究が進展してきた．

筆者らも，海に生息する草食性動物として知られ，貴重な水産資源であるアワビ・ウミウシ類（軟

11.4　海洋無脊椎動物の消化管内の微生物叢——消化管共生系の共進化

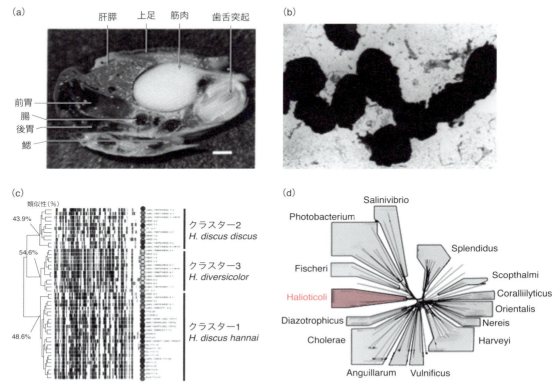

図 11.3　アワビの消化管に共生するビブリオの宿主依存的遺伝的多様性と単系統性
(a) アワビの消化管（文献 22），(b) *Vibrio halioticoli* の細胞（黒い部分，文献 23），(c) ビブリオの宿主依存的遺伝的多様性（文献 24），(d) *V. halioticoli* およびその近縁種の単系統性（文献 25）．

体動物類），ウニ・ナマコ類（棘皮動物類）の消化管内細菌叢の構造と機能を検討し，アワビの消化管内に共生の条件を満たすビブリオが存在すること[19]，およびナマコの消化管に宿主の成長と関連性の高い細菌群が存在する可能性を見いだしている．また，ウミウシやウニの消化管からは，窒素固定能やそれにかかわる遺伝子を有するビブリオが分離されており，餌料の高い C/N 比を補完する役割が想定される[20, 21]．

アワビ類はミミガイ科に分類される巻貝の仲間であり，海藻，とくに褐藻類に嗜好性を示す．水産物としての経済的価値も認められている．世界各地に 100 種以上が分布している．硬い殻をもつことから，6,500〜7,300 万年前の地層から

もアワビに類する化石が見いだされている．歯舌と呼ばれる摂餌器官をもち，岩礁表面の付着物を擦りとるか海藻を齧りとることで摂餌する．とくに特徴的なのが，V 字型に折れ曲がった胃であり，組織学的に少なくとも二つの異なる部位に分けられる（図 11.3a）[22]．この中でも主要な部位が前胃と後胃である．前者には粘液細胞が観察されないことから発酵槽，後者は肝膵臓と連結する導管が多数観察されることから消化器官と考えられている．哺乳動物のような酸分泌型の胃ではない．アワビの消化管から分離された細菌には，コンブ類に多量に含まれる難分解性多糖であるアルギン酸を分解するビブリオが非常に多く，消化管内細菌が餌料の分解に大きく貢献している可能性が示唆

された.この関係は,反芻動物ールミナント共生系に共通する機能が海洋無脊椎動物にも存在することを予感させるものであった[19].

エゾアワビ(Haliotis discus hannai)の消化管で優勢であったアルギン酸分解性細菌は新種のビブリオであることがわかり,Vibrio halioticoliとして提唱された[21,23](図11.3b).その後,エゾアワビの成長に伴う消化管内細菌叢の形成過程と宿主特異性を調べ,①エゾアワビが孵化・変態後,着底生活に移行し,さらに付着藻類摂餌性から海藻摂餌性に変化する時点から,V. halioticoliが優占する固有の細菌叢が形成され始めること,②着底直後の個体からもV. halioticoliは検出されること,③V. halioticoliプローブを用いた特異的な検出でエゾアワビ以外にも,日本で採取した4種のアワビ類にも,V. halioticoli様細菌が検出されること,④フランス,オーストラリア,南アフリカ,アメリカで採取したアワビ類からもV. halioticoliに近い系統でかつ類似した表現形質をもつビブリオが分離されること,が明らかになった[19].

日本のみならず世界各地に生息するアワビ類から分離されたV. halioticoliおよびV. halioticoli様細菌の遺伝的多様性および分子系統を,増幅遺伝子断片多型(amplified fragment length polymorphism; AFLP)解析や多遺伝子座配列解析(multilocus sequence analysis; MLSA)により比較したところ,①アワビの種に依存して分離されたビブリオ種が異なる傾向にあること(図11.3c)[24],②アワビから分離されたビブリオは単系統性を示すこと(図11.3d)[25],がわかった.現在,アワビの消化管から分離されたV. halioticoliとその近縁種は,Vibrionaceae科の中でもHalioticoliクレードの一群としてまとめられており,これらは共通祖先から進化したと考えられる.

「異なる種の生物が共に生活すること」および「その関係が永続的であること」との共生の原点ともいえる定義[26]を適用すると,アワビとビブリオは共生関係を築き上げてきたと考えられる.幸い,海洋無脊椎動物と微生物の共生系において,アワビとビブリオの事例ほど,両者の種分化が明瞭になっている例はない.ビブリオのgap(glyceraldehyde 3-phosphate dehydrogenase)遺伝子とアワビのITS領域の塩基配列を利用して,両者の最尤系統樹の樹形を宿主-寄生体モデルを用いて比較したところ,①日本・南アフリカ産とフランス・オーストラリア産の二つの系統で宿主と共生細菌が共に種分化する「共種分化」が生じ,②日本・南アフリカ産の系統では複数のビブリオ集団がそれぞれ適当な宿主に適応し,③フランス・オーストラリア産の系統では二回の共種分化が生じた,との進化のシナリオが推定された[19].なお,このような宿主と微生物の共生系の進化は,さまざまな無脊椎動物共生系でも検討されてきており,イカ-発光器共生発光細菌(おもにV. fischeri)[27],および深海性二枚貝類-共生化学合成独立栄養細菌[27]でそれぞれ共種分化や共進化が示唆されている.

動物の消化管微生物の構造-機能相関の解明には,無菌(germ-free)動物やノトバイオート[*1](gnotobiote)の作製が必要である.この実験系を用いることにより,哺乳動物では消化管内微生物の宿主動物に対する機能評価が進展してきた[29-32].しかし水生動物では,ゼブラフィッシュでノトバイオートが作製されている程度である[31,33].水生無脊椎動物においては生活環が不明のものも多く,ハードルが高い技術ではあるが,今後必要性は増すものと考える.

---

*1 存在するすべての微生物種が明らかな動物.

11.5 ヒドラ上皮の微生物叢——より複雑な共生系の理解に向けて

　水圏および陸上の多くの共生系において，宿主と微生物が相互作用する場は，宿主の上皮組織や細胞である．このため，上皮における宿主—微生物間相互作用を理解することは，共生系に共通する原理原則の本質的理解に通じる．その代表例として，刺胞動物の仲間である淡水性ヒドラがあげられる．

　後生動物の系統進化は，①多細胞動物の誕生，②個体性の明瞭化，③二胚葉動物の登場（口と消化管の発達），④左右相称動物の登場（前口動物と後口動物への分岐），⑤無体腔，偽体腔（体腔が十分に発達していない）および真体腔性への機能的発達，⑥腸体腔をもつ後口動物の登場，⑦脊椎を一時的あるいは生涯を通じてもつ脊椎動物への分岐，である[1]．刺胞動物は，神経系をもつ動物の中で進化的に最も原始的である．二胚葉性で，組織や体制が最も単純であることから，宿主の上皮組織とそこに定着する微生物との間に物理的な障壁となる構造体がなく，上皮における微生物との相互作用をありのままに計測および観察可能な動物群として重宝されてきた（図11.4）．とくにヒドラは，二層の細胞層で構成される最も単純な上皮をもち，それらはわずか3種の幹細胞に由来する[34]ことから，上皮における宿主—微生物間の相互作用を調べるためのすぐれた生物材料である．また，1980年代から，発生生物学のモデル動物として研究されてきたため，室内で飼育可能，かつ大量のクローンを調製可能であり，安定した形質の宿主を提供できる点で，「共生の生物学」の進展に重要な知見をもたらすモデル生物であるといえよう．

　このヒドラを用いた一連の研究により，①ヒドラの上皮にはBacteroidetes門，Alpha-，Beta-，Gamma-，Deltaproteobacteria綱およびSpirochetes門で構成される複雑な菌叢が形成されていること，②同一条件で飼育した2種のヒドラを用い，種依存的な上皮微生物叢の差異が観察されること，③上皮の間質性幹細胞を除去することにより，Betaproteobacteria綱細菌の減少とBacteroidetes門細菌の増加が観察され，上皮組織の細胞構成が微生物叢に直接影響を及ぼす可能性があること，などが見いだされている[35,36]．刺胞動物では，Toll様受容体を介した自然免疫系が同定されていること[35]から，ヒドラや前述したサンゴをモデルとした研究の進展により，上皮における宿主—微生物間相互作用の保存性や種特異性など進化的解釈が進むものと期待される．

11.6 おわりに

　以上，共生の生物学に多大なる影響を与えてきた海洋や水生無脊椎動物の共生系に加え，アワビやヒドラの例をあげることで宿主—微生物相互作用研究の萌芽をまとめてきた．環境中ではさまざまな動物が多様な微生物と共生関係を構築していることから，共生系の包括的な理解には，実験室下における飼育・培養可能性によらない実験手

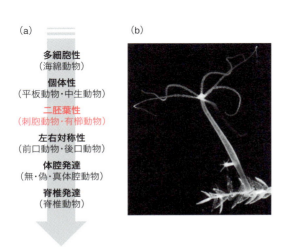

図11.4　動物の進化におけるヒドラの重要性
(a) 体制の進化．(b) *Hydra oligactis*〔©P. Schuchert(2011)〕．

法も取り入れていく必要がある．今後，シングルセルゲノミクスに代表されるような新規でハイスループットな技術の海洋無脊椎動物共生系への応用，宿主動物のゲノム情報基盤の拡大，共生系のトランスクリプトーム/プロテオミクスのハイブリッド解析により，複雑な系として海洋無脊椎動物"holobiont"の研究が進展するであろう．そして何よりも，動物との積年の相互作用を通じて，宿主の行動や生態，進化にまで影響を及ぼしてきたと考えられるようになった微生物の驚くべき能力[37]が次つぎに解明されることを期待する．

（澤辺智雄，美野さやか）

文　献

1) 白山義久,『無脊椎動物の多様性と系統』, 岩槻邦男, 馬渡峻輔 監修, 裳華房, (2000), pp.2-46.
2) GIGA Community of Scientists, *J. Hered.*, **105**, 1 (2014).
3) M. J. McFall-Ngai, E. G. Ruby, *Science*, **254**, 1491 (1991).
4) L. V. Hooper, *Trend Microbiol.*, **12**, 129 (2004).
5) S. V. Nyholm, M. J. McFall-Ngai, *Nat. Rev. Microbiol.*, **2**, 632 (2004).
6) M. J. McFall-Ngai, *PLoS Biol.*, **12**, 2 (2014).
7) E. A. Heath-Heckman et al., *mBio*, **4**, e00167-13 (2013).
8) C. B. Munn, "Marine Microbiology 2nd edition", Garland Science (2011), pp. 203-221.
9) A. W. Silva-Lima et al., *Microb. Ecol.*, **70**, 301 (2015).
10) Y. Ben-Haim et al., *Appl. Environ. Microbiol.*, **69**, 4236 (2003).
11) C. Shinzato et al., *Nature*, **476**, 320 (2011).
12) G. D. Garcia et al., *Microb. Ecol.*, **65**, 1076 (2013).
13) P. W. Glynn, *Glob. Chang. Biol.*, **2**, 495 (1996).
14) E. Shoguchi et al., *Cur. Biol.*, **23**, 1399 (2013).
15) C. Shinzato et al., *Front. Microbiol.*, **5**, 336 (2014).
16) C. Shinzato et al., *PLoS ONE*, **9**, e85182 (2014).
17) R. R. Colwell, J. Liston, *J. Insect Pathol.*, **4**, 23 (1962).
18) J. M. Harris, *Microbiol. Ecol.*, **25**, 195 (1993).
19) T. Sawabe, "The Biology of Vibrios (F. L. Thompson et al., eds.)," ASM Press (2006), pp. 219-230.
20) M. L. Guerinot, D. G. Patriquin, *Can. J. Microbiol.*, **27**, 311 (1981).
21) B. Gomez-Gil et al., "The Prokaryotes 4th edition, vol. 9 (E. Rosenberg, ed.),", Springer (2014), pp.659-747.
22) G. Bevelander, "Abalone, gross and fine structure,", The Boxwood Press (1988), pp. 80.
23) 澤辺智雄, 日本細菌学雑誌, **65**, 333 (2010).
24) T. Sawabe et al., *Appl. Environ. Microbiol.*, **68**, 4140 (2002).
25) T. Sawabe et al., *J. Bacteriol.*, **189**, 7932 (2007).
26) S. Paracer, V. Ahmadjian, "Symbiosis,", Oxford Press (2000), pp.291.
27) M. K. Nishiguchi et al., *Appl. Environ. Microbiol.*, **64**, 3209 (1998).
28) A. S. Peek et al., *Proc. Natl. Acad. Sci. USA*, **95**, 9962 (1998).
29) 伊藤喜久治, 生物と化学, **32**, 44 (1994).
30) P. G. Falk et al., *Microb. Mol. Biol. Rev.*, **62**, 1157 (1998).
31) J. F. Rawls et al., *Cell*, **127**, 423 (2006).
32) F. E. Rey et al., *Proc. Natl. Acad. Sci. USA*, **110**, 13582 (2013).
33) L. N. Pham et al., *Nat. Protoc.*, **3**, 1862 (2008).
34) T. C. G. Bosch, *BioEssays*, **31**, 478 (2009).
35) S. Fraune, T. C. G. Bosch, *Proc. Natl. Acad. Sci. USA*, **104**, 13146 (2007).
36) S. Fraune, T. C. G. Bosch, *BioEssays*, **32**, 571 (2010).
37) V. O. Ezenwa et al., *Science*, **338**, 198 (2012).

Part IV 水生動物と共生

chapter 12 海綿動物と共生微生物

Summary

最も原始的な多細胞動物である海綿動物は、きわめて単純な体構造をもつにもかかわらず、6億年以上もの間、その体構造を大きく変えることなく進化してきた。この安定した繁栄は、体内に共生している多様な微生物が、栄養源の供給や物質循環の構築、二次代謝産物による化学防御を担うためと考えられている。海綿動物にはさまざまな生物活性を示す二次代謝産物が多く含まれており、創薬におけるシード化合物、および研究試薬として利用されている。このように、海綿動物は微生物を共生させる宿主として最も成功した生物の一つであるが、その共生メカニズムの詳細は未解明である。本章では、これまでの知見をもとに、共生微生物の多様性、共生微生物が産生する二次代謝産物、共生微生物が担う役割について紹介する。

12.1 海綿動物とは

海綿動物(以下、カイメン)は、潮間帯から深海、熱帯、温帯、および極地から淡水までほぼすべての水域に生息している底生性の生物である。その姿形は、塊状、被覆状、球状、筒形、扇形、壺形から楽器のハープ様のものまで多種多様である(図12.1)。カイメンは、分化した器官をもたない単純な体構造から、最も原始的な多細胞動物であると考えられており、進化学的研究のほとんどがこの考えを支持している。エディアカラ紀からカンブリア紀への移行期である約6億年前にはすでにカイメンが生息していたことが明らかになっており[1]、他の後生生物との分岐は約13億年前に起こったという説もある[2]。分類学上、カイメンは普通海綿綱(Demospongiae)、石灰海綿綱(Calcarea)、六放海綿綱(Hexactinellida)、硬骨海綿綱(Sclerospongiae)に大別され、さらに25目、128科、680属に分類される。現在までに世界で約9,000種、日本で630種の存在が確認されている。

カイメンは濾過食性で、海水中の微生物や有機

 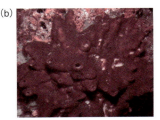 

図12.1 多様な形状のカイメン(口絵参照)
(a) 八丈島のオーバーハングの裏側に付着したさまざまなカイメン、(b) 八丈島の浅海に生息するカイメン(*Theonella swinhoei*)、(c) 宮古曽根(水深約200 m)に生息するカイメン(*Petrosia* sp.).

物微粒子を栄養源としていることから，非常にすぐれたポンプ能力をもっており，1 kgのカイメンは1日に24,000 Lの海水を濾過できると見積もられている[3]．カイメンの濾過能力およびそれに伴う物質循環は，岩礁域の底生生物の生態系で重要な役割を果たしている．このようにカイメンは生物史および岩礁域における生態系を議論するうえで重要な生物である．さらに以下の二つの理由から，カイメンが研究対象として注目を浴びている．

第一に，カイメンは多様な微生物と共生関係をもつ宿主である．驚くべきことに，カイメンによっては自身の体積の35～50%に相当する共生微生物が内在するとされ[4]，微生物量が多いだけでなく，微生物種も多様である．海水にはおよそ10^5～10^6/mLの微生物が存在するのに対し，カイメンはその10^3～10^4倍の濃度の微生物を含んでいる[4]．また，これらの微生物のほとんどはメソヒルと呼ばれる細胞外マトリクスに生息しており，同時にメソヒルは濾過した微生物を消化する場でもある．詳細は後述するが，カイメンには特有の微生物が多く含まれることが明らかにされており，カイメンがどのように餌の微生物と共生微生物を識別しているか，そのメカニズムは興味深いものの，いまだに謎である．

第二に，カイメンからは有用な二次代謝産物（天然物）が多数発見されている．海洋無脊椎動物には多くの天然物が含まれることが知られており，とくにカイメンからはさまざまな生物活性を示し，かつ化学構造が多様な天然物が数多く発見されてきた．その中でも太平洋沿岸の岩場でよく目にするクロイソカイメン（*Halichondria okadai*）にはハリコンドリンB（halichondrin B）という強力な細胞毒性を示す化合物が含まれており[5]，2010年，このハリコンドリンBの化学構造をもとに開発されたエリブリン（商品名ハラヴェン）が抗がん剤として認可された．複数の海洋天然物の化

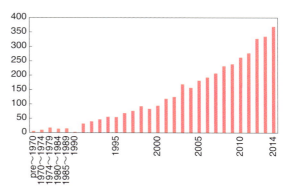

図12.2　カイメンと共生微生物に関する論文数の推移
文献4のFigure1を参考に，2014年までのデータを足して作成した．

学構造が，陸上から発見された微生物由来の天然物と類似していることから，カイメン由来の天然物の多くは微生物が産生すると考えられているが，証明された例は少ない．

このように，宿主と多様な微生物の共生関係を調べるモデル生物として，また，その微生物が産生する天然物を医薬品などに利用する有用材料として，カイメンは多くの関心を集めており，カイメンと微生物に関する研究は2014年の時点で4,000件を超えている（図12.2）．本章では，カイメンに共生する微生物の多様性，有用物質を産生する共生微生物，および共生における微生物が担う役割について，これまでの研究を紹介する．

12.2　カイメンに共生する微生物の多様性

12.2.1　カイメンの微生物群集構造解析

カイメンの分類は19世紀から行われてきたが，カイメンに共生する微生物の研究はVaceletら[6]，およびWilkinsonら[7]の研究に始まる．電子顕微鏡による観察および培養実験により，①カイメン特有の微生物はおもにメソヒルに存在すること，②菌数は少ないがカイメン特有の微生物は細胞内にも存在すること，および③カイメン中にいて，カイメンに特有でない微生物は海水中の微生

物と類似していること，が提唱された．共生微生物群集構造を調べる研究では，古典的な培養による微生物同定に加え，16S rRNA 遺伝子のクローニング，DGGE（denaturing gradient gel electrophoresis）法，および T-RFLP（terminal restriction fragment length polymorphism analysis）法などが用いられてきた．近年では，次世代シーケンサー技術（next generation sequencing）の発展により，詳細な微生物群集構造解析が行われるようになり，研究報告が急増している．

Hentschel ら[8]は，系統発生学的に遠縁で生息域がまったく異なる3種のカイメン *Aplysina aerophoba*, *Rhopaloeides odorabile* および *Theonella swinhoei* から，190 個の 16S rRNA 配列をクローニングし，共生微生物の多様性を調査した．その結果，海底堆積物もしくは海水中には存在せず，3種のカイメンに共通する微生物群が複数存在することを明らかにした．また，Simister ら[9]は 2012 年までにデータベースに登録されていた 7546 のカイメン由来微生物の 16S rRNA を用いて分子系統解析を行い，全体の 27％の配列が 14 の異なる微生物門にまたがるカイメン特有の微生物クラスターに分類されることを報告した．

次世代シーケンサーを用いて，より詳細に微生物群集構造を解析すると，さらに多くの微生物を確認できる．オーストラリアで採取された3種のカイメンには，33 のカイメン特有の微生物クラスターが存在し[10]，1種のカイメンに約 3,000 の属レベルの OTUs（operational taxonomic units，相同性 > 97％）が存在していることが明らかとなった．

カイメンは微生物量の多い種（high-microbial-abundance; HMA），および少ない種（low-microbial-abundance; LMA）に大別することができる．HMA の *Xestospongia testudinaria* と LMA の *Stylissa carteri*，および海水を用いて微生物群集構造解析を行ったところ，*S. carteri*（LMA）はより海水中の微生物と類似性が高く（約 24％），*X. testudinaria*（HMA）は 6％程度の類似性であった[11]．

その他，これまでに多くの微生物の群集構造解析がなされているが，検出方法，遺伝子の増幅領域によってデータに差はあるものの，おおむねカイメンに特有の微生物群が存在することが支持されている（図 12.3）．その中でも，他の微生物と 16S rRNA の相同性がとくに低い微生物クラスターが見いだされ，この微生物群がカイメンからしか発見されていないことから，新たなる微生物門として "Poribacteria" が提唱されている[12]．

12.2.2 共生微生物の来源

カイメンの共生微生物は世代間でどのように受け継がれるのだろうか．これに関して，①環境中から選択的に微生物を取り込む水平伝播と，②親から直接子孫に受け継がれる垂直伝播の可能性が長年議論されてきた．

カイメンの繁殖形態は，胎生もしくは卵生である．カイメンの幼生または卵の透過型電子顕微鏡（TEM）観察により，どちらの形態からも消化されていない微生物が確認され，垂直伝播で受け継がれる微生物の存在が証明された[13-17]．また，*Ircinia felix* の親および幼生より 16S rRNA を増幅し，DGGE 法によって微生物群集構造を比較した報告によれば，幼生由来の微生物群は親由来のそれとよく似た組成をもち，同種でも異なる親個体由来の微生物群とはわずかに組成が異なることが明らかとなった[18]．さらに，得られた 16S rRNA の塩基配列に基づく系統解析では，五つの微生物門，計 13 のクラスターにおいて，親と幼生に共通の微生物が存在し，これらの微生物が垂直伝播していることが示された．一方，大西洋および太平洋の熱帯礁に生息する *Xestospongia* 属

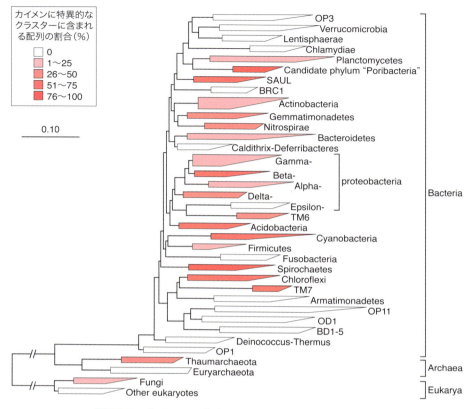

図12.3 カイメンに存在する微生物の多様性と特異性
16S rRNAの塩基配列に基づく進化系統樹. 文献26より.

カイメンの微生物群集構造を調査したところ, 生息地が異なるにもかかわらず, 基本的な微生物組成は変わらないという結果が得られた[19]. すなわち, これらの Xestospongia 属カイメンは共通の祖先に由来していることが推測され, 太古より共生微生物を垂直伝播によって受け継いできたことが示唆される.

垂直伝播にかかわる研究結果が多く報告されている一方で, 環境中から微生物を選択的に取り込んでいるという報告もある. Mycale laxissima を海水の流水下および環流下で最長2年飼育し, 野生のカイメンとの微生物群集構造を DGGE 法で比較したところ, 水槽で飼育した場合は野生のカイメンよりも微生物が多様になり, その組成が大きく変化することが明らかになった[20]. 飼育により微生物が多様になるという結果は Ircinia strobilina を用いた実験でも支持されている. またこの実験では, 野生カイメンで主要な微生物であった Chloroflexi 門, Acidobacteria 門, Actinobacteria 綱の割合が大きく減少し, Alphaproteobacteria 綱, Gammaproteobacteria 綱, Clostridia 属, Planctomycetes 門が新たに出現したが, 微生物組成は環境水の組成とは異なるものであった[21].

興味深いことに, 微生物群集構造が大きく変化しているにもかかわらず, カイメンに含まれる二次代謝産物(天然物)組成には変化が見られなかった. 上記の飼育実験では, 野生のカイメンからは検出されない微生物が飼育により新たに出現することから, 環境中から選択的に微生物を取り込ん

でいることが示唆される．また，同所同種のカイメンであっても採集時期が異なるとダイナミックに微生物組成が変わることも報告されており，水平伝播によって取り込まれる微生物が，一定の割合で存在することが推測される．一連の研究結果から，カイメンは垂直伝播によって主要な共生微生物を子孫へと受け継ぎ，生息環境に応じて微生物を取り込んでいることが予想される．

12.2.3 宿主の微生物認識機構

カイメンが，どの程度環境中から微生物を取り込んでいるかは明確にされていない．濾過食性であるカイメンがどのように餌と共生微生物を識別しているか，そのメカニズムはたいへん興味深い．共生微生物およびカイメンのゲノム解析によって得られた遺伝子情報をもとに，断片的ではあるが微生物の認識機構が推測されている．2種のカイメンに共生する微生物のシングルセルゲノム解析[22]，およびメタゲノム解析[23]では，アンキリンリピート（ankyrin repeats；ANKs）およびテトラトリコペプチドリピート（tetratrico peptide repeats；TPRs）を含む遺伝子が存在することが示された．ANK および TPR は，真核生物でタンパク質間相互作用を仲介し，さまざまな細胞機能に関与している．たとえば，ANK を含むタンパク質は多くの細胞内病原菌から発見されており，宿主の細胞内でポリユビキチン化や小胞輸送の阻害[24, 25]，もしくは病原菌誘導性のアポトーシスを防ぐことから，病原菌の生存に関与するタンパク質であることが示唆されている．ANKs や TPRs を含むタンパク質がカイメンの共生微生物から発見されたことで，宿主が微生物を摂取した後，ファーゴサイト（食細胞）によって消化されるのを防ぐ，もしくは細胞—宿主の相互作用にこれらのタンパク質が関与する可能性が推察された[26]．

一方，宿主であるカイメンは，単純な体構造を有しているにもかかわらず，先天性免疫遺伝子の存在が確認されている．*Aplysina queenslandica* のゲノム解析の結果[27]，微生物を認識する遺伝子として，細胞外インターロイキン 1 受容体（interleukin-1 receptor；IL1R）様 Ig ドメインおよび Toll インターロイキン 1 受容体（Toll-interleukin-1-receptor；TIR）ドメインが存在し，その他にも LPS 結合タンパク質（LPS-binding-protein；LBL）様タンパク質，および putative NOD 様受容体の存在も明らかになっている．いずれも詳細な機能は未解明であるが，これらの遺伝子が宿主と微生物の共生に関与している可能性が示唆されている．

12.3 共生微生物と二次代謝産物

12.3.1 カイメンに含まれる天然物

カイメンがもつ最も注目すべき特徴は，多様な化学構造の二次代謝産物を多く含み，それらの化合物がさまざまな生物活性を示すことである．カイメンに限らず，ホヤ，ソフトコーラル，コケムシなどの海洋無脊椎動物は陸上生物とは化学構造の異なる天然物を含むことが知られている．その中でもカイメンから発見された化合物は多く，これまでに海洋天然物全体の 30％にあたる約 5,000 の天然物が報告されており，現在でも毎年 200 近い新規化合物が発見されている[28]．

植物および陸上微生物の代謝産物は古くから研究されており，多くの化合物が薬剤として上市されてきた．対照的に，海洋天然物研究は比較的歴史が浅く，上市されている化合物も八つ（うちカイメン由来化合物は四つ）と少ない[29]．その理由は，海洋天然物は化学構造が複雑で化学合成が容易ではないこと，また化合物の生産者が明らかにされておらず，培養による化合物供給が不可能なことがあげられる．実際，前述のハリコンドリン B はクロイソカイメン 600 kg からわずか 12.5

mg しか単離できなかったが，化学合成による天然物と誘導体の調製に成功したことで，臨床試験を行うのに十分な試料を供給することが可能となった[30]．この研究開発例に代表されるように，十分な試料を応用研究に供給可能になれば，創薬のシード化合物になりうる海洋天然物は多数あるだろう．試料供給の問題を解決する一つの方法として，海洋天然物の生産者もしくは生合成遺伝子の解明が求められている．

12.3.2　カイメン由来天然物の生産者

カイメンの一種 *Dysidea arenaria* から単離されたアレナスタチン A (arenastatin A) は，シアノバクテリアが産生する抗生物質クリプトファイシン I (cryptophycin I) と非常によく似た構造をもつ（図 12.4）．多くのカイメン由来天然物は共生微生物によって産生されるのではないかと考えられてきた．しかしながら，多くの共生微生物は実験室での培養が難しく，複雑な化学構造をもつカイメン由来天然物の培養生産の成功例はほとんどない．共生微生物の培養液とカイメンの抽出液の両方から単離された希少な例としてアンドリミド (andrimid) がある[31]．アンドリミドは当初，昆虫のトビイロウンカの共生微生物から単離され，抗菌性ペプチドとして報告された．その後，*Hyatella* 属カイメンから分離した *Vibrio* sp. がアンドリミドを産生することが明らかとなり（表 12.1），カイメンの抽出物からも検出された[32]．

これまでに多くの微生物培養が試みられているが，上記の例を除くとカイメンに特有な成分の産生には至っていない．そのため，カイメン由来天然物の生産者の推測は，非培養による実験手法によって行われてきた．Faulkner らは *Dysidea herbacea* に共生するフィラメント状のシアノバクテリアの *Oscillatoria spongeliae* をフローサイトメトリーにて純化し，その菌体にエーテル類（brominated

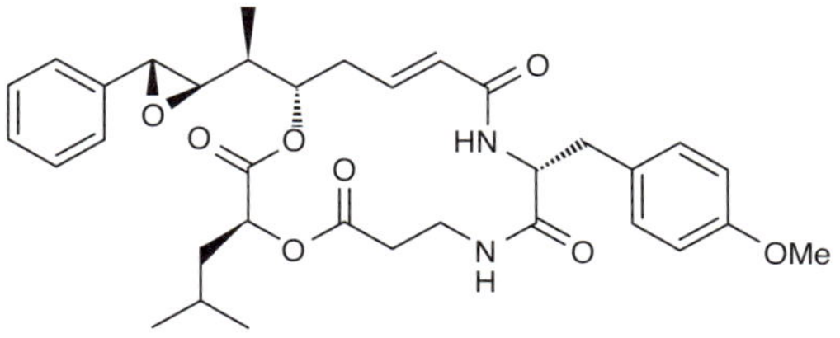

アレナスタチン A

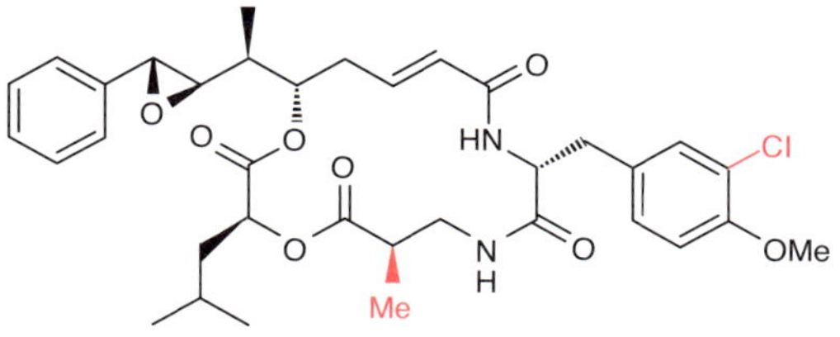

クリプトファイシン I

図 12.4　カイメン由来アレナスタチン A とシアノバクテリア由来クリプトファイシン I の化学構造
構造が異なる部分を赤色印で示している．構造中の Me はメチル基を表す．

表 12.1　生産者が明らかになっている海洋天然物の例

海洋天然物	海洋無脊椎動物	化合物の生産者	文献
アンドリミド	*Hyatella* 属カイメン	*Vibrio* sp.	32
ダイシハーベイン	*Dysidea herbacea*	*Synechocystis* sp.	36
オンナミド	*Theonella swinhoei*	"*Ca*. Entotheonella"	40
ポリセオナミド	*Theonella swinhoei*	"*Ca*. Entotheonella"	40
カリクリン	*Discodermia calyx*	"*Ca*. Entotheonella"	41
ブリオスタチン	*Bugula neritina*	"*Ca*. Endobugula sertula"	42
パテラミド	*Lissoclinum patella*	*Prochloron didemni*	43
エクテノシジン	*Ecteinascidia turbinata*	"*Ca*. Endoecteinascidia frumentensis"	44
ダイデムニン	*Trididemnum solidum*	*Tistrella mobilis*	45

biphenylethers)[33] およびデメチルリソダインデニン（13-demethyllisodysidenin）[34] が含まれることをガスクロマトグラフィー質量分析法（gas chromatograph mass spectrometer; GC-MS）を用いて明らかにした．さらに，*Theonella swinhoei* の微生物画分を遠心分離によって分画したところ，Deltaproteobacteriaに近縁の"*Candidatus* Entotheonella palauensis"（以下，"*Ca*. Entotheonella"）を多く含む画分にはセオパラウアミド（theopalauamide）が，単細胞性の微生物画分にはスウィンホリド（swinholide）が含まれることが示唆された[35]．その他にも *Dysidea herbacea* から単離された神経毒ダイシハーベイン（dysiherbaine）は，シアノバクテリアの *Synechocystis* sp. が産生することが示唆されている[36]．

このように，複数のカイメン由来天然物の生産者が推定されているものの，いずれの場合も生合成遺伝子クラスターは発見されていなかった．これは培養可能な微生物を用いた生合成研究で使用される技術，すなわち取り込み実験や変異体の作製が不可能であるためで，21世紀に入るまでカイメン由来の天然物の生合成研究はほとんど進展していなかった．

12.3.3　海洋天然物の生合成研究から生産者の特定へ

共生微生物が産生する海洋天然物の遺伝子レベルでの生合成研究は，ゲノムシーケンスの技術革新に伴うメタゲノム解析により大きく進展した．2002年，Piel はアオバアリガタハネカクシ（*Paederus fuscipes*）の毒成分ペデリン（pederin）の生合成研究[37] で得た Trans-AT という特徴的な PKS（polyketide synthase，ポリケチド合成酵素）関連遺伝子の情報をもとに，ペデリンと類似した化学構造をもつ *Theonella swinhoei* 由来の細胞毒性物質オンナミド A（onnamide A）の生合成遺伝子クラスターを発見した（図 12.5）[38]．ペデリンがアオバアリガタハネカクシに共生する *Pseudomonas aeruginosa* によって産生されることから，オンナミドおよびその類縁化合物も共生微生物によって産生されることが示唆されたが，この時点では生産者の特定には至っていない．次いで，同カイメンに含まれる 48 アミノ酸残基から構成される特異な構造をもつペプチドのポリセオナミド B（polytheonamide B）の生合成遺伝子の発見にも成功した[39]．

Piel らはカイメン *T. swinhoei* の主要な共生微生物であり，2〜3 μm の細胞が数珠状に並び，蛍光を発する "*Ca*. Entotheonella" 属に注目した．フローサイトメトリーを用いて 1 細胞を分離し，MDA（multiple displacement amplification）法により微生物のゲノム DNA を増幅したところ，48 細胞のうち 16 細胞からオンナミド生合成遺伝子，ポリセオナミド生合成遺伝子，および "*Ca*. Entotheonella" 特有の 16S rRNA を検出することに成功した．この結果か

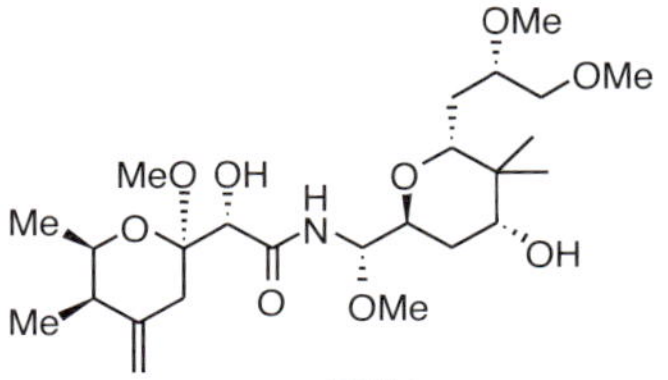

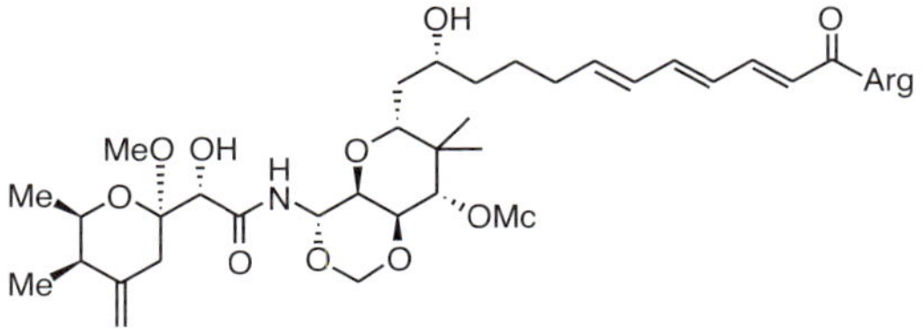

図 12.5 アオバアリガタハネカクシの毒成分ペデリンとカイメン由来オンナミド A の化学構造

化学構造中の Arg はアルギニン．

ら，"*Ca.* Entotheonella"がオンナミドおよびポリセオナミドの生産者であることが明らかになった[40]．次いで，"*Ca.* Entotheonella"を多く含む画分からメタゲノム DNA を調製し，次世代シーケンサーにより DNA 配列を解析した結果，この画分には 2 種類の "*Ca.* Entotheonella"が存在し，いずれも 9 Mb を超える，原核生物で最大級のゲノムをもっていることを明らかになった．また，ゲノム中には前述のオンナミドおよびポリセオナミドの生合成遺伝子だけでなく，31 化合物の生合成遺伝子クラスターが存在していた[40]．驚くべきことは，*T. swinhoei* から過去に単離されたペプチドおよびポリケチド化合物のうち，1 種の化合物を除くすべてが "*Ca.* Entotheonella"によって産生されており，さらに，いまだ発見されていないペプチドの生合成遺伝子が数多く存在していたことである．その後，Wakimoto ら[41]は，*Discodermia calyx* 由来でタンパク質脱リン酸化酵素の阻害活性を示すカリクリン（calyculin）の生合成遺伝子の取得に成功し，カリクリンが異なる種の "*Ca.* Entotheonella"によって産生されることを明らかにした．カイメン由来天然物の生産者が遺伝子レベルで明らかになっているのはこの 2 例だけであり，依然として大多数の化合物の生産者は未解明である．

12.3.4 他の海洋無脊椎動物由来の天然物の生産者

Piel による研究を皮切りに，他の海洋無脊椎動物からも複数の海洋天然物の生合成遺伝子クラスターが発見され，それと同時に，難培養性共生微生物の性状も明らかになり始めている．コケムシの 1 種の *Bugula neritina* より単離されたプロテインキナーゼ C 活性化物質ブリオスタチン（bryostatin）は，Gammaproteobacteria の "*Candidatus* Endo-bugula sertula"[42]によって産生され，ホヤの 1 種 *Lissoclinum patella* から単離されたパテラミド（patellamide）については，シアノバクテリアの *Prochloron didemni* から生合成遺伝子クラスターが発見されている[43]．また，ホヤの *Ecteinascidia turbinata* から単離され，軟組織がんに対する薬剤として上市されているエクテノシジン 743（Ecteinascidin743）は生合成遺伝子クラスターが明らかにされ，その生産者は Gammaproteobacteria の "*Candidatus* Endoecteinascidia frumentensis" であった[44]．さらに，ホヤの *Trididemnum solidum* より単離されたダイデムニン（didemnin）は，2011 年に Alphaproteobacteria の *Tistrella mobilis* によって産生されることが明らかにされ[45]，次いでその生合成遺伝子クラスターが報告された[46]．このように，カイメンのみならず，ホヤやコケムシから単離された海洋天然物の生産者が少しずつではあるが明らかにされ始めている．

今後，ゲノム解析をはじめとするさまざまな研究手法により，海洋天然物の真の生産者が同定されることで，生産者の培養や異種発現による天然物の産生が可能となり，試料供給への新たな道が拓かれるだろう．

12.4　微生物が担う共生における役割

カイメンがきわめて単純な体構造をしているにもかかわらず太古より安定して進化・繁栄しているのは，微生物との共生によるところが大きいと考えられている．このため，多くの研究が共生関係における微生物が担う機能の解明を試みているものの，現在のところ明確な答えは得られていない．これは共生微生物の培養に成功していないことに加え，宿主と微生物の関係を明らかにするモデル生物が存在しないことに起因している．宿主に対する微生物のおもな貢献は，微生物が産生する二次代謝産物による化学防御，栄養源の供給，および物質循環と考えられている．

12.4.1 共生微生物が産生する天然物による化学防御

多くのカイメンは，体内に炭酸カルシウムもしくはケイ酸からなる鋭い骨片をもち，体構造の維持とともに捕食者からの物理的防御に利用している．さらに，捕食者，競合する生物，付着性生物，および微生物に対する防衛手段として，化学物質も利用していると考えられる[47]．天然物の生態における機能を明らかにするのは容易でないが，カイメン個体に物理的なダメージが生じた際，内在の天然物が生物活性を示す化合物に変換される化学的防御（activated chemical defense）に関しては，複数の研究報告がある．*Aplysia* 属カイメンでは，不活性であるイソキサゾリンアルカロイド（isoxazoline alkaloid）が段階的に分解され，グラム陰性菌に対する抗菌活性および細胞毒性を示すアエロプリシニン 1（aeroplysinin-1）およびジエノン（dienone）が生じる[48]．また，*Aplysinella rhax* では，傷害を加えた直後にプサマプリン A 硫酸塩（psammaplin A sulfate）の硫酸基の分解によってプサマプリン A（psammaplin A）となり，カイメンを捕食するフグに対して摂餌阻害作用を示すことが報告されている[49]．さらに，前述のカリクリンは，カイメンの体内では二リン酸エステル体として存在するが，カイメンが物理的ダメージを受けると，一リン酸エステルへと分解され，約 1,000 倍強い細胞毒性物質に変換されることが明らかとなった．このように，共生微生物が産生すると考えられる天然物が，宿主の生存において重要であることが証明されている[37]．

12.4.2 共生微生物が担う物質循環

宿主の生存にとって，微生物からの栄養供給，もしくは物質循環がどのくらい重要であるかは測りにくいが，カイメンの体内は微生物のコンソーシアムによってすぐれた物質循環の環境が整えられていることは想像にかたくない．カイメンの共生微生物群のメタゲノム解析によって，物質代謝にかかわる遺伝子が発見され，物質循環の一端が明らかになっている．カイメン体内では従属栄養が一般的で，微生物の摂取もしくは微生物による溶存有機炭素の取り込みによって炭素源を確保している．一部のカイメンには，シアノバクテリアをはじめとした光合成細菌が共生している例もあり，この場合，おもにグリセロールを光合成産物として宿主に供給すると考えられている．共生微生物のゲノム解析（シングルセルゲノミクス，メタゲノミクス）の結果，解糖系，ペントースリン酸経路，クエン酸回路などの主要な代謝経路に加え，逆クエン酸回路や 3-ヒドロキシプロピオン酸サイクル（3-hydroxypropionate cycle）といった炭酸固定にかかわる遺伝子の存在も確認されている．また，さまざまな種類のトランスポーターが存在していることより，共生微生物が環境中の幅広い代謝物を取り込む能力を有していることが

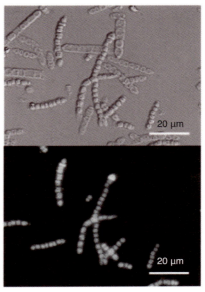

図 12.6 カイメン（*Theonella swinhoei*）に共生して多様な二次代謝産物を産生する *Entotheonella* 属細菌
文献 40. Figure 2b より転載．

サンゴ礁などの貧栄養海域では窒素レベルが低く、宿主にとって窒素源の確保は重要な課題である。サンゴ礁に生息するカイメンの窒素固定は、当初シアノバクテリアが担っていると報告された[50]。その後、多くのカイメンから多様なニトロゲナーゼ遺伝子（*nifH*）および窒素固定細菌が検出されており、カイメン内の微生物が窒素固定を担っていることが示唆されている。カイメン内および環境水から得られる *nifH* 遺伝子の多様性を解析した結果、窒素固定細菌は、環境から一時的にカイメン内に取り込まれた水平伝播由来の微生物であった[51]。その他、窒素代謝に関連する遺伝子として、アンモニアモノオキシゲナーゼ、硝酸還元酵素、亜硝酸還元酵素、N_2O 還元酵素などの存在がメタゲノム解析によって確認されている[52-55]。

このように、メタゲノム解析によって、共生微生物叢における代謝経路が部分的に明らかにされているが、いずれも遺伝子の存在が確認されているのみである。今後は、宿主内でこれらの遺伝子が機能しているか、またどのように物質循環が行われているかを詳細に検討していく必要がある。

12.5 おわりに

近年、古典的な培養法によって得られる微生物はきわめて限定的であることが知られるようになり、カイメンの共生微生物についても同様のことがいえる。分子生物学的手法および次世代シーケンサーの発展により、各カイメンに共生する微生物種に関する情報が飛躍的に増えてきた。解析する 16S rRNA 領域や使用するプライマーによって得られる結果が異なるため、断定的なことはいえないが、おおむねほとんどのカイメンには多様な微生物が共生しており、環境水には（ほぼ）存在しないカイメン特有の微生物群が存在していること、さらに主要な微生物組成に変化はないものの、環境因子の変化によりダイナミックに微生物種とその含量が増減していることは事実であろう。これらの実験結果を考慮すると、カイメン共生微生物のうち、主要な微生物種は垂直伝播により子孫に受け継がれ、他の微生物は水平伝播によって体内に取り込まれていることが推測できる。しかしながら、濾過食性であるカイメンがどのようにして餌微生物と共生微生物を識別しているか、という長年の謎の解明にはいまだ有力な手掛かりはない。

同様に、カイメンに特有の天然物を産生する微生物は、徐々に明らかになりつつあるものの、多くは未解明である。その中で Piel らによる海洋天然物の生合成に関する一連の研究は示唆に富んでいる。とくに *Theonella swinhoei* は多様な化学構造をもつ天然物を多く含むことから、カイメンの中でも化合物の宝庫と考えられ、化合物産生を担う共生微生物が多数存在すると考えられていた。しかしながら、同カイメンに含まれる主要な化合物のほとんどを 1 種の共生微生物が産生していることが明らかとなった。この研究結果は、化合物産生に長けた共生微生物の存在を明らかにすると同時に、カイメンに含まれる膨大な微生物種のうち、有能な共生微生物は少数である可能性を示唆している。この仮説は微生物群集構造の研究からも支持されている。すなわち、野生および飼育したカイメンでは、それぞれ採集時および飼育期間によって微生物組成が大きく変動するにもかかわらず、天然物プロファイルはほとんど変化しない。これは、天然物の産生を担う微生物が限定されており、全体の群集構造の変化から天然物の産生状況を読み取れないことを示している。カイメンに含まれる天然物は、カイメンの種に依存することも、依存しないこともある。ただし、生息地域に関係なく種に特有の化合物が存在する例が多くの研究によっても示されており、太古より

一部の種特異的な共生微生物が垂直伝播によって受け継がれてきた証といえる．

宿主であるカイメンが単純な体構造をもつにもかかわらず太古よりその体構造を大きく変えることなく進化してきた背景に，微生物との共生があることは間違いないであろう．カイメンと微生物の共生関係がもたらす利点として，相互的に代謝物を利用する物質循環の構築，および微生物の二次代謝産物による化学防御が考えられるが，いずれも断片的な情報が得られているのみで，包括的な理解には至っていない．

このように，海綿動物と共生微生物の関係は，ほとんどの事象が未解明である．それゆえに，「共生」という生命現象を解き明かすのに，カイメンは魅力な研究材料の一つであるといえる．今後，オミクス研究を基盤に，膨大な情報が取得されるものと予想できるが，得られる情報を統合的に理解するためには，共生微生物の可培養化およびモデル生物の確立が必須であろう．

(高田健太郎)

文　献

1) C. W. Li et al., *Science*, **279**, 879 (1998).
2) S. B. Hedges et al., *BMC Evol. Biol.*, **4**, 2 (2004).
3) S. Vogel et al., *Proc. Natl. Acad. Sci. USA*, **74**, 2069 (1977).
4) M. W. Taylor et al., *Microbiol. Mol. Biol. Rev.*, **71**, 295 (2007).
5) D. Uemura et al., *J. Am. Chem. Soc.*, **107**, 4796 (1985)
6) J. Vacelet et al., *J. Exp. Mar. Biol. Ecol.*, **30**, 301 (1977).
7) C. R. Wilkinson, *Mar. Biol.*, **49**, 177 (1978).
8) U. Hentschel et al., *Appl. Environ. Microbiol.*, **68**, 4431 (2002).
9) R. L. Simister et al., *Environ. Microbiol.*, **14**, 517 (2012).
10) N. S. Webster et al., *Environ. Microbiol.*, **12**, 2070 (2010).
11) L. Moitinho-Silva et al., *Molecular Ecol.*, **23**, 1348 (2014).
12) L. Fieseler et al., *Appl. Environ. Microbiol.*, **70**, 3724 (2004).
13) E. Gaino et al., *Invertebr. Reprod. Dev.*, **26**, 99 (1994).
14) A. V. E. Ereskovsky et al., *Mar. Biol.*, **146**, 869 (2005).
15) H. R. Kaye et al., *Invertebr. Reprod. Dev.*, **19**, 13 (1991).
16) M. Sciscioli et al., *Mol. Reprod. Dev.*, **28**, 346 (1991).
17) M. J. Uriz et al., *Invertebr. Biol.*, **120**, 295 (2001).
18) S. Schmitt et al., *Appl. Environ. Microbiol.*, **73**, 2067 (2007).
19) N. F. Montalvo et al., *Appl. Environ. Microbiol.*, **77**, 7207 (2011).
20) N. M. Mohamed et al., *Appl. Environ. Microbiol.*, **74**, 1209 (2008).
21) N. M. Mohamed et al., *Appl. Environ. Microbiol.*, **74**, 4133 (2008).
22) A. Siegl et al., *ISME J.*, **5**, 1 (2010).
23) T. Thomas et al., *ISME J.*, **4**, 1557 (2010).
24) S. Al-Khodor et al., *Mol. Microbiol.*, **70**, 908 (2008).
25) X. Pan et al., *Science*, **320**, 1651 (2008).
26) U. Hentschel et al., *Nat. Rev. Microbiol.*, **10**, 641 (2012).
27) M. Srivastava et al., *Nature*, **466**, 720 (2010).
28) M. F. Mehbub et al., *Mar. Drugs*, **12**, 4539 (2014).
29) W. H. Gerwick et al., *Chem. Biol.*, **19**, 85 (2012).
30) T. D. Aicher et al., *J. Am. Chem. Soc.*, **114**, 3162 (1992).
31) A. Fredenhagen et al., *J. Am. Chem. Soc.*, **109**, 4409 (1987).
32) M. Oclarit et al., *Microbios*, **78**, 7 (1994).
33) M. D. Unson et al., *Mar. Biol.*, **119**, 1 (1994).
34) M. D. Unson et al., *Experientia*, **49**, 349 (1993).
35) C. A. Bewley et al., *Experientia*, **52**, 716 (1996).
36) R. Sakai et al., *Chembiochem.*, **9**, 543 (2009).
37) J. Piel, *Proc. Natl. Acad. Sci. USA*, **99**, 14002 (2002).
38) J. Piel et al., *Proc. Natl. Acad. Sci. USA*, **101**, 16222 (2004).
39) M. F. Freeman et al., *Science*, **338**, 387 (2012).
40) M. C. Wilson et al., *Nature*, **506**, 58 (2014).
41) T. Wakimoto et al., *Nat. Chem. Biol.*, **10**, 648 (2014).
42) M. Hildebrand et al., *Chem. Biol.*, **11**, 1543 (2004).
43) E. W. Schmidt et al., *Proc. Natl. Acad. Sci. USA*, **102**, 7315 (2005).
44) C. M. Rath et al., *ACS Chem. Biol.*, **6**, 1244

45) M. Tsukimoto et al., *J. Nat. Prod.*, **74**, 2329 (2011).
46) Y. Xu et al., *J. Am. Chem. Soc.*, **134**, 8625 (2012).
47) V. J. Paul et al., *Biol. Bull.*, **213**, 226 (2007).
48) R. Teeyapant et al., *Naturwissenschaften*, **80**, 369 (1993).
49) C. Thoms et al., *J. Chem. Ecol.*, **34**, 1242 (2008).
50) C. R. Wilkinson, *Science*, **236**, 1654 (1987).
51) M. Ribes et al., *App.l Environ. Microbiol.*, **81**, 5683 (2015).
52) C. L. Fiore et al., *Front. Microbiol.*, **6**,1 (2015).
53) Z.-Y. Li et al., *Sci. Rep.*, **4**, 3895 (2014).
54) L. Fan et al., *Proc. Natl. Acad. Sci. USA*, **109**, E1878 (2012).
55) K. Bayer et al., *FEMS Microbiol. Ecol.*, **90**, 832 (2014).

✓ Symbiotic Microorganisms

V

植物と共生

13章　植物における共生の総論

14章　根圏と微生物

15章　根粒菌

16章　マメ科植物における共生分子機構

Part V 植物と共生

植物における共生の総論

Summary

根粒菌はマメ科植物に根粒を形成して共生窒素固定を行う．その相互作用の分子機構の理解はかなり進展してきた．最も特徴的なのは，フラボノイドとリポキチンオリゴ糖の低分子シグナルによる，両パートナーの遺伝子発現を介した根粒器官形成と窒素固定発現につながる共生システムの理解である．そこでまず，これらの共生成立過程における感染過程と根粒形態について概説する．次に，植物における共生窒素固定の進化について考える．植物の共生窒素固定の起源は1億年以上前であること，および根粒菌の共生アイランドは宿主マメ科植物種に適応しながら根粒菌の生成と消滅に関与するという最新の研究について説明する．また，植物体に共生する細菌は，主として植物体内に共生するエンドファイトと，植物体表面に共生するエピファイトに大別される．

エンドファイトとは植物体内に共生しながらとくに病兆を示さない微生物の総称である．これら植物共生微生物は，植物の生育促進や耐病性の付与などの機能だけでなく，植物圏の物質循環にも関与している．また，近年普及してきた培養に依存しない研究手法によって，微生物コミュニティと植物の相互関係の全体像に迫ることが可能になり，環境変化や宿主植物遺伝子に応答した微生物群集の構造変化が明らかになってきた．その研究も紹介する．

13.1 はじめに

植物病理学者のDe Brayは，1853年に初めて，物理的な接触のある2種類の生物間のかかわりを「共生(symbiosis)」と定義した[1]．つまり広義の意味で共生を捉えるもので，利益があるかないかという機能面での特徴は示唆していない．本章では，この意味で「共生」という用語を用いる．

根粒菌はマメ科植物に根粒を形成し，生物的窒素固定という重要な形質を示すため早くから研究が行われ，その相互作用の分子機構の理解はかなり進展したといえる．最も特徴的なのは，フラボノイドとリポキチンオリゴ糖の低分子シグナルによる，両パートナーの遺伝子発現を介した根粒器官形成と窒素固定発現につながる共生システムの

理解であろう（図13.1）．植物側の最新の研究成果は第16章に，根粒菌の詳細は第15章に記述されているので，本章ではその共生成立過程の概要と，このような窒素固定共生系が生物進化の過程でどのように成立したのかについて解説したい．

植物の体内や表面は，根粒菌以外の膨大な種類の微生物に満ち満ちている．植物体内や体表面の微生物はそれぞれエンドファイトとエピファイトと呼ばれ，とくに病兆を示さず植物の地上部（葉と茎），根，種子などに共生している（図13.2）．土壌にはきわめて多様な微生物が生息しているが，植物根に生息している微生物の多様性は土壌より明らかに低い[2-4]．この説明として，微生物の植物侵入因子や植物免疫系のバリアを乗り越える仕組みが示唆されていたが，逆に植物が積極的に

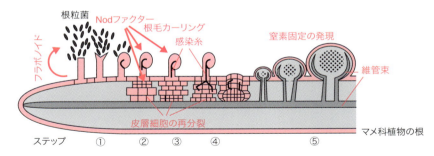

図 13.1　根粒菌とマメ科植物の初期シグナル交換と根粒形成過程
マメ科植物からフラボノイドが分泌され，根粒菌から Nod ファクター（リポキチンオリゴ糖）が分泌され，根毛カーリング，感染糸形成，皮層細胞の再分裂が開始される．感染過程の各ステップは以下の通りである．ステップ①：根粒菌が植物根の周りで増殖する．ステップ②：根粒菌が根毛の先端部に付着し，根毛カーリングを起こす．ステップ③：感染糸を形成しつつ，皮層細胞の細胞分裂が誘導される．ステップ④：感染糸は枝分かれし，皮層細胞中にバクテロイド（根粒菌）が放出される．ステップ⑤：根粒の構造が完成し，バクテロイドの窒素固定が発現する．分子機構については第 15 章および第 16 章を参照．

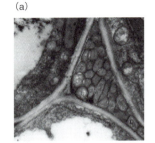
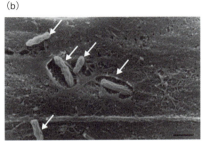

図 13.2　植物体内および表面に生息している細菌
(a) 植物の葉組織の細胞間隙（細胞に囲まれた三角形の領域内）に生息している細菌．(b) 植物根の表面に生息している細菌（矢印）．植物組織内に生息する微生物はエンドファイト，植物表面に生息している微生物はエピファイトと呼ばれる．

ある土壌微生物を選抜し，根に生息させていると見ることもできる．エンドファイトでは根粒菌のような単純な植物接種実験が難しいことが知られており，微生物コミュニティと植物の関係として捉えることが重要であると考えられている．近年，培養に依存しない手法（次世代シーケンサーによる rRNA 遺伝子プロファイリングやメタゲノム解析）が微生物群集構造解析法として普及し，生態学や植物学分野からも植物共生微生物の多様性や機能の解明について熱い視線が注がれている[5, 6]．植物共生微生物群集の最新の研究成果や動向は第 14 章に詳述されている．

　エンドファイトなどの植物共生微生物は，植物生育促進，植物の栄養獲得，耐病性の付与などの有用機能以外に，植物圏における物質循環にも深くかかわっている．そこで，植物共生微生物の物質循環機能についての具体例を，本章の最後に簡単に紹介したい．

13.2　マメ科植物と根粒菌の共生窒素固定

　マメ科植物と根粒菌の初期相互作用は低分子シグナルによって起こる[7]．根粒菌は，根から放出されるフラボノイド化合物を受容体で感知して，根粒形成遺伝子（Nod gene）を発現させ Nod ファクターと呼ばれる N-アセチルグルコサミンのオリゴ糖（リポキチンオリゴ糖）を合成する．Nod ファクターが宿主根細胞の受容体で感知されると，根毛カーリング・感染糸形成・皮層細胞の再分裂が起こり，根粒菌の感染が開始される．根粒菌がカーリングした根毛から感染すると，宿主植物は感染糸と呼ばれる鞘状の通路をつくって根粒菌を感染細胞まで導く（図 13.1）．根粒菌にはさま

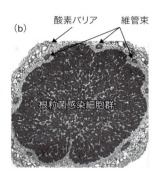
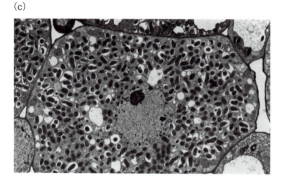

図13.3　根粒組織と根粒菌感染細胞
(a) ダイズの根に着生している根粒．(b) 根粒の断面像．根粒菌感染細胞群の周囲に光合成産物と固定窒素の交換を行う維管束が張り巡らされている．分子状酸素は窒素固定酵素（ニトロゲナーゼ）を失活させるので，根粒組織全体が厚膜化した細胞層に包まれており，酸素バリアとなっている．(c) 図(b)の根粒菌感染細胞の電子顕微鏡像．黒く写っている根粒菌が細胞内に多数存在している．生理的および形態的に単生生活とは異なった共生モードとなっており，根粒バクテロイドと呼ばれる．根粒バクテロイドはペリバクテロイド膜という植物由来の膜に包まれており，クロロプラストやミトコンドリアのような二重膜から構成される細胞内器官と似ている．(d) (c)の模式図．

ざまな種類があり，根粒菌の種によって共生できるマメ科植物の種類が決まっている．このような宿主特異性はパートナー間で交換されるフラボノイド化合物とNodファクター（図13.1）による初期認識で決定されていることがわかっている（第15，16章参照）．

　根粒組織は，実に共生窒素固定に適した構造をしている．まず図13.3の根粒の顕微鏡写真（図13.3b，c）を見てほしい．根粒組織には，根粒菌が感染した細胞群の周りに維管束が発達している（図13.3b）．感染細胞内に放出された根粒菌はペリバクテロイド膜という植物由来の膜に包まれ，宿主の防御応答から逃れている（図13.3c）．さらに，根粒組織の外側には酸素バリアの細胞層が見られ（図13.3b），この酸素バリアは，酸素結合性のレグヘモグロビンとともに分子状酸素O_2に弱い窒素固定酵素ニトロゲナーゼを守っている．根粒バクテロイドは，合成したニトロゲナーゼ酵素により，窒素分子をアンモニアに還元して宿主植物へ供給する．一方，宿主植物は窒素固定のエネルギーのために光合成産物を根粒バクテロイドに供給している．根粒と根の中心柱との間には維管束系が発達しており（図13.1，図13.3b），栄養共生として固定窒素と光合成産物の物々交換を行っているという意味で，共生窒素固定は互いに利益を得る「相利共生」と見なされている．それでは，このような巧妙な根粒共生系はどのように成立してきたのであろうか．

13.3　植物における共生窒素固定の進化

　マメ科植物は約6千万年前に出現し，根粒共生の起源はマメ科植物出現後に複数回あったと推定されていた[8, 9]．しかし，9,000種あまりの植物データに基づく定量的な系統解析により，共生窒素固定の起源は1億年以上前に1回起こった

図 13.4 共生窒素固定の進化的起源に関する仮説

菌根共生と根粒共生に植物の共通共生シグナル伝達系〔common symbiosis pathway（CSP），第 16 章参照〕が必須であることから，約 4 億年前に CSP の起源があると考えられている．共生窒素固定の起源は定量的な系統解析により 1 億年以上前であると推定され，安定的根粒共生系の確立はマメ科植物の出現以降と考えられるが，非マメ科の木本でも根粒菌やフランキア（放線菌の一種，第 15 章参照）が見られる．

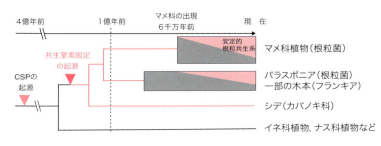

だけという可能性が報告された[10]（図 13.4）．この説によると，共生窒素固定の前駆体の時代が長く続き，共生能の獲得と喪失を起こしながら種として安定的共生能を示す植物が出現したことになる．この共生窒素固定の起源の系統樹上の位置から，根粒菌が感染するニレ科植物のパラスポニアや放線菌のフランキアが根粒形成をする一部の木本の非マメ科植物なども含まれている．しかし，1 億年以上前に起こった共生窒素固定の起源の分子的実態についてはわかっていない．

根粒の形態や感染様式のうち，図 13.3（a）のような球形の根粒は有限型根粒と呼ばれ，一方，根粒の細胞分裂組織が存続して人の手のような形態になった無限型の根粒もある[8,9]．また，感染様式も最もエレガントな根毛感染（図 13.1）だけでなく，根の表皮の細胞間隙に根粒菌が侵入する裂目感染もしばしば見られる[8,9]．このように，共生器官やその形成過程も進化の過程で変化してきたと考えられている．

植物の共通共生シグナル伝達系（common symbiosis pathway；CSP）は菌根共生と根粒共生の両方に必須であり，根粒菌 Nod ファクターと菌根菌 Myc ファクターの受容体の下流に位置するシグナル伝達系である[11]（詳しくは第 16 章参照）．約 4 億年前の菌根菌の化石が見つかっていることもあり，CSP の起源は約 4 億年前であると考えられている（図 13.4）．したがって，進化的に CSP と根粒共生の両方の起源をもっている植物が共生窒素固定能力を獲得したことになる．これまで，共生窒素固定能をもたないイネ科たナス科などの植物に共生窒素固定能を付与する試みが行われてきたが，成功例はほとんどなかった．イネ科とナス科などの大部分の植物はこの起源とは無関係に進化を遂げており，むしろ共生窒素固定の起源の下流の植物（たとえばシデ）のほうが共生窒素固定能の付与の可能性が高いと考えられる[11]．

13.4 根粒菌の共進化

近年，多数の根粒菌ゲノム情報などが蓄積され，根粒菌進化の一端が明らかになってきた．マメ科植物における根粒共生の進化と比較すると，これから紹介する根粒菌ゲノム進化の時間スケールはきわめて短い．共生窒素固定遺伝子群が根粒菌ゲノムのどこにあるかによって，根粒菌ゲノムは「共生アイランド型」と「共生プラスミド型」に分けられる[12]．本節では，研究が進んでいる共生アイランド型の根粒菌ゲノム進化について説明したい．

共生アイランドは根粒菌ゲノムの tRNA 遺伝子に挿入されており，CG 含量もゲノムコアより明らかに低く，転移性の遺伝ユニットの構造をしている（図 13.5）．実際，ミヤコグサ根粒菌（*Mesorhizobium loti*）の共生アイランドは，土壌中にいる非根粒菌のゲノムの tRNA 遺伝子に転移し，新規の根粒菌が生成する（非根粒菌を根

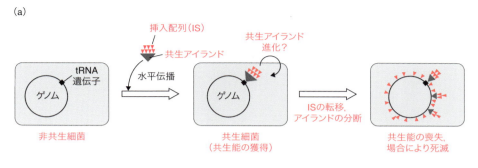

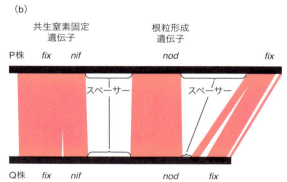

図13.5 共生アイランド獲得による根粒菌ゲノムの変化
(a) 非共生細菌ゲノム上のtRNA遺伝子に共生アイランドが挿入され根粒菌となる．また，動く遺伝子である挿入配列（insertion sequence；IS）が共生アイランドを破壊し，ゲノムコアに転移する場合がある．(b) 二つのミヤコグサ根粒菌の共生アイランドの比較．共生窒素固定を担うnif/fix遺伝子群やNodファクター生合成を担うnod遺伝子群はよく保存されているが（赤線），その間には相同性のないスペーサー領域がある[20]．スペーサー領域には動く遺伝子であるISや機能未知の遺伝子が多数含まれており，菌株ごとに配列や長さが変化する．

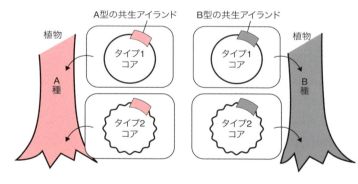

図13.6 根粒菌の共生アイランドと宿主植物および根粒菌ゲノムコアの関係
根粒菌の共生アイランドは共生窒素固定に必要な遺伝子群を含んでいるが，共生アイランドは宿主植物に対応しており，根粒菌のゲノムコアとは異なる場合が多い．したがって，共生アイランドは宿主植物との共進化により形成されていると推定されている．

粒菌に形質転換する）ことが7年間の野外実験で証明されている[13,14]．共生アイランドの水平伝播メカニズムとして，細菌集団としての振る舞いに関係するクオラムセンシング遺伝子（第1章参照）と栄養飢餓などが関連している可能性が報告されている[15]．

共生アイランド上の共生窒素固定遺伝子群は，宿主マメ科植物の種類によく対応しているが，根粒菌ゲノムコア上の必須遺伝子の系統樹とは一致しない[16,17]（図13.6）．これは，共生アイランドと宿主植物が相互作用しながら共進化していることを示唆している．

しかし，ある宿主植物に対応する共生アイランドの構造がまったく同じかというと，そうではない．共生アイランドには共生窒素固定に必須の保存性の高い遺伝子群だけでなく，動く遺伝子である挿入配列（insertion sequence；IS）や機能未知の遺伝子が多数含まれている．比較ゲノム解析

では,菌株ごとにISや機能未知の遺伝子のスペーサー部分が変化していることがわかってきた(図13.5b)[18-20]. したがって,根粒菌は宿主植物との共生と土壌中の生活を繰返すことにより,共生アイランドを速いスピードで変化させていると考えられる. 極端な表現ではあるが,まるで共生アイランドとゲノムコアが別々の生物のゲノムように見える.

共生アイランド獲得の危険性を示す事例もある. 生育のきわめて遅い根粒菌が土壌からしばしば分離されるが,それらの根粒菌ゲノムは,本来は共生アイランド内に閉じ込められてきたISがゲノムコアにも飛散し,共生アイランドが分断されていた(図13.5a)[21]. さらに,このような根粒菌ゲノムには,IS挿入による複数の必須遺伝子の破壊が見られた[21]. これらの結果は,ISの挿入箇所によっては共生窒素固定能の喪失や,単独の必須遺伝子破壊による死滅リスクの存在を示唆している. 実際,詳細な系統解析から,共生アイランド型の根粒菌の一部で共生能を喪失する現象が自然界で起こっていることが報告されている[22].

以上より,共生アイランドの独自の変化や共生アイランド獲得による根粒菌の生成と消滅がダイナミックに起こっていると考えられる. 共生アイランドの獲得により子孫の生息場所を拡大したり土壌中の菌数を増やせるというメリットはあるものの,共生アイランドによる共生能の獲得はさまざまなリスクも背負うことになると推定できる. 根粒菌ゲノムのこのような動的な状態が,根粒菌の宿主植物との共進化を促進しているのかもしれない.

13.5 植物の地上部および地下部の共生微生物

最初に述べたように,植物の組織内外には種々の微生物が生息している(図13.2). エンドファイト(endophyte)とは,おもに植物組織内の細胞間隙に生息し,とくに病兆を示さない微生物(糸状菌と細菌)の総称である.「endo」は「中」を,「phyte」は「植物」を意味する. 歴史的には,イネ科牧草に内生している*Neotyphodium*属の糸状菌により生産されるアルカロイドによる家畜被害からその重要性が認識された[23]. 一方,葉や根の植物組織の表面に生息している微生物は,エピファイト(epiphyte)と呼ばれる. エンドファイトは当初,「表面殺菌した植物組織から培養法で分離された微生物」として実験的に定義されたが,植物組織の内外両方に生息している微生物もおり,エンドファイトとエピファイトを厳密に分けることは難しい.

作物生産の視点から窒素固定エンドファイトが長らく研究されてきた. 長年無肥料で栽培されてきたブラジルのサトウキビがどのように窒素を獲得しているかという疑問に対して,糖が集積するサトウキビの茎に*Gluconacetobacter*属や*Herbaspirillum*属の窒素固定細菌が生息し,窒素固定により窒素を供給している可能性が1980年代に報告され始めた[24]. 接種実験により,その窒素固定がある程度植物の生育に寄与していることが証明されたが,その量は窒素の安定同位体^{15}Nを用いた実験から得られた推定値を大きく下回った[25].

エンドファイトは,植物細胞壁溶解酵素,多糖生成によるバイオフィルム形成,繊毛や鞭毛による運動性や走化性により,植物組織内に侵入すると考えられている[26]. たとえば,細胞壁溶解酵素であるセルラーゼやペクチナーゼの変異は,植物組織内への定着を抑制する. さらに,エチレン,インドール酢酸(IAA),サイトカイニン,ジベレリンなどの植物ホルモンバランスを撹乱することにより,植物の生育促進などを起こすことがしばしば観察されている[26]. AcdS〔ACC(1-amino-1-cyclopropane carboxylic acid)デアミナーゼ〕

は大多数の細菌エンドファイトに保有されている遺伝子の例である．AcdS が植物のエチレン生合成中間体の ACC を分解し，ストレス誘導型のエチレンの生成量を減らすことにより植物の生育や，ストレス耐性などを向上させる．

エンドファイトは，一部の植物病原菌が引き起こすような植物病原応答遺伝子の誘導をほとんど起こさない．エンドファイトが何らかの機構により植物免疫系の誘導を低レベルに抑えている可能性がある[26]．また，細菌エンドファイトは植物病原菌と似たタンパク質分泌装置(type V, VI)をもっている場合が多く，植物や他の微生物との相互作用にかかわっていると考えられる[26,27]．

エンドファイトが植物の生活に与える影響やその相互作用メカニズムについては，前述の断片的な知見はあるものの，統一的な説明や全体像についてはよくわかっていない．その原因として，ほかの共生微生物との関係や培養困難な微生物の存在があげられる．そこで，近年のシーケンス技術やデータベースの充実を生かして，ゲノム解析や植物変異体に基づく相互作用因子の特定や，自然界におけるエンドファイトを含めた微生物群集構造の解析が進められている．

13.6 植物共生微生物群集の全体像を捉える

腸内細菌の群集構造を捉える方法論やその有効性が証明されるなかで，植物根圏などの複雑な微生物生態系の全体像を捉え，植物と微生物群集の関係を明らかにするトップダウンのオミクス研究が進んできた[28]．たとえば水田のイネ根に共生している微生物群集構造が，窒素肥料を投与しない圃場[29]，CO_2 濃度や温度を上昇させた圃場[30] で調べられ，メタンサイクルにかかわるメタン酸化細菌やメタン生成古細菌がこのような環境変化に応答する重要な微生物であることが明らかになってきた[4,29,30]．菌根菌感染を起こさない CSP 変異体イネを植えてイネ根の微生物群集変化を調べ，イネの CSP 遺伝子が低窒素条件でメタン酸化細菌を積極的に受け入れている可能性があることも報告されている[31,32]．実験系をさらに工夫して，当該環境から分離した人工微生物群集とシロイヌナズナの防御応答遺伝子の変異体を使って，植物ホルモンのサリチル酸が通常の微生物群集を形成するために必要であることがわかってきた[32]．これらのアプローチは，微生物群集の生態学的な疑問や植物の役割に答える研究方向として着目されている(詳細は第 14 章参照)．

13.7 大気ガス組成を変える植物共生微生物

植物共生微生物は，温室効果ガスであるメタン(CH_4)や一酸化二窒素(N_2O)の大気への放出に深くかかわっている．たとえば，上記の水田生態系からはイネ根に共生しているメタン酸化細菌が重要な役割を果たしている[31,32]．根圏微生物研究の創始者である Hiltner は 1904 年にマメ科植物根の周辺土壌では細菌数が増加することを明らかにし，それは根粒から放出される窒素化合物の影響であると考察した[34]．ダイズ根粒は N_2O を吸収する能力が高いにもかかわらず，野外では根圏から N_2O が発生するという矛盾があった[35]．N_2O は温室効果ガスだけでなく，オゾン層破壊ガスでもある．

根粒組織にも寿命があり老化が起こる．N_2O 発生と微生物遷移を調べたところ，老化根粒中の根粒タンパク質を物質的な起点とする硝化細菌，糸状菌，根粒菌などによる食物連鎖と窒素形態変化〔根粒タンパク質→アンモニア(NH_4^+)→亜硝酸(NO_2^-)→N_2O〕の中で N_2O が発生することが明らかになった[35]（図 13.7）．また，N_2O から N_2 への還元は根粒菌が担っており，根粒根圏か

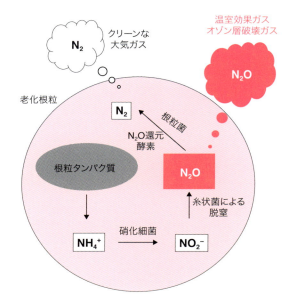

図 13.7　老化根粒による N_2O 発生機構の概略
老化根粒からの N_2O 発生は，根粒タンパク質→アンモニア（NH_4^+）→亜硝酸（NO_2^-）→ N_2O の過程で起こり，N_2O から N_2 への還元は根粒菌が担っている[35]．

ら発生した N_2O を吸収して N_2 に還元するため，N_2O 還元酵素活性の高い根粒菌により根圏全体の N_2O 発生が削減されることも室内実験および圃場レベルで明らかにされている[35]．植物共生微生物は植物との相互作用のみでなく，植物を取り巻く環境の物質循環過程に深くかかわっている．

13.8　おわりに

　植物共生微生物の宿主植物との相互作用やその役割を解くには，培養可能な共生微生物を用いた従来の無菌的環境における単独接種実験と，人工微生物群集全体の変化をオミクス解析によって調査するという，両極端の手法や考え方がある[2-4, 26]．植物の微生物群集を見ると，病原菌・狭義の共生菌，植物には何も変化を与えない多くの中立的な微生物が共存しており，その境目がわからなくなる[26]．中立的な微生物の微生物群集における役割の解明が求められている．実は，いずれのアプローチでも分離培養が前提となっており，植物共生に重要と推定される種々の微生物については分離培養の努力が重要である．

　本章では，根粒菌とその他の植物共生微生物群集について説明してきた．最後に両者の関係について考えてみたい．根粒菌と植物根の微生物群集を比較すると，根粒菌も土壌細菌の一部であるのに，マメ科植物はどのように根粒菌のみを選り分けて共生するのかという疑問がでてくる．根粒菌側からいいかえると，根粒菌がマメ科植物根の物理的障壁および植物免疫系をいかにかいくぐって植物根に感染し，細胞内共生を実現するのだろうか．実はこの点がたいへんホットな領域になりつつある[37]．根粒菌の生産する菌体外多糖がマメ科植物の受容体で認識されたり[38]，根粒菌に近縁細菌が根粒菌と一緒に共感染して根粒内に潜り込むことも報告されている[39]．根粒菌とマメ科植物の共生システムの分子機構はかなり解明されているので，マメ科植物と土壌微生物群集の関係をトップダウンのオミクス解析を駆使して観察することにより，重要なヒントがでてくるかもしれない．

（南澤　究）

文　　献

1) U. Kutschera et al., *J. Appl. Bot. Food Qual.*, **85**, 1 (2012).
2) D. S. Lundberg et al., *Nature*, **488**, 86 (2012).
3) D. Bulgarelli et al., *Nature*, **488**, 91 (2012).
4) J. Edward et al., *Proc. Natl. Acad. Sci. USA*, **24**, 122 (2015).
5) G. Berg et al., *J. Exp. Bot.*, **67**, 995 (2016).
6) G. Barkker et al., *Mol. Ecol.*, **23**, 1571 (2014).
7) G. E. Oldroyd et al., *Annu. Rev. Plant Biol.*, **59**, 519 (2008).
8) J. Sprent, *New PhytologistI*, **174**, 11 (2007).
9) J. Sprent et al., *Plant Physiol.*, **144**, 575 (2007).
10) D. A. Gijsbert et al., *Nat. Commun.*, **5**, 4087 (2014).
11) C. Kistner et al., *Trends Plant Sci.*, **7**, 511 (2002).

12) 南澤 究 他, 蛋白質 核酸 酵素, **51**, 1044 (2006).
13) J. T. Sullivan et al., *Proc. Natl. Acad. Sci. USA*, **92**, 8985 (1995).
14) J. T. Sullivan, C. W. Ronson, *Proc. Natl. Acad. Sci. USA*, **95**, 5145 (1998).
15) J. P. Ramsay et al., *Proc. Natl. Acad. Sci. USA*, **112**, 4104 (2015).
16) M. A. Parker, *Mol. Ecol.*, **21**, 1769 (2012).
17) M. A. Parker, *Microb. Ecol.*, **69**, 630 (2015).
18) T. Uchiumi et al., *J. Bacteriol.*, **186**, 2439 (2004).
19) A. F. Siqueira et al., *BMC Genomics*, **15**, 420 (2014).
20) H. Kasai-Maita et al., *Microbes Environ.*, **28**, 275 (2013).
21) T. Iida et al., *Appl. Environ. Microbiol.*, **81**, 4143 (2015).
22) J. L. Sachs et al., *PLoS One*, **6**, e26370 (2011).
23) C. L. Schardl, *Curr. Opin. Plant Biol.*, **16**, 480 (2013).
24) V. A. Cavalcante, J. Döbereiner, *Plant Soil*, **108**, 23 (1988).
25) M. Sevilla et al., *Mol. Plant Microbe Interact.*, **14**, 358 (2001).
26) P. R. Hardoim et al., *Microbiol. Mol. Biol. Rev.*, **79**, 293 (2015).
27) P. Piromyou et al., *Microbes Environ.*, **30**, 291 (2015).
28) S. Hacquard et al., *Cell Host Microbe.*, **17**, 603 (2015).
29) S. Ikeda et al., *Microbes Environ.*, **29**, 50 (2014).
30) T. Okubo et al., *Front. Microbiol.*, **6**, 136 (2015).
31) Z. Bao et al., *Appl. Environ. Microbiol.*, **80**, 1995 (2015).
32) Z. Bao et al., *Appl. Environ. Microbiol.*, **80**, 5043 (2015).
33) S. L. Lebeis et al., *Science*, **349**, 860 (2015).
34) A. Hartmann et al., *Plant Soil*, **312**, 7 (2008).
35) 板倉 学 他, 化学と生物, **49**, 560 (2011).
36) M. Itakura et al., *Nat. Clim. Chang.*, **3**, 208 (2013).
37) K. Tóth et al., *Front. Plant Sci.*, **6**, 401 (2015).
38) Y. Kawaharada et al., *Nature*, **523**, 308 (2015).
39) R. Rafal Zgadzaj et al., *PLoS Gentics*, **11**, e1005280 (2015).

Part V 植物と共生

根圏と微生物

Summary

　植物は一度根を張った場所から動くことはできない．一方，植物が根を下ろすその土壌には大量の微生物が生息している．植物は根の周囲の根圏と呼ばれる特殊な領域を通してこれらの土壌微生物とさまざまな"会話"をしながら「共に生きて」いる．その結果，根圏には「根圏微生物叢」と呼ばれる微生物コミュニティができあがり，その一部はさらに根の内部へと侵入することができる．本章ではこの根圏微生物コミュニティと植物との共生のあり方を考察する．

　まず前半では，古くからよく解析されてきた「植物の生育を促進する根圏微生物」（plant growth promoting rhizo-microorganisms）について，その生育促進機構を含めて説明する．これらの微生物について，その宿主との相互作用のあり方はよく解析されている一方で，微生物コミュニティの中でどう生きているかはよくわかっていない．そこで後半では，近年急速に発達した次世代シーケンサーを用いたプロファイリングに基づき，根圏微生物コミュニティの構造とその形成機構について考察する．最後に，近年の「嬉しい誤算」である植物共生細菌培養コレクションの確立とそれを用いた合成コミュニティ（SynCom）解析を用いた手法を紹介し，今後を展望したい．

14.1　はじめに

　暖かい晴れた日に，青々と茂る植物に囲まれながら公園のベンチでゆったりとした時間を過ごす．ふと目をあげると，日光を浴びながら光合成に精をだし，紫外線や活性酸素と戦いながら懸命に生きる木々や草々が目に入る．目をこらすと，多くの植物には傷があったり，斑点模様があったり，あるいは葉が1枚だけ枯れていたりするのがわかる．実はそのどれもが，植物が懸命に生き延びようと病害微生物や食害昆虫と戦った結果，あるいはまさに戦っているその姿である．植物の研究をしているとつい，「あぁ，あの葉っぱは病原菌を抑え込むために自らを犠牲にしたのだ」などと植物の献身性に想いを馳せてしまう．

　しかしそれだけなのだろうか．献身的なのは自らを犠牲にして個体を守った葉っぱ1枚なのであろうか．微生物と戦っているのは病徴の顕著な一部だけなのであろうか．そんなことはなさそうである．実際のところ，この世界は微生物で溢れている．実験室の滅菌環境下でもない限り，あらゆるところにあらゆる微生物が潜んでいる．とくに土壌の中には途方もない数の微生物が生息していて，動物の死骸や落ち葉，枯れた植物などを分解しては土壌に変換し，新しい生命の芽吹きの支えとなっている．そして，一部の例外を除いてほぼすべての植物は，その土壌に根を張り水を吸い栄養を吸収して生き，われわれの目を癒してくれている（植物はそのために生きているわけではないが）．

　つまるところ，一見すると健康で病徴もなく食害も受けていない植物が，その細部では数え切れ

ない微生物と「共に生きて」いるのである．それは病原菌との戦いであるのと同時に，植物にとって都合のよい微生物を呼び寄せるリクルート活動でもある．そしてその相互作用は，高度な多様性をもつ微生物群を養う土壌と，そこから栄養分を吸収する根との間で最も顕著となる．本章では，そんな植物と微生物との共同生活を，根と根の周りの領域（根圏）に注目して考えていきたい．

14.2 根圏と根圏微生物の定義

土壌微生物と植物の相互作用は根および根の周囲の特定の領域で繰り広げられる．この領域こそが本章の舞台，「根圏」（rhizosphere）である．根圏という用語の歴史は1世紀以上前に遡り，1904年にHiltner[*1]によって「根から影響を受ける土壌」（soil influenced by roots）として定義された（図14.1）．「影響」の実体は根に由来するさまざまな物質（root exudatesあるいはrhizodepositsと呼ばれる）であり，糖，アミノ酸，有機酸などの有機化合物に加え，死細胞の破片やさまざまな二次代謝産物が含まれる．これらの物質は根から離れるにつれて徐々に薄まっていくので，根圏と周辺土壌の間に明確な隔たりはなく，いわば「気づけば根圏，気づけば土壌」という状態である（薄まり方は物質によって異なることにも留意）．つまり，「根圏」とは漠然とした実体に基づく多分に概念的な用語であるため，根圏について実験的に議論する際には，各実験において何をもって根圏としているのかを常に意識する必要がある．たとえば，多くの実験において根圏は「根に強く結合している土壌画分」（soils tightly attached to the roots）と定義されるが，「強さの度合い」は各研究者の主観に委ねられている[*2]．また「根圏」について行われた研究を横断的に参照して統合的な理解を試みる際にも，その言葉の意味する実体が異なることを意識することが重要となる（異なる植物種を比較する際にはとくに気をつけなければならない）．

さて，このような根圏において，微生物は植物の根由来の物質，とくに糖などの炭素源[*3]を栄養分として生育していると考えられている[1]．これらの微生物は土壌のそれとは異なる組成の

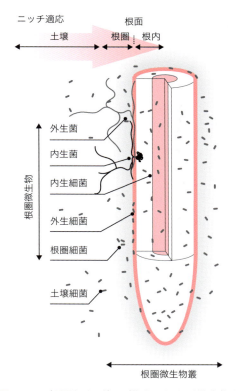

図14.1　根圏および根の模式図および微生物分布
土壌，根圏，根面，根内にはそれぞれ土壌細菌，根圏細菌，外生細菌，内生細菌が存在する．さらに根面に存在する真菌性外生菌や根内に菌糸を広げる真菌性内生菌も多く見られる．本章ではこれらのうち土壌細菌を除いたものを根圏微生物と呼び，そのコミュニティとしての総体を根圏微生物叢と呼ぶ．土壌から根圏，根面を介して根内へ進むにつれ種多様性は低下し，段階的にニッチ適応が起こっていると考えられている．

[*1] ドイツの植物学者・微生物学者．植物と土壌細菌の相互作用理解に尽力し，彼の提唱した理論・アイデアは1世紀経った今でも有効な物が多い．詳細は文献58などを参照されたい．
[*2] 一般的にはブラシによる単離（空中分画法）や緩衝液による洗浄（水中分画法）などが用いられるが，その具体的な方法や緩衝液の組成は研究によって異なる．

根圏微生物叢 (rhizosphere microbiota/root-associated microbiota)[*4] を形成しており，一部はさらに根の表面や内部のニッチ獲得に成功する．それらは根圏微生物と区別してそれぞれ根の外生菌 (root epiphyte)，内生菌 (root endophyte) と呼ばれることもある (図 14.1)．本章では便宜上すべてを合わせて「根圏微生物」と呼ぶ．また「微生物」とは，断りのない限り細菌 (bacteria)，真菌 (fungi)，卵菌 (oomycetes) に加え，古細菌 (archaea) や原生生物 (protists) を含む概念とする．その優占的相対量や分類データベースの充実度，実験的扱いやすさなどから，根圏微生物叢研究はおもに細菌に関するものによって先導されてきた．本章でもそれに倣って，おもに細菌に焦点を当てつつ，その他の微生物 (とくに真菌や卵菌) にも意識を払いながら全体像を捉えていきたい．

14.3 根圏微生物の機能

根圏微生物をその機能で概念的に分けるとすれば，植物に利益をもたらす相利共生微生物 (beneficial microbes)，逆に病徴や生育阻害を引き起こす病害微生物 (pathogenic microbes)，そして一見すると大きな影響を及ぼさない片利共生微生物 (commensal) に分類することができるだろう．ここではとくに，植物に利益をもたらす微生物群に注目して筆を進めていきたい．

ある種の土壌微生物が植物の生育を促進することはよく知られている．とくに，第 15，16 章で詳細に解説されるマメ科－根粒菌の相互作用が有名である．では，マメ科以外の植物が土壌微生物の恩恵に預かっていないのかといえば，そうではない．すべての植物が，微生物との相互作用を通してさまざまな利益を得ている．よく知られているのがアーバスキュラー菌根菌 (arbuscular mycorrhizal fungi；AM 菌) と呼ばれる共生菌や，plant growth promoting rhizobacteria (PGPR) と総称される生育促進活性 (PGP 活性) をもつ細菌群である．

AM 菌はコケ (蘚類，苔類) を含む陸上植物のおよそ 80% 以上もの種と共生関係を結ぶことができ，宿主植物細胞内に樹枝状体 (アーバスキュール，arbuscules) を形成して広大な接触表面積を獲得する (図 14.2a)．この広い表面積は 2 者間の物質のやりとりに大きく貢献していると考えられる．興味深いことに，AM 菌モデル植物シロイヌナズナを含むアブラナ目植物の多くやアカザ科の植物には感染できず，AM 菌との共生に必要な遺伝子群も多くがこれらの植物のゲノム上から失われている[2]．ただし，*Piriformospora indica*，*Sebacina vermifera*，*Colletotrichum tofieldiae* などの菌類はシロイヌナズナの内生菌として宿主生長を促進することが知られており (図 14.2b)，これら AM 菌のいない植物種においては別の共生菌がその空いたニッチを利用して類似した相互作用を確立していると示唆されている[3,4]．

AM 菌，内生共生菌，PGPR が宿主の生育を促進する仕組みはさまざまであるが，大きく以下の三つに分類できる[5,6]．

① 栄養吸収促進
② 病害抵抗性の促進
③ 植物ホルモンの分泌，干渉

本節ではそれぞれの機構についてこれまでにわかっていることを概説したのち，現状の課題などを考えていきたい．

[*3] 植物によって分泌される炭素化合物は糖やアミノ酸，有機酸などさまざまな形態であり，それらを合算すると光合成によって固定した炭素の 10〜20% にのぼるともいわれている[59]．

[*4] 微生物叢は microbiota とも microbiome とも呼ばれる．植物の共生微生物研究や腸内細菌研究では plant/gut microbiota がよく使われている．腸内細菌叢はそのグラム染色像がさまざまな色，形の花が咲き乱れる花畑 (flora) にたとえられ，以前は gut (micro)flora と呼ばれていた．

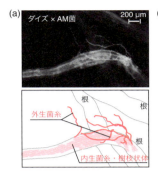
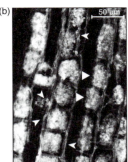
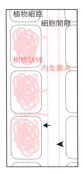
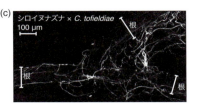

図 14.2　AM 菌や内生菌による外生／内生菌糸・樹枝状体の形成と生育促進
(a) 野外天然圃場（いわゆる畑）で育成したダイズの根で AM 菌の細胞壁を染色すると，根圏に広がる外生菌糸や根の内部に発達する内生菌糸・樹枝状体がよく見える．(b) 根の内部では，細胞間に管状の内生菌糸が網目状に広がり（矢尻），細胞内には複雑な樹枝状体が発達する（矢印）(a, b 提供：農研機構北海道農業研究センター　小八重 善裕 氏のご厚意による）．(c) シロイヌナズナに感染する天然内生菌である *Colletotrichum tofieldiae* は複雑な外生菌糸ネットワークと内生菌糸を発達させる．植物組織は赤色蛍光タンパク質で，*C. tofieldiae* の菌糸は緑色蛍光タンパク質で可視化してある（筆者撮影・カラー口絵）．

14.3.1　栄養吸収促進——リン，鉄，窒素

　植物は自らが光合成により固定できる炭素を除き，多くの栄養分を土壌からの吸収に依存している．なかでも，植物の生育を律速しやすいのはリン・カリウム・窒素の量であるとされる．しかし，土壌において利用可能な栄養分は限られている．たとえば，土壌中のリンの多くは有機リン（リン脂質や核酸など）および難溶性無機リン（リン酸カルシウムなど）のかたちで存在しているが，植物が吸収可能なのはおもに無機オルトリン酸（Pi）である．多くの PGP 微生物[*5]は，酸性フォスファターゼや有機酸を分泌して土壌中のリンを無機オルトリン酸へ変換することで，植物のリン吸収を促進している（図 14.3a-①）．同様に，鉄イオンも多くが土壌では不溶性の三価鉄として存在しており，これはアルカリ性の土壌でとくに顕著となる．多くの PGPR や根粒菌はシデロフォア（siderophore）と呼ばれる低分子化合物を分泌し，これらが不溶性三価鉄をキレートすることにより植物の鉄吸収を促進する（図 14.3a-②）．

　窒素の吸収も微生物に大きく依存している．植物が吸収できる窒素源はアンモニウム塩，硝酸塩，亜硝酸塩などの無機窒素塩がほとんどであるが，窒素ガスから無機窒素塩への固定（biological nitrogen fixation；BNF）は，窒素固定酵素ニトロゲナーゼをもつ一部の真正細菌と古細菌のみが担っている．植物はこれら微生物の分泌する無機窒素塩などに窒素源を依存している（図 14.3a-③）．この過程で，根圏には *Azospirillum* 属などの窒素固定細菌（free-living diazotrophs）が濃縮され[7]，密接な栄養分の交換を行っていると考えられている．マメ科植物は根粒菌との密接で強固な共生関係により，BNF の恩恵を最大限享受している（詳細は第 15，16 章参照）．

　真菌類はさらに，自らの菌糸を通して栄養を輸送できる．AM 菌や共生菌はその長い菌糸の一方を土壌中に伸ばして広い範囲の土壌から栄養分を吸収し，他方で密着している宿主細胞へリン酸トランスポーターを介して直接的に供給できる[4]．このような観点から，植物と相互作用する共生真菌の菌糸を「根の一部」と捉え，菌糸の周辺部を含めた「菌根圏」（mycorrhizosphere）という概念も定着しつつある[8]．

---

*5　PGPR は細菌のみを，PGP 微生物は AM 菌を含む PGP 活性をもつすべての微生物を表す．

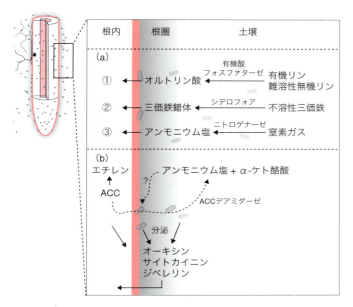

図 14.3 PGPR による宿主生育促進機構
(a) 土壌に存在する有機リンや難溶性無機リン，不溶性三価鉄，窒素ガスはそのままでは植物は利用できない．根圏に存在する PGPR の働きによりそれぞれオルトリン酸，三価鉄錯体，アンモニウム塩に変換され，植物に吸収される．(b) 多くの PGPR はオーキシン，サイトカイニン，ジベレリンなどの植物ホルモンを分泌し，それが宿主のもつ内在ホルモンバランスに干渉することで生長を制御する．また ACC デアミダーゼをもつ PGPR は宿主植物体内に存在するエチレン前駆体 ACC を分解することで宿主のエチレン蓄積量を抑制する．この分解によって得られるアンモニウム塩が微生物の育成そのものに関与しているともいわれるが詳細は不明．

14.3.2 病害抵抗性の促進

土壌には数多くの植物病原菌が存在している．たとえば農作物に甚大な被害を及ぼすフザリウム（*Fusarium* 属の真菌類），フハイカビ（*Pythium* 属の卵菌類），青枯病菌（*Ralstonia solanacearum*，細菌）などは土壌に多く見られる病原体で，感染すると組織の腐敗や宿主の枯死を引き起こす．発芽した場所から移動することのできない植物は，当然のことながら，これらの生物的ストレス（biotic stress）に晒された際に「逃げる」という選択肢はもたない．そのため，これらに対応するための複雑な「植物免疫機構」（plant immune system）を獲得してきた[9]．一部の PGPR にはこの免疫機構をさらに補完する働きがあることが知られている（図 14.4）[10]．たとえば直接的な効果として，*Streptomyces* 属に代表される PGPR の多くは抗菌物質を産生する．*Pseudomonas* 属の PGPR はシアン化水素や環状リポペプチドなどを分泌することで，さまざまな病原菌の生育を抑制できる[11]．また，栄養分やニッチの競合を介しても病害菌の感染を抑えているようである[12]．

一部の PGPR は根のみならず地上部における植物免疫にも影響する．たとえば *Pseudomonas fluorescens* WCS417r は転写因子である MYB72 などを介して地上部へジャスモン酸・エチレン依存的にシグナルを伝達し[13]，防御関連遺伝子の発現プロファイルを変化させる．これによって宿主植物は細菌，真菌，卵菌，昆虫などさまざまな生物的ストレスに対して抵抗性を獲得することが知られている[14]．このシステムは全身誘導抵抗性（induced systemic resistance；ISR）と呼ばれ，PGPR の重要な特徴の一つである[15]．

14.3.3 植物ホルモン経路への干渉

一部の PGP 微生物は植物自身のもつホルモン経路に直接働きかけることで宿主生理に効果を発揮する（図 14.3b）．たとえば，植物の生長にはオーキシンとサイトカイニンの拮抗作用が大きな役割を担っており，根の伸長や側根形成などにはこの二つの植物ホルモンのバランスが重要である

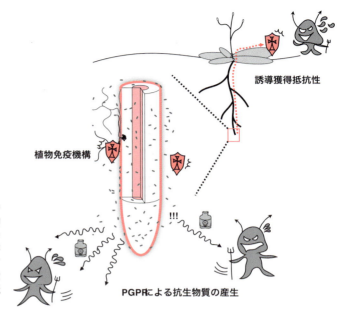

図14.4　PGPRによる宿主病害抵抗性の強化・補完

野外土壌において植物は，自身が本来もつ植物免疫機構に加えてPGPRによる抗生物質産生などを利用して病原菌から身を守っていると考えられている．またPGPRの存在は植物体内を介して地上部にも伝達され，葉に感染する病原菌や食植生動物に対する防御応答も強化している（誘導獲得抵抗性）．

ことが知られている[16,17]．多くのPGPRはオーキシンを産生することでこのバランスを調整して宿主の生育を促進する．たとえば*Azospirillum*属はオーキシン産生能について最も解析が進んでいる分類群の一つである．オーキシンの植物生長に対する効果はその濃度や局在，植物種によってダイナミックに異なるため，オーキシン産生PGPRの宿主への影響も条件により大きく異なっていることが多い．一方，*Agrobacterium*，*Pseudomonas*，*Bacillus*などいくつかの根圏細菌はサイトカイニンを産生することも知られており，やはりPGP活性に重要な役割を担っていると提唱されている[18,19]．

エチレンやジベレリンもまた植物生長や環境ストレス応答に重要な役割を担う植物ホルモンである．エチレンは生育抑制や病害応答に関与する植物ホルモンで，過剰量のエチレンは植物の生育を抑制する．一部の微生物はエチレン前駆体である1-アミノシクロプロパン-1-カルボン酸（ACC）を分解するACCデアミダーゼと呼ばれる酵素をもっており，植物体内のエチレン蓄積量を低下させることで植物の生長を促進していると考えられている[20]．ACCデアミダーゼをコードするAcdS，AcdRの各遺伝子やその酵素活性は根圏細菌叢の優占門（後述）でとくに多く検出されており[21]，この活性が根圏でのニッチ獲得に何らかの役割を担っていることが示唆される．一方，*Bacillus*属や*Azospirillum*属などのPGPRの一部はジベレリンを産生できることが知られている．しかし，ジベレリンのPGP活性への具体的な貢献に関しては不明な部分が多い．エチレンの場合と同様に，環境ストレスへの耐性獲得を介して生育促進をしている可能性が示唆されている[22]．

このように，PGPRやAM菌などの根圏微生物が宿主生理に影響を及ぼす経路は多岐にわたる．また，単一の微生物でも複数のPGP機構を発揮できるものが多く（*Azospirillum*の窒素固定能とオーキシン産生能など），その多様性と普遍性に驚かされる．しかし，微生物としてのPGP活性の潜在的な能力をもとに，それが実際に自然環境のなかでどの程度宿主生理に影響し貢献している

かを理解・予測するのは依然として難しい．

化学農薬や化学肥料による環境汚染が問題視される昨今，「環境に優しい」肥料や農薬の開発が待望されている．PGPRやAM菌は生物肥料や生物農薬に利用できる有用な微生物として大きな潜在的能力を秘めており，実際すでに実用化も始まっているが，まだ安定して効果を得ることができていない[23]．大きな問題の一つとなっているのが，すでに確立されている土壌・根圏生態系の存在(とそれに関するわれわれの知識の乏しさ)である．すなわち，PGP微生物単体では確かに生育促進や病害防止効果が見られるものでも，圃場で宿主に定着してその活性を発揮するためには既存の微生物との競合に勝利し，根圏の中でのニッチを獲得してその潜在機能を発揮する必要がある．そこで，次節からは根圏微生物叢をコミュニティレベルで俯瞰し，その形成機構や機能について掘り下げていきたい．

14.4 根圏微生物群叢の解析手法

植物根圏に限らず，微生物叢プロファイリングには培養依存的・非依存的なさまざまな手法が用いられてきた．本章では次世代シーケンサー(next generation sequencer；NGS)の進歩によって実現された高解像度・大規模・ハイスループットでバイアスの少ない手法とそこから得られた最新の知見を紹介したい．

NGSを用いた解析は，一部の配列をPCRにより増幅したのちにその産物を用いて部分配列を網羅的に解析するアンプリコンシーケンス(amplicon sequencing)と，サンプル内に存在するすべてのDNA配列の解読を試みるショットガンメタゲノミクス(shotgun metagenomics)に分けられる(図14.5，表14.1)．アンプリコンシーケンスではおもに細菌の16S rRNA[*6]や真菌・卵菌のITS領域[*7] (internal transcribed spacer)の配列をPCRによって増幅してから配列を解読することで，特定の遺伝子領域の多様性を解析する．そのため，分類群特異的に設計したプライマーを用いることで，標的とする分類群由来のDNAのみを濃縮して解析できる．ただし，配列依存的なPCR効率の差や16S rRNAのコピー数によるバイアスを受けやすいことには注意が必要である[24]．

他方，ショットガンメタゲノミクス(以下単にメタゲノム解析と呼ぶ)は，サンプル内に存在するすべてのDNAの配列を解析するためPCRバイアスを受けにくく，分類群の分布とは独立に，どのような遺伝子ファミリーが濃縮されているかを解析できる．しかし，標的DNAの増幅・濃縮を経ないため，優占的なDNAの存在に大きく影響を受けてしまう．たとえば，根内微生物叢の解析では植物の根と内生菌群を試験管内で分画することは困難であるため，植物組織と同時に破砕せざるを得ない．結果としてそのDNAは植物由来DNAが大部分を占めており，メタゲノム解析によって得られる配列は多くが植物ゲノムにマップされてしまう(図14.5)．また，メタゲノム解析によって得られる配列データのインフォマティクス解析はかなり複雑で，高度な専門性と相応のマシンパワーが要求されることにも言及しておきたい．実際の研究計画においては，双方の欠点・利点を鑑みつつ，自らのサンプルの条件によって最適な方法を選ぶべきであろう．

また，プロファイリングに用いられるNGSは454Life Science社のGS FLX+とIllumina社

[*6] 16S rRNAは原核生物に広く保存された遺伝子で，九つの「可変領域」(塩基配列の多様性に富む領域)とその他の保存性の高い領域から構成される．可変領域の塩基配列を解析することで分類群の推定が可能とされる．筆者らのグループでは799Fと1192Rのプライマーを用いたV5～V7領域配列の解析で，安定して良好なデータを得ることができている．

[*7] 真核生物において18S, 5.8S, および28S rRNAをコードする各遺伝子間の領域のこと．真菌類および卵菌類の分類に用いるバーコード領域として提唱されている[60]．

14章 根圏と微生物

表 14.1 NGS を利用した根圏微生物群叢の解析手法

	対象	利点	欠点・課題
アンプリコンシーケンス	PCR によって増幅するゲノム上の特定配列	・少量 DNA からも解析可能 ・リード数に対する解析深度が深い	・PCR バイアスや人工物の生成（キメラや PCR エラーなど） ・異なるプライマーセットを用いた実験間での比較が困難
ショットガンメタゲノミクス（狭義のメタゲノム解析）	サンプル内のすべての DNA	・PCR バイアスを受けない ・機能解析が可能	・深度が浅く，マイノリティ微生物を安定して検出できない ・優占 DNA によってその他の生物由来 DNA が隠されてしまう ・データ解析が複雑で高難度
メタトランスクリプトミクス	サンプル内のすべての RNA	・生きた細胞のみに由来するシグナルを解析可能 ・ダイナミックな遺伝子発現動態を検出できる	・シーケンス前に物理的に除外しない限り，rRNA が大部分を占める ・遺伝子発現プロファイルを維持したままのサンプル調整が必要

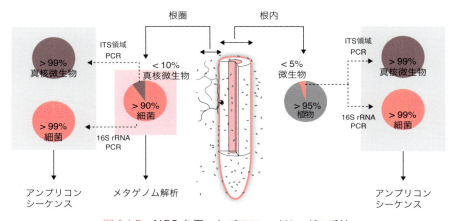

図 14.5 NGS を用いたプロファイリングの手法

根圏単離の際には植物細胞を物理的に除外できるので，その DNA 組成はほとんどが微生物由来となるのに対し，根内・根面を標的にする場合は濃縮ができず 95 % 以上が植物由来の DNA となる．そのため，後者のような DNA サンプルにはメタゲノム解析にはあまり向いていない．一方，アンプリコンシーケンスでは 16S rRNA や ITS 領域の PCR により標的分類群の DNA を試験管内で濃縮することができる．これにより優占 DNA の影響を限りなくゼロに近づけることができる．

の MiSeq プラットフォームがこれまでの主流であるが，解析に致命的となるエラー率[*8] の観点から，筆者らを含む複数のグループは Illumina 社 MiSeq の使用を推奨している．バーコード配列の導入によって大量のサンプルを 1 ランで同時に解析できるため，その実質的なランニングコストはかなり低くなっている．

他の微生物叢研究と比較して，根圏微生物叢研究の利点はその由来（接種源，starting inoculum）がはっきりしていることである．すなわち，根圏微生物叢は土壌微生物叢からの選択によって形成されると考えられ（図 14.1），土壌微生物叢を接種源と見なすことができる[25]．これらを利用して，土壌と根圏および根の微生物叢

[*8] アンプリコンシーケンスで得られた配列は，相同性をもとにクラスタリングされて OTU（operational taxonomic unit）という机上の分類群として定義される．その際，NGS によるシーケンスや PCR におけるエラーが相同性の閾値を超えてしまうと，本来存在しないはずの OTU の生成など，データ解釈に致命的な間違いを生みだすことになる．そのため，エラー率の低い NGS プラットフォームや正確性の高いポリメラーゼの利用が強く推奨されている．

を対比することで，コミュニティ形成の過程でどの微生物が周囲の環境から濃縮（enrich）され，排除（deplete）されているのか区別できる．このことは，それぞれの微生物の定着（colonization）の過程を考えるうえで，また選択的定着と偶発的定着を区別するうえで非常に重要である．ただし，土壌の微生物叢はバッチ，育成条件などによって大きく異なり得るので，根圏微生物叢のプロファイリングを行う際には土壌のみの処理区（unplanted soil）を常に対照区として含めることが重要となる．またコミュニティ形成過程においては，偶発的要素（stochastic effects）がかなり強くみられるようである．これを可能な限り抑えるためにも実験規模と予算にもよるが，少なくとも複数の反復実験を行うことが肝要である．

14.5　根圏微生物群叢の構造

土壌生態系は地球上で最も複雑な生態系といわれるほどに高い多様性をもつ．SchlossとHandelsmanによれば，わずか0.5 gの土壌中に2000を超える細菌種が存在していると見積もられている[26]．一方，種多様性（α多様性）は土壌から根圏，根へ侵入していくにつれて段階的に低下していく[27]．その結果，根圏および根の共生細菌叢はわずか四つの細菌門[*9]，すなわちProteobacteria門，Actinobacteria門，Bacteroidetes門，Firmicutes門によって優占される[27]（表14.2）．実験条件や植物種によってはその他の細菌門も検出されるが，これまでに解析されたすべての植物で同定され，さまざまな植物種と広く安定して共生を確立しているこれら四つの門の細菌を，根圏微生物叢における共生細菌として捉えたい．

一方で，根圏の真核微生物プロファイルはあまりわかっていない．これまでの研究により，AM菌を構成するGlomeromycota門に加えてAscomycota門およびBasidiomycota門の二つがとくに頻繁に植物の内生菌として同定されることがわかっているが，細菌と比較すると植物個体間の多様性が高く，安定したコミュニティ構造を示すのが困難である[28]．また，ITS領域のデータベースがまだ未熟で，分類群同定の精度が細菌ほどには高くないという課題もある．これは，細菌の16S rRNA配列とは異なり，ITS領域はその塩基長に広いばらつきがあり，信頼性の高い配列アライメントを行うことがやや難しいこと，さらに一部のITS領域はMiSeqによるペアエンドシーケンスでも読みきれないほどの長さをもつことなど，さまざまな技術的要因もあげられる．しかしながら，根圏におけるメタゲノム解析では得られたリードの0.5～6%[29-31]，メタトランスクリプトーム[*10]解析では3～20%[32]が真核生物に分類されており，これら真核微生物の貢献を無視するわけにもいかない．

近年，少しずつ真核微生物に注目した微生物叢のプロファイリング成果が報告され始めている．それによれば，根圏の真核微生物プロファイルは周囲の環境条件により強く影響を受けるようである[33, 34]．根圏という同じニッチを共有する細菌と真核微生物によるコミュニティがそれぞれどのように形成され，また互いにどのように影響しあっているのか，今後の研究の発展により理解が深まっていくことが期待される．

では，この分類群構造はわれわれにいったい何を教えてくれるのだろうか．Proteobacteria門は真正細菌界で最も多様性に富む門の一つであ

[*9]　文献や手法にもよるが，地球上の細菌はおおむね20～30程度の門に分類されることが多い．

[*10]　サンプル内に存在する全RNA配列を網羅的に解読する方法．メタゲノム解析と異なり死細胞・休眠細胞由来のシグナルを検出しにくいので，「生きた」コミュニティ構造を検出できるとされるが，大過剰量のrRNAによるノイズや発現パターンを維持したままのサンプル調整プロトコルの必要性など課題も多い（表14.1）．

表 14.2　根圏微生物叢におけるおもな共生細菌の分類

門	綱	目	植物病原細菌の例	PGPRの例
Proteobacteria	Alphaproteobacteria	Rhizobiales	Agrobacterium tumefaciens	Rhizobium spp. Mesorhizobium spp. Sinorhizobium spp. Bradyrhizobium spp.
		Sphingomonadales		
		Caulobacterales		
	Betaproteobacteria	Burkholderiales	Ralstonia solanacearum	Burkholderia phytofirmans PsJN
	Gammaproteobacteria	Pseudomonadales	Pseudomonas syringae Pseudomonas aeruginosa	Pseudomonas putida Pseudomonas fluorescens
		Xanthomonadales	Xanthomonas oryzae	
Actinobacteria	Actinobacteria	Actinomycetales		Frankia spp. Streptomyces lydicus
Bacteroidetes	Flavobacteriia	Flavobacteriales		Flavobacterium johnsoniae strain GSE09
Firmicutes	Bacilli	Bacillales		Bacillus subtilis

り，病原性細菌やPGPRなど，植物との相互作用がよく知られる細菌を多く含む．とくに，マメ科植物と共生する根粒菌群，植物の病害抵抗性の研究に広く用いられてきた *Pseudomonas syringae* や *Ralstonia solanacearum* などが有名である．Actinobacteria門は放線菌とも呼ばれ，糸状菌に似た菌糸や胞子を形成し，抗生物質の産生でよく知られる *Streptomyces* 属や一部の植物と根粒菌に似た共生を確立する *Frankia* 属などが含まれる．Firmicutes門の中で植物からよく検出されるのはBacillales目に属する細菌群で，PGPRの研究によく用いられる *Bacillus subtilis* などもこのグループである．Bacteroidetes門のうちFlavobacteriales目の細菌も頻繁に検出されるが，その機能解析はあまり進んでいない．

このように，根圏でよく検出される細菌門は，植物との相互作用でよく知られるものを多く含むが，機能的には共生菌，病原菌の双方に富む分類群であり，その分類のみから機能を考えるのは困難なようである．また，個々の微生物の機能を決めるのは16S rRNA配列では分離しきれない種間・系統間の微妙な違いであると考えられており[35]，機能に関する結論をだすには個々の微生物の機能解析あるいは全ゲノム解析などが必要となっていくだろう．そのためにも，後述する微生物培養コレクションの確立は大きなステップである．

では次に，他の微生物叢との比較を通して，根圏微生物叢がもつコミュニティとしての特徴を考えていこう．

14.6　コミュニティ間の比較から見える微生物叢形成機構

哺乳類の腸内細菌はおもにBacteroidetes門とFirmicutes門の二つの門，とくにBacteroidales目，Clostridales目，Lactobacillales目の3目が大部分を占める．これらの目は植物の共生細菌叢には滅多に検出されない．一方，ゼブラフィッシュの腸内[36]やヒドラ[37]の細菌叢からはProteobacteria門が多く検出されるが，その内訳はやはり植物の共生細菌叢とは一致しない．これは，それぞれのニッチ特有の育成条件（たとえば酸素濃度は腸内では著しく低下する）がそのコミュニティ形成に寄与していることを示している．また，土壌に生息する非寄生性線虫（*Acrobeloides maximus*）にはBacteroidetes門（とくにSphingobacteriales

目 Pedobacter 属）および Alphaproteobacteria 綱（とくに Rhizobiales 目 Ochrobactrum 属）が共生細菌として多く検出されることが報告されている[38]．これらの分類群は植物の共生細菌には見いだされない．土壌性線虫の共生細菌は根圏共生細菌と同様に土壌微生物叢[38]に由来していると考えられ，Baquiran らの結果は，同じ接種源でもニッチ条件が違えばまったく異なる微生物叢を形成し得ることを強く示唆している．

では，植物の組織間では細菌叢にどのような違いが見られるだろうか．近年の解析では，たとえば，Zarraonaindia らは複数の圃場で独立に育成されたヨーロッパブドウを用いてさまざまな組織の共生細菌叢を比較しているし[39]，Horton らは同一圃場で育成した196種類のシロイヌナズナのエコタイプについて葉圏微生物叢を解析し，その形成に貢献する遺伝子の同定を試みている[40]．興味深いことに，どの研究においてもその相対量に多少の差こそあれ，葉圏における細菌叢の高次分類群の顔ぶれは根圏で同定されるものと類似している．根圏や葉圏とは大きく環境の異なるウツボカズラのピッチャー（捕虫袋）内の微生物叢ですら，葉圏と酷似した細菌門から構成されていた[41,42]．また Zarraonaindia らの研究において地上部で同定された細菌は，その多くが育成していた土壌からも同定されていた．同様に Bai ら[43]は，根圏細胞の多くが葉圏でニッチを獲得できること，またその逆もしかりであることを示している．これらのことは，地上部における微生物叢もその由来は土壌にあり，一部は根圏を介して地上部へ到達して葉圏微生物叢を構成していることを示唆している．また，アブラナ科の多年草である Boechera stricta を用いた最近の研究では，根の細菌微生物叢は葉圏のそれより頑強で宿主や環境の影響を受けにくい一方で，そのどちらも環境と宿主遺伝子型の組合せによって有意にコミュニティ構造が変化することが報告されている[45]．根圏と葉圏の微生物叢が互いの構造や機能にどう影響しあっているのか，その相互関係は今のところほとんど明らかになっておらず，今後の重要なトピックの一つとなっていくだろう．

地球上にはさまざまな微生物が溢れ，さまざまな微生物コミュニティを形成しているが，根圏であれ葉圏であれ，植物と共生する細菌群は植物種を超えてとてもよく似ている．このことは，その背景にそのコミュニティ構造を支える何らかの宿主特異的あるいはニッチ特異的な分子機構が存在していることを強く示唆している．そこで，次にその形成機構に関して，限られた知見の中から何がわかるのか考えていきたい．

14.6.1　土壌の影響

根圏細菌叢は土壌タイプに最も強く影響を受ける[25, 27, 44-46]．すなわち，同じ土壌で育成した異なる植物種の根圏微生物叢は，異なる土壌で育成した同じ植物種の根圏微生物叢よりも高い類似性を示す[44, 47]．葉圏においても，その微生物叢は土壌の違いに最も大きな影響を受ける[39]．そもそも「土壌タイプ」とは pH，リンや鉄の利用可能度（bioavailability），湿度や水分保持能，粒子サイズに依存する窒素・酸素濃度など，あらゆる条件を内包している．なかでも土壌 pH は自然環境下では局地的に大きく異なるうえに，土壌細菌コミュニティそのものにも最も大きな影響を及ぼすことが報告されている[48]．これらのことから，土壌タイプが根圏微生物叢の形成に及ぼす影響の強さには，そもそもの土壌微生物コミュニティ（すなわち starting culum）の差異が最も大きく影響していると考えられる．

14.6.2　微生物－微生物相互作用の影響

では，なぜこのように多様性の高い土壌から（土壌に依存するとはいえ）類似した根圏微生物叢が形成されるのであろうか．そこには，微生物－微

生物相互作用が重要な役割を担っていると考えられる[27]．たとえば，前半で述べた通りPGPRの多くが他の微生物の生育を抑制しうる抗生物質産生能をもっている．また，オオムギを用いた根圏メタゲノム解析により，細菌－細菌間の生育競合に関与するVI型分泌装置[*11]やバクテリオファージ[*12]に関する遺伝子群が，周辺土壌と比較して根圏に有意に濃縮されており，さらに正の選択圧を受けていることが示されている[31]．このような微生物—微生物相互作用を介したニッチ競合は，植物や動物の共生微生物叢に限らず，あらゆる条件下で見いだされるものである．植物組織という特殊で栄養に富んだニッチにおいて生存を確保するうえで，他の微生物との競合がより重要になっているのかもしれない．

微生物同士が相互に影響しあいながら自律的にコミュニティを形成していく仕組みは，植物種を越えたコミュニティ構造の普遍性とおおいに合致する．今後，コミュニティ解析を介した記述的・相関的なネットワーク解析や，単離微生物を用いた実験的な相互作用解析により，微生物—微生物相互作用が担うコミュニティ形成における役割について理解が進んでいくことが大いに期待される．

14.6.3　宿主の影響

前述の通り，植物のもつ独特な細菌叢構造はその宿主に由来する何がしかの機構の存在を示唆している．一方で，植物種を超えた類似性は，前述の土壌タイプや微生物そのものがもつ機構の重要性を指し示す．これらのことを考えると，第一義的な「宿主の影響」とは全植物に共通したもの，すなわち糖やアミノ酸の供給により周囲とは異なるニッチを提供することであるように思われる．しかしそれだけだろうか．種や種内系統によって大きく異なる根分泌物（root exudates）のプロファイル，あるいは種特異的な植物免疫機構などは根圏微生物叢の形成にまったく寄与していないのだろうか．

シロイヌナズナ，オオムギ，トウモロコシ，イネなどを用いた共生細菌叢の種内比較の結果[31, 44, 46, 49-51]，どの植物種においても宿主ジェノタイプによって説明される共生細菌コミュニティの差異はおおむね5〜6％と算出される．ただし，この数字はあくまで16S rRNA配列にのみ基づいていることに留意されたい．これまでに解読されたさまざまな微生物のゲノム解析から，宿主との相互作用に重要な役割を担うエフェクター遺伝子群[*13]などは高度な種内多様性をもつことがわかっており，宿主との相互作用のあり方を決定するのはこれらの遺伝子であると考えられている[35]．また，16S rRNA配列による解析では原理上，種と属との中間程度までしか分類することができない[*14]．これはおもにPCRやシーケンスの際のエラー率に起因しており，現行の技術ではこれ以上の分解能を得るのは難しい．つまり，16S rRNA配列のみの解析では，コミュニティの高次分類群レベルでの全体像はつかめても，細かい差異は原理的に見分けられないということである．

このことを加味すると，宿主ジェノタイプによって影響されるコミュニティ構造は見かけの

＊11　細菌の細胞間において直接の物質のやりとりを担う分泌装置．この装置を介して相手の生育を阻害するタンパク質（トキシン）などを注入することで細菌間の競合に関与していると考えられている．
＊12　細菌に感染するウイルス．宿主細胞の溶菌を伴う溶菌性ファージと，宿主ゲノムにいったんDNAが取り込まれる溶原性ファージがある．後者は遺伝子の水平伝播（horizontal gene transfer）に大きく関与している．

＊13　微生物から宿主細胞内に注入されるタンパク質のこと．多くの病原微生物は宿主の免疫機構を阻害するためにエフェクター因子を注入する一方，逆に宿主はそのエフェクターを認識することでさらなる免疫機構を発動する[9]．
＊14　OTUクラスタリングには97％の相同性を基準として用いるのが一般的である．たとえば，病原性細菌である*Pseudomonas syringae* pv. *tomato* DC3000とPGPRである*Pseudomonas fluorescens*の間の相同性は97.7％であるため，これらが同一OTUとして扱われる．

5〜6％よりもずっと高いのかもしれない．また，最近の報告によれば，宿主による影響そのものが環境に依存しており，これら二つの要因を互いに関連させて捉えていくことが重要なようである[45]．今後，後述する合成コミュニティを用いた解析によって複雑性を低下させることで，ノイズを減らし，解像度を上げることができると期待される．このような実験系を用いることで，宿主による効果がより明確になっていくだろう．

14.7 培養コレクションと合成コミュニティ「SynCom」を活用した今後の展望

植物のmicrobiotaに関して，この数年で爆発的に蓄えられた記述的な知見によって，これまでにいくつもの仮説が生みだされてきた．それらの仮説を実験的に検証するため，野外土壌における生態系を人為的制御下の限られた数の微生物で再構成する還元主義的（reductionistic），あるいは合成生物学（synthetic biology）的戦略が昨今の主流になりつつある[43, 52, 53]．それを可能にするのは，植物共生細菌の単離とその培養コレクションである（図14.6）．過去の長い歴史と努力の結果，土壌細菌の90〜99％は難培養性であり，培養による網羅的単離はほぼ不可能であるとされてきた．しかし意外なことに，植物の根圏や葉圏に生息している細菌は，土壌のそれとは異なり多くが培養可能であることがわかった[43]．まさに嬉しい誤算であった．筆者らのグループでは，限外希釈法[*15]を活用したハイスループット単離系により数千に及ぶ細菌系統を単離し，本来のコミュニティ構造を可能な限り網羅するようにおよそ200系統の細菌を恣意的に選別し，培養コレクションとして確立した．また，ノースカロライナ大学のDanglらのグループでは同様のコレクションが確立され[53]，チューリッヒ工科大学のVorholtらのグループにより葉圏由来の細菌がコレクションとして確立されている[54]．これらのうち400を超える細菌系統についてすでに全ゲノム配列を

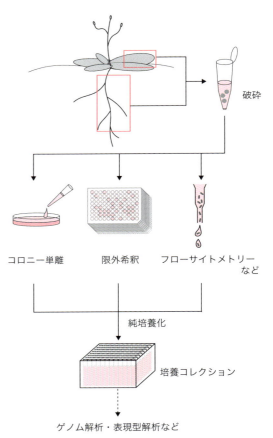

図14.6 培養コレクションの確立

根，葉，その他興味ある組織を回収して洗浄したのち，大きめのビーズ（植物組織を破壊しつつ細菌細胞は生きたまま残す）によって適当な緩衝液中で破砕する．破砕液を寒天培地に撒いて古典的なコロニー単離を行ったり，大過剰の緩衝液で希釈して大量の96ウェルプレートに分注して限外希釈を行ったり，フローサイトメトリーなどを活用したりして，なるべく少ない細菌細胞由来の培養液をなるべく多く得る．それを寒天培地上での画線培養により純培養化し，培養コレクションとして保存する．

[*15] 単位体積あたりに含まれる細胞数を1以下になるまで希釈して分注することで，原理上単一の細胞を大量かつ同時に単離する方法．筆者らのグループではおよそ3ウェルあたり1細胞となるように希釈・分注して培養している．

解読しており，比較ゲノミクス解析が行われている[43]．

これらのコレクションを用いて現在活発に行われ始めている解析方法が，合成コミュニティ（synthetic community；SynCom）解析である（図14.7）．この解析法では，培養コレクションをもとに任意の細菌コミュニティを試験管内で合成（混合）し，それを焼成土（calcined clay）など土壌を再現する基質に混合する．そこへ任意の栄養分を加え，解析対象の植物種（野生型と変異体など）を望みの条件下で育成し，興味のある表現型を解析する．このシステムを用いることで，これまで研究者が日常的に行ってきたあらゆる種類の表現型解析を任意のコミュニティの存在下で行うことができる．また，コミュニティ形成の機構だけでなく，コミュニティに対する植物の応答やその植物生理に及ぼす影響も容易に解析することができる．「植物」を主語とした解析は，これまでの植物 microbiota 研究のパズルに不足している重要なピースの一つであり，今後の発展が期待される．

培養コレクションの確立とそのゲノム情報は細菌側の遺伝学も可能にする．遺伝子導入さえ可能であれば，CRISPR システム[*16]を用いてゲノム編集を行うことができる[55]．幸いなことに，根圏微生物叢を優占する Proteobacteria 門（根粒菌や *Agrobacterium*，*Burkholderia* など）では遺伝子導入の方法が確立されているものが多く，*Flavobacterium* 属[56]や Actinomycetales 目[57]でも遺伝子導入法の確立が進みつつある．

これらのコレクションやプロトコルの確立によって，共生細菌叢にまつわる仮説を実験的に検証する基盤がほとんど整ったといえるだろう．しかし，もちろん，まだ課題も多い．たとえば，合成コミュニティ解析に用いる基質の検討である．滅菌可能で，物理的に野外土壌を再現しつつ，栄養分を可能な限り含まない基質が理想ではある．しかし，微生物によって「好みの」基質は異なるであろうし，基質の違いは植物の生育にも影響を及ぼしうる．根を回収する際の基質との分離効率も大きな問題である（残留基質はプロファイリングにおける夾雑物，いわゆるコンタミとなりかねない）．これらの観点をすべて解決する，真に「理想的な」基

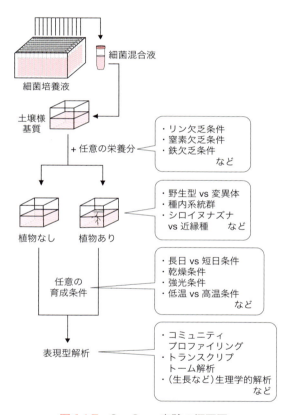

図14.7　SynCom 実験の概要図

図14.6 で得た培養コレクションから培養液を用意し，それを任意の組合せと割合で混ぜて細菌混合液を得る．それを厳密な制御化の栄養分を含む植物用液体培地とともに焼成土などの土壌様基質へ分注し，その基質上で任意の植物を任意の条件で育成する．望みの発生ステージにおいて興味のある表現型を解析する．解析出力にコミュニティプロファイリングを行うのであれば，植物なしで細菌と基質のみを培養した対照区と培養前の混合液（inoculum）を含めることが必須である．

---

*16　DNA 切断酵素 Cas9 と配列を指定するガイド RNA を発現させることでゲノム DNA を切断する技術．これを修復する際のエラーや相同組み換えを利用して標的ゲノムを編集することができる．

質の登場は残念ながら現段階ではあまり期待できないかもしれない．いずれにしても，今はまだ単独の基質ではなく複数の基質を用いながら結論を導きだしていく必要があるだろう．また，根圏細菌の大部分が単離可能であるとはいえども，一定量，それも無視できない数の種類の細菌がまだ単離できていない．同時に，細菌以外の微生物，とくに真菌・卵菌類の培養コレクション確立の試みも継続せねばならない．そして，還元主義的アプローチをとるからには，「実際の」コミュニティとの差を常に意識して解釈することを心がける必要があるだろう．単離された細菌株は原理的には単一の細菌細胞由来であり，同種の細菌すべてを代弁しているわけではないことを忘れてはならない．

やること（できること）と同時に課題も多く，道のりはまだまだ長いが，培養コレクションおよびSynCom実験系の確立とCRISPRシステムの登場は，少なくとも進むべき道筋は照らしてくれている．あとはやるだけである．

14.8　おわりに

植物共生微生物叢の研究（plant microbiota研究）はNGSの発達とともに新たな時代に突入した．そして，共生微生物の培養コレクションおよびSynCom実験系により，さらに次の段階へ進んだといえるだろう．すなわち，実験的に仮説を証明することができるようになった．この段階にあって，plant microbiota研究は植物－微生物相互作用の業界において最もホットな研究トピックの一つであるのは疑いようがない．文献リストをご覧いただければわかると思うが，本章で引用しているコミュニティ解析論文の多くは過去数年に発表されたものである．2015年7月にはワシントンD.C.で「Phytobiomes 2015」と銘打った国際会議が行われ，世界中から集まったplant microbiota研究者によって最先端の発表と熱い議論が繰り広げられた．ひょっとすると本書刊行の際あるいは数年後にはすでに多くの疑問に答えがだされ，まったく違う世界が広がっているかもしれない．それはそれで楽しいではないか．

一方，本章を読んで，plant microbiota研究はまだまだ未熟であることがおわかりいただけたかと思う．未熟であるということは同時に，これからの伸び代が非常に大きいことを意味する．まだまだ答えるべき疑問は山積みなのである．これまでの長い研究で明らかにされてきた植物免疫機構が共生微生物叢形成にどうかかわっているのか．果たして，現在われわれの知っている免疫機構は複雑なコミュニティの存在下でも同じように機能しているのか．そもそも現在われわれが目にしている共生微生物叢は進化の過程でどのように獲得されてきたのか．植物の陸上化の過程において共生微生物叢はどのように変化し，また植物の陸上適応にどのように貢献してきたのか．病原性微生物と共生微生物を隔てるものは何なのか．それを植物はどう認識しているのか．答えるべき疑問は尽きることがない．読者それぞれにも，本章を通してそれぞれの疑問が生みだされ，その疑問に挑戦することの魅力を伝えることができたなら，筆者として存外の喜びである．それらがすべて解き明かされ，植物－微生物相互作用のまったく新たな世界を目にするその瞬間を，そしてさらなる疑問が湧き上がるその瞬間を楽しみに待ちながら，本章の締めくくりとしたい．

（中野亮平）

謝辞　本章の執筆にあたって，農研機構北海道農業研究センターの小八重善裕氏，京都大学生存圏研究所の杉山暁史氏，Max Planck Institute for Plant Breeding Researchの同僚諸氏には専門家の立場から，立命館大学生命科学部の深尾陽一朗氏，京都大学院理学研究科の菅野茂夫氏，同生命科学研究科の丹羽優喜氏には専門外の立場から，それぞれ貴重なご助言をいただいた．この場を借りて御礼申し上げたい．

文　献

1) U. Baetz, E. Martinoia, *Trends Plant Sci.*, **19**, 90 (2014).
2) P.-M Delaux et al., *PLoS Genet.*, **10**, e1004487 (2014).
3) U. Lahrmann et al., *New Phytologist*, **207**, 841 (2015).
4) K. Hiruma et al., *Cell*, **165**, 464 (2016).
5) B. Lugtenberg, F. Kamilova, *Ann. Rev. Microbiol.*, **63**, 541 (2009).
6) R. Hayat et al., *Annal. Microbiol.*, **60**, 579 (2010).
7) J. Balandreau, R. Knowles, The Rhizosphere, "Interactions between non-pathogenic soil microorganisms and plants (Y. R. Dommergues, S. V. Krupa eds.),", Elsevier (1978), pp.243-268.
8) S. Timonen, P. Marschner, Mycorrhizosphere Concept, "Microbial Activity in the Rhi-zoshere (K. G. Mukerji, C. Manoharachary, J. Singh eds.,)," Springer (2006), p.155.
9) J. D. G. Jones, J. L. Dangl, *Nature*, **444**, 323 (2006).
10) A. Beneduzi et al., *Genet. Mol. Biol.*, **35**, 1044 (2012).
11) D. Haas, C. Keel, *Annu. Rev. Phytopathology*, **41**, 117 (2003).
12) Z. Wei et al., *Nature Commun.*, **6**, 8413 (2015).
13) C. M. Pieterse et al., *Plant Cell*, **10**, 1571 (1998).
14) C. Zamioudis et al., *New Phytologist*, **204**, 368 (2014).
15) C. M. J. Pieterse et al., *Annu. Rev. Phytopathol.*, **52**, 347 (2014).
16) R. Aloni et al., *Ann. Bot.*, **97**, 883 (2006).
17) R. Dello Ioio et al., *Science*, **322**, 1380 (2008).
18) D. E. Akiyoshi et al., *J. Bacteriol.*, **164**, 4242 (1987).
19) T. N. Arkhipova et al., *Plant Soil*, **272**, 201 (2005).
20) B. R. Glick, *Microbiol. Res.*, **169**, 30 (2014).
21) F. X. Nascimento et al., *PLoS ONE*, **9**, e99168 (2014).
22) S.-M. Kang et al., Plant-Growth-Promoting Rhizobacteria: Potential Candidates for Gibberellins Production and Crop Growth Promotion, "Use of Microbes for the Alleviation of Soil Stresses, Volume 1 (M. Miransari ed.,)," Springer (2013), pp.1-19.
23) D. Owen et al., *Appl. Soil Ecol.*, **86**, 41 (2015).
24) A. W. Walker et al., *Microbiome*, **3**, 26 (2015).
25) D. Bulgarelli et al., *Annu. Rev. Plant Biol.*, **64**, 807 (2013).
26) P. D. Schloss, J. Handelsman, *PLoS Computational Biol.*, **2**, e92 (2006).
27) S. Hacquard et al., *Cell Host & Microbe*, **17**, 603 (2015).
28) P. R. Hardoim et al., *Microbiol. Mol. Biol. Rev.*, **79**, 293 (2015).
29) L. W. Mendes et al., *ISME J.*, **8**, 1577 (2014).
30) M. Ofek-Lalzar et al., *Nat. Commun.*, **5**, 4950 (2014).
31) D. Bulgarelli et al., *Cell Host & Microbe*, **17**, 392 (2015).
32) T. R. Turner et al., *ISME J.*, **7**, 2248 (2013).
33) D. Coleman-Derr et al., *New Phytol.*, **209**, 798 (2015).
34) H. Toju et al., *J. R. Soc. Interface*, **13** (2016).
35) D. S. Guttman et al., *Nat. Rev. Genet.*, **15**, 797 (2014).
36) G. Roeselers et al., *ISME J.*, **5**, 1595 (2011).
37) S. Franzenburg et al., *ISME J.*, **7**, 781 (2013).
38) J.-P. Baquiran et al., *PLoS ONE*, **8**, e67425 (2013).
39) I. Zarraonaindia et al., *mBio*, **6** (2015).
40) M. W. Horton et al., *Nat. Commun.*, **5**, 5320 (2014).
41) M. M. Koopman, B. C. Carstens, *Microbial Ecol.*, **61**, 750 (2011).
42) Y. Takeuchi et al., *Syst. Appl. Microbiol.*, **38**, 330 (2015).
43) Y. Bai et al., *Nature*, **528**, 364 (2015).
44) K. Schlaeppi et al., *Proc. Natl. Acad. Sci. USA*, **111**, 585 (2014).
45) M. R. Wagner et al., *Nat. Commun.*, **7**, 12151 (2016).
46) D. S. Lundberg et al., *Nature*, **488**, 86 (2012).
47) N. Dombrowski et al., *ISME J.*, inpress.doi:10.1038/ismej.2016 (Aop as Aug 15).
48) N. Fierer et al., *Appl. Environ. Microbiol.*, **71**, 4117 (2005).
49) D. Bulgarelli et al., *Nature*, **488**, 91 (2012).
50) J. A. Peiffer et al., *Proc. Natl. Acad. Sci. USA*, **110**, 6548 (2013).
51) J. Edwards et al., *Proc. Natl. Acad. Sci. USA*, **112**, E911 (2015).
52) M. T. Agler et al., *PLoS Biol.*, **14**, e1002352 (2016).
53) S. L. Lebeis et al., *Science*, **349**, 860 (2015).
54) N. Bodenhausen et al., *PLoS Genet.*, **10**, e1004283 (2014).
55) W. Jiang et al., *Nat. Biotechnol.*, **31**, 233 (2013).
56) S. Chen et al., Gene, **458**, 1 (2010).

57) T. Siegl, A. Luzhetskyy, *Antonie Van Leeuwenhoek*, **102**, 503 (2012).
58) A. Hartmann et al., *Plant Soil*, **312**, 7 (2008).
59) J. D. H. McNear, *Nat. Edu. Knowledge*, **4**, 1 (2013).
60) C. L. Schoch et al., *Proc. Natl. Acad. Sci. USA*, **109**, 6241 (2012).

Part V 植物と共生

chapter 15 根粒菌

Summary

根粒菌はおもにマメ科植物の根に根粒と呼ばれる粒状の器官を形成する．根粒の中の根粒菌は，大気中の窒素ガスを，植物が栄養として利用できるアンモニアへと変換する窒素固定を行い，宿主植物の成長を促進させている．したがって，根粒菌はダイズをはじめとするマメ科作物の増産において重要な細菌であり，一方では地球規模の窒素循環や化石燃料の利用削減に対しても大きな影響を与えている．

　根粒菌による根粒形成は，宿主となる植物との洗練された一連のシグナル交換と制御機構に依存して行われ，一般的には根毛を通じて根粒菌は侵入する．また，根粒菌とマメ科植物の間には厳密に決定されたパートナーシップ（宿主特異性）があり，最近の研究成果から，互いに多様な戦略を駆使して自身の生育にとって優良な相手を進化の過程で選抜してきたことが垣間見えてきた．本章では，根粒菌の遺伝的・機能的な特性に焦点を当て，これまでの研究成果を紹介する．具体的には，根粒菌の分類とゲノム構造，マメ科植物との共生成立や宿主特異性にかかわる根粒菌側の因子，また根粒菌の応用に向けて弊害となる競合問題についても紹介する．

15.1　はじめに

　根粒菌は，マメ科植物の根に根粒という粒状器官の形成を誘導し，根粒内で，大気中の窒素ガス（N_2）を宿主植物が栄養として利用可能なアンモニア（NH_3）へと変換する，いわゆる「共生窒素固定」を行う土壌細菌である（図15.1）．根粒菌は宿主植物へアンモニアを供給し，その見返りとして光合成産物を炭素源として受け取る．このような根粒菌とマメ科植物による相利の共生系は，とくに栄養が乏しい土壌環境における作物生産に対して大きな効果を示す．また根粒菌による共生窒素固定は，地球上の窒素循環や，窒素肥料の原料となる化石燃料の利用削減にも大きな影響を及ぼす．したがって，優良な根粒菌を応用することで，将来の持続的な食糧生産や資源の削減において大きな効果が期待されるため，世界中でその機能特性

図 15.1　根粒菌の効果によるダイズの根粒着生と成長促進

窒素源を含まない水耕液で4週間栽培したダイズの地上部（上図）と根（下図）．根粒菌を接種したダイズ（a）の根には根粒が観察され，無接種区（b）と比べて成長がよいことが観察される．

や生態に関する研究が盛んに行われている．

15.2 根粒菌の分類とゲノム

15.2.1 系統分類

根粒菌は微生物の分類上では小さな一群であるが，多様性に富んでいる．1889年に初めて根粒菌（*Rhizobium leguminosarum*）が単離・同定されて以降，1980年頃までに見つけられた根粒形成能をもつ細菌はすべて *Rhizobium* 属に分類されていた．しかし16S rRNA 遺伝子の塩基配列などに基づく再分類を経て，現在では Alphaproteobacteria 綱の5属（*Rhizobium, Azorhizobium, radyrhizobium, Mesorhizobium, Ensifer*）に大半の根粒菌は分類されている[1]．また同じ Alphaproteobacteria 綱の *Methylobacterium*, *Phyllobacterium*, *Ochrobactrum*, *Devosia*, *Shinella*, *Microvirga* や，Betaproteobacteria 綱の *Burkholderia* や *Cupriavidus* に属する根粒菌もいくつか単離されている．

しかし，これらの根粒菌はすべてのマメ科植物に対して根粒を形成するわけではなく，根粒菌種によって共生できる植物種が厳密に決まっている．たとえばダイズ根粒菌（*Bradyrhizobium japonicum*）はおもにダイズを含む *Glycine* 属植物に対して根粒形成を示すが，*Lotus* 属植物を宿主とするミヤコグサ根粒菌（*Mesorhizobium loti*）は，*Glycine* 属植物には根粒を形成しない．このような宿主特異性の狭さは根粒共生系の特徴であり，進化の過程で双方に利益となるパートナーを厳密に選抜してきた結果であると考えられる．

15.2.2 ゲノム構造

根粒菌の全ゲノム塩基配列は，2000年のミヤコグサ根粒菌（*Mesorhizobium loti*）のゲノムの発表を皮切りに[2]，続々と決定されている．

根粒菌ゲノムは，ミヤコグサ根粒菌が 7.6 Mb[2]，アルファルファ根粒菌（*Ensifer meliloti*）が 6.7 Mb[3]，ダイズ根粒菌（*Bradyrhizobium japonicum*）は 9.1 Mb[4] と，一般的な細菌ゲノム（2〜5 Mb）に比べて大きいという特徴がある．その理由は，土壌環境と根粒細胞内というまったく異なる生息環境の両方に適応するためであると推測されている．また根粒菌ゲノムのもう一つの特徴として，マメ科植物との共生相互作用にかかわる遺伝子がゲノム上にまとまって存在していることがあげられる．たとえば，アルファルファ根粒菌やインゲン根粒菌（*Rhizobium etli*）は，共生プラスミド（symbiotic plasmid；pSym）と呼ばれる主染色体とは異なる可動性の巨大レプリコンの中に共生遺伝子が格納されている[3,5]．一方，ダイズ根粒菌やミヤコグサ根粒菌では，主染色体内の共生アイランド（symbiosis island）と呼ばれる 600〜700 kb のゲノム領域に共生遺伝子がまとまって存在しており，この領域がゲノムの tRNA 遺伝子に挿入された痕跡が残っている（第13章参照）[2,4]．したがって，非根粒菌であった祖先に共生プラスミドや共生アイランド領域が水平伝播によって導入されたことにより，根粒菌へと進化してきたと考えられている．

15.3 根粒菌とマメ科植物の共生相互作用

15.3.1 Nod ファクター

根粒菌とマメ科植物間の共生相互作用は，双方のシグナル交換により開始する（図15.2）．一般的に根粒菌は，植物の根毛に付着後，根から分泌されるフラボノイド類を感受し，Nod ファクターと呼ばれるリポキチンオリゴ糖を産生・分泌する．この Nod ファクターが根毛の先端の彎曲を誘導し，根粒菌が巻き込まれ，根毛細胞内に形成され

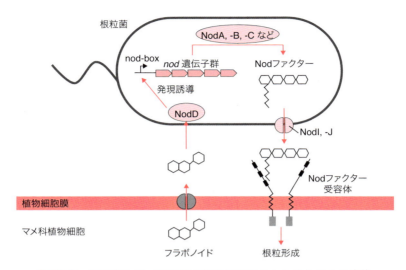

図15.2　根粒菌とマメ科植物の根粒形成にかかわるシグナル交換
根粒菌はマメ科植物から分泌されるフラボノイド類をNodDタンパク質で認識し，根粒形成遺伝子群の発現誘導を経て，Nodファクターが生合成される．NodファクターはNodI, NodJ輸送タンパク質により細胞外へ分泌される．植物はNodファクター受容体でこれを認識し，いくつかのシグナル伝達系を経て根粒を形成する．

る感染糸と呼ばれる管を増殖しながら，根粒菌は植物体内へ侵入する．その後，周辺の皮層細胞の分裂が始まり，根粒原基内の細胞内に根粒菌は放出され，最終的に窒素固定活性を示す根粒が完成する（詳しくは第13章参照）．

この根粒形成シグナル因子Nodファクターの生合成についてはすでに全容が明らかにされている[6]．まず，ほぼすべての根粒菌が共通してもつNodDタンパク質が植物側からのフラボノイド類を認識する．活性化したNodDタンパク質は，根粒形成遺伝子（nod, nol, noe 遺伝子）の上流にある特異的なプロモーター領域（nod-box）に結合して遺伝子の発現を誘導し，Nodファクターが生合成される．これまでにさまざまな根粒菌種から合計60以上の根粒形成遺伝子が同定されており，そのすべての根粒菌は共通してnodA, nodB, nodC, nodI, nodJ 遺伝子をもつ．nodA, -B, -C はNodファクター生合成において必須の酵素をコードする遺伝子であり，nodI, -J はNodファクターの分泌を担う輸送タンパク質を

コードする遺伝子である．Nodファクター生合成はまず，NodCタンパク質によるN-アセチルグルコサミンの重合反応により三～六つの糖からなるオリゴ糖が合成される．このオリゴ糖の非還元末端にあるN-アセチル基をNodBタンパク質が除き，そこへNodAタンパク質の触媒によりアシル基（脂肪酸）が付加されてNodファクターの基本骨格が完成する．残りのいくつかの遺伝子は，おもにNodファクターの基本骨格への修飾基の付与にかかわる．先に述べた宿主特異性は，Nodファクターの糖残基数と還元末端の修飾基の違いによるところが大きい[7]．

一方，近年，Nodファクターに依存しない根粒形成を示す根粒共生系の存在も知られてきた．たとえば，マメ科の水生植物であるクサネムに根粒および茎粒の形成を誘導する一部のBradyrhizobium属細菌は，そのゲノム中にnodA, -B, -C 遺伝子をもたずNodファクターを産生しない[8]．また，宿主範囲が広いある種の根粒菌は，病原菌の病原因子として有名な3型タ

ンパク質分泌機構（type III secretion system）を利用して植物側の根粒形成シグナル経路を活性化させ，根粒を形成させる[9]．以上の研究成果は，これまでの常識とされていた Nod ファクター依存性のエレガントな根毛感染以外にも，根粒菌は多様な戦略で宿主に感染していることを想像させるものである．

15.3.2　共生窒素固定

根粒細胞内に侵入した根粒菌は，植物細胞膜由来のペリバクテロイド膜と呼ばれる膜構造の中で，バクテロイドと呼ばれる共生に特化した細胞内共生体の状態で存在し，窒素固定を行う．窒素固定反応は以下の反応式により説明される．

$$N_2 + 8H^+ + 8e^- + 16ATP \longrightarrow 2NH_3 + H_2 + 16ADP + 16Pi$$

この根粒菌による窒素ガス（N_2）をアンモニア（NH_3）へ変換する窒素固定反応は，ニトロゲナーゼという酵素により触媒される．ニトロゲナーゼは，活性中心をもつニトロゲナーゼ二量体（NifDK, Mo-Fe タンパク質），およびニトロゲナーゼ二量体を還元するニトロゲナーゼ還元酵素（NifH, Fe タンパク質）からなる．しかしこの酵素は，酸素に対しきわめて弱いため，効率的な窒素固定を示すにはバクテロイドが酸素を極力含まない嫌気的，あるいは微好気的条件下に存在する必要がある．一方，窒素固定反応は N_2 の安定な三重結合を開裂させるために大きなエネルギーを必要とする．そのため酸素呼吸により ATP（アデノシン三リン酸）を効率的に産生させる必要がある．

したがって根粒中の酸素濃度に関して，嫌気的条件下で酸素呼吸を行う必要があるといった矛盾が生じるが，この共生系では巧みなメカニズムでこれを解決している．成熟した根粒内は桃色あるいは赤色を呈しており，これは植物により産生されるレグヘモグロビンと呼ばれるヘムタンパク質によるもので，根粒菌を包むペリバクテロイド膜の周囲を埋めるように存在している．このレグヘモグロビンは酸素との親和性が非常に高く，酸素を吸着して少しずつ放出するという酸素濃度の緩衝作用をもつ．したがって，レグヘモグロビンはニトロゲナーゼの活性を失わない程度の低い酸素分圧で酸素をバクテロイドへ供給していると考えられている[10]．また根粒菌は，酸素呼吸を行うための酵素系（呼吸鎖電子伝達系）として，酸素濃度が高い環境用と低い環境用を複数もっており，バクテロイドの状態では低酸素に適応した呼吸系により ATP を産生している．

根粒菌の窒素固定関連遺伝子（*nif, fix*）の発現もまた厳密に制御されており，ほとんどの根粒菌はその遺伝子発現を根粒内でのみ行う．遺伝子発現様式は根粒菌の種類によって細かい部分で異なるが，共通して FixLJ あるいは RegSR という低酸素分圧環境を認知する酸素センサータンパク質と遺伝子発現制御因子の2成分制御系により，窒素固定関連遺伝子の発現を正に制御する NifA タンパク質遺伝子の発現が誘導され，窒素固定が開始される[11]．

15.3.3　炭素—窒素循環

成熟した根粒内では，植物細胞と根粒菌（バクテロイド）との間で窒素源と炭素源の交換が行われている（図15.3）．バクテロイドの窒素固定活性により産生されるアンモニアは，ペリバクテロイド膜，宿主細胞膜を通して宿主細胞へ移される．根粒細胞内に供給されたアンモニアは，ただちにグルタミン合成酵素の働きによりグルタミンに変換される．このグルタミンと，同じくアミド基をもつアミノ酸のアスパラギン，あるいはダイズを含む *Glycine* 属植物などではグルタミンからプリン生合成系を介して合成されるウレイド化合物

■ 15章 根粒菌 ■

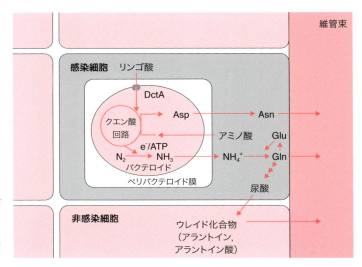

図15.3 マメ科根粒内の炭素と窒素の循環

一般的な根粒内における炭素と窒素の循環を示した．DctAはジカルボン酸輸送タンパク質，Aspはアスパラギン酸，Asnはアスパラギン，Gluはグルタミン酸，およびGlnはグルタミンをそれぞれ示している．

が，維管束を介して他の部分に運ばれる[12,13]．ちなみに，このウレイド化合物（アラントインやアラントイン酸）は，根粒菌が感染していない根粒細胞（非感染細胞）で生合成されることが知られている．運ばれた先でグルタミンやアスパラギンあるいはウレイド化合物は，アミノ基転移酵素などの働きにより別のアミノ酸となり窒素栄養として利用される．一方，バクテロイドは宿主細胞からアミノ酸を取り込んで窒素源として利用しており，自身が産生したアンモニアを直接は利用してしない[12,14]．これは根粒菌に絶えず窒素固定を行ってもらうために，植物がアミノ酸を供給し，根粒菌のアンモニア資化経路を停止させているためであると考えられている．

根粒菌は培養液や土壌中などの自由生活状態では，糖などあらゆる炭素源を利用してエネルギー源としている．しかし根粒細胞内で共生している根粒菌は，効率的な窒素固定活性や生物活性を維持するための炭素源として，植物からの光合成産物をリンゴ酸の形で受け取り，利用している（図15.3）．実際に，根粒菌はバクテロイドの状態ではリンゴ酸を取り込むためのジカルボン酸輸送体（DctAタンパク質）を強く発現させており，またこの輸送タンパク質を欠損した根粒菌変異体は，リンゴ酸を取り込めずエネルギーが欠乏するため，根粒内で生育を維持できず窒素固定活性も示さない[15,16]．

15.3.4　根粒菌の感染戦略

植物は病原菌などからの感染を防ぐために，高度に発達した防御応答機構をもっている．これはマメ科植物も同様であり，親和性の根粒菌を根に接種するとただちに防御応答遺伝子の発現が上昇する[17,18]．しかし，時間が経つにつれ，その発現は抑制されていく．その原因として，根粒菌が感染初期に産生する多糖が防御応答を抑制していることがあげられる．たとえば，アルファルファ根粒菌は細胞外多糖の一種であるサクシノグリカンを産生するが，この多糖の産生能力を欠損した根粒菌は正常に根粒を形成できない[19]．これは，この変異体を接種した植物では，防御応答にかかわる遺伝子群の発現が顕著に高くなることに起因するといわれている[20]．また，前述したNodファクターが植物免疫応答を抑制することもわかってきている[21]．

一方で，根粒菌の3型や4型タンパク質分泌系を欠損させると，共生する宿主植物種が変わることがある[22,23]．これは根粒菌がタンパク質（エ

フェクター）を植物細胞へ注入し，多糖と同様に植物免疫系による防御反応を抑制する，あるいは逆に植物側の抵抗性タンパク質が根粒菌の分泌エフェクターを認識して病原応答を活性化させているためである[22, 24]．したがって，これらタンパク質分泌機構は，宿主特異性の決定因子の一つとして認識されている．また，根粒菌ゲノムにおけるタンパク質分泌系遺伝子の有無が，遺伝的に近縁な同種の菌株間において相当異なることから[25, 26]，根粒菌それぞれが多様な感染戦略によって植物からの防御応答を回避し，宿主を獲得していることが想像される．

15.3.5　根粒菌の競合的根粒形成能

窒素固定能力の高い優良な根粒菌を農業へ応用できれば，ダイズなどのマメ科作物の増産や窒素肥料施肥の軽減が期待されるため，優良菌を接種する試みが古くからなされている．しかし土着の根粒菌が根粒を形成してしまうことで，接種資材とした根粒菌がうまく利用されないことが問題となっている．これは接種に利用する根粒菌の競合的根粒形成能力が土着根粒菌に比べて低いことが原因である．

この競合能の程度は，とくに土壌への適応能力と感染初期段階の根への定着能に大きく左右される[27]．土壌環境への適応能力としては，温度，pH，乾燥，塩などの環境ストレスへの耐性能があげられる．また根粒菌の根への定着能に関与する因子としては，走化性，付着性物質の産生，根から浸出される炭素源の利用効率，抗菌性物質に対する耐性能，あるいはバクテリオシンなど抗菌活性をもつ物質の産生などがあげられる．また，感染シグナル因子 Nod ファクターの産生量の違いや，根粒の形成を抑制する植物ホルモンであるエチレンの合成を阻害することで，競合的根粒形成能力を高められることも知られている[28, 29]．

15.4　おわりに

本章では，これまでに解明されている根粒菌の特徴と，マメ科植物との相互作用にかかわる分子機構について紹介した．優良な根粒菌の農業への応用は，農作物の増産に多大な貢献が見込めるだけでなく，近年はダイズ畑からの温室効果ガス N_2O の発生抑制にも一役を担うことが明らかとなり（第13章参照）[30]，その実用化が期待される．

根粒菌の感染様式や根粒内での振る舞いについては，その大部分が解明されてきたが，実際に農業へ応用する際に問題となる競合能や，宿主特異性にかかわる植物防御応答との相互作用に関しては，いまだに不明な点が多く残る．また効率的な共生能を発揮するためには，それぞれの土壌環境に生息する土着微生物とのかかわりも無視できない．今後は，古典的な遺伝学的解析手法および最先端の科学技術を駆使したメタゲノム解析やイメージング解析などを用いながら，持続的な食糧生産に向けたさらなる研究の発展に期待したい．

（菅原雅之）

文　献

1) H. Sawada et al., *J. Gen. Appl. Microbiol.*, **49**, 155 (2003).
2) T. Kaneko et al., *DNA Res.*, **31**, 331 (2000).
3) F. Galibert et al., *Science*, **293**, 668 (2001).
4) T. Kaneko et al., *DNA Res.*, **31**, 189 (2002).
5) V. González et al., *Proc. Natl. Acad. Sci. USA*, **103**, 3834 (2006).
6) S. R. Long, *Plant Physiol.*, **125**, 69 (2001).
7) H. P. Spaink, *Annu. Rev. Microbiol.*, **54**, 257 (2000).
8) E. Giraud et al., *Science*, **316**, 1307 (2007).
9) S. Okazaki et al., *Proc. Natl. Acad. Sci. USA*, **110**, 17131 (2013).
10) J. A. Downie, *Curr. Biol.*, **15**, R196 (2005).
11) R. Dixon, D. Kahn, *Nat. Rev. Microbio.*, **2**, 621 (2004).
12) E. M. Lodwig et al., *Nature*, **422**, 722 (2003).
13) S. Tajima et al., *Front. Biosci.*, **9**, 1374 (2004).
14) J. Prell et al., *Proc. Natl. Acad. Sci. USA*, **106**,

15) T. M. Finan et al., *J. Bacteriol.*, **154**, 1403 (1983).
16) S. N. Yurgel, M. L. Kahn, *FEMS Microbiol. Rev.*, **28**, 489 (2004).
17) D. P. Lohar et al., *Plant Physiol.*, **140**, 221 (2006).
18) M. Libault et al., *Plant Physiol.*, **152**, 541 (2010).
19) J. A. Leigh et al., *Proc. Natl. Acad. Sci. USA*, **82**, 6231 (1985).
20) K. M. Jones et al., *Proc. Natl. Acad. Sci. USA*, **105**, 704 (2008).
21) Y. Liang et al., *Science*, **341**, 1384 (2013).
22) K. Kambara et al., *Mol. Microbiol.*, **71**, 92 (2009).
23) A. Hubber et al., *Mol. Microbiol.*, **54**, 561 (2004).
24) S. Yang et al., *Proc. Natl. Acad. Sci. USA*, **107**, 18735 (2010).
25) J. T. Sullivan et al., *J. Bacteriol.*, **184**, 3086 (2002).
26) M. Sugawara et al., *Genome Biol.*, **14**, R17 (2013).
27) J. Wielbo, *Cent. Eur. J. Biol.*, **7**, 363 (2012).
28) S. Okazaki et al., *Microbes Environ.*, **19**, 99 (2004).
29) M. Sugawara, M. J. Sadowsky, *Mol. Plant Microbe. Interact.*, **27**, 328 (2014).
30) M. Itakura et al., *Nat. Clim. Change*, **3**, 208 (2013).

Part V 植物と共生

マメ科植物における共生分子機構

Summary

マメ科植物と根粒菌との共生においては，根粒菌および宿主（マメ科植物）の双方の遺伝子の機能発現が重要である．この20年ほどの間にミヤコグサとタルウマゴヤシというマメ科モデル植物の研究基盤が整備されて分子生物学的なアプローチが容易になり，長い間知られていなかった共生のメカニズムの理解が進みつつある．これまで形態学的・分類学的・生理学的に捉えられてきた現象の実体が，遺伝子レベルで記述できるようになってきた．本章ではマメ科モデル植物を用いた研究で明らかになった共生遺伝子を中心に，根粒共生の成立機構を紹介する．

16.1 共生シグナルの受容と細胞内シグナル伝達経路

マメ科植物と根粒菌との共生は，根圏における両者のシグナルの交換から始まる．根粒菌は宿主植物の根から滲出するフラボノイドを感知して，Nodファクターと呼ばれるキチンオリゴ糖を骨格とした共生シグナルを合成し，分泌する．Nodファクターを受容した宿主植物は，タンパク質のリン酸化や細胞内カルシウムイオンの周期的な濃度変動などの細胞内シグナル伝達経路を介して転写因子を活性化し，根粒共生に必要な遺伝子の転写を制御する．

マメ科植物は根粒菌以外も，他の多くの陸上植物と同様にアーバスキュラー菌根菌とも共生関係を築く．大きく異なる共生形態である根粒共生と菌根共生は，同一のシグナル伝達経路を共有しており，この経路は「共通共生経路」と呼ばれる．

16.1.1 Nodファクターの受容体

ミヤコグサはNodファクターを介した根粒共生応答に2種類の受容体，NFR1とNFR5(Nod factor receptor 1, -5) を必要とする．これらの受容体は細胞外にリジンモチーフ（lysin motif; LysM）ドメイン，細胞内にキナーゼドメインをもつLysM型受容体キナーゼである．NFR1はキナーゼ活性を示すが，NFR5は活性化ループが欠失しているためにキナーゼ活性をもたない[1,2]．NFR1とNFR5は細胞膜上でヘテロ二量体を形成し[3]，Nodファクターと直接結合することから，このLysMタンパク質複合体がNodファクター受容体であることが示された[4]．

根粒菌と宿主植物との特異性は高く，ミヤコグサ根粒菌はタルウマゴヤシとは共生関係を築くことができない．ところが，ミヤコグサのNodファクター受容体であるNFR1とNFR5をタルウマゴヤシの根で発現させると，本来共生しないはずのミヤコグサ根粒菌と根粒共生が成立する[5]．つまり，キチンオリゴ糖という共通の骨格をもちながら，根粒菌の属あるいは種レベルで異なる修飾を受ける根粒菌のNodファクターと，宿主植物のNodファクター受容体とが，根粒共生の宿主

特異性を規定するおもな要因だったのである．

このように，NodファクターはLysMタンパク質複合体に認識されて共生シグナル経路を活性化する．またマメ科植物のみならず，根粒共生を行わないイネ科植物やシロイヌナズナにも認識され，植物の病原菌抵抗性を抑制する働きがあることが最近わかってきた[6]．なぜ，根粒菌と共生関係を結ばない植物が，共生シグナルであるNodファクターを認識して自らの病原菌抵抗性を抑えるのか，その解釈は現段階では難しい．

16.1.2　Nodファクター受容体の相互作用因子

共生シグナル伝達経路については，順遺伝学的なアプローチによっていくつかの重要な因子が明らかになってきたが，Nodファクター受容体直下のシグナル伝達についてはよくわかっていない．近年，Nodファクター受容体の相互作用因子が複数発見され，Nodファクター受容体を構成因子にもつタンパク質複合体の解析が行われている．これまでのところ，ミヤコグサNFR1のオルソログであるタルウマゴヤシLYK3 (lysin motif receptor-like kinase) の相互作用因子としてE3ユビキチンリガーゼPUB1 (plant U-box protein) が[7, 8]，NFR5の相互作用因子として低分子GTP結合タンパク質ROP6 (Rho of plants) が同定されている[8]（図16.1）．

根粒共生には，NFR1・NFR5の他にもう一つ，遺伝学的に不可欠な受容体がある．それはロイシンリッチリピートをもつ受容体キナーゼSymRK (symbiosis receptor-like kinase) で，根粒共生にも菌根共生にも必須な共通共生経路の構成因子でもある．SymRKのリガンドは不明であるが，その細胞内ドメインはNodファクター受容体NFR5と相互作用する[9]．さらに，根粒共生に必須なこれら3種類の受容体は，根粒菌の感染特異的にその発現が誘導されるSYMREM1 (symbiotic remorin 1) と相互作用する[10, 11]（図16.1）．SYMREM1はNFR1とSymRKのリン酸化基質となり[11]，受容体の足場タンパク質として根粒共生のさまざまな段階に影響すると考えられる[10]．

16.1.3　カルシウムスパイキングとイオンチャネル

Nodファクターを受容した宿主植物は，カルシウムスパイキングと呼ばれる，共生に特徴的な細胞内応答を示す．これはNodファクターを受容した約10分後から，おもに根毛細胞の核周辺で誘導されるカルシウムイオンの周期的な濃度変動として観察される[12]．このカルシウムスパイキングは菌根菌を接種した際にも，菌根菌が分泌するキチンオリゴ糖を骨格とした共生シグナルMyc因子を投与した際にも観察されることから[13]，根粒共生・菌根共生双方に不可欠な共通共生経路の中核をなす現象であると考えられる．これまでに同定されている共通共生経路の構成因子のうち，受容体キナーゼであるSymRK，核膜に局在するイオンチャネル（POLLUX / CASTOR），核膜孔複合体を構成するヌクレオポリン（NUP85, NUP133, NENA）が，カルシウムスパイキングの上流で機能し，その誘導に必須である[14-18]（図16.1）．

POLLUXとCASTORは似た構造をもつイオンチャネルであり，カリウムイオンに対して高い選択性を示す[15,19]．また，POLLUXは酵母のおもなカリウム輸送体変異株を相補することから[24]，ミヤコグサにおいても同様の働きをもつと考えられる．ミヤコグサではPOLLUXとCASTORという2種類のイオンチャネルが機能的に重複せず，共生に重要な働きを示すが，タルウマゴヤシではPOLLUXのオルソログであるDMI1 (does not make infections) のみで十分である[20]．これまでのところ共生に必須なカルシウムチャネルは発見されていないが，MCA8

■ 16.1 共生シグナルの受容と細胞内シグナル伝達経路 ■

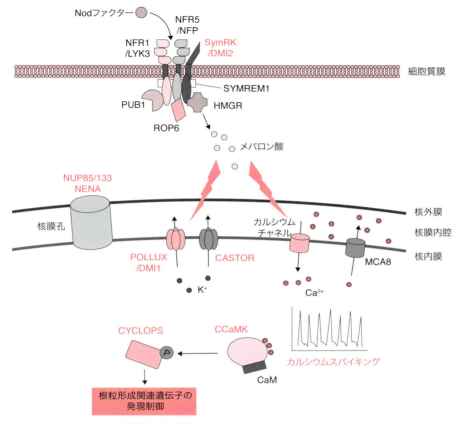

図 16.1　根粒共生におけるシグナル伝達経路
Nod ファクターはその受容体である NFR1・NFR5 複合体によって認識される．未知のメカニズムで活性化された受容体キナーゼ SymRK は相互作用因子である HMGR を通してメバロン酸を合成する．メバロン酸はセカンドメッセンジャーとして核膜に局在するイオンチャネル，POLLUX と CASTOR を活性化し，未知のカルシウムチャネル，カルシウムポンプと考えられる MCA8 と共にカルシウムスパイキングを誘導する．核膜孔を形成する複合体を構成する NUP85/133，NENA は，POLLUX や CASTOR を適切な位置に局在させる働きを担っている可能性が考えられる．誘導されたカルシウムスパイキングを受けてデコーダーである CCaMK が活性化し，CCaMK がその相互作用因子である CYCLOPS をリン酸化することで，下流の遺伝子発現を制御する．根粒共生と根菌共生の共通共生経路の構成因子は赤字で示してある．

と名づけられたカルシウム ATPase が核膜や小胞体に局在しており，これが核質から核膜内腔へと能動的にカルシウムイオンを輸送するカルシウムポンプとして機能する可能性が考えられている[21]．DMI1 が核内膜に選択的に局在すること[21]，およびカルシウムスパイキングは核の内部とその周辺で観察されることなどを鑑みると，カルシウムスパイキングのメカニズムは以下のように推察することができるだろう．

共生シグナルの受容によって POLLUX と CASTOR，そして未知のカルシウムチャネルが活性化される．その結果，カルシウムイオンが核膜内腔からおもに核質へと流出し，核質内のカルシウムイオン濃度が一過的に上昇するとともに，POLLUX/CASTOR によってカリウムイオンが核膜内腔へと輸送され，核膜の極性が保たれる．次いで MCA8 が ATP を消費することで能動的にカルシウムイオンを核質から核膜内腔へと流入させ，核膜内外でのカルシウムイオン濃度差が緩和される．これが繰り返されることによって，共

173

生特異的なカルシウムスパイキングが引き起こされる（図16.1）．数理モデルによって，カリウムチャネル，カルシウムチャネル，そしてカルシウムポンプの三者の存在が周期的なカルシウムイオン濃度変動に十分であることが示されていることも，上記の仮説を支持している[22]．

ミヤコグサSymRKのオルソログであるタルウマゴヤシDMI2はHMGR（3-hydroxy-3-methylglutaryl-CoA reductase, 3-ヒドロキシ3-メチルグルタリルCoAリダクターゼ）と相互作用する．このHMGRは根粒形成に重要な因子である[23]．植物はアセチルCoAからさまざまなイソプレノイドを合成するが，この過程においてHMGRがHMG-CoAからメバロン酸を産生することから，共生シグナル経路へのメバロン酸の関与が推察された．HMGRはNodファクター受容によるカルシウムスパイキングの誘導に必要である．メバロン酸をマメ科植物の根に投与したところ，Nodファクターの投与や根粒菌の接種なしにカルシウムスパイキングが誘導された[24]．この現象はdmi2変異体でも観察されるが，dmi1変異体ではメバロン酸を投与してもカルシウムスパイキングは誘導されなかった．これらの事実は，メバロン酸がSymRKのオルソログであるDMI2とPOLLUXのオルソログであるDMI1との間で機能していることを示しており，共生シグナルの受容とカルシウムスパイキングとを繋ぐセカンドメッセンジャーとしてメバロン酸が機能する可能性を強く示唆している（図16.1）．

16.1.4　カルシウムスパイキングから遺伝子発現へ

受容体に認識されたNodファクターは，メバロン酸というセカンドメッセンジャーに形を変えて，核膜に局在するイオンチャネルを活性化すると考えられる．その結果，共生応答に特徴的なカルシウムスパイキングが誘導される．植物にはカルシウム／カルモジュリン依存型プロテインキナーゼ（Ca^{2+}/calmodulin-dependent protein kinase; CCaMK）があり，このCCaMKがカルシウムスパイキングのデコーダーとして機能する（図16.1）．CCaMKの機能欠損によって根粒共生能と菌根共生能が完全に失われることから，CCaMKは共通共生経路の構成因子であることが知られている[25]．

CCaMKはN末端から順にセリン／トレオニン型プロテインキナーゼドメイン，カルモジュリン結合ドメイン，そして三つのカルシウム結合ドメイン（EF-hand）をもつ．タンパク質のホモロジーモデリングから，自己リン酸化サイトのトレオニンはカルモジュリン結合ドメインの一部と水素結合することが示唆されている．このトレオニンを置換することでCCaMKが機能獲得型になることから，トレオニンを介したキナーゼドメインとカルモジュリン結合ドメインとの水素結合がCCaMKの不活化に重要であると考えられる[26, 27]．また，1番目のEF-handは根粒菌の感染を正に，カルモジュリン結合ドメインは根粒形成を負に，それぞれ制御することが，アミノ酸の置換や欠損を利用したドメインの機能解析からわかった[26, 27]．これらの最近の報告から，次のようなCCaMKの活性制御モデルが考えられる．カルシウムスパイキングによるカルシウムイオンの周期的な濃度変動を受け，CCaMKのEF-handにカルシウムイオンが結合し，自己リン酸化することでキナーゼドメインとカルモジュリン結合ドメインとを繋ぐ水素結合が切れ，CCaMKの機能抑制が解除される．これによって根粒形成プログラムが起動し，根粒という新たな器官の形成が始まる．さらにカルシウムイオンと結合したカルモジュリンと相互作用することでCCaMKの立体構造が変化し，根粒菌の感染プログラムが起動する（図16.2）．

このように活性化されたCCaMKは，同じく共通共生経路の構成因子であり，また自身の相互

16.2 皮層における根粒原基の誘導

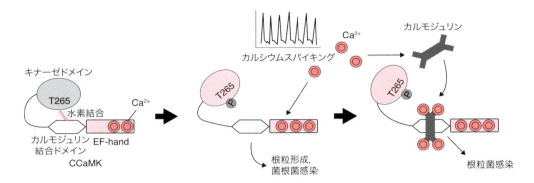

図 16.2　CCaMK の活性化メカニズム
定常状態では，CCaMK のキナーゼドメインとカルモジュリン結合ドメインとが水素結合で連絡され，その活性が抑制されている．共生シグナルの受容によるカルシウムスパイキングの誘導を受けて1番目の EF-hand にカルシウムイオンが結合し，この水素結合が切れることで CCaMK が脱抑制され，根粒器官の形成プログラムあるいは菌根菌の感染プログラムが起動する．さらに，カルシウムイオンが結合したカルモジュリンと相互作用することにより CCaMK の立体構造が変化し，根粒菌の感染プログラムが起動する．

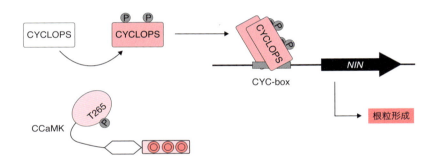

図 16.3　CYCLOPS の活性化による遺伝子発現制御
カルシウムスパイキングによって活性化された CCaMK は，自身の相互作用因子である CYCLOPS をリン酸化する．活性化状態となった CYCLOPS は CYC-box に結合し，NIN の発現を正に制御することで根粒形成を誘導する．CYCLOPS は核内で二量体を形成することから，この状態で CYC-box に結合して遺伝子の発現調節を行っていると考えられる．

作用因子でもある CYCLOPS をリン酸化し，活性化する[28]（図 16.3）．CYCLOPS は C 末端にコイル構造をもつ以外に機能を推測できるようなドメインをもたないが，DNA 結合能をもち，転写活性因子として機能することがわかってきた．後述する根粒形成の鍵転写因子である NIN（nodule inception）をコードする遺伝子のプロモーター領域に，CYCLOPS が特異的に結合するシス配列（CYC-box）が存在する[29]．このように，共生シグナルの受容によって誘導されるカルシウムスパイキングは CCaMK によってデコードされ，CYCLOPS の活性化を通して下流の遺伝子発現を制御する．

16.2　皮層における根粒原基の誘導

根粒形成は根の表皮細胞に感染した根粒菌の分泌する共生シグナル Nod ファクターによって引き起こされる．根粒原基は表皮の内層である皮層の細胞分裂が由来となっており，表皮から皮層

へと伝達される何らかのシグナルが想定される[30]．CCaMK の機能獲得型変異では，根粒菌を接種しなくとも自発的に根粒様構造を誘導する[31,32]．この自発的根粒の形成は Nod ファクター受容体に依存しない[33,34]．つまり，根粒原基形成において CCaMK の活性化は Nod ファクターの受容と置き換えることができる．さらに CCaMK のリン酸化基質である CYCLOPS の機能獲得型タンパク質も自発的根粒を誘導することから[29]，CCaMK が CYCLOPS を介して根粒原基の形成を正に制御すると考えられる．

16.2.1 根粒原基を誘導する植物ホルモン

サイトカイニンは，植物の器官発達，形態形成に広くかかわる植物ホルモンであり，古典的な生理実験から細胞分裂を正に制御することがわかっている．サイトカイニン受容体であるミヤコグサの LHK1（lotus histidine kinase）の機能獲得型変異では，CCaMK のそれと同様に，自発的根粒を形成する[35]．この機能獲得型 LHK1 はサイトカイニンを受容する細胞外ドメインにアミノ酸置換が起こり，その結果として構成的に活性化された状態にある．また，適度な濃度のサイトカイニンを野生型ミヤコグサに処理した場合にも根粒菌非依存的に根粒様構造が形成されることから，サイトカイニン経路が根粒形成の誘導に関係しているといえる[36]．遺伝学的には，サイトカイニン経路は CCaMK の下流で作用すると考えられており，CCaMK がどのようにサイトカイニン経路を活性化するのかは重要な研究課題である．

根粒形成に重要な働きをするもう一つの植物ホルモンはオーキシンである．オーキシンは根粒原基の形成を制御する．オーキシンも細胞分裂に対して正に作用し，サイトカイニンと共に側根の発達など，植物の形態制御にかかわっている．オーキシンに応答して発現するレポーター遺伝子は根粒感染部位や根粒原基形成部位において発現しており，アルファルファやタルウマゴヤシの根にオーキシンの極性輸送阻害剤を処理すると，自発的根粒が形成される[37,38]．オーキシン極性輸送阻害剤の効果は，ミヤコグサ LHK1 のオルソログであるタルウマゴヤシ CRE1 の変異体でも見られることから，オーキシンはサイトカイニン経路の下流あるいは独立であると考えられる．さらに cre1 変異体では，オーキシンの極性輸送を制御する PIN2 遺伝子の発現が抑制されることから，根粒原基形成過程におけるサイトカイニンの一作用様式として組織内のオーキシンの分布に影響することが示唆される．

16.2.2 根粒形成における初期応答転写因子

Nod ファクターの受容から皮層細胞の分裂が起こる間にはダイナミックな遺伝子発現の変動が起こっており，根粒形成過程で機能する転写因子が順遺伝学および逆遺伝学的に同定されている（図 16.4）．

GRAS 転写因子である NSP1 と NSP2（nodulation signaling pathway 1, -2）は複合体を形成して下流遺伝子の発現を制御している[39]．NSP1-NSP2 複合体は，表皮における根粒菌の感染と皮層での根粒原基形成の両方に必須であり，この二つの転写因子は機能獲得型 CCaMK や機能獲得型 CYCLOPS による自発的根粒の形成にも要求されることから，根粒原基の形成過程において CCaMK-CYCLOPS 経路の下流あるいは独立して作用すると考えられる[29,33,34]．NSP1-NSP2 が発現を制御する転写因子として，NIN と ERN1（ethylene response factor required for nodulation）が同定されている[40-42]．in vitro での実験系で，NSP1-NSP2 は NIN および ERN1 遺伝子のプロモーターに結合することが示されていることから，NIN と ERN1 は二つの GRAS 転写因子の下流で作用していると考えてよさそうである．

16.2 皮層における根粒原基の誘導

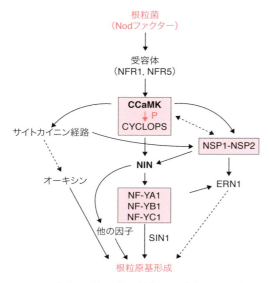

図 16.4 根粒原基形成を制御する宿主因子のネットワークモデル

Nodファクター受容のシグナルはCCaMKを介してCYCLOPS, サイトカイニン経路, NSP1-NSP2経路を活性化する. これらの下流ではNF-Y CCAAT-box結合タンパク質やオーキシンなどが根粒原基の形成に作用すると考えられる. 破線は関係が明確でない経路を示す.

ERN1はAP2/ERFファミリーの転写因子であり, 変異体の表現型から表皮での感染イベントを正に制御していると考えられる. この変異体では根粒原基が形成されるため, 皮層細胞分裂に必須ではない. しかし, *cyclops* 変異体と同様に根粒の発達は抑制傾向にある. そのため, 根粒の発達にかかわっている可能性が考えられる.

NINは表皮での感染イベントと皮層細胞分裂の両方に必須であり, DNA結合領域としてRWP-RKドメインをもつのが特徴である. NINは硝酸応答遺伝子の転写制御を司るNLP (NIN-like protein) から根粒共生に特異的な機能を獲得したと考えられている. RWP-RKドメインのアミノ酸配列はNLPとNINの間で酷似しており, 実際にNINはNLPが結合する標的塩基配列に結合する[43]. しかし, NINとNLPの間には活性化する遺伝子に選択性がある.

NIN 遺伝子の発現はサイトカイニン処理によって誘導されることから, サイトカイニン経路の下流でもある[36]. *NSP1* と *NSP2* の発現も根粒菌接種に加えて, サイトカイニン処理によっても誘導される. NSP2のサイトカイニンによる発現は一過的であり, 発現の抑制には *NSP2* のmRNAを標的とするマイクロRNAの作用が示唆されている[44].

16.2.3 NINの機能と下流転写因子

CCaMK, *CYCLOPS*, *NSP1*, *NSP2* は遺伝学的に根粒共生と根菌共生の共通共生経路を構成する. 一方, *NIN* と *ERN1* の変異体では菌根共生には影響がないことから, 根粒共生に特異的な機能をもつ因子と考えられる. ミヤコグサ *NIN* の過剰発現は, 根粒菌を接種しない条件でも皮層細胞分裂を誘導する[45]. すなわち, NINは皮層細胞分裂を誘導する根粒共生特異的な転写因子である. 一方, CCaMK, CYCLOPS, LHK1いずれかの機能獲得型変異による自発的根粒の形成はすべてNINに依存する. このことは, NINがこれらの因子の下流で作用しているという考え方と一致している.

NINはどのように皮層細胞分裂を誘導しているのだろうか. そのメカニズムの詳細はまだよくわかっていないが, 少なくともCCAAT-box結合タンパク質であるNF-Y (nuclear factor-Y) 複合体が重要な役割を担っている. NINの標的遺伝子として, NF-Y複合体のサブユニットAとBをコードする遺伝子が同定されている[45]. CCAAT-boxはハウスキーピング遺伝子を含めた多くの遺伝子に見られるシス配列であり, NF-Yは哺乳類の細胞分裂制御に関連した多くの遺伝子の発現を調節する. ミヤコグサNF-YA1, NF-YB1と名づけられたNIN標的遺伝子の翻訳産物は, 複合体を形成して根粒原基形成を正に制御する. ミヤコグサ *NF-YA1* のノックダウンは, 表皮での感染イベントには影響しないが, 根粒原

基の形成を著しく抑制する．また，*NF-YA1* は *NF-YB1* と共に過剰発現することで細胞分裂を亢進し，異所的な皮層細胞分裂や側根原基の肥大を引き起こす．根粒形成に NF-Y がかかわることは，タルウマゴヤシやインゲンの研究によっても明らかにされている[46,47]．これらの場合では，NF-Y が表皮での感染イベントも正に制御するため，NF-Y は根粒共生の広範囲のイベントにかかわることが示唆される．タルウマゴヤシでは，NF-YA1 の標的の一つが *ERN1* であり，NSP1 に依存して *ERN1* の発現を正に制御する[48]．NIN は NF-Y を介して ERN1 の発現を制御しているとも考えられることから，根粒形成過程における遺伝子発現のネットワークは複雑に制御されていることが想像される．また，インゲンの NF-YC1 と結合する転写因子として GRAS 転写因子である SIN1（scarecrow-like13 involved in nodulation）が報告されている[49]．*SIN1* のノックダウンは根粒の着生数が減少するとともに，根粒の成長にも抑制的に作用する．また，その変異体では根粒菌接種後の NF-YA1 や細胞周期の制御因子である CDC2，CYCLIN-B の発現が抑制されている．これらの表現型は，*NF-YC1* のノックダウンとも一致しており，SIN1 が NF-Y と相互作用することで細胞分裂の制御因子の発現を正に制御している可能性がある．

16.3 根粒数の制御

マメ科植物にとって根粒菌と共生することは，自身の生長に欠かせない窒素源を獲得するための重要な手段の一つである．その一方で，宿主植物は根粒の形成や共生の維持のために自らが光合成で得た炭素源を供給しなければならない．また，土壌中に豊富な窒素源がある場合や十分に光合成を行えない環境などでは，根粒を形成しないほうが宿主にとって望ましい．そこでマメ科植物は，自身の内外のさまざまな環境に応じて根粒形成を制御している．

16.3.1 根粒形成の長距離フィードバック制御

宿主植物が根粒形成を制御する現象の一つとして興味深いのが，根粒形成の全身的なフィードバック制御である．根粒形成の長距離制御のメカニズムの解明にはミヤコグサを中心とした研究が行われ，いくつかの因子が明らかにされている（図16.5）．

根粒を過剰に着生する変異体の原因遺伝子として *HAR1*（hypernodulation aberrant root formation）が単離されている[50,51]．HAR1 は受容体型キナーゼであり，接ぎ木実験により地上部で機能することがわかっている．そのため HAR1 は根粒形成の長距離抑制において，根由来シグナルを受容すると考えられた．次に根で発現する因子として *CLE-RS1/2* が見いだされた[52]．これらの遺伝子はペプチドの前駆体をコードしており，根粒菌の接種から数時間で応答する．また，これ

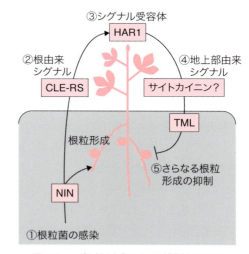

図 16.5　根粒形成の長距離制御モデル
①根粒菌の感染により根粒形成が開始されるとともに，②根由来シグナルが誘導され，③それを受容した地上部が根に向けて，④根粒形成の抑制シグナル（地上部由来シグナル）を送ることで，⑤さらなる根粒形成が抑制される．

らの遺伝子を過剰発現させると HAR1 依存的に根粒形成を抑制する．CLE-RS2 の活性型は糖鎖修飾をもつ 13 アミノ酸のオリゴペプチドであり，HAR1 に結合する[53]．さらに，このペプチドは道管を介して根から地上部へ長距離移行することがわかった．これらの知見から CLE-RS ペプチドは根由来シグナルとして機能すると考えられる．

先に触れた NIN は，根粒形成の正の制御因子であるとともに負の制御因子としても機能する[54]．NIN は CLE-RS1/2 のプロモーター領域に直接結合し，CLE-RS1/2 の発現を制御することが明らかにされている．さらに，NIN を異所的に発現させると HAR1 依存的に根粒形成を抑制する．また，HAR1 変異体は根粒を過剰に着生するだけではなく，根粒形成において硝酸に対する耐性を示す[55]．硝酸の添加により CLE-RS2 の発現量が大きく上昇することや地上部の HAR1 が硝酸による抑制に機能することから[56]，CLE-RS2/HAR1 による長距離シグナル伝達機構が硝酸による根粒形成の制御にもかかわる可能性が考えられている．

地上部由来シグナルの下流で働く因子として TML（Too much love）が単離されている．F-box タンパク質をコードする TML は HAR1 と同一の経路で機能しており[57]，接ぎ木実験から根で働くことが示された．さらに野生型個体の胚軸に tml 変異体の根を接ぐと tml 変異体由来の根のみが根粒を過剰に形成した[58]．

一方，地上部由来シグナルの有力な候補因子としてはサイトカイニンがあげられる[59]．合成サイトカイニンを添加すると野生型や har1 変異体では根粒形成が抑制されたが，この抑制効果は tml 変異体では見られなかった．また，サイトカイニンの合成酵素をコードするミヤコグサ IPT3（isopentenyl transferase）の変異体では根粒数が増加することや，地上部におけるサイトカイニン前駆体の内生量や IPT3 の発現量が根粒菌の接種応じて HAR1 依存的に上昇することが明らかにされている[59]．これらの研究により根粒形成の長距離制御機構の全貌が明らかにされつつある．この機構の解明は，動物のような複雑な神経系をもたない植物がどのようにして全身的な制御を行うかを理解するうえでも重要である．

16.3.2 エチレンによる制御

根粒が形成される位置を根の断面で見た場合，根粒は道管軸に形成される傾向がある．このような位置を制限する仕組みの一つとして，植物ホルモンのエチレンによる制御が考えられている（図16.6）．エチレン合成阻害剤を添加すると根粒数が増加し，篩管軸にも根粒が形成される[60]．また，エチレンの前駆体からエチレンを生成する酵素をコードする遺伝子 ACO（ACC オキシダーゼ）は篩部軸で発現する．このことから，エチレンが篩部軸で根粒形成を抑制するために，道管軸では根粒形成が起こりやすくなると考えられる．

エチレンは根粒の位置の制御に加えて，根粒の数の制御にも関与する[61]．エチレンのシグナル伝達経路の鍵因子である EIN2（ethylene insensitive）の機能喪失変異体である sickle 変異

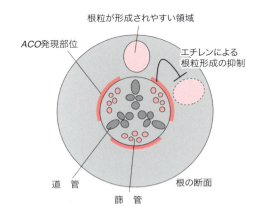

図 16.6 エチレンによる根粒形成の制御モデル
篩管に対する皮層（篩管軸）で発現する ACO によりエチレンが合成され，根粒形成の抑制が起こる．一方で道管軸では根粒が形成されやすくなる．

体では根粒形成の位置の制御が失われるのに加え，根粒が過剰に形成される[62]．そのためクラスター状に根粒が連なり，*sickle* 変異体の根を断面で見るとあたかも根が放射方向に膨張したように見える．一方で，*sickle* 変異体の感染領域は野生型とあまり変わらず，根粒形成のフィードバック制御が破綻した *HAR1* 変異体のような感染領域の広がりは見られない．また *sickle* 変異体とミヤコグサ *HAR1* のオルソログであるタルウマゴヤシ *sunn* 変異体との二重変異体は，相加的な表現型を示す[63]．このことからエチレンによる制御は根粒形成の全身的なフィードバック制御とは別の経路で機能すると考えられる．

16.3.3 光条件による制御

光合成を行う植物にとって，光環境は非常に重要である．植物は光環境を認識するために，光受容体 phyB（phytochrome B）を介して赤色光と遠赤色光の比（R/FR）を検知する仕組みをもっている．植物は赤色光を強く吸収するため，群落を形成するなど周囲に競合する植物がある場合，R/FR 比は低くなる．植物はその比を感知することで茎の伸長などの避陰反応を行う．

マメ科植物にとって光環境は，根粒菌との共生を維持するためのエネルギーを得るうえでも重要である．ミヤコグサにおいて，R/FR 比を感知して根粒形成を制御する現象が見いだされている[64]．野生型ミヤコグサでは R/FR 比が低いと根粒形成が抑制される．このとき，根のスクロースの含有量は高 R/FR 比のときとあまり変わらないため，この抑制は単純に炭素源の欠乏によるものではない可能性が考えられる．また，ミヤコグサ *phyB* 変異体では R/FR 比に関係なく根粒形成が抑制され，接ぎ木実験から地上部の *phyB* がこの抑制に関与することが明らかにされた．この現象は，好ましくない光条件のもとでは，根粒形成よりもむしろ避陰反応に限られたエネルギーを使

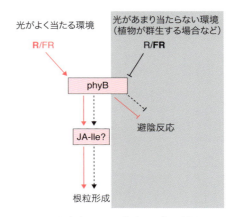

図 16.7 光条件による根粒形成の制御モデル
宿主植物は phyB を介して R/FR 比を感知し，高 R/FR 条件では根粒形成が促進される（左）．一方，低 R/FR 条件では根粒形成が抑制され，避陰反応が起こる（右）．

うという，宿主植物の戦略なのかもしれない（図 16.7）．

16.4 表皮における根粒菌の感染

マメ科植物ではいくつかの異なる感染形態が認められるが，ミヤコグサやタルウマゴヤシでは根毛を経由して根粒菌が感染する（図 16.8）．感染領域の根毛表面に根粒菌が付着すると，根毛は根粒菌を包み込むように伸長する．結果として形成された牧杖形の根毛の内部では，感染糸が形成され，根粒菌は感染糸の発達とともに皮層へと侵入する[65]．感染糸は根毛と同様に先端生長することから，ここに関与する細胞骨格や膜輸送が重要である（図 16.9）．また，遺伝学的には NIN および ERN1 の活性化に至るシグナル伝達経路が感染糸形成の開始に必須である．

16.4.1 細胞骨格の関与

アクチン重合で機能する SCAR/WAVE（suppressor of cAMP receptor defect/WASP family verprolin homologous protein）複合体の構成因子 NAP1（Nck-associated protein）と

16.4 表皮における根粒菌の感染

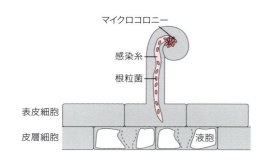

図 16.8 感染糸の発達
根粒菌が根毛表面に付着すると，それを包み込むように根毛が屈曲し，その中で根粒菌が増殖してマイクロコロニーを形成する．マイクロコロニー付近では根毛の細胞壁が分解され，根毛細胞内で感染糸が伸長する．感染糸の発達に先立ち，液胞の発達した直下の皮層細胞では細胞質の再構成が引き起こされる．

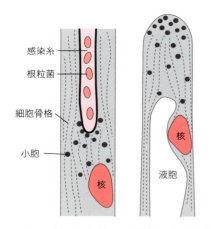

図 16.9 根毛における 2 種類の先端生長
感染糸先端では，伸長に必要な物質を含む小胞が細胞骨格（破線）に沿って輸送される．根毛の生長においても同様な細胞内構造が観察される．

PIR1（121F-specific p53 inducible RNA）は，感染糸形成に重要な働きを示す[66]．これらの変異体では感染糸形成が阻害され，まれに感染糸が形成されてもその感染糸の形態は異常になる．さらに，これらの変異体では表皮から皮層への感染糸伸長，感染糸から根粒細胞内への根粒菌の取り込みも著しく阻害されており，感染糸を介した一連のイベント，すなわち根粒共生の成立にアクチン骨格の再構成が重要な役割を果たしていると考えられる．

また，SCAR/WAVE 複合体と協調する ARP2/3（actin-related protein）複合体の構成因子 ARPC1（actin-related protein component）も同様に重要である[67]．微小管の再構成も深く関与していると考えられているが[68]，その分子遺伝学的実体は明らかではない．

16.4.2 細胞膜における感染の制御

脂質ラフトは膜マイクロドメインの一種で，さまざまなシグナル伝達分子が会合し，細胞膜を介するシグナル伝達や細胞内物質輸送，細胞内極性などに大きくかかわっている．脂質ラフトの構成因子フロチリンは，動物細胞ではクラスリン非依存性エンドサイトーシスの制御因子であり細胞内輸送と関連することが知られている．タルウマゴヤシ FLOT2 と FLOT4 は根粒菌感染依存的に発現が誘導され，FLOT2 と FLOT4 の発現を抑制すると感染糸形成が阻害される[69]．これらフロチリンは脂質ラフトに局在し，とくに FLOT4 は根粒菌が感染すると根毛の先端に局在する．また，前述した SYMREM1 は脂質ラフトの構成因子であり，感染糸形成に関与する[10]．これらのことから根毛細胞の細胞膜マイクロドメインは根粒菌の認識から根粒菌の感染までの一連のプロセスを制御している可能性がある．

アクチン細胞骨格の再構成は ROP の活性化によって制御されている．根毛や花粉管の伸長における先端生長は ROP が細胞先端領域のアクチンフィラメントの凝集やカルシウムイオン濃度勾配を制御するためと考えられている．前述した ROP6 は根粒菌の感染依存的に根毛や根粒原基などで発現が誘導され，感染糸伸長や根粒形成に関与する[8]．また，クラスリンを介したエンドサイトーシスは，根毛や花粉管の伸長における先端生長に機能していることが知られている．ミヤコグサ CHC1（clathrin heavy chain1）は ROP6

と相互作用し，感染糸膜上などに局在し，感染糸伸長や根粒形成に関与する[70]．

エンドサイトーシスとともにエキソサイトーシスも感染糸形成に重要である．タルウマゴヤシのVapyrinは感染糸の伸長に必要であり[71]，その局在とEXOCYST複合体構成因子との相互作用によってエキソサイトーシスに重要な働きをしていると考えられる[72]．また，前述したPUB1はその相互作用因子があるLYK3にリン酸化され，遺伝学的にはLYK3の機能を負に制御することで感染糸形成を抑制している．さらに，PUB1のセイヨウアブラナのホモログはEXOCYST複合体構成因子をユビキチン化することから，同様にエキソサイトーシスに関与していることが示唆される[7]．

16.4.3 感染糸形成に関与する他の因子

根粒菌が根毛細胞に感染するためには細胞壁の分解が必要である．ミヤコグサ NPL (nodulation pectate lyase) は細胞壁の構成因子の一つであるペクチンを分解する酵素であり，感染糸形成に必要である[73]．*Npl* の発現は感染した根毛で強く誘導される．

ミヤコグサ Cerberus と，そのタルウマゴヤシのオルソログ LIN (lumpy infections) はU-box/WD40ドメインをもつタンパク質であり，感染糸形成に必要である[74, 75]．タルウマゴヤシ RPG (rhizobium-directed polar growth) は核に局在するコイルドコイル構造をもつタンパク質であり，その機能欠損は感染糸の形態に異常を示す[76]．これらのタンパク質の機能は未知である．

16.5 根粒内における共生窒素固定

感染領域で感染糸から放出された根粒菌は，根粒細胞内に宿主由来の膜〔ペリバクテロイド膜 (peribacteroid membrane; PBM)〕に包まれた状態で存在しており，この構造はシンビオゾームと呼ばれる（図 16.10）．細胞質に根粒菌が取り込まれた根粒細胞を感染細胞と呼び，感染細胞は非常に多くのシンビオゾームで占められている．シンビオゾーム内の根粒菌は，バクテロイドと呼ば

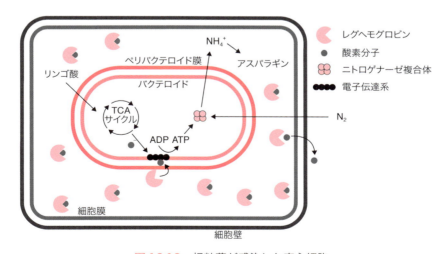

図 16.10　根粒菌が感染した宿主細胞
バクテロイドは宿主細胞中でペリバクテロイド膜に包まれた状態で存在し（シンビオゾーム），宿主からリンゴ酸を受け取って窒素固定を行う．レグヘモグロビンは遊離の酸素分子と結合して酸素分圧を低く保ちつつ，電子伝達系へ酸素を供給する．

16.5 根粒内における共生窒素固定

れる細胞内共生体へと分化する．バクテロイドは根粒内の酸素分圧の低下を感知して窒素固定遺伝子群の発現を誘導し，ニトロゲナーゼや共生特異的な好気呼吸機構を構成するタンパク質の生合成を通じ窒素固定に特化する[77]．宿主植物は光合成産物を根粒へと転流し，根粒細胞でそれをリンゴ酸やコハク酸などの有機酸へ代謝したのち，炭素源としてバクテロイドへ供給する[78-80]．バクテロイドは宿主から供給された有機酸を利用して好気呼吸を行い[81,82]，大気中の窒素をアンモニアへと還元する．生成されたアンモニアは宿主細胞へ放出され，アスパラギンまたはアラントインへと変換されたのち，地上部へと転流されて宿主植物の生育に利用される[83,84]．

窒素固定反応を担うニトロゲナーゼは酸素によって不可逆的に失活するため，酸素から保護される必要がある．根粒の皮層にはガス拡散バリアがあり，根粒内へ大気が拡散する速度を抑制していると考えられている．さらに，感染領域での宿主ミトコンドリアやバクテロイドの好気呼吸による酸素消費速度が，根粒内へ大気が拡散する速度よりも速いため，根粒内は低酸素分圧になる．一方で，ニトロゲナーゼは，1分子の窒素ガスを還元するのに16分子ものATPを必要とするため，バクテロイドはチトクロムcオキシダーゼ複合体による好気的なATP生産を行う[81,82]．つまり，根粒内では，低酸素分圧を維持しつつもバクテロイドへ継続的な酸素供給が行われる必要がある．宿主植物は，レグヘモグロビンを大量に合成するという方法でこの問題を解決している．レグヘモグロビンは酸素と高い親和性をもち，酸素と結合することで根粒細胞内の遊離の酸素分圧を低下させると同時に結合した酸素をバクテロイドに運搬している．実際に，レグヘモグロビン遺伝子の発現が抑制されると，根粒内の酸素分圧が高くなるとともに窒素固定活性が消失する[85]．

16.5.1 根粒菌のバクテロイド化を制御する宿主因子

宿主細胞内の根粒菌はバクテロイドへと分化して窒素固定を行う．根粒菌のバクテロイド化は，宿主植物によって可逆的か不可逆的かが決まっている．タルウマゴヤシやエンドウの根粒で観察されるバクテロイドは，単生状態のときと比べてDNAが倍加し，細胞が肥大するという特徴をもつ[86]．これらのバクテロイドを根粒から回収して培地上で培養しても，単生状態に戻って増殖できない．すなわち，根粒におけるバクテロイド化は不可逆的である．この不可逆的なバクテロイド化は，根粒特異的な宿主ペプチドNCR（nodule-specific cysteine-rich peptide）によって引き起こされる[87]．NCRはシステインモチーフをもつ30〜50アミノ酸からなる分泌型ペプチドで，抗菌ペプチドとして知られるディフェンシンに類似している．実際にNCRを単生状態の根粒菌に与えると，増殖が抑制されるとともに，ゲノムDNAの倍加や細胞の肥大が観察される[87]．NCRはシグナルペプチド複合体（signal peptidase complex；SPC）を介してERから分泌され，根粒菌に直接作用して不可逆的なバクテロイド化を引き起こす．SPCの機能が欠損すると，バクテロイド化が阻害されて窒素固定能が発揮されないことが示されている[88]．タルウマゴヤシのゲノムには300以上のNCR遺伝子があり，これらの発現は根粒の発達段階によって厳密に制御されている[89]．

一方，ダイズやミヤコグサなどのバクテロイドではDNAの倍加や細胞の肥大は観察されないまま窒素固定能を発揮し，また，根粒から回収したバクテロイドは培地上で増殖が可能である．すなわち，根粒におけるバクテロイド化は可逆的である．また，ダイズやミヤコグサのゲノム中に*NCR*遺伝子は見いだされない．

16章 マメ科植物における共生分子機構

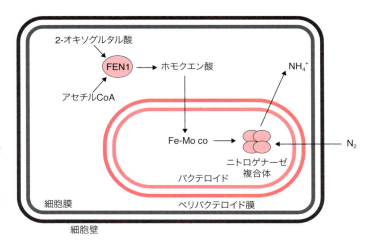

図16.11　ホモクエン酸の役割
FEN1によって宿主細胞質でホモクエン酸が合成される．ホモクエン酸はバクテロイドへと輸送され，鉄・モリブデン・コファクター（Fe-Mo co）の構成要素となる．ニトロゲナーゼ複合体はFe-Mo coが挿入されることにより窒素固定能を発揮する．

16.5.2　ニトロゲナーゼの活性に必須なホモクエン酸

　ホモクエン酸は，ニトロゲナーゼ複合体の活性中心である鉄・モリブデン・コファクター（Fe-Mo co）の構成成分であり[90]，単生窒素固定細菌では窒素固定遺伝子クラスターに含まれる*NifV*がホモクエン酸合成酵素（HCS）をコードしている[91]．しかし近年の根粒菌ゲノム解読の結果によると，ミヤコグサ根粒菌を含む多くの根粒菌は*NifV*をもたない．すなわち，多くの根粒菌は自身で活性のあるニトロゲナーゼを合成することができない．ミヤコグサ*fen1*変異体は，根粒を形成して根粒菌の細胞内共生を成立するが，窒素固定活性をほとんど示さない．この原因遺伝子は感染細胞特異的に発現するHCSをコードすることが示された[92]．ホモクエン酸は宿主植物の代謝には必要ないと考えられており，実際，根粒でのみ検出される．

　*NifV*遺伝子を導入したミヤコグサ根粒菌は，*fen1*変異体に窒素固定能のある根粒を形成できた．すなわち，根粒菌のニトロゲナーゼの構成要素であるホモクエン酸を宿主植物が合成し，共生する根粒菌に供給することで，*NifV*をもたない根粒菌が活性のあるニトロゲナーゼを合成し，窒素固定が可能になるという仕組みが明らかになった（図16.11）．

16.5.3　PBMを介した物質輸送

　宿主植物内のバクテロイドは，PBMによって宿主の細胞質から隔離されており，バクテロイドが窒素固定に必要とする養分や，バクテロイドが固定した窒素の輸送はPBMを介して行われる．すなわち，宿主植物はPBMに局在する輸送体を選択することによって，バクテロイドへ送る養分の種類を制御していると考えられる．実際，PBMには多種の輸送体が局在している[93]（図16.12）．

　宿主植物から共生菌への炭素源の供給は，共生窒素固定の根幹をなす機構である．ダイズ根粒から単離したバクテロイドを用いた生理学的研究によって，バクテロイドに供給される呼吸基質はリンゴ酸やコハク酸であることが示されている[80]．現在まで，マメ科植物からPBMに局在する有機酸トランスポーターは単離されていないが，放線菌と共生して窒素固定を行うヨーロッパハンノキでは，PBMに相当する構造に局在するNPF（nitrate transporter 1/peptide transporter family）に属するタンパク質がリンゴ酸を輸送することが明らかにされている[94, 95]．

　バクテロイドが固定した窒素はアンモニアとして放出される[96]．PBMに局在するプロトンATPaseによってシンビオゾーム内は酸性になっ

16.6 おわりに

ており[97]、バクテロイドの細胞外ではアンモニアまたはアンモニウムイオンで存在しているとされる。これまでのところ、この宿主細胞への取り込み経路には、チャネルを通してアンモニアが拡散する、もしくはカリウムイオンやナトリウムイオンと同様にアンモニウムイオンが膜電位依存的なカチオンチャネルを通るという二つの説がある[98, 99]。ダイズではPBMに局在するmajor intrinsic protein/aquaporin (MIP/AQP) channel familyのノジュリン26 (nodulin26; NOD26)が、PBMを介したアンモニアの輸送体として考えられている[100]。

バクテロイドのニトロゲナーゼは、その活性発現のために、鉄、硫黄、モリブデンなどの金属元素を必要とする。これまでに、PBMには多くの金属イオンを輸送する輸送体が局在することが明らかとなっている[93]。現在までにPBMに局在することが知られている金属イオンの輸送体のうち、ミヤコグサのSST1 (symbiotic sulfate transporter 1)のみが、窒素固定活性が減少するという表現型との関連が報告されている。酵母での相補実験により、SST1は硫酸イオンを輸送することが示されている[101]。しかし、ダイズから単離したシンビオゾームでは硫酸イオン吸収活性が検知できないことや[17]、SST1が属する硫酸トランスポーターファミリーの他の輸送体がモリブデン酸イオンを輸送することが明らかになり[102]、SST1が共生窒素固定に果たす生理学的な役割については議論が残されている。モリブデンはニトロゲナーゼの活性中心を構成する元素であり、モリブデンを吸収できない根粒菌は窒素固定能を減少させることが知られているが[103]、現在までにPBM上に局在するモリブデン酸イオン輸送体は見つかっていない。また、ダイズではPBMに局在する鉄(II)イオン輸送体が同定されている[104]。

前述した輸送体以外にも、亜鉛の輸送体がPBMに局在している[105]。また、根粒菌の変異体を用いた研究によって、マグネシウムがPBMを介してバクテロイドへと輸送されることが明らかになっている[106]。PBMにおける輸送体は、バクテロイドの窒素固定能に重要な役割を果たすと考えられ、古くから研究が続けられている。複数の輸送体における機能重複の可能性があるため、各輸送体の共生窒素固定における重要性の評価を困難にしている。

16.6 おわりに

これまでに述べてきたとおり、マメ科モデル植物の分子遺伝学的解析から多くの共生遺伝子が同定され、とくに共生初期のシグナル伝達経路と遺伝子転写制御については多くの知見が得られた。

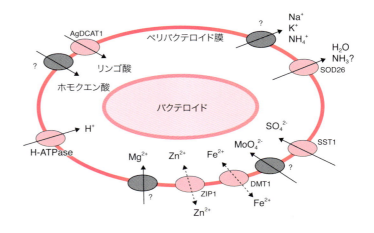

図16.12 ペリバクテロイド膜に局在する輸送体
局在が確認されている輸送体は赤色で、局在すると推定される輸送体を灰色で示している。両方向に輸送される可能性があるものを点線で示している。

そこでは，マメ科の根粒共生に特異的な因子のみならず，アーバスキュラー菌根菌の共生との共通性も重要であり，さらに植物ホルモン，細胞骨格の再構成や膜輸送など，植物の形態形成や環境応答に重要な働きを担う因子も深く関与していることが明らかになりつつある．しかし，根粒菌の感染過程および宿主細胞内に取り込まれた後の窒素固定の発現や維持については未知な点が多く，今後も共生変異体の解析や逆遺伝学的手法，生化学的手法を駆使した網羅的な研究が必要になると思われる．

(山﨑明広，征矢野敬，岡本　暁，横田圭祐，箱山雅生，林　誠)

文　献

1) S. Radutoiu et al., *Nature*, **425**, 585 (2003).
2) E. B. Madsen et al., *Nature*, **425**, 637 (2003).
3) E. B. Madsen et al., *Plant J.*, **65**, 404 (2011).
4) A. Broghammer et al., *Proc. Natl. Acad. Sci. USA*, **109**, 13859 (2012).
5) S. Radutoiu et al., *EMBO J.*, **26**, 3923 (2007).
6) Y. Liang et al., *Science*, **341**, 1384 (2013).
7) M. Mbengue et al., *Plant Cell*, **22**, 3474 (2010).
8) D. Ke et al., *Plant Physiol.*, **159**, 131 (2012).
9) M. Antolín-Llovera et al., *Curr. Biol.*, **24**, 422 (2014).
10) B. Lefebvre et al., *Proc. Natl. Acad. Sci. USA*, **107**, 2343 (2010).
11) K. Tóth et al., *PLoS ONE*, **7**, e30817 (2012).
12) D. W. Ehrhardt et al., *Cell*, **85**, 673 (1996).
13) J. Sun et al., *Plant Cell*, **27**, 823 (2015).
14) J. M. Ané et al., *Science*, **303**, 1364 (2004).
15) H. Imaizumi-Anraku et al., *Nature*, **433**, 527 (2005).
16) N. Kanamori et al., *Proc. Natl. Acad. Sci. USA*, **103**, 359 (2006).
17) K. Saito et al., *Plant Cell*, **19**, 610 (2007).
18) M. Groth et al., *Plant Cell*, **22**, 2509 (2010).
19) M. Charpentier et al., *Plant Cell*, **20**, 3467 (2008).
20) M. Venkateshwaran et al., *Plant Cell*, **24**, 2528 (2012).
21) W. Capoen et al., *Proc. Natl. Acad. Sci. USA*, **108**, 14348 (2011).
22) E. Granqvist et al., *Plant Physiol.*, **160**, 2300 (2012).
23) Z. Kevei et al., *Plant Cell*, **19**, 3974 (2007).
24) M. Venkateshwaran et al., *Proc. Natl. Acad. Sci. USA*, **112**, 9781 (2015).
25) J. Lévy et al., *Science*, **303**, 1361 (2004).
26) Y. Shimoda et al., *Plant Cell*, **24**, 304 (2012).
27) J. B. Miller et al., *Plant Cell*, **25**, 5053 (2013).
28) K. Yano et al., *Proc. Natl. Acad. Sci. USA*, **105**, 20540 (2008).
29) S. Singh et al., *Cell Host. Microbe.*, **15**, 139 (2014).
30) T. Hayashi et al., *Plant J.*, **77**, 146 (2014).
31) L. Tirichine et al., *Nature*, **441**, 1153 (2006).
32) C. Gleason et al., *Nature*, **441**, 1149 (2006).
33) T. Hayashi et al., *Plant J.*, **63**, 154 (2010).
34) L. H. Madsen et al., *Nature Commun.*, **1**, 10 (2010).
35) L. Tirichine et al., *Science*, **315**, 104 (2007).
36) A. B. Heckmann et al., *Mol. Plant Microbe. Interact.*, **24**, 1385 (2011).
37) A. M. Hirsch et al., *Proc. Natl. Acad. Sci. USA*, **86**, 1244 (1989).
38) J. L. Ng et al., *Plant Cell*, **27**, 2210 (2015).
39) S. Hirsch et al., *Plant Cell*, **21**, 545 (2009).
40) L. Schauser et al., *Nature*, **402**, 191 (1990).
41) P. H. Middleton et al., *Plant Cell*, **19**, 1221 (2007).
42) A. Andriankaja et al., *Plant Cell*, **19**, 2866 (2007).
43) T. Soyano et al., *Plant Cell Physiol.*, **56**, 368 (2015).
44) F. Ariel et al., *Plant Cell*, **24**, 3838 (2012).
45) T. Soyano et al., *PLoS Genet.*, **9**, e1003352 (2013).
46) M. E. Zanetti et al., *Plant Cell*, **22**, 142 (2010).
47) P. Laporte et al., *J. Exp. Bot.*, **65**, 481 (2014).
48) T. Laloum et al., *Plant J.*, **79**, 757 (2014).
49) M. Battaglia et al., *Plant Physiol.*, **164**, 1430 (2014).
50) L. Krusell et al., *Nature*, **420**, 422 (2002).
51) R. Nishimura et al., *Nature*, **420**, 426 (2002).
52) S. Okamoto et al., *Plant Cell Physiol.*, **50**, 67 (2009).
53) S. Okamoto et al., *Nat. Commun.*, **4**, 2191 (2013).
54) T. Soyano et al., *Proc. Natl. Acad. Sci. USA*, **111**, 14607 (2014).
55) J. Wopereis et al., *Plant J.*, **23**, 97 (2000).
56) S. Okamoto, M. Kawaguchi, *Plant Signal Behav.*, **10**, e1000138 (2015).
57) M. Takahara et al., *Plant Cell Physiol.*, **54**, 433 (2013).

58) S. Magori et al., *Mol. Plant Microbe. Interact.*, **22**, 259 (2009).
59) T. Sasaki et al., *Nat. Commun.*, **5**, 4983 (2014).
60) R. Heidstra et al., *Development*, **124**, 1781 (1997).
61) R. V. Penmetsa, D. R. Cook, *Science*, **275**, 527 (1997).
62) R. V. Penmetsa et al., *Plant J.*, **55**, 580 (2008).
63) R. V. Penmetsa et al., *Plant Physiol.*, **131**, 998 (2003).
64) A. Suzuki et al., *Proc. Natl. Acad. Sci. USA*, **108**, 16837 (2011).
65) D. J. Gage, *Microbiol Mol. Biol. Rev.*, **68**, 280 (2004).
66) K. Yokota et al., *Plant Cell*, **21**, 267 (2009).
67) M. S. Hossain et al., *Plant Physiol.*, **160**, 917 (2012).
68) A. C. J. Timmers et al., *Development*, **126**, 3617 (1999).
69) C. H. Haney, S. R. Long, *Proc. Natl. Acad. Sci. USA*, **107**, 478 (2010).
70) C. Wang et al., *Plant Physiol.*, **167**, 1497 (2015).
71) J. D. Murray et al., *Plant J.*, **65**, 244 (2011).
72) X. Zhang et al., *Curr. Biol.*, **25**, 1 (2015).
73) F. Xie et al., *Proc. Natl. Acad. Sci. USA*, **109**, 633 (2012).
74) K. Yano et al., *Plant J.*, **60**, 168 (2009).
75) E. Kiss et al., *Plant Physiol.*, **151**, 1239 (2009).
76) J. F. Arrighi et al., *Proc. Natl. Acad. Sci. USA*, **105**, 9817 (2008).
77) R. Dixon et al., *Nat. Rev. Microbiol.*, **2**, 621 (2004).
78) H. Kouchi, T. Yoneyama, *Ann. Bot.*, **53**, 883 (1984).
79) J. G. Streeter, *Symbiosis.*, **19**, 175 (1995).
80) M. K. Udvardi et al., *FEBS Lett.*, **231**, 36 (1988).
81) H. M. Fischer, *Microbiol. Rev.*, **58**, 352 (1994).
82) O. Preisig et al., *Proc. Natl. Acad. Sci. USA*, **90**, 3309 (1993).
83) C. P. Vance, J. S. Gantt, *Physiol. Plant*, **85**, 266 (1992).
84) J. S. Pate et al., *Plant Physiol.*, **65**, 961 (1980).
85) T. Ott et al., *Curr. Biol.*, **15**, 531 (2005).
86) P. Mergaert et al., *Proc. Natl. Acad. Sci. USA*, **103**, 5230 (2006).
87) W. Van de Velde et al., *Science*, **327**, 1122 (2010).
88) D. Wang et al., *Science*, **327**, 1126 (2010).
89) P. Mergaert et al., *Plant Physiol.*, **132**, 161 (2003).
90) T. R. Hoover et al., *Biochemistry*, **28**, 2768 (1989).
91) L. Zheng et al., *J. Bacteriol.*, **179**, 5963 (1997).
92) T. Hakoyama et al., *Nature*, **462**, 514 (2009).
93) V. C. Clarke et al., *Front. Plant Sci.*, **5**, 699 (2014).
94) S. Léran et al., *Trends Plant Sci.*, **19**, 5 (2014).
95) J. Jeong et al., *Plant Physiol.*, **134**, 969 (2004).
96) D. A. Day et al., *Aust. J. Plant Physiol.*, **28**, 667 (2001).
97) M. K. Udvardi, D. A. Day, *Plant Physiol.*, **90**, 982 (1989).
98) C. M. Niemietz et al., *FEBS Lett.*, **465**, 110 (2000).
99) S. D. Tyerman et al., *Nature*, **378**, 629 (1995).
100) J. H. Hwang et al., *FEBS Lett.*, **584**, 4339 (2010).
101) L. Krusell et al., *Plant Cell*, **17**, 1625 (2005).
102) H. Tomatsu et al., *Proc. Natl. Acad. Sci. USA*, **104**, 18807 (2007).
103) M. Delgado et al., *Microbiol.*, **152**, 199 (2006).
104) B. N. Kaiser et al., *Plant J.*, **35**, 295 (2003).
105) S. Moreau et al., *J. Biol. Chem.*, **277**, 4738 (2002).
106) M. Udvardi, P. S. Poole, *Annu. Rev. Plant Biol.*, **64**, 781 (2013).

✓ **Symbiotic Microorganisms**

VI

細胞内共生

17章　現在も続く細胞内共生細菌のオルガネラ化

18章　葉緑体と共生

19章　半翅目昆虫の菌細胞内共生

Part VI 細胞内共生

現在も続く細胞内共生細菌のオルガネラ化

Summary

真核細胞内の細胞内小器官（オルガネラ）のうち，ミトコンドリアと葉緑体は細胞内共生した細菌に由来し，現存する真核生物の細胞体制，代謝，ゲノムの初期進化に重大な影響を与えたと考えられる．本章では，まず近年の研究によるミトコンドリアと葉緑体の起源について解説する（ただし，もはや教科書レベルの常識であるこれら二つの共生由来オルガネラの機能については割愛する）．また最近の研究の進展により，真核細胞内での細菌の共生とオルガネラ化は，ミトコンドリア・葉緑体の確立以降も独立した複数の真核生物系統で進行していることが示唆されている．そこで，「準オルガネラ」状態とも考えられる三つの細胞内共生体「クロマトフォア」，「楕円体」，「UCYN-A」について，推測される機能，進化的起源などを解説する．

17.1 ミトコンドリアの起源

真核生物系統において，これまでに一度もミトコンドリアを保持したことがない系統が発見されていないため，ミトコンドリアの成立は既知の真核生物の共通祖先まで遡ると考えられる[1]（図17.1中のM）．eukaryogenesis，すなわち最初の真核細胞が創生された過程についてはいまだ議論が続いているが，ミトコンドリアの成立が真核細胞の初期進化におけるターニングポイントであったことは間違いない[2]．これまでの研究により，ミトコンドリアの起源となった細菌はAlphaproteobacteriaの一種であることは広く認められているが（図17.2），現存するAlphaproteobacteriaのうちどの系統がミトコンドリアと最も近縁なのであろうか．

結論から述べると，これまで行われた分子系統解析でAlphaproteobacteriaのどの系統がミトコンドリアの起源であるか正確に解明されたとはいえない．これまで発表された多くの分子系統解析の結果では，細胞内寄生病原体のリケッチア（*Rickettsia prowazekii*）を含むリケッチア目（Rickettsiales）とミトコンドリア間の系統学的に近縁な関係であることが示されている[3]．細胞内寄生体がミトコンドリアの起源であるというストーリーは一見整合性があるように思われるが，そう決めつけてしまうのは早計である．リケッチア目の細菌はもともと自由生活性であり，ミトコンドリアの起源は寄生性ではなく自由生活性の細菌であった可能性も否定できない．興味深いことに，表層海水中には「SAR11クレード」と総称される自由生活性Alphaproteobacteriaが多量に棲息し[4]，この系統がリケッチア目に属する可能性がある[5]．ただ，SAR11クレードが本当にリケッチア目に属するのか，そしてミトコンドリアと最も近縁となるのかは今のところ結論がでていない．なぜなら，系統解析用の配列データに含まれる細菌のタクソンサンプリング，系統解析に用いる置換モデルの選択，系統解析する遺伝子の種類により，SAR11クレードとリケッチア目との

■ 17.1 ミトコンドリアの起源 ■

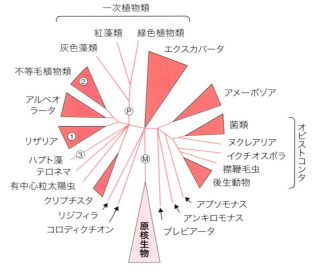

図 17.1 これまでの知見を総合した模式的な真核生物系統樹
ミトコンドリアは原始真核生物において（図中の M），葉緑体は一次植物類の共通祖先で確立した（図中の P）と考えられる．リザリア界③は，17.3 節で紹介するクロマトフォアをもつ有殻アメーバ Paulinella chromatophora を含む．不等毛植物類②には，17.4 節で紹介する楕円体をもつロボロティア科珪藻が含まれる．ハプト藻③の一部は，17.5 節で紹介する UCYN-A シアノバクテリアと共生関係にあると考えられる．なお，アルベオラータの一部やクリプチスタ，不等毛植物類も葉緑体をもつが，この葉緑体には二次共生（第 18 章参照）によって獲得されたものである．文献 39 の figure 1 を改変.

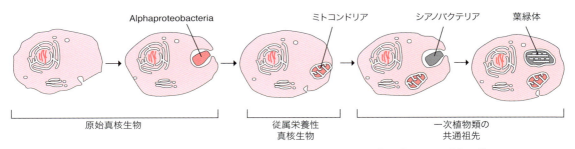

図 17.2 真核生物の初期進化におけるバクテリアの細胞内共生とオルガネラ化
原始真核生物において Alphaproteobacteria 共生体からミトコンドリアが確立した．その後，主要系統群が分岐し，一次植物類の共通祖先においてシアノバクテリア共生体が葉緑体となった．

系統関係に関する結果が異なっているのが現状である[5, 6]．

系統的に広範な細菌のゲノム情報が蓄積した現時点でも，ミトコンドリアの起源となった Alphaproteobacteria 系統が確定できないのには，おもに三つの原因があると考えられる．第一の原因は，ミトコンドリアの起源を問う系統解析に使用可能な配列データが制限されていることである．自由生活性細菌のゲノムと比べ，現存するミトコンドリアのゲノムはサイズ，コードする遺伝子数ともに大きく減少している[1]．このゲノム縮小が系統解析に使用できる遺伝子数を限定し，ミトコンドリア起源の解明を困難にしている．第二に，ミトコンドリアゲノムの塩基組成はアデニン（A）あるいはチミン（T）に富んでおり，分子系統解析によるミトコンドリア起源の正確な推測を妨げている可能性がある．系統解析を行う配列間で塩基あるいはアミノ酸組成に大きなばらつきがある場合，解析に使用する置換モデルを適切に選択しないと誤った系統樹が推測されることがわかっている[7]．ミトコンドリア起源を解析する場合であれば，ミトコンドリアとは系統的に近縁ではないが，ゲノム中に A または T の含量（A+T 含量）が高い Alphaproteobacteria が，ミトコンドリアの起源であると誤推測されうる．これまでミトコンドリア起源の候補としてあげられてき

191

たリケッチア目細菌とSAR11クレードに属する細菌は、いずれもゲノム中のA＋T含量が高い．今後、生物種間でのA＋T含量の不均一性を許容する塩基置換モデルを使用した系統解析により、ミトコンドリアとリケッチア目細菌／SAR11クレードとの近縁性を厳密に検証する必要がある．第三に、リケッチア目でもSAR11クレードでもないAlphaproteobacteriaが本当のミトコンドリアの起源であり、この系統がまだ発見されていない可能性を無視すべきではない．表層海水に普遍的に棲息するSAR11クレードでさえ、その存在が発見されたのは1990年代初期である[4]．われわれが知らないミトコンドリアと非常に近縁なAlphaproteobacteriaが地球上のどこかの環境に棲息している可能性は否定できないだろう．

17.2　葉緑体の起源

陸上植物および真核藻類を含む光合成真核生物のもつ葉緑体は、一つの細胞内共生したシアノバクテリアに遡ることができる〔図17.2、後述する有殻アメーバ（*Paulinella chromatophora*）を除く〕．細胞内共生したシアノバクテリアをオルガネラ化した最初の光合成真核生物は、灰色藻、紅藻、緑藻、陸上植物を含む「一次植物類」の共通祖先であると一般に考えられている（図17.1中のP；第18章にも詳述）．この葉緑体を誕生させたシアノバクテリアの細胞内共生を、「一次共生」と呼ぶ．一次植物類以外の真核光合成系統も多数存在するが、これらの系統がもつ葉緑体は細胞内共生した紅藻あるいは緑藻に由来する（二次共生）．真核生物進化において、原始真核生物からどのような分岐順を経て一次植物類が出現したのかは未解明だが、葉緑体の成立時期はミトコンドリアの成立時期よりも後であることは確実である（図17.1）．

現存するシアノバクテリアは海水、淡水、陸上に広く棲息し、温泉などで生育する好熱性の種も存在する．また、細胞の形態は、単細胞、群体性、糸状体などきわめて多様である（図17.3）．酸素発生型光合成を行うシアノバクテリアはおもに海洋での一次生産者として重要であるが、窒素固定能をもつ種も数多くあり、地球環境中での窒素循環でも重要な役割を果たしている．では、シアノバクテリアを構成する多様な系統のうち、どの系統が葉緑体の起源となったのであろうか．

系統的に広範なシアノバクテリアのゲノム情報が蓄積されている現在、葉緑体起源となったシアノバクテリア系統の探索はゲノム情報を基盤にして行われている．葉緑体起源を論じた最近の研究結果は、①シアノバクテリア進化の初期に分岐した系統を葉緑体の起源とする仮説、および②葉緑体の起源はシアノバクテリア進化の比較的後期に出現したと考えられる窒素固定能をもつグループ内だとする仮説、に大別できる．たとえばCriscuoloら[8]は、葉緑体ゲノム上の遺伝子だけでなく、光合成真核生物が葉緑体の起源となったシアノバクテリア共生体から水平的に獲得した核ゲノムコードの遺伝子も含む最大191遺伝子配列を解析し、葉緑体はシアノバクテリア進化のごく初期に分岐した系統が起源であると推測した（図17.3では葉緑体の分岐位置を黒丸で示した）．一方、シアノバクテリアと葉緑体で共通し、水平伝播などの影響を受けていないと考えられる33種類の「コア遺伝子」に基づくOchoa de Aldaら[9]の系統解析では、葉緑体起源となったシアノバクテリアは窒素固定を行う系統を多数含む大きなクレードに含まれると提唱された（図17.3では当該クレードを灰色で示した）．シアノバクテリア進化の比較的後期に派生した系統が葉緑体の起源であるという仮説は、一次植物の6種類（紅藻1種類、緑藻2種類、陸上植物3種類）の核ゲノム中に保持されるシアノバクテリア遺伝子のレパートリーに関する解析でも提唱されている．Dagan

17.2 葉緑体の起源

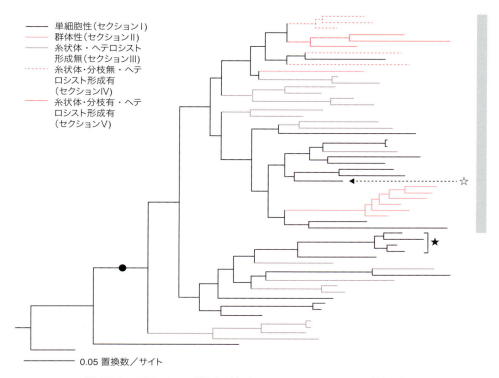

図 17.3　16S rRNA 配列に基づくシアノバクテリアの系統関係
これまでの研究では，葉緑体は黒丸で示した枝から分岐したとする仮説と，灰色で示した大きなクレード内から分岐したとする仮説に大別できる．有殻アメーバ（*Paulinella chromatophora*）のクロマトフォアの起源となったクレードは黒い星印で示した．ロパロディア科珪藻の楕円体，UCYN-A シアノバクテリアは，白い星印で示した系統に含まれる．文献 40 の figure 4 を改変．

ら[10]は，系統的に広範なシアノバクテリアゲノムを解析し，一次植物の核ゲノムにコードされるシアノバクテリア遺伝子を多数保持し，そのうえ配列の相同性が高い傾向があるネンジュモ目（Nostocales）やスチゴネマ目（Stigonematales）を含むセクション IV および V に属するシアノバクテリアから葉緑体が誕生したと推測した（図17.3 では，セクション IV と V は赤色の破線と実線の枝で示した）．残念ながら，これまでの研究により，葉緑体となったシアノバクテリア系統が解明されたとはいえない．

ミトコンドリアの起源についての考察でも述べたが，これまでの分子系統解析で葉緑体の起源を特定できないのは，解析する配列データ中の進化的情報量の不足，塩基やアミノ酸組成の偏りに起因する誤推測に加え，真に葉緑体に近縁な系統が解析に含まれていない可能性が考えられる．このような状況のもと，2015 年 9 月にスペイン・セビージャで開催された第 7 回ヨーロッパ原生生物学会議（VII European Congress of Protistology）において，フランスの研究グループが葉緑体の起源を特定したという報告を行った．このグループは淡水に生息する窒素固定能をもつ単細胞シアノバクテリア（"*Candidatus Gloeomargarita lithophora*"）[11]のゲノム配列を解読し，葉緑体ゲノムにコードされる 100 程度の遺伝子配列に基づく系統解析と，核コードシアノバクテリア遺伝子を含む 150 程度の遺伝子配列に基づく系統解析とを行った（正式な論文は未発表）．会議で発表された解析結果を見た限

り，いずれの解析でも"Ca. G. lithophora"と葉緑体との近縁性が強く支持されており，"Ca. G. lithophora"を含む系統が葉緑体の起源であるという主張は十分に信頼できると感じられた．この結果が正式に論文として発表されれば，葉緑体起源についての論争に終止符を打つことになるであろう．

17.3　クロマトフォア——有殻アメーバの「光合成オルガネラ」

　有殻アメーバ（*Paulinella chromatophora*）は，図17.1 中の①で示したリザリア界（Rhizaria）のケルコゾア門（Cercozoa）に属するアメーバ状単細胞真核生物で，おもに淡水に生息し，ケイ酸質の鱗片で構成された卵型の殻をもつ（図17.4）．*P. chromatophora* は，その細胞内に常に2個の青緑色のシアノバクテリア共生体をもつ独立栄養真核生物である[12]．この細胞内共生体は「シアネレ（cyanelle）」と呼ばれることもあるが，本章では「クロマトフォア（chromatophore）」と呼ぶ．これは，一般的にシアネレと呼ばれている灰色藻葉緑体と *P. chromatophora* のシアノバクテリア共生体を区別するためである．

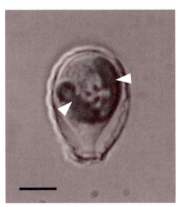

図17.4　有殻アメーバ（*Paulinella chromatophora*）の光学顕微鏡像
クロマトフォアは矢頭で示した．スケールバーは5 μm．提供：筑波大学 野村真未 氏のご厚意による．

　クロマトフォアは宿主細胞外では生育できず[13]，宿主細胞の分裂時には娘細胞にクロマトフォアが一つずつ分配され，その後それぞれの娘細胞内で二つに分裂することがわかっている[14]．宿主細胞内でオルガネラ的に振る舞うにもかかわらず，クロマトフォアはその内部のチラコイド膜の配置やその分裂様式[15]，さらには16S rRNA による分子系統解析の結果[16, 17] から，葉緑体とはまったく異なる *Synechococcus* 属／*Prochlorococus* 属から構成されるクレードに属することが判明している（図17.3，黒い星印で示したクレード）．興味深いことに，*P. chromatophora* の近縁種（たとえば *P. ovalis* [18]）はクロマトフォアをもたず従属栄養性であることから，少なくとも *P. chromatophora* と *P. ovalis* が分岐した後に，前者でクロマトフォアが獲得されたと考えられる．前述の生物学的特徴から，*P. chromatophora* は細胞内共生バクテリアが葉緑体（光合成オルガネラ）化する過程を推測するうえで貴重な知見をもたらすと期待され，クロマトフォアゲノム，宿主ゲノムともに研究が進んでいる．

　これまでに複数の *P. chromatophora* 培養株についてクロマトフォアゲノム解析が行われているが，解析された株間でクロマトフォアゲノムに本質的違いは見つかっていない[19, 20]（中山，稲垣未発表データ）．最初に解読された M0880/a 株のクロマトフォアゲノムは約 1.02 Mbp の環状ゲノムであり，そのゲノム上には867個のタンパク質コード遺伝子が同定された[19]．クロマトフォアと近縁な自由生活性シアノバクテリア（*Synechococcus* sp. WH5701）は，約 3.04 Mbp のゲノムに 3,346 個のタンパク質がコードされていると推測されており，細胞内共生体化した後にクロマトフォアゲノムに強い縮小圧がかかったと考えられる．

　クロマトフォアゲノムから消失したと推測され

る遺伝子の多くは、配列情報からは機能が推測できないタンパク質であり、細胞内共生生活では必要なくなったものである可能性が高い。また、ゲノムから消失したのは機能未知タンパク質の遺伝子だけではない。五つのアミノ酸合成経路や各種コファクター合成系、さらにはクエン酸回路を構成する酵素をコードする遺伝子は、ゲノムから完全に欠失していた。クロマトフォアゲノムから欠失した遺伝子リストを鑑みると、クロマトフォアは代謝的に宿主に依存した細胞内共生体であることは明らかである。クロマトフォアゲノムからは多数のタンパク質コード遺伝子が欠失したと推測できる一方、光合成に必要なタンパク質をコードする遺伝子のほとんどがゲノム上に保持されている。したがって、この共生体は宿主細胞中で光合成に特化したオルガネラになりつつあるか、またはすでにオルガネラ化していると考えられる。一般的な葉緑体とクロマトフォアを比べると、後者のほうがゲノムサイズ、遺伝子数ともに格段に大きい。よって、クロマトフォアがオルガネラだとすると、オルガネラ化の比較的初期段階に相当するであろう。

クロマトフォアが「オルガネラ」であるか、「宿主と不可分な細胞内共生体」なのかについてはさまざまな議論がある[21,22]。二つの状態の境界線となる進化的イベントが何なのかは結論がでていないし、筆者らは明確な境界線を設定するのは困難だと思っている。しかし、オルガネラ化には共生体ゲノムから宿主ゲノムへの遺伝子水平伝播が重要なカギであるというのは共通認識であろう。ミトコンドリアと葉緑体で働く大半のタンパク質は宿主ゲノムにコードされ、宿主の細胞質で合成された共生体タンパク質はオルガネラへ輸送される。したがって、細胞内共生したalphaproteobacteriaとシアノバクテリアが、それぞれミトコンドリアと葉緑体になる過程で、共生体−宿主ゲノム間での遺伝子水平伝播が大規模に起こったはずである。

では、P. chromatophoraで共生体−宿主ゲノム間での遺伝子水平伝播は起こったのであろうか。結論からいえばイエスである。これまでの複数のグループによる解析では、クロマトフォアゲノムから宿主ゲノムへ伝播した遺伝子は合計33個同定されている[20,23,24]。そのなかには、真核生物ゲノムに特有のスプライセオソーム型イントロン（spliceosoma intron）が挿入されているクロマトフォア由来遺伝子もある[23]（図17.5）。以上のデータを総合すると、P. chromatophora細胞内のクロマトフォアは代謝的にも遺伝的にも宿主に統合されていると結論づけることができ、筆者らはP. chromatophora細胞内の「光合成オルガネラ」とみなしても差し支えないと考えている。

17.4 楕円体——ロパロディア科珪藻細胞内のシアノバクテリア共生体

図17.1中の②で示した不等毛植物類に属する珪藻は光合成真核生物（真核藻類）の一種であり、その多様性と現存量のどちらの面からも水圏で最

図17.5 有殻アメーバ（Paulinella chromatophora）のpsaE遺伝子転写物（mRNA）
psaE mRNAには真核生物ゲノムにコードされる遺伝子特有の特長であるポリAが付加されていた。またpsaE遺伝子には、真核生物ゲノムに特有のスプライセオソーム型イントロンが発見された。

■ 17章　現在も続く細胞内共生細菌のオルガネラ化 ■

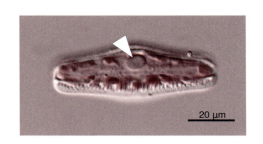

図17.6 ロパロディア科珪藻 *Rhopalodia gibba* の光学顕微鏡像
楕円体は矢頭で示した.

も繁栄している生物種の一つといえる．またそのため，海洋環境の一次生産者としてきわめて重要なグループである．

　ロパロディア科（Rhopalodiaceae）は珪藻類の中でも比較的小さな系統群だが，その細胞内にミトコンドリアと葉緑体に加え，シアノバクテリア共生体（楕円体，spheroid body）をもつ[25]（図17.6）．楕円体は宿主珪藻の分裂時に娘細胞へと受け継がれ，宿主から分離して単独培養できない[26]．そのうえ，このシアノバクテリア共生体にはクロロフィル蛍光が検出できず，光合成能がないことが示唆されていた[27]．一方，ロパロディア科珪藻の一種では実験的に窒素固定能が確認されており，楕円体は窒素固定を行いその化合物を宿主細胞に供給している可能性が示唆されていた[28]．珪藻細胞内で楕円体が窒素固定を行っているという可能性は，楕円体が窒素固定シアノバクテリアの一系統である *Cyanothece* 属に近縁であるとする16S rRNA配列の分子系統解析結果とも矛盾しない[29,30]（図17.3では白い星印で示した系統中に含まれる）．

　これまで自由生活性であれ細胞内共生体であれ，光合成能を完全に欠失したシアノバクテリアは知られていない．したがって，楕円体はシアノバクテリア共生体としてきわめてユニークであり，珪藻細胞内でどんな機能をもつかは興味深かった．楕円体の機能を推測するには，そのゲノムを解読

するのが有効な手段である．しかしロパロディア科珪藻は実験室内での維持と培養が困難であるため，ごく最近まで楕円体のゲノム解析は，部分配列を決定するのみに留まっていた[31]．

　幸い，筆者らは栃木県湯ノ湖より単離したロパロディア科珪藻の一種である *Epithemia turgida* の楕円体ゲノムを解読することに成功した[32]．筆者らが楕円体ゲノム解析に成功した要因は，*E. turgida* の培養株を確立できたこともあるが，微量のDNA試料からのゲノム増幅技術と次世代シーケンス技術の長足の進歩によるところが大きい．決定した *E. turgida* 楕円体ゲノムは約2.79 Mbpの環状DNA分子であり，1720個のタンパク質遺伝子が同定された．近縁な自由生活性シアノバクテリアのゲノムと比較すると，ゲノムサイズ，遺伝子数ともに縮小していることがわかった．また，楕円体ゲノムには少なくとも225個の偽遺伝子が確認された．先行研究では楕円体には光合成能がないことが示唆されていたが，ゲノム上の遺伝子を詳細に解析したところ，光合成に必要な一連のタンパク質群（光化学系I，II，およびアンテナタンパク質）もクロロフィルa合成に必要な酵素群も欠失していることが判明した（図17.7）．*E. turgida* 楕円体ゲノム情報により，これまでに提唱された，楕円体が非光合成性シアノバクテリア共生体であるという予想が裏づけられた．また，窒素固定に必要な一連のタンパク質遺伝子が同定され，ロパロディア科珪藻の窒素固定能は楕円体に由来することが明確になった．

　残念ながら *E. turgida* 楕円体ゲノム情報だけでは，楕円体が「宿主と不可分なシアノバクテリア共生体」なのか，ミトコンドリアや葉緑体，あるいは *P. chromatophora* のクロマトフォアと同じように，代謝・遺伝の両面でも宿主に統合されている「オルガネラ」となっているのか結論をだすことはできない．

　E. turgida 楕円体ゲノムには，炭酸固定に必

17.5 窒素固定シアノバクテリア共生体 UCYN-A

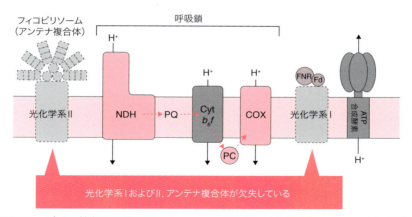

図 17.7 ゲノム情報から推測されるロパロディア科珪藻 *Epithemia turgida* の楕円体の電子伝達系

破線矢印は電子の流れを示す．欠失したタンパク質複合体は灰色の破線で表した．NDH：NADH デヒドロゲナーゼ，PQ：プラストキノン，cytb_6f：シトクロム b_6f 複合体，PC：プラストシアニン，COX：シトクロム c オキシダーゼ，FNR：フェレドキシン-NADP$^+$ レダクターゼ，Fd：フェレドキシン．

須の RuBisCO（リブロース 1,5-ビスリン酸カルボキシラーゼ／オキシゲナーゼ）や，エネルギー生産の要であるクエン酸回路を構成する酵素群のうち大部分が欠けており，楕円体は宿主細胞に代謝的に依存していることは明確である．ただし楕円体は，その代謝活性の縮小度合いがクロマトフォアとは明らかに異なる．クロマトフォアはアミノ酸合成，各種コファクター合成に関連する遺伝子がゲノムから消失していた．一方，ゲノムデータに基づけば，楕円体はアミノ酸や各種コファクター，プリン・ピリミジンまでも合成可能だと考えられる．したがって，楕円体の宿主（珪藻細胞）への代謝的依存度は，クロマトフォアの宿主（有殻アメーバ細胞）への代謝的依存度よりも低いと考えてもいいだろう．よって，ロパロディア科藻の細胞内の楕円体は，宿主と代謝的に不可分な，窒素固定に特化した共生体であり，細胞内共生体がオルガネラとして宿主へ統合される過程の極めて初期段階に相当すると考えられる．

E. turgida 楕円体ゲノムの解析により，この共生体が代謝的に「宿主と不可分」であることがわかったが，遺伝的にも「宿主と不可分」であるといえるかどうかについては，今のところ結論をだせない．先述したように「オルガネラ」と「宿主と不可分な共生体」との境界をどう設定すべきかはっきりしない．しかし，共生体と宿主ゲノム間での遺伝子水平伝播の有無は重要であり，今後 *E. turgida* 核ゲノム中に楕円体由来の遺伝子を探索する必要がある．少なくとも，ロパロディア科珪藻細胞内の楕円体は，宿主と代謝的に不可分な窒素固定に特化した共生体であり，オルガネラにきわめて近い状態だと考えられる．

17.5 窒素固定シアノバクテリア共生体 UCYN-A

陸地から窒素，リンなどの栄養塩が供給される沿岸海域と比べ，外洋は一般的に貧栄養状態となっている．このような海域の表層海水での一次生産には微生物により固定された窒素化合物の供給が重要であり，その主役は *Trichodesmium* 属などの糸状シアノバクテリアがおもに担っていると考えられてきた．しかし現在では，単細胞の窒素固定シアノバクテリアも海洋環境での窒素

固定について無視できない貢献をしていることが判明している．海洋表層水中で窒素固定を行う単細胞シアノバクテリアの多様性は，おもに海水環境 DNA を鋳型として PCR 増幅したニトロゲナーゼ遺伝子（nifH など）の解析により探索されてきた．UCYN-A シアノバクテリアは，このような環境クローン解析により認識された単細胞窒素固定シアノバクテリアの一群である[33]．海水サンプルから増幅された nifH 遺伝子および 16S rRNA 遺伝子配列の系統解析では，単細胞で窒素固定能をもつ Cyanothece 属シアノバクテリアと UCYN-A シアノバクテリアは近縁性を示し，太平洋，大西洋の熱帯および亜熱帯海域に生息すると推測された[34]．ちなみにロパロディア科珪藻の楕円体も，図 17.3 中の白い星印で示した Cyanothece 属シアノバクテリアと近縁であるが，楕円体と UCYN-A シアノバクテリアは姉妹群とはならない[32]（図 17.8）．

発見当初から最近まで，UCYN-A は「実験室内培養に成功していない（自由生活性）シアノバクテリア」だと考えられていたため，UCYN-A ゲノムは一連のメタゲノム解析により解読された[35, 36]．フローサイトメトリーにより海水から UCYN-A シアノバクテリアを濃縮し，抽出した DNA の次世代シーケンス解析によりそのゲノム配列が完全解読された[36]．解読された UCYN-A ゲノムは 1.44 Mbp の環状ゲノムであり，UCYN-A シアノバクテリアと近縁な自由生活性シアノバクテリア（Cyanothece sp. ATCC 51142）のゲノムサイズ（5.36 Mbp）と比べて大きく縮小している．興味深いことに，UCYN-A ゲノムには nif 遺伝子クラスターが確認される一方，光化学系 II，クエン酸回路，いくつかのアミノ酸とプリン合成系などが欠失していた（図 17.9）．UCYN-A シアノバクテリアは Cyanothece 属と近縁であることから nif 遺伝子クラスターが存在することは驚きではないが，光化学系 II が完全に欠失したこの細胞が光化学系 I だけでどう光合成を行っているのか，その詳細は不明である．またクエン酸回路などが完全に欠失していることから UCYN-A シアノバクテリアは自由生活性とは考えにくく，代謝的に他種の細胞に依存していると予想された[36]．

ゲノムデータだけを比較すれば，珪藻細胞内のシアノバクテリア共生体である楕円体と UCYN-A

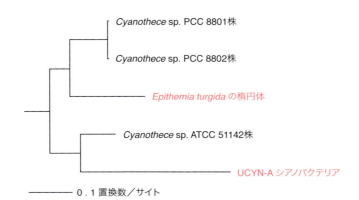

図 17.8　ゲノム配列に基づくロパロディア科珪藻 Epithemia turgida の楕円体と UCYN-A シアノバクテリア（図 17.3 の☆のグレード）の系統関係

241 遺伝子配列に基づく最尤系統樹の一部を示した．表記していないが，図中のすべての系統樹の結節は最尤法に基づくブートストラップ値 100 % で支持された．楕円体は Cyanotheca sp. PCC 8801 株および 8802 株と，UCYN-A シアノバクテリアは Cyanotheca sp. ATCC 51142 株と近縁となり，互いに独立した系統である．文献 30 の Supplementary figure S1 を改変．

17.5 窒素固定シアノバクテリア共生体 UCYN-A

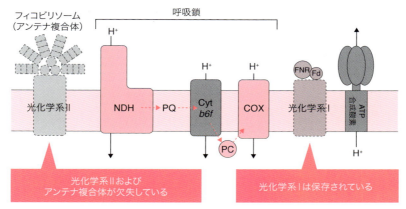

図 17.9 ゲノム情報から推測される UCYN-A シアノバクテリアの電子伝達系
詳細は図 17.7 のキャプションを参照.

シアノバクテリアの縮小度合いは，同等か，後者のほうがより縮小が進んでいるようにも見える．楕円体ゲノムは 2.79 Mbp で 20 種類のアミノ酸の合成系を保持しており，不完全だがクエン酸回路を保持している[32]．一方，UCYN-A ゲノムは 1.44 Mbp でいくつかのアミノ酸合成系を失っているうえ，クエン酸回路は完全に欠失している[36]．楕円体と UCYN-A シアノバクテリアとの縮小度を鑑みれば，前者同様後者も細胞内共生体であっても不思議ではない．しかし，UCYN-A シアノバクテリアが細胞内共生体であるかどうかについては，いまだにはっきりしない．

2012 年に Thompson ら[37]は，フローサイトメトリーによる海水の分画と遺伝子解析を組み合わせ，UCYN-A シアノバクテリアはハプト藻（図 17.1 中の③）の細胞外に付着して共生していると主張している．UCYN-A シアノバクテリアの *nifH* 遺伝子配列が検出された海水の分画からは，既知のハプト藻のなかでも *Braarudosphaera bigelowii*（図 17.10）あるいは *Chrysochromulina parkeae* ときわめて近縁な 18S rRNA 遺伝子が増幅された．このデータから，UCYN-A シアノバクテリアのパートナーとしてのハプト藻は *B. bigelowii* あるい

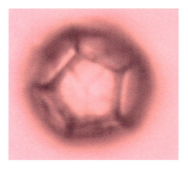

図 17.10 ハプト藻 *Braarudosphaera bigelowii* の光学顕微鏡像
提供：高知大学 萩野恭子 氏のご厚意による．

はその近縁種（*C. parkeae* を含む）であると推測できる．また，同じ論文の中で Thompson は，UCYN-A シアノバクテリアとその「パートナー」真核細胞を二次元高分解能二次イオン質量分析装置（nanoSIMS）により観察し，パートナーである真核細胞が固定した炭素を UCYN-A シアノバクテリアに供給し，UCYN-A シアノバクテリアは窒素を固定しパートナー真核生物に供給していると主張した．ところで，同じグループが 2008 年に発表した論文中のフローサイトメトリーの結果では，UCYN-A シアノバクテリアはサイズが 0.2〜2.0 μm サイズの単細胞真核生物（picoeukaryotes；ハプト藻を含む）とは異なる区画に検出された[35]が，これはフローサイトメ

トリーにかける海水サンプルの前処理により二つの細胞が分離してしまったためだと考察されている[37]．一方，Hagino ら[38]は *B. bigelowii* の細胞内部構造を透過型電子顕微鏡により観察したところ，葉緑体とミトコンドリアの他にシアノバクテリア共生体と考えられる構造を同定した．また，PCR により，*B. bigelowii* 細胞から UCYN-A シアノバクテリアの 16S rRNA 遺伝子配列ときわめて類似度の高い増幅産物が得られた．彼らの実験結果は，*B. bigelowii* はその細胞内にシアノバクテリア共生体をもっていること，その共生体は UCYN-A シアノバクテリアあるいは UCYN-A シアノバクテリアにきわめて近縁であることを示している．

筆者らは，Thompson らが主張したように UCYN-A シアノバクテリアがハプト藻の細胞外に付着している[37]のではなく，Hagino らの電子顕微鏡観察[38]で示されたように細胞内共生をしていると考えているが，さらに検証を進めて UCYN-A シアノバクテリアと *B. bigelowii* との共生関係を厳密に解明する必要がある．もし，*B. bigelowii* 細胞内の共生体が UCYN-A シアノバクテリアであるとすると，今後 UCYN-A 由来のタンパク質コード遺伝子が共生体ゲノムから宿主（ハプト藻）ゲノムに伝播しているかを調べることで，遺伝的にハプト藻細胞に統合されているかを検証していく必要がある．

17.6　おわりに

本章では細胞内共生した細菌を起源とするオルガネラであるミトコンドリア，葉緑体の起源に関する最近の知見に加え，少なくとも代謝的に宿主細胞に依存する 3 種類のシアノバクテリア共生体（クロマトフォア，楕円体，UCYN-A シアノバクテリア）について解説した．今後，系統的に多様な単細胞真核生物をさらに探索することによ

り，共生細菌を細胞内に保持する新たな真核系統や，酸素呼吸，光合成，窒素固定以外の機能を担う新しい共生細菌が発見され，それらの中には遺伝的にも宿主細胞に統合されたオルガネラ化しているものが含まれても不思議ではない．

（稲垣祐司，中山卓郎）

文　献

1) M. W. Gray et al., *Genome Biol.*, **2**, 1 (2001).
2) T. M. Embley, W. Martin, *Nature*, **440**, 623 (2006).
3) D. A. Fitzpatrick et al., *Mol. Biol. Evol.*, **23**, 74 (2006).
4) S. J. Giovannoni et al., *Nature*, **345**, 60 (1990).
5) J. C. Thrash et al., *Sci. Rep.*, **1**, 13 (2011).
6) N. Rodríguez-Ezpeleta, T. M. Embley, *PLoS ONE*, **7**, e30520 (2012).
7) S. A. Ishikawa et al., *Evol. Bioinform.*, **8**, 357 (2012).
8) A. Criscuolo, S. Gribaldo, *Mol. Biol. Evol.*, **28**, 3019 (2011).
9) J. A. G. Ochoa de Alda et al., *Nat. Commun.*, **5**, 4937 (2014).
10) T. Dagan et al., *Genome Biol. Evol.*, **5**, 31 (2013).
11) E. Couradeau et al., *Science*, **336**, 459 (2012).
12) A. Pascher, *Pringsh. Jahrb. wiss. Bot.*, **71**, 386 (1929).
13) L. Kies, B. P. Kremer, *Naturwissenschaften*, **66**, 578 (1979).
14) H. R. Hoogenraad, A. A. de Groot, *Tijdschr. Nederl. Dierkund. Vereen. (2)*, **20**, 1 (1927).
15) L. Kies, *Protoplasma*, **80**, 69 (1974).
16) B. Marin et al., *Protist*, **156**, 425 (2005).
17) H. S. Yoon et al., *BMC Evol. Biol.*, **9**, 98 (2009).
18) P. W. Johnson et al., *J. Protozool.*, **35**, 618 (1988).
19) E. C. Nowack et al., *Curr. Biol.*, **18**, 410 (2008).
20) A. Reyes-Prieto et al., *Mol. Biol. Evol.*, **27**, 1530 (2010).
21) U. Theissen, W. Martin, *Curr. Biol.*, **16**, R1016 (2006).
22) D. Bhattacharya, J. M. Archibold, *Curr. Biol.*, **16**, R1017 (2006).
23) T. Nakayama, K. Ishida, *Curr. Biol.*, **19**, R284 (2009).
24) E. C. Nowack et al., *Mol. Biol. Evol.*, **28**, 407 (2010).

25) R. W. Drum, S. Pankratz, *Protoplasma*, **60**, 141 (1965).
26) L. Geitler, *Plant Systematics Evol.*, **128**, 259 (1977).
27) L. Floener, H. Bothe, Nitrogen fixation in Rhopalodia gibba, a diatom containing blue-greenish inclusions symbiotically, "Endocytobiology: Endosymbiosis and Cell Biology, a Synthesis of Recent Research 1st Ed. (W. Schwemmler, H. Schenk eds.)", Walter de Gruyter (1980), pp.541–552.
28) L. Kies, Glaucocystophyceae and other Protists Harbouring Prokaryotic Endocytobionts, "Algae and Symbioses (W. Reisser eds.)", Biopress (1992), pp.353–377.
29) J. Prechtl et al., *Mol. Biol. Evol.*, **21**, 1477 (2004).
30) T. Nakayama et al., *J. Plant Res.*, **124**, 93 (2011).
31) C. Kneip et al., *BMC Evol. Biol.*, **8**, 30 (2008).
32) T. Nakayama et al., *Proc. Nat. Acad. Sci. USA*, **111**, 11407 (2014).
33) J. P. Zehr et al., *Appl. Environment. Microbiol.*, **64**, 3444 (1998).
34) L. I. Falcón et al., *Appl. Environment. Microbiol.*, **68**, 5760 (2002).
35) J. P. Zehr et al., *Science*, **322**, 1110 (2008).
36) H. J. Tripp et al., *Nature*, **464**, 90 (2010).
37) A. W. Thompson et al., *Science*, **337**, 1546 (2012).
38) K. Hagino et al., *PLoS ONE*, **8**, e81749 (2013).
39) S. M. Adl et al., *J. Eukaryot. Microbiol.*, **59**, 429 (2012).
40) B. E. Schirrmeister et al., *BMC Evol. Biol.*, **11**, 45 (2011).
41) G. M. Garrity, D. R. Boone, R. W. Castenholz eds., "Bergey's manual of systematic bacteriology: Volume 1," Springer-Verlag, New York (2001).

Part VI 細胞内共生

葉緑体と共生

Summary

シアノバクテリアが発明した酸素発生型光合成は，生物にとってとても魅力的なシステムなのだろう．真核生物が一次共生によりシアノバクテリアを取り込んで葉緑体を獲得し，その葉緑体が二次共生によりさまざまな生物群に水平伝播して，多様な光合成真核生物群を誕生させた．また，従属栄養生物が葉緑体を獲得して「植物化」したことが，その後，一部の生物で「寄生」という生き方を生む下地となった可能性もある．さらに，他の生物の葉緑体を一時的に細胞内に取り込んで光合成器官として利用する生物も存在する（盗葉緑体現象）．細胞内共生は，真核生物の多様性創出と細胞進化を促す主要な原動力の一つといえる．宿主と細胞内共生した生物がどのようにして一つの光合成真核生物として生きられるようになるのかを知ることは，葉緑体の獲得に伴う細胞進化を理解するうえで重要である．現在，共生藻と宿主細胞の分裂の協調，葉緑体へのタンパク質輸送，共生藻ゲノムの縮小進化などの視点から，これらの細胞進化の解明に向けた研究が進められている．共生は生物において普遍的であり，生物がもつ基本的な性質の一つといえる．葉緑体は生物のそのような性質がもたらした代表的な存在なのである．

18.1 葉緑体の起源に関する共生説

葉緑体は光合成をするオルガネラである．光合成生物により有機物が産生され，その有機物により地球上のすべての生物が養われている．また酸素を含めた地球の現在の大気組成も葉緑体とシアノバクテリアの光合成によって形成されたものであり，さらに人類が使用している化石燃料ももとを辿れば葉緑体の産生物である．葉緑体は，食糧，環境，エネルギーの根幹をなし，人類を含む地球上の全生物の生存において最も重要な存在の一つといえる．この葉緑体が，真核細胞に細胞内共生したシアノバクテリア由来であることが，現在では広く知られている．

植物の葉緑体とシアノバクテリアの類似性は，1883年にドイツの著名な植物学者Simperによって最初に指摘されたといわれているが，葉緑体が共生由来であることをはじめて明確に主張したのは，1905年にロシアの植物学者Mereschkowskyが発表した論文だとされている[1]．この主張はすぐに受け入れられることはなかったが，半世紀ほど後に葉緑体に核とは異なる独自のDNAの存在が確認されると，葉緑体は共生由来であるとの考え方が見直され，1970年代には葉緑体の起源に関する「共生説」として広く知られるようになった．現在，葉緑体が細胞内共生したシアノバクテリア由来であることは，さまざまな面（微細構造学，分子系統学，ゲノム科学，分子生物学など）から疑う余地のない証拠がだされており，周知の事実となっている（第17章参照）．

18.2 一次共生による葉緑体の誕生と二次共生による水平伝播

近年の分子系統学の進展により，真核生物は八つの主要な系統群〔オピストコンタ，アメーボゾア，エクスカバータ，アーケプラスチダ（一次植物），ストラメノパイル，アルベオラータ，リザリア，クリプチスタ〕に分けられている（図18.1）[2]．このうち，葉緑体をもつ生物を含んでいないのは二つの系統群（動物と菌類を含むオピストコンタと粘菌類などを含むアメーボゾア）だけで，残りの六つの系統群はすべて葉緑体をもつグループを含んでいる．つまり，葉緑体をもつ生物（光合成真核生物）は多様な系統群にまたがって存在しているのである．光合成真核生物の主要なグループとしては，陸上植物や緑藻類などからなる緑色植物をはじめ，紅藻類などの紅色植物，灰色植物，不等毛藻類，渦鞭毛藻類，クリプト藻類，ハプト藻類，ユーグレナ藻類，クロララクニオン藻類などがある（図18.1）．このうち緑色植物，紅色植物，灰色植物の3群が一次植物系統群を構成しており，その共通祖先でシアノバクテリアが真核細胞に取り込まれる細胞内共生が起こり，葉緑体が誕生したと考えられている（図18.2，第17章も参照）．このシアノバクテリアと真核細胞との共生により葉緑体が生じた過程を「一次共生（primary endosymbiosis）」と呼ぶ．

一次植物以外の光合成真核生物のうち，不等毛

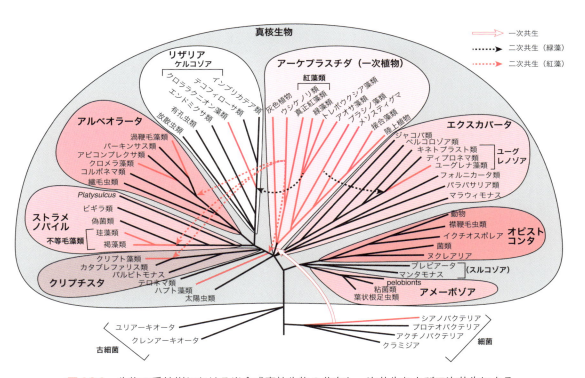

図18.1 生物の系統樹における光合成真核生物の分布と一次共生および二次共生による酸素発生型光合成能（葉緑体）の伝播

赤色の枝は，酸素発生型光合成能をもつ系統群（シアノバクテリアと葉緑体をもつ真核生物）を示す．白矢印はシアノバクテリアを共生者とした一次共生，黒破線矢印は緑藻を共生者とした二次共生，赤破線矢印は紅藻を共生者とした二次共生をそれぞれ表す．紅藻を共生者とした二次共生の回数や時期はまだ不明な点があるため四つ又の矢印で示す．

藻類，渦鞭毛藻類，クリプト藻類，ユーグレナ藻類，およびクロララクニオン藻類は五つの主要系統群（ストラメノパイル，アルベオラータ，クリプチスタ，エクスカバータ，リザリア）にそれぞれ散らばって存在しており，これらはすべて非光合成性のグループと近縁である（図18.1）．ハプト藻類は，かつてクリプチスタとの近縁性が示唆されたが，いまだ系統学的位置が不確定であり，今のところ独立した系統群として認識するのがよさそうである．いずれにしても，光合成真核生物は互いに近縁な生物からなる一つのまとまった単系統群ではなく，さまざまな系統群に散らばって存在する多系統群である．

この状況は，「二次共生（secondary endo-symbiosis）」によって葉緑体が真核生物の主要系統群間を水平伝播したことによって生じたことがわかっている．二次共生とは，一次植物が別の真核細胞に取り込まれて葉緑体になる過程のことで，これによりさまざまな捕食性真核生物が葉緑体を獲得して植物化したのである．たとえば，ユーグレナ藻類は，エクスカバータのユーグレノゾアに含まれる捕食性鞭毛虫が緑色植物の中のプラシノ藻類の一つを取り込んで葉緑体を獲得した子孫で，クロララクニオン藻は，リザリアに含まれるケルコゾア類の捕食性アメーバ鞭毛虫が，緑色植物のアオサ藻類の一つを取り込んで葉緑体を獲得した子孫であることが，分子系統解析により示されている（図18.2）[3, 4]．不等毛藻類，渦鞭毛藻

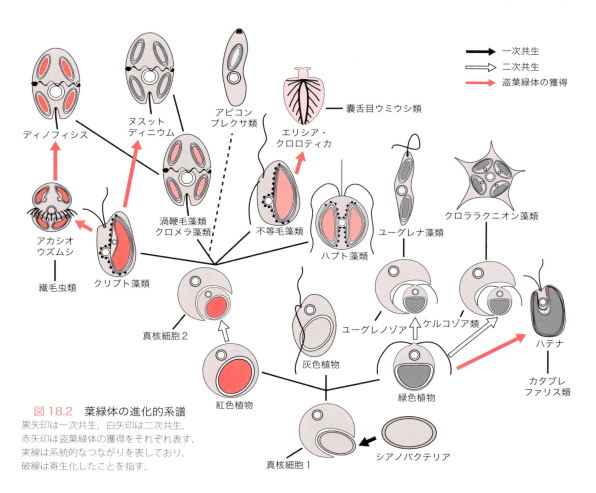

図18.2　葉緑体の進化的系譜
黒矢印は一次共生，白矢印は二次共生，赤矢印は盗葉緑体の獲得をそれぞれ表す．実線は系統的なつながりを表しており，破線は寄生化したことを指す．

類，クリプト藻類，ハプト藻類については，これらを創出した二次共生が系統樹上のどこで何回起こったのか（それぞれ独立に葉緑体を獲得したのか，1回の二次共生によって葉緑体を獲得したのか，など）はまだよくわかっていないが，いずれも紅色植物に由来する葉緑体をもつことがわかっている図18.2)[5]．このように，二次共生は真核生物の進化において複数回起こっており，多様な光合成真核生物を生みだした主要な原動力なのである．

18.3 二次共生の痕跡

二次共生由来の光合成真核生物（二次植物）の細胞には，二次共生の痕跡をみることができる．その一つは葉緑体包膜の数である．葉緑体包膜の数は，陸上植物などの葉緑体でみられる2枚が一般的に知られている．しかし，この枚数は一次植物の葉緑体包膜での話であり，二次植物の葉緑体包膜は4枚あるいは3枚である[6]．4枚の包膜のうち，内側の2枚は二次共生の際に取り込まれた一次植物の葉緑体包膜由来，その外側の1枚は一次植物の細胞膜由来，最も外側の膜は二次共生における宿主細胞の食胞膜由来だと解釈される．ユーグレナ藻と渦鞭毛藻の葉緑体は3枚の包膜をもっており，共生した一次植物の細胞膜由来の膜が消失した可能性も考えられるが，結論はまだでていない[7]．葉緑体が4枚あるいは3枚の包膜をもつことが，その葉緑体が二次共生に由来することを物語っているのである．

クロララクニオン藻とクリプト藻にはさらに明確な痕跡が存在する．クロララクニオン藻とクリプト藻の葉緑体はどちらも4枚の包膜をもつ．内側の2枚と外側の2枚の間には，ペリプラスチダルコンパートメント (periplastidal compartment; PPC) と呼ばれる少し広い区画があり，そこにヌクレオモルフ (nucleomorph) と呼ばれ

る核様の小さな構造体が存在する（図18.3)[6]．ヌクレオモルフは二次共生における共生藻（一次植物）の縮小した核であり，PPCはその共生藻の細胞質由来の区画である．ヌクレオモルフには3本の直鎖状染色体DNAが存在することが知られ，そのゲノムサイズはクロララクニオン藻で370〜1,000 kbp程度，クリプト藻で450〜800 kbp程度とどちらもかなり小さい．もちろんそこには遺伝子がコードされており，クロララクニオン藻で300個程度，クリプト藻で500個弱のタンパク質遺伝子が存在する[8]．コードされている遺伝子のほとんどは遺伝子発現などにかかわるハウスキーピング遺伝子であるが，葉緑体で機能するタンパク質遺伝子も，クロララクニオン

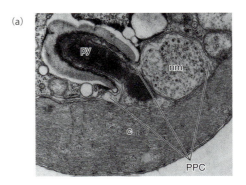

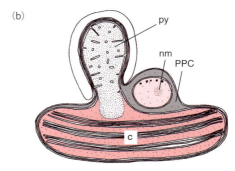

図18.3 クロララクニオン藻の葉緑体構造とヌクレオモルフの存在場所

(a) クロララクニオン藻 *Gymnochlora stellata* の葉緑体の透過型電子顕微鏡像，(b) *G. stellta* の葉緑体構造の模式図．c：葉緑体，nm：ヌクレオモルフ，PPC：ペリプラスチダルコンパートメント，py：ピレノイド．

藻で17個，クリプト藻で30個存在しており[8]，これらの遺伝子の機能を維持するためにヌクレオモルフが残っていると考えられる．ヌクレオモルフは構造的にもゲノム科学的にも明らかに真核生物の核が縮小したものであり，二次共生における共生藻が真核生物であったことの明確な痕跡であるとともに，実際に二次共生が起こったことを示す強力な証拠の一つである．

18.4　葉緑体獲得に伴う細胞進化

　葉緑体が一次共生により誕生し，複数の二次共生を経て真核生物のさまざまな系統に水平伝播した結果，多様な光合成真核生物のグループが生まれた，というのは簡単である．しかし，一次共生や二次共生において宿主真核細胞に取り込まれたシアノバクテリアや一次植物は，どのようにして宿主細胞の葉緑体として統合され，どのように維持されてきたのだろうか．

　二つの生物が共生して一つの生物になる過程では，宿主側と共生者側の双方に大きな変革があったと推測される．たとえば，共生藻がオルガネラである葉緑体として維持されるためには，①共生藻と宿主細胞の分裂の同調や細胞周期の制御など，共生藻（葉緑体）を確実に次世代に残すシステムが確立されること，②宿主細胞質から共生藻（葉緑体）へのタンパク質輸送機構が確立すること，③共生藻遺伝子が宿主核に転移（endosymbiotic gene transfer; EGT）あるいは消失して共生藻ゲノムが縮小し，共生藻が単独では生きられなくなること，などが必要だと考えられる[9]．これらが，宿主側，共生藻側のそれぞれの細胞でどのような変革により成し遂げられ，各光合成真核生物群の細胞が形づくられたのか，という細胞進化を明らかにすることは，共生による葉緑体の獲得を理解するうえで重要である．

18.4.1　葉緑体の分裂機構

　葉緑体は，細胞分裂の際に確実に娘細胞に受け継がれる必要がある．とくに，葉緑体を一つだけしかもたない細胞の場合，葉緑体分裂と細胞分裂のタイミングが細胞周期の中で厳密に制御されている．多数の葉緑体をもつ細胞の場合は，葉緑体分裂と細胞分裂のタイミングはそれほど厳密に制御されているようにみえないが，それでも葉緑体の数がある一定の範囲を超えて増減しないように制御されている．このような制御は葉緑体をオルガネラとして維持するために不可欠であり，葉緑体の分裂機構の解明は，この制御機構の理解の一助となる．

　葉緑体の分裂機構に関する研究は，一次植物である単細胞性紅藻の一種，シアニディオシゾン（*Cyanidioschyzon merolae*）において詳しく研究されている．一次植物の葉緑体は共生シアノバクテリア由来であるが，その分裂機構はシアノバクテリアが真核細胞の中で分裂するのとは大きく異なる部分がある．シアノバクテリアが細胞分裂するときには，通常，分裂面の細胞膜に沿ってFtsZタンパク質のリング状構造（FtsZリング）が細胞質側（細胞膜の内側）に形成され，それが収縮して分裂が進行する．一方，葉緑体の場合，葉緑体包膜の内膜ストロマ側に同じくFtsZリングが形成されるが，これ以外に外膜の外側（宿主の細胞質側）にもリング状の構造（ダイナミンリングと外側PDリング）が形成される（詳細は文献10を参照されたい）．葉緑体の外側に形成される分裂リングに相当するこれらの構造は，シアノバクテリアには存在しない．また，紅藻以外の一次植物をみると，灰色植物ではダイナミンリング，外側PDリングとも存在していない．よってこれら二つのリング構造は，葉緑体成立後に宿主細胞側から供給されたものだと考えられる[10]．

　このように，葉緑体の分裂機構は共生藻側から提供された要素と宿主側から供給された要素が

協調することで確立したのである．葉緑体分裂に関与するタンパク質のうち，FtsZ以外に共生藻側から提供されたと考えられるタンパク質としてはARC6，MinD，MinEなどが，ダイナミン以外に宿主細胞から供給されたタンパク質としては陸上植物の共通祖先で獲得されたPDV，MCD1などが知られている[10]．

18.4.2 葉緑体へのタンパク質輸送

シアノバクテリアや一次植物の細胞が，外界から選択的にタンパク質を細胞内に輸送する仕組みは知られていない．しかし，これらが宿主細胞に取り込まれて葉緑体になると，宿主核の遺伝子にコードされた葉緑体タンパク質を宿主細胞質から葉緑体内に輸送するようになる．したがって，このタンパク質輸送の仕組みは，一次共生，二次共生の過程でそれぞれ新たに獲得されたと考えられる．葉緑体へのタンパク質輸送の仕組みが確立して，宿主核に転移した葉緑体タンパク質遺伝子が機能できるようになると，同じ機能をもつ共生藻ゲノムの遺伝子が欠失し，共生藻ゲノムの縮小と宿主核による葉緑体機能の支配が進んだと考えられる．つまり，細胞質から葉緑体へのタンパク質輸送の仕組みの確立は，細胞内共生による葉緑体の獲得における最も重要なステップの一つと考えられる[9]．

一次植物において，核コード葉緑体タンパク質のほとんどは，細胞質で合成（翻訳）される際にN末端側にトランジット配列（transit peptides）と呼ばれる余分なアミノ酸配列をもった前駆体タンパク質となる．トランジット配列が葉緑体包膜の外膜に存在する受容体タンパク質に認識されると，前駆体タンパク質は外膜の膜透過装置（TOC複合体）と内膜に存在する膜透過装置（TIC複合体）を通過し，葉緑体ストロマに到達する．その後，トランジット配列がプロテアーゼによって選択的に切除され，前駆体タンパク質は機能をもった成熟タンパク質となる．トランジット配列の起源は不明であるが，ミトコンドリアなど葉緑体以外の細胞区画への誤輸送を防ぐために必須の配列である．興味深いことに，トランジット配列には決まった配列モチーフなどはなく，核コード葉緑体タンパク質ごとに配列が異なっているが，アミノ酸組成などの配列の性質は互いに似ている[11]．

葉緑体包膜の外膜に存在するTOC複合体で輸送の中心的な働きを担うToc75タンパク質は，シアノバクテリアにおいて分泌タンパク質の細胞外への輸送にかかわるタンパク質由来だと考えられている．また，内膜のTIC複合体の中心的なタンパク質であるTic20もシアノバクテリア由来だと考えられている．したがって，一次共生の際にもともとシアノバクテリアで機能していた一部のタンパク質を葉緑体へのタンパク質輸送に流用することによって，宿主細胞質から葉緑体へのタンパク質輸送の仕組みが確立されたと考えられる．一方で，TOC複合体とTIC複合体を構成する他の多くのタンパク質に類似のタンパク質はシアノバクテリアには見つかっておらず，少なくともいくつかは葉緑体獲得後の進化の過程で新たに付加されたものだと考えられ，葉緑体へのタンパク質輸送の洗練化に宿主側が大きく貢献していることも示唆される[11]．

二次共生は，真核生物のさまざまな系統で，異なる真核生物どうしの組合せで起こっており，それぞれで独自に葉緑体へのタンパク質輸送機構を獲得する必要があったと考えられる．また葉緑体包膜の数も，渦鞭毛藻類とユーグレナ藻類では3枚，その他の二次植物では4枚と異なっているうえに，不等毛藻，ハプト藻，クリプト藻では4枚の包膜の最外膜が粗面小胞体とつながっており，葉緑体ER（chloroplast ERあるいはplastid ER）と呼ばれているが，クロララクニオン藻ではそのような膜の連結はないなど，葉緑体包膜の構造もそれぞれ異なっている．したがっ

て，葉緑体へのタンパク質輸送機構も二次植物の主要グループごとに異なっている．たとえば，渦鞭毛藻類やユーグレナ藻類では，粗面小胞体のリボソームで合成された核コード葉緑体タンパク質の前駆体が，小胞体からゴルジ体を通って，ゴルジ小胞により葉緑体まで運ばれるが，不等毛藻やクリプト藻では，小胞体から葉緑体 ER への連結部を通って，直接葉緑体へ輸送される．このように，二次共生イベントごとに，宿主生物と共生藻の組合せやその後の構造的な変化に応じて，葉緑体へのタンパク質輸送機構が独自に進化してきたと考えられる[9]．

一方で，すべての二次植物のタンパク質輸送機構で共通する部分も存在する．それは葉緑体へ輸送されるタンパク質は粗面小胞体膜上のリボソームで合成されるということである．したがって，分泌タンパク質などと同じように，前駆体の N 末端には小胞体への輸送シグナルであるシグナルペプチドが存在する．前述したように一次植物の核コード葉緑体タンパク質前駆体の N 末端にはトランジット配列がついているが，二次植物の場合にはさらに N 末端側にシグナルペプチドが存在している．つまり，二次植物はそれぞれの起源が異なっていても，葉緑体獲得の過程で，例外なく分泌タンパク質などの合成経路と輸送経路の一部を流用して，葉緑体へのタンパク質輸送を実現したのである[9]．

18.4.3　共生藻ゲノムの進化

宿主細胞の中で共生藻が葉緑体として統合される過程で，共生藻の遺伝子の多くが宿主核のゲノムに転移した．転移したといっても，最初は遺伝子のコピーが転移したのであって，共生藻ゲノムと宿主核ゲノムの両方に同じ遺伝子が存在した状態が必ずあったと思われる．葉緑体へのタンパク質輸送が確立すると，転移した遺伝子の中で葉緑体の維持に必要な遺伝子は，核ゲノムから発現してその役割を果たすことができるようになる．その結果，共生藻ゲノムに残っていた遺伝子は必要とされなくなり，それらの遺伝子が欠失して共生藻ゲノムが縮小し，宿主核による葉緑体機能の核支配が進むことになる．このような過程で，共生藻ゲノムの縮小進化が起こったとされている[6,9]．葉緑体 DNA は，共生シアノバクテリアのゲノム DNA 由来であるが，現生のシアノバクテリアゲノムのおよそ 1/10 〜 1/20 程度にサイズが縮小しており，多くは 100 〜 200 kbp 程度である．コードされる遺伝子も 100 〜 200 個程度で，シアノバクテリアゲノムがおよそ 3,000 個の遺伝子をもつことを考えると，遺伝子数も著しく減少している．

一次植物と二次植物という視点で葉緑体 DNA をみると，一次植物の方がゲノムサイズの変異が大きく，紅藻類や緑藻類などでは 200 kbp 前後，あるいはそれ以上のものも存在するのに対し，二次植物では 150 kbp 以下のものがほとんどである．二次共生の際にも，葉緑体 DNA にある程度のゲノム縮小が起こったことが推測される．二次植物のクロララクニオン藻の 5 種において，その葉緑体 DNA の全配列が報告されている[4]．これらのゲノムサイズは，すべて 67.5 〜 72.6 kbp の大きさで，光合成能のある葉緑体 DNA としては最小のサイズである．興味深いことに，これら 5 種の葉緑体 DNA の遺伝子組成はほぼ同一で，組換えなどによる構造変異もほとんどみられない．遺伝的距離が同程度の緑藻類の 2 種間などと比較しても，推定される組換えによる構造変異の数が著しく少ない[4]．つまり，二次共生によりクロララクニオン藻が誕生した直後に葉緑体 DNA が大きく縮小し，それ以来，遺伝子組成も構造もほとんど変化していないことになる．これは，あまりにも極端にゲノムが縮小したために，小さな変化であっても機能を失ってしまうため，これ以上の変化を許容できないほどに余裕がなくなって

しまったゲノムなのかもしれない[4]．

　二次共生においては，共生藻は一次植物（真核生物）であるため葉緑体タンパク質遺伝子の多くは核にコードされていたはずであり，葉緑体機能を維持するためにはこれらの遺伝子も維持して機能させなければならない．不等毛藻類や渦鞭毛藻類，ユーグレナ藻類など二次植物の多くでは，これらの遺伝子は宿主核へ転移するなどしており，共生藻の核ゲノムは完全に消失している．したがって，葉緑体の獲得に伴って縮小する共生藻の核ゲノムの様子を見ることはできない．しかし前述したように，クロララクニオン藻とクリプト藻には，葉緑体包膜の間にヌクレオモルフと呼ばれる共生藻の縮小した核が存在し，小さなゲノムDNAも存在している．ヌクレオモルフゲノムは，クリプト藻，クロララクニオン藻ともに数種で全配列が報告されている[12,13]．これらゲノム配列の進化的な解析により，二次共生後で現生のクロララクニオン藻やクリプト藻が分岐する以前に，共生藻核ゲノムのサイズはそれぞれ現在のヌクレオモルフゲノムのサイズと同等にまで縮小していたことや，ヌクレオモルフゲノムは，消失に向かう縮小進化の途中にあるというよりは，むしろ葉緑体DNAなどのように消失せずに安定して維持される存在になっていることなどが示唆されている[13]．

　クロララクニオン藻とクリプト藻はそれぞれ葉緑体の起源が異なるが，ヌクレオモルフゲノムはどちらも3本の染色体で構成されている[8]．なぜ3本なのかについては，取り込まれた共生藻が偶然どちらも3本の染色体をもっていた可能性もあるが，ヌクレオモルフとして維持するために必然的に3本に再編される必要があった可能性もある．これを明らかにすることは，共生藻の核ゲノムの進化を理解するための重要な知見を提供する可能性があり，今後の課題である．

18.5　葉緑体と寄生

　マラリア熱の原因となるマラリア原虫は，絶対寄生性の非光合成原生生物で，アピコンプレクサ類というアルベオラータ系統群に含まれる生物群の一員である．アピコンプレクサ類は渦鞭毛藻類に近縁で，近年発見された光合成性の原生生物群クロメラ藻類の姉妹群であり，かつては葉緑体をもつ藻類であったことが知られている（図18.2）[14]．アピコンプレクサ類の生物は，すべてが寄生性で光合成は行わず，宿主生物から供給される有機物を吸収して生きるが，多くのもので細胞内にアピコプラスト（apicoplast）と呼ばれる4枚の包膜で囲まれた葉緑体の痕跡が存在する[15]．アピコプラストには，葉緑体DNAから派生した35 kbp程度の独自の環状DNAが存在する．アピコプラストは光合成を行わないため，チラコイドや光合成関連タンパク質を消失しているが，脂肪酸合成などの光合成以外の重要な機能を担っていることがわかっている[16]．牡蠣の寄生虫として知られるパーキンサス原虫も渦鞭毛藻に近縁な寄生性原生生物である．パーキンサス原虫はアピコンプレクサ類よりも渦鞭毛藻類に近縁であり，葉緑体をもつ藻類から進化したと考えられている．パーキンサスにも葉緑体の痕跡の可能性がある4枚の膜構造体がみつかっており，葉緑体特有の代謝経路の酵素の存在が示唆されている．しかし，アピコンプレクサ類とは異なり，葉緑体DNA由来の独自の環状DNAはみつかっていない[17]．いずれにしてもここには，かつて捕食栄養で生きていた生物が，葉緑体を獲得して独立栄養で生きるようになり，その後寄生性の生き方を獲得して光合成能を捨てた，というシナリオがみてとれる（図18.4）．

　葉緑体を獲得して独立栄養になることは，これまで宿主が保有していた捕食して栄養を得る能力を失い，その部分を葉緑体に依存するようにな

■ 18章　葉緑体と共生 ■

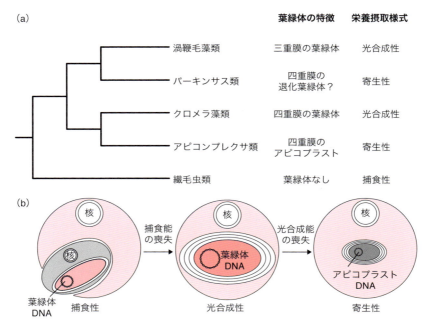

図 18.4　アルベオラータにおける葉緑体の進化的分布と寄生化プロセスの一仮説
(a) アルベオラータの主要群間の系統関係，各系統群における葉緑体の有無およびおもな栄養摂取様式を示す．(b) アルベオラータにおける寄生化プロセスの一仮説．捕食栄養をしていた生物が葉緑体を獲得し，捕食能を喪失して葉緑体に依存することが，その後一部の生物で寄生化を促す下地になったとする説．

ることを意味する．つまり，葉緑体に「寄生」していると考えることもでき，もはや捕食栄養に戻ることはできない．このような状況で光合成が適さない環境に置かれたとしたら，葉緑体の光合成を捨てて他の生物に寄生する道を選んでも不思議ではない．藻類が寄生化している例はアピコンプレクサやパーキンサス原虫以外にも，緑藻のプロトテカやヘリコスポリジウム，寄生性渦鞭毛藻類，寄生性紅藻類，など多く知られている．すべての寄生生物が同じとはいわないが，少なくともその一部は，もしかしたら共生により葉緑体を獲得して，栄養的にそれに依存するようになったことが，「寄生」という生活様式に進化する下地となったのかもしれない．

18.6　盗葉緑体

動物や原生生物の中には，藻類の葉緑体を一時的に細胞内に取り込み，その光合成能を利用して生きるものがいる．この葉緑体は永久に保持されることはなく，動物の場合は次世代には受け継がれず，原生生物の場合はある程度の細胞分裂を経ると消失する．消失すると次の藻類が取り込まれ，葉緑体として保持される．このように，細胞内に取り込まれ一時的に光合成器官として利用される葉緑体を「盗葉緑体 (kleptochloroplast)」と呼ぶ．

盗葉緑体をもつ動物としては嚢舌目ウミウシの一種エリシア・クロロティカ (*Elysia chlorotica*) がよく知られている（図 18.2）．エリシア・クロロティカは北米大陸東岸に広く分布し，不等毛藻フシナシミドロ類の一種 *Vaucheria litorea* を餌としているが，葉緑体を消化せず，腸管から自身

の細胞内に取り込み保持し，体色が鮮やかな緑色になる．この葉緑体は，ウミウシ細胞に取り込まれた後も長期間光合成活性を維持しており，このウミウシは9ヶ月程(寿命で死ぬまで)餌を食べることなく，取り込んだ葉緑体の光合成だけで生きられるという報告もある[18]．ウミウシ細胞に取り込まれた葉緑体は，配偶子内には発見されておらず，次世代に伝わることはない[19]．どのようにして葉緑体の光合成活性が長期間維持されるのかについてはさまざまな研究が進められており，近い将来，解明されることが期待される．

原生生物では，アルベオラータに含まれる渦鞭毛藻類の数種と繊毛虫類のアカシオウズムシ(*Myrionecta rubra*)，クリプチスタに含まれるカタブレファリス類のハテナ(*Hatena arenacola*)，リザリアに含まれる有孔虫類の数種などで盗葉緑体の存在が知られている．渦鞭毛藻類の盗葉緑体の多くはクリプト藻由来であり，その取り込み様式や葉緑体以外のオルガネラの残存の程度などが種ごとに多様であることが知られている．たとえば，*Nusuttodinium*属の渦鞭毛藻(*Nusuttodinium* spp.)はクリプト藻を直接取り込む[20]のに対して，*Dinophysis*属の渦鞭毛藻(*Dinophysis* spp.)は，クリプト藻由来の盗葉緑体をもつ繊毛虫類のアカシオウズムシを取り込むことによって，クリプト藻由来の盗葉緑体を獲得する(図18.2)[21]．また，*Nusuttodinium*属などにおいては，取り込んだクリプト藻の残存状態などが種ごとに異なっている．たとえば，*Nusuttodinium aeruginosum*では取り込まれたクリプト藻の葉緑体は20倍程度まで増大して細胞容積の大部分を占めるようになり，細胞分裂に伴って葉緑体も分裂して娘細胞に分配されるが，*Nusuttodinium latum*では葉緑体が細胞容積を占めるほど増大することはなく，葉緑体と細胞の同調的な分裂も観察されないようである．また，*N. aeruginosum*ではクリプト藻の葉緑体の他に核も残存するが，その核は分裂せず，細胞分裂後の娘細胞の一方には盗葉緑体にクリプト藻の核が付随し，もう一方の娘細胞の盗葉緑体にはクリプト藻の核が存在しない．したがって，ごく一部の個体のみがクリプト藻の核を保持している．一方で，*Nusuttodinium acidotum*ではクリプト藻核の分裂も観察されており，自然界で約半数の個体がクリプト藻の核を保持しているため，細胞分裂の際にある確率で両方の娘細胞にも分配されることがあると考えられている[20]．

カタブレファリス類のハテナは，緑藻植物プラシノ藻のネフロセルミス(*Nephroselmis* sp.)を盗葉緑体として細胞内に取り込む鞭毛虫である(図18.2)．ハテナに取り込まれたネフロセルミス葉緑体も細胞容積を占めるほどに増大し，眼点の位置などに形態変化も認められ，宿主細胞によく制御されているようにみえる．しかし，この葉緑体は分裂能を失っており，宿主細胞の細胞分裂で生じる娘細胞の一方には葉緑体が受け継がれるが，他方にはまったく受け継がれないことが知られている[22]．

このように盗葉緑体は，真核生物の多くの系統群でみられ，その一時的光合成器官としての宿主細胞へ統合の程度も多様である．もしかしたらわれわれは，細胞内共生藻をオルガネラとして獲得する以前のさまざまな試行錯誤をみているのかもしれない．これらの生物は，細胞内共生を介した葉緑体の獲得を理解するためのさまざまなヒントを与えてくれる可能性があり，細胞進化の魅力的な研究対象といえる．

18.7 おわりに

葉緑体をめぐる共生は，真核生物の世界において非常に重要な現象である．本章で述べてきたように，葉緑体そのものが細胞内共生によって誕生して伝播したものであり，真核生物の進化と多様

性の創出の主要な原動力として非常に重要である．またこれは，二つのまったく別の生物が，共生によって新しい一つの生物になるという，不思議で興味深い現象である．共生がどのように成し遂げられてきたのか，その進化メカニズムの解明が強く求められる．これが明らかなることで，葉緑体を用いた「独立栄養」で生きるいわゆる「植物」細胞がどのように形づくられ，どのように機能・維持されているかが真に理解できるのではないだろうか．

また，葉緑体をもつ生物を細胞内共生したり，葉緑体をもつ生物に細胞外共生したりする現象は，生物の世界では普遍的にみられる．たとえば，クロレラを細胞内共生体としてもつミドリゾウリムシやミドリヒドラ，渦鞭毛藻を細胞内共生体としてもつサンゴや放散虫，藻類と菌類の共生体である地衣類，植物の菌根など，枚挙にいとまがない．それだけ葉緑体は生物にとって魅力的な存在であることを物語っていると同時に，このような数多くの共生関係が存在することが，葉緑体の獲得に行き着く下地となったとも考えられる．「共生」はもはや生物の基本的なメカニズムとして認識するべきものであり，葉緑体をめぐる共生はその大きな一部なのである．

（石田健一郎）

文献

1) W. Martin, K. Kowallik, *Eur. J. Phycol.*, **34**, 287 (1999).
2) S. M. Adl et al., *J. Eukaryot. Microbiol.*, **59**, 429 (2012).
3) S. Hrda et al., *PLoS ONE*, **7**, e33746 (2012).
4) S. Suzuki et al., *J. Plant Res.*, **129**, 581 (2016).
5) P. J. Keeling, *Phil. Trans. R. Soc. B*, **365**, 729 (2010).
6) 石田健一郎 他，「葉緑体の誕生と水平伝播」，『細胞工学別冊 植物細胞工学シリーズ 23 植物の進化（清水健太郎，長谷部光泰 編）』，秀潤社 (2007), pp. 183-191.
7) P. J. Keeling, *Ann. Rev. Plant Biol.*, **64**, 583 (2013).
8) J. M. Archibald, *BioEssays*, **29**, 392 (2007).
9) K. Ishida, *J. Plant Res.*, **118**, 237 (2005).
10) 宮城島進也, *BSJ-Review*, **5**, 21 (2014).
11) 中井正人, 生物の科学 遺伝, **70**, 105 (2016).
12) G. Tanifuji et al., *Genome Biol. Evol.*, **3**, 44 (2011).
13) S. Suzuki et al., *Genome Biol. Evol.*, **7**, 15336 (2015).
14) J. Janouskovec, *Proc. Natl. Acad. Sci. USA*, **107**, 10949 (2010).
15) G. I. McFadden et al., *Nature*, **381**, 482 (1996).
16) L. Lim, G. I. McFadden, *Phil. Trans. R. Soc. B*, **365**, 749 (2010).
17) J. A. F. Robledo et al., *Int. J. Parasitol.*, **41**, 1217 (2011).
18) B. J. Green et al., *Plant Physiol.*, **124**, 331 (2000).
19) M. E. Rumpho et al., *Zoology*, **104**, 303 (2001).
20) R. Onuma, T. Horiguchi, *Protist*, **166**, 177 (2015).
21) M. G. Park et al., *Aquat. Microb. Ecol.*, **45**, 101 (2006).
22) 山口晴代, *BSJ-Review*, **1**, 20 (2010).

Part VI 細胞内共生

半翅目昆虫の菌細胞内共生

Summary

アブラムシやセミなどの半翅目昆虫の多くは，共生専用の特殊な細胞「菌細胞」をもち，その細胞質中に細菌などの共生微生物を収納する．共生細菌は宿主の親から子へと垂直感染により受け継がれ，その過程でゲノムが縮小するなど，ミトコンドリアや葉緑体などの細菌由来オルガネラを想起させる特性をもつ．オルガネラの進化過程では，祖先細菌自身やその他の多様な細菌から宿主核ゲノムに多くの遺伝子が移行したが，これに類する現象が，半翅目昆虫の菌細胞内共生系で近年相次いで見つかっている．アブラムシでは，何らかの細菌から水平伝播により獲得した遺伝子からタンパク質が合成され，共生細菌 "Ca. Buchnera" に輸送されることが明らかとなった．これは，「オルガネラ進化」を規定する要件を満たし，動物界でも同進化に匹敵する現象が起きることを示すものである．またキジラミでは，菌細胞内共生細菌 "Ca. Carsonella" 自身から，宿主昆虫への遺伝子水平伝播が認められた．これは，オルガネラの進化過程で起きた，祖先細菌から宿主核ゲノムへの遺伝子伝播に対応する．さらに本章では，新たに見つかった「オルガネラ様防衛共生体」についても紹介する．

19.1 多細胞生物におけるオルガネラ進化モデル

ミトコンドリアや葉緑体などのオルガネラ（細胞内小器官）は，原始真核細胞に取り込まれた共生細菌の末裔である．その進化の過程において，祖先細菌のゲノムから多くの遺伝子が宿主ゲノムに移行し，現在のオルガネラでは痕跡的な小型ゲノムが残るのみであるなど（図 19.1），これらのオルガネラは「共生」に基づく複数生物間の融合の究極例といえる [1, 2]．しかし，細胞内共生による融合進化は，真核生物の黎明期にのみ起きた例外的な事象では必ずしもない．すでに細菌由来オルガネラを獲得ずみの単細胞真核生物による，新た

図 19.1　オルガネラ始祖から宿主への遺伝子水平伝播
オルガネラ進化過程の「遺伝子水平伝播」では，①共生細菌の遺伝子全長を含む DNA 断片が宿主ゲノムに取り込まれ，②伝播した原核型遺伝子が真核型プロモーターなどを獲得して宿主の発現機構によるタンパク質合成が可能となり，③合成されたタンパク質をその機能の場である共生細菌に運ぶ輸送系が新たに進化した．

な単細胞生物の取り込みはもとより（第17，18章参照），真核生物が多細胞化したあとも，オルガネラ様の特性をもつ共生細菌の獲得例がある．

その代表としてあげられるのが昆虫の「菌細胞内共生系」である．「菌細胞（bacteriocyte, mycetocyte）」は共生微生物を収納するために分化した宿主昆虫の特殊な細胞であり，この細胞質中に共生細菌などを恒常的に維持している系を菌細胞内共生系と呼ぶ[3, 4]．この系は進化的に安定で，共生細菌は数千万年から数億年にわたり，昆虫の親から子へと垂直感染により受け継がれ，その過程でゲノムが縮小するなど，オルガネラを想起させる特徴を示す[5, 6]．こうした共生系は，昆虫綱を構成する30ほどの目（order）のうち，半翅目（＝カメムシ目，Hemiptera），網翅目（ゴキブリ類），咀顎目（シラミ類）の多くの種，鞘翅目（コガネムシ類），双翅目（ハエ，カの類），膜翅目（ハチ，アリ類）の一部の種などさまざまな系統に存在し，それぞれ独立に進化したものと考えられる（第6章も参照）[3-6]．本章では，グループ内の広範な系統で保持されながらそれぞれの系統間で魅惑的な多様性を示す，半翅目の菌細胞内共生系に注目し，共生細菌とオルガネラの間の類似点と相違点について考察したい．

19.2　流転する共生系

半翅目は発達した針状の口吻をもつグループで，異翅亜目（Heteroptera：カメムシ類），腹吻亜目（Sternorrhyncha：アブラムシ上科，フィロキセラ上科，キジラミ上科，コナジラミ上科，カイガラムシ上科），頸吻亜目（Auchenorrhyncha：セミ上科，アワフキムシ上科，ハゴロモ上科，ツノゼミ上科），鞘吻亜目（Coleorrhyncha：1科17属36種のみの小群で，南米やオーストラリアなど，世界の限られた地域に分布）から構成され（図19.2），およそ82,000種が記載されている（分類についてはいくつかの異論あり）[7-9]．異翅亜目にはタガメ，アメンボ，サシガメなど動物食性の系統も多く含まれるものの，半翅目では一般に植物汁液食が支配的であり，腹吻亜目，頸吻亜目，鞘吻亜目はいずれも植物食性で篩管液，導管液などを生涯唯一の餌とする．こうして植物の資源を収奪するとともに採餌行動の際に多様な植物病原体を媒介するため，これらの昆虫の多くが重要な農業害虫となっている．しかし，篩管液や導管液は有機窒素分などの栄養に乏しく，元来は後生動物が常食として利用するには不適当な資源である．にもかかわらず，アブラムシに代表されるように高効率な繁殖が可能なのはなぜか．この疑問に対する答えが，菌細胞内共生系である．

腹吻亜目，頸吻亜目，鞘吻亜目の大部分と異翅亜目の一部は，体腔内に多数の菌細胞から成る共生器官「菌細胞塊」（bacteriome, mycetome）をもち，それぞれの昆虫グループで異なる系統の共生微生物を収納する[3-6]（図19.2）．菌細胞内の共生細菌は，植物汁液中に不足する必須アミノ酸[*1]や一部ビタミンなどの栄養分を合成し，宿主に提供することでその生存を支えている[4, 5, 10, 11]．一方で，共生細菌は永年にわたり親虫から子虫へと垂直感染により受け継がれ，その共進化過程で多くの遺伝子を失っているため，菌細胞の外で増殖することができなくなっている[5, 6]．すなわち，宿主昆虫と共生細菌は単独では生存できず，両者を合わせてはじめて一つの生物として振る舞える融合体を形成しており，この意味においても，菌細胞内共生細菌はオルガネラに匹敵する地位を得ているといえよう．

しかしこの安定で「永続的」な共生関係は，必ず

[*1] タンパク質を構成する20種類のアミノ酸のうち，後生動物が合成できず食物などから摂取する必要のあるもの．動物の系統によらずおおむね共通しており，多くの昆虫ではトリプトファン，リジン，メチオニン，フェニルアラニン，トレオニン，バリン，ロイシン，イソロイシン，アルギニン，ヒスチジンの10種類．

■ 19.3 多様性に富む半翅目の菌細胞内共生系 ■

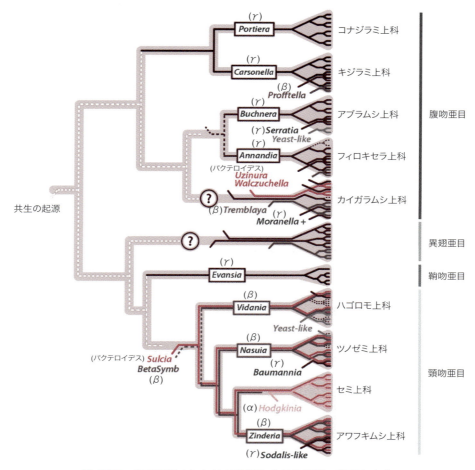

図 19.2　半翅目昆虫における菌細胞内共生細菌の獲得と喪失
宿主昆虫の系統（灰色太線）に共生細菌の系統（細線）を重ねて示す．枠内は，その宿主昆虫系統で広範に保持されている主要な祖先型共生細菌．かっこ内は共生細菌の系統を示し，ギリシャ文字（α，β，γ）は，プロテオバクテリアの綱を示す（文献 6 の Fig.3 を一部改変）．

しも「永遠」のものではない．先述のように半翅目では植物汁液食が支配的であり，多くの系統がそれぞれの系統で異なる菌細胞内共生微生物をもつ．これは半翅目昆虫の共通祖先が，すでに「植物汁液食」とその不足栄養を補う「菌細胞内共生系の保有」という二つの形質をセットで獲得していたが，宿主昆虫の分化とともに，共生微生物の消失や置換を伴う共生系の改変が繰り返されてきたためと解釈することができる[5,6]（図 19.2）．まず以下に，それぞれの半翅目系統の菌細胞内共生系を概観する．

19.3　多様性に富む半翅目の菌細胞内共生系

19.3.1　腹吻亜目の共生系

　アブラムシ類は，"真のアブラムシ"であるアブラムシ上科と，アブラムシを特徴づける角状管や胎生単為生殖などの形質を欠き，より祖先的と考えられるフィロキセラ上科からなり，後者はカサアブラムシ科とフィロキセラ科に分けられる（図 19.2）[6]．（真のアブラムシをアブラムシ科として扱い，アブラムシ上科の下にカサアブラムシ科，

215

フィロキセラ科とともに併置する立場もある.)
　このうちアブラムシ上科とカサアブラムシ科は，発達した菌細胞内共生系をもつ．アブラムシ上科の菌細胞内必須共生細菌は Gammaproteobacteria 綱に属し，大腸菌などと近縁な "*Candidatus* Buchnera aphidicola"（ゲノムサイズ：420 〜 650 kb）で，10 種類の必須アミノ酸や，系統によってはリボフラビン（ビタミン B_2）などの栄養を宿主に提供する[4, 5, 10-13]（表 19.1，図 19.3）．"*Ca.* Buchnera"は，一部の例外を除いてアブラムシ上科で保存されており，宿主との共種分化傾向を示すため，アブラムシ上科の共通祖先から受け継がれてきたものと考えられる[5, 6, 12]．一方，カサアブラムシ科では，これまでに 7 種類の共生細菌が検出され，共生細菌の複数回の置換が示唆されている[14, 15]．このうち，"*Ca.* Annandia spp."（Gammaproteobacteria 綱）は，本科の主要 2 属である *Adelges* 属と *Pineus* 属の両者

表 19.1　半翅目昆虫の代表的な「菌細胞内共生細菌」

宿主昆虫			共生細菌	ゲノムサイズ (kb)	おもな機能	文献
腹吻亜目						
	アブラムシ上科	共通	"*Ca.* Buchnera aphidicola" (Gammaproteobacteria)	420〜650	必須アミノ酸合成	5, 13
	フィロキセラ上科	カサアブラムシ科	"*Ca.* Annandia spp." (Gammaproteobacteria)	-	-	14, 15
	キジラミ上科	共通	"*Ca.* Carsonella ruddii" (Gammaproteobacteria)	160〜170	必須アミノ酸合成	17 - 19
		ミカンキジラミ	"*Ca.* Profftella armatura" (Betaproteobacteria)	460	毒性ポリケチド合成	19
	コナジラミ上科	共通	"*Ca.* Portiera aleyrodidarum" (Gammaproteobacteria)	280〜360	必須アミノ酸, カロテノイド合成	24
	カイガラムシ上科	コナカイガラムシ科	"*Ca.* Tremblaya spp." (Betaproteobacteria)	140〜170	必須アミノ酸合成	29
			"*Ca.* Moranella endobia" (Gammaproteobacteria)	540	必須アミノ酸合成	29
		マルカイガラムシ科	"*Ca.* Uzinura diaspidicola" (Flavobacteriia)	260	必須アミノ酸合成	32
		Monophlebidae 科	"*Ca.* Walczuchella monophlebidarum" (Flavobacteriia)	310	必須アミノ酸合成	33
頸吻亜目		共通	"*Ca.* Sulcia muelleri" (Flavobacteriia)	190〜250	必須アミノ酸合成	35 - 40
	ハゴロモ上科		"*Ca.* Vidania fulgoroideae" (Betaproteobacteria)	-	-	36
	ツノゼミ上科		"*Ca.* Nasuia deltocephalinicola" (Betaproteobacteria)	110	必須アミノ酸合成	37
			"*Ca.* Baumannia cicadellinicola" (Gammaproteobacteria)	250	必須アミノ酸, ビタミン合成	40
	セミ上科		"*Ca.* Hodgkinia cicadicola" (Alphaproteobacteria)	140	必須アミノ酸合成	38
	アワフキムシ上科		"*Ca.* Zinderia insecticola" (Betaproteobacteria)	210	必須アミノ酸合成	39
鞘吻亜目		共通	*Ca.* Evansia muelleri (Gammaproteobacteria)	360	必須・可欠アミノ酸合成	41

19.3 多様性に富む半翅目の菌細胞内共生系

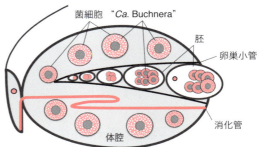

図 19.3 アブラムシの菌細胞内共生系
左：胎生単為生殖により幼虫を産みだすエンドウヒゲナガアブラムシ．スケールバーは1mm．右：アブラムシの旺盛な繁殖力を栄養供給の面から支える菌細胞内共生系．共生細菌 "*Ca.* Buchnera" は体腔内の菌細胞に収納されており，垂直感染により次世代へ伝えられる．

から検出されており[14, 15]，カサアブラムシ科の共通祖先から受け継がれてきたものと推察できる（表19.1）．リボソームRNA遺伝子を用いた分子系統解析によると，"*Ca.* Annandia" は "*Ca.* Buchnera" と近縁で，これらの共生細菌がカサアブラムシ科とアブラムシ上科の共通祖先の保有していた共生細菌に由来する可能性も示唆されている．ただ，この仮説は十分に支持されておらず，今後の検証が待たれる[15]．

キジラミ上科が共通して保有する菌細胞内必須共生細菌は，"*Ca.* Buchnera" と同じくGammaproteobacteria綱に属するものの，"*Ca.* Buchnera" とは異なる系統に由来する "*Ca.* Carsonella ruddii" で[16]，やはり，必須アミノ酸の合成を担う．そのゲノムサイズは160〜174 kbと極小で[17-19]，葉緑体ゲノム（120〜220 kb）と同程度である（表19.1，図19.4）．北米産キジラミ *Pachypsylla venusta* など一部の種は，"*Ca.* Carsonella" のみを保有するが，多くの種は "*Ca.* Carsonella" に加え，もう1種類の共生細菌を共生器官中に共存させる[20-22]．こうした共生細菌はキジラミの種ごとに異なり，それぞれのキジラミ系統で独立に獲得されたものと考えられる．その一部については，"*Ca.* Carsonella" と協働して必須アミノ酸を合成することが示唆されており，"*Ca.* Carsonella" と同様，宿主にとっ

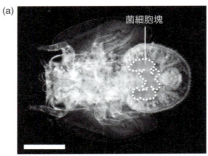
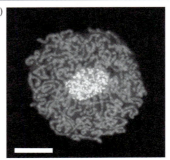

図 19.4 キジラミの菌細胞内共生系（口絵参照）
(a) キジラミ幼虫．腹部体腔内のクロワッサン形の構造（破線囲み）が菌細胞塊．スケールバーは500 μm．文献19のFig.1を一部改変．(b) 菌細胞のDAPI染色像．中央は宿主の核で，その周りの細胞質を埋め尽くしているひも状の細胞が共生細菌 "*Ca.* Carsonella"．スケールバーは20 μm．文献17のFig.1を一部改変．

て不可欠な地位を得ていると推察される[18]．

コナジラミ上科の菌細胞内必須共生細菌は "*Ca.* Portiera aleyrodidarum"（Gammaproteobacteria綱，ゲノムサイズ：280〜360 kb）で[23]，必須アミノ酸合成経路に加え，やはり後生動物には合成できないカロテノイドの生

合成経路を保有していることが特徴である[24]（表19.1）．"*Ca.* Portiera"は"*Ca.* Carsonella"と近縁で，姉妹群である可能性が示唆されている[25]．これは，宿主昆虫のコナジラミ上科とキジラミ上科が姉妹群と考えられている事実とも符合する（図19.2）．

カイガラムシ上科では，ほかに類を見ないユニークな菌細胞内共生系が知られている．この上科のコナカイガラムシ科は，ワタカイガラモドキ亜科とコナカイガラムシ亜科から構成され，ともに菌細胞内必須共生細菌として"*Ca.* Tremblaya sp."（Betaproteobacteria 綱）を保有する[26, 27]（表19.1）．前者では，これ以外に菌細胞内共生細菌が存在しないのに対し，後者では"*Ca.* Tremblaya"の細胞内にもう1種類の共生細菌"*Ca.* Moranella endobia"（Gammaproteobacteria 綱）が収納され，「入れ子状」の共生系を形成しているのだ[28]（図19.2, 19.5b）．宿主昆虫体内に複数の菌細胞内共生細菌が共存する場合，異なる菌細胞に「別居」するのが一般的で（図19.5a），それぞれの共生細菌に対して異なる共生器官（菌細胞塊）が用意されることも多い．カイガラムシの入れ子状共生系は，細菌間の緊密な関係が菌細胞内共生系として特異であることはもちろん，細菌同士の細胞内共生という稀有な生物学的現象を提供しており，さまざまな面から興味深く，注目すべき系といえる．これらの共生細菌のゲノム解析などにより，ワタカイガラモドキ亜科では"*Ca.* Tremblaya"（代表ゲノムサイズ：171 kb）が単独で必須アミノ酸合成を行うのに対し，コナカイガラムシ亜科では"*Ca.* Tremblaya"（代表ゲノムサイズ：139 kb）と"*Ca.* Moranella"（代表ゲノムサイズ：538 kb）が協働して栄養を合成することが示唆された[29]．一方，カイガラムシ上科のほかの多くの科からは，"*Ca.* Tremblaya"や"*Ca.* Moranella"の代わりにFlavobacteriia 綱に属する共生細菌が検出される[30, 31]．その多くが起源を共有するらしく，マ

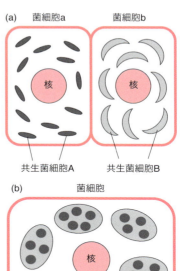

図 19.5　菌細胞内共生系
(a) 宿主昆虫に複数の菌細胞内共生細菌が共存する際の一般的なケース．それぞれの共生細菌が異なる菌細胞に局在する．
(b) コナカイガラムシ亜科の菌細胞内共生系．菌細胞内に収納された"*Ca.* Tremblaya"が，もう一種類の菌細胞内共生細菌"*Ca.* Moranella"を収納する「入れ子状」構造となっている．

ルカイガラムシ科の"*Ca.* Uzinura diaspidicola"（Flavobacteriia 綱，代表ゲノムサイズ：263 kb），Monophlebidae 科の"*Ca.* Walczuchella monophlebidarum"（Flavobacteriia 綱，代表ゲノムサイズ：309 kb，表19.1）については，やはり宿主への必須アミノ酸提供が主要な機能であることが示唆されている[32, 33]．

19.3.2　頸吻亜目・鞘吻亜目・異翅亜目の菌細胞内共生系

頸吻亜目では，その共通祖先が古生代ペルム紀中期（2億6千万〜2億8千万年前）以前に獲得したと推定される"*Ca.* Sulcia muelleri"[34]（Flavobacteriia 綱，ゲノムサイズ：190〜248

kb)[35-40] がすべての上科で保存されている（表19.1，図19.2）．これに加え，ハゴロモ上科（ウンカ，ハゴロモ）では"*Ca*. Vidania fulgoroideae"（Betaproteobacteria 綱）[36]，ツノゼミ上科（ツノゼミ，ヨコバイ）では"*Ca*. Nasuia deltocephalinicola"（Betaproteobacteria 綱，代表ゲノムサイズ：112 kb）[37]，セミ上科では"*Ca*. Hodgkinia cicadicola"（Alphaproteobacteria 綱，代表ゲノムサイズ：144 kb）[38]，アワフキムシ上科では"*Ca*. Zinderia insecticola"（Betaproteobacteria 綱，代表ゲノムサイズ：208 kb）[39]が"*Ca*. Sulcia"用とは独立の菌細胞ないし菌細胞塊に収納されている（表19.1，図19.2）．また，ヨコバイの一部の系統では，"*Ca*. Nasuia"が"*Ca*. Baumannia cicadellinicola"（Gammaproteobacteria 綱，代表ゲノムサイズ：246 kb）に置き換わっている[40]（表19.1，図19.2）．"*Ca*. Nasuia"，"*Ca*. Hodgkinia"，"*Ca*. Baumannia"は必須アミノ酸のうちヒスチジンとメチオニン，"*Ca*. Zinderia"ではこれに加えてトリプトファンの合成経路をもち，"*Ca*. Sulcia"は残りの必須アミノ酸の合成を担う．"*Ca*. Vidania"，"*Ca*. Nasuia"，"*Ca*. Zinderia"の3種類のBetaproteobacteria 共生細菌は単系統である可能性が示唆されている[37, 39]．

鞘吻亜目の菌細胞内必須共生細菌は"*Ca*. Evansia muelleri"（Gammaproteobacteria 綱，代表ゲノムサイズ：360 kb）と呼ばれ，ゲノムは大幅に縮小しているにもかかわらず，10種類の必須アミノ酸に加えて一部の非必須アミノ酸（アラニン，アスパラギン，アスパラギン酸，グルタミン，グリシン，セリン）の生合成経路も保持していることが特徴である[41]（表19.1）．これは，鞘吻亜目が餌としてもっぱら利用するコケ植物汁液の栄養価が，維管束植物（シダ植物＋種子植物）と比べてさらに低いことに対する適応だと考えられる．興味深いことに，"*Ca*. Evansia"は腹吻亜目の菌細胞内必須共生細菌である"*Ca*. Carsonella"や"*Ca*. Portiera"と近縁で，何らかのかたちで起源を共有する可能性が示唆されている[41]．

異翅亜目（カメムシ類）の多くは菌細胞を欠くが，植物種子などを餌とするナガカメムシ上科の一部や動物血液食のトコジラミ上科において，菌細胞内共生系が認められる[42, 43]．これは，祖先型半翅目昆虫の植物汁液食に不可欠であった菌細胞内共生系が，異翅亜目の共通祖先の食性の変化に伴っていったん失われ，その後，再度の食性変化とともに一部の系統で再獲得された結果だと考えられる．

19.4　共生細菌から宿主核ゲノムへの遺伝子水平伝播

これまでに述べたように，半翅目昆虫の菌細胞内必須共生細菌のゲノムはいずれも縮小しており，なかにはオルガネラである葉緑体のゲノムほどの極小ゲノムも見られる[5, 6]（表19.1）．このゲノム縮小の原因として，そもそも①細菌ゲノムでは挿入型変異よりも欠失型変異が起こりやすいうえに，②宿主に依存することで，多くの代謝関連遺伝子や環境対応関連遺伝子などが不要となった，③菌細胞内のみを生活圏として外界から隔離されることで，水平伝播による新たなDNAの供給経路が断たれた，④有効集団サイズの著しい低下に伴う遺伝的浮動効果の増大により，遺伝子の不活化が促進された，などが提唱されている[5, 6]．

こうした極小ゲノムは，原核生物に特異的なプロセスにかかわるものも含めて細菌の生存に必須とされる多くの遺伝子を失っているため，宿主昆虫による真核生物型の機構のみでその補償が完成するとは考えにくい．そこで想定されるのが，オルガネラの進化過程で起こった（図19.1）ことと同様の，共生細菌から宿主核ゲノムへの遺伝子水平伝播である[44]．

19.4.1 アブラムシは細菌から共生関連遺伝子を獲得した

昆虫が細菌から遺伝子を獲得して菌細胞内共生系で利用しているという示唆は，まずアブラムシの研究から得られた．筆者らは共生系における宿主の役割の解明を目指し，エンドウヒゲナガアブラムシ（*Acyrthosiphon pisum*）の菌細胞を用いて，CAP trapper 法による expressed sequence tag（EST）解析を行った．その際，細菌の遺伝子のみと高い配列類似性を示しながら，アブラムシのゲノムにコードされる2種類の真核型転写産物を検出した[45, 46]．その後，*A. pisum* のドラフトゲノム配列[47]を利用したスクリーニングおよび各種解析を行った結果，*A. pisum* の祖先が細菌から水平伝播により獲得したものと思われる，以下の遺伝子/遺伝子断片を見いだした[48]（表19.2に機能遺伝子候補を示す）．すなわち3コピーのLD-カルボキシペプチダーゼ遺伝子（*ldcA1*, *ldcA2*, ψ*ldcA*），5種類のレアリポプロテインA遺伝子（*rlpA1*〜5），1コピーずつのN-アセチルムラモイル-L-アラニンアミダーゼ遺伝子（*amiD*），1,4-β-N-アセチルムラミダーゼ遺伝子（*blys*），DNAポリメラーゼIIIアルファ鎖遺伝子（ψ*dnaE*），ATPシンターゼデルタ鎖遺伝子（ψ*atpH*）の12種類である．

このうち少なくとも八つ（*ldcA1*, *amiD*, *rlpA1*〜5, *blys*）は機能遺伝子と見られ，うち七つ（*ldcA1*, *amiD*, *rlpA1*〜5）は菌細胞で特異的に転写が亢進していた[48]．*ldcA*, *rlpA*, *amiD*, *blys* はいずれも真正細菌の細胞壁の構成成分であるペプチドグリカンの代謝にかかわる酵素をコードする[49, 50]（表19.2）．"*Ca.* Buchnera" はペプチドグリカンからなる痕跡的な細胞壁をもつものの[51]，こうした遺伝子を欠いているため[13]，これらの宿主コード遺伝子が "*Ca.* Buchnera" の遺伝子欠如を補う可能性が推察される．

では，これらの遺伝子は "*Ca.* Buchnera" の祖先に由来するのだろうか．当初の期待に反し，分子系統解析により，この可能性はおおむね否定されている．*ldcA1*, *ldcA2*, ψ*ldcA*, *amiD*, *blys* については，現生の "*Ca.* Wolbachia spp."（Alphaproteobacteria 綱）に近縁な Rickettsiales 目細菌に由来するものと判断された．"*Ca.* Wolbachia" は，"*Ca.* Buchnera" とは遠縁の細菌で昆虫を含む節足動物や線虫に感染する．宿主との関係は相利共生，片利共生，寄生とさまざまで[42, 52]，アブラムシからも比較的低頻度で検出されるが[53]，少なくとも今回解析に用いた系統には存在しない[48]．そのため，かつてアブラムシに感染していた "*Ca.* Wolbachia" 様細菌か

表 19.2 半翅目昆虫が獲得した細菌遺伝子

遺伝子機能	アブラムシ	コナカイガラムシ	キジラミ	コナジラミ
ペプチドグリカン合成／代謝	amiD, blys, ldcA, rlpA1〜5	amiD, ddlB, mltB, murABCDEF	-	-
アミノ酸合成／代謝	-	cysK, dapF, lysA, tms1	argH, cm	argG, argH, dapB, dapF, lysA, cm
ビタミン合成	-	ribA, ribD, bioA, bioB, bioD	ribC	bioA, bioB
rRNA メチル基転移酵素	-	rlmI	rsmJ	
AAA - ATPアーゼ	-	1遺伝子	2遺伝子	
アンキリンリピートドメインタンパク質	-	1遺伝子	1遺伝子	
その他		グルタミン酸システインリガーゼ様タンパク質，タイプIIIエフェクター，尿素アミドリアーゼ	mutY, ydcJ	dur, ah

らアブラムシゲノムに遺伝子が水平伝播し，その後に細菌本体はアブラムシから失われたと考えることができる．rlpA については起源の詳細は不明なものの，"Ca. Buchnera"に由来する可能性は低いという検定結果が得られている[46, 48]．直接"Ca. Buchnera"に由来すると判断されたのは二つの偽遺伝子（$\psi dnaE$ と $\psi atpH$）のみであった[48]．以上から"Ca. Buchnera"のゲノム縮小は，オルガネラの場合とは異なり，宿主核ゲノムへの機能遺伝子の伝播を伴うものではなかったと考えられる．しかし，アブラムシが"Ca. Buchnera"以外の細菌から機能遺伝子を獲得し，それを Ca. Buchnera との共生系で利用しているという，興味深い可能性が示唆された．

19.4.2 動物界での「オルガネラ」進化

さらに，引き続き行われた免疫化学的解析により，アブラムシゲノム上の細菌由来水平伝播遺伝子の一つである「rlpA4」について，以下が明らかとなった[54]．

① アブラムシは，水平伝播により細菌から獲得した遺伝子を用いて，実際にタンパク質を合成している．
② その合成は"Ca. Buchnera"を収納する「菌細胞」で特異的に起こる．
③ 合成されたタンパク質はおもに"Ca. Buchnera"細胞内に局在しており，当該タンパク質を"Ca. Buchnera"細胞へ選択的に運搬する細胞内輸送系が進化しているらしい（図 19.6）．

ミトコンドリアや葉緑体などの細菌由来オルガネラの進化過程では，オルガネラ祖先の共生細菌自身や，その他の多様な系統の細菌から宿主核ゲノムに多くの遺伝子が移行したことが知られている[1, 2]．その際，①遺伝子全長を含む DNA 断片が宿主ゲノムに取り込まれ，②伝播した原核型遺伝子が真核型プロモーターなどを獲得して，宿主の発現機構によるタンパク質合成が可能となり，③合成されたタンパク質を，その機能の場である共生細菌に運ぶ輸送系が新たに進化した（図 19.1）．なかでも多数の遺伝子のかかわる「タンパク質輸送系の進化」が最も起こりづらいと考えられ，その有無が長らく共生細菌由来の「オルガネラ」をその他の「細菌」から明確に区別する指標とされてきた[55, 56]．

アブラムシで明らかとなった本事例は，遺伝子の由来は"Ca. Buchnera"自身ではない可能性が高いものの①〜③の要件を満たしており，動物界

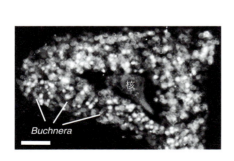 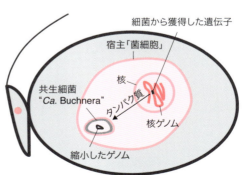

図 19.6　細菌と融合するアブラムシ
左：エンドウヒゲナガアブラムシ菌細胞の免疫組織化学像．アブラムシが細菌から水平伝播により獲得した遺伝子からタンパク質が合成され，共生細菌"Ca. Buchnera"に輸送されていることを示す．スケールバーは 20 µm．文献 19 の Fig.1 を改変．右：アブラムシにおける「オルガネラ進化」．図 19.1 も参照．

でも「オルガネラ進化」に匹敵する現象が起きることを世界で初めて例証した[54]．なお，オルガネラ局在タンパク質をコードする核遺伝子の中にも，オルガネラ始祖である共生細菌以外の細菌に由来するものが相当数含まれており[57]，アブラムシの事例はこちらに類似するといえる．

19.4.3 菌細胞内共生系を支える細菌由来の水平伝播遺伝子群

アブラムシに続き，"*Ca.* Tremblaya"と"*Ca.* Moranella"の「入れ子状」共生系をもつミカンコナカイガラムシ (*Planococcus citri*)，葉緑体に匹敵する極小ゲノムをもつ"*Ca.* Carsonella"を保有する北米産キジラミ (*P. venusta*)，"*Ca.* Portiera"を保有するタバココナジラミ (*Bemisia tabaci*) についても同様の解析が行われ，宿主昆虫が細菌から獲得したと考えられる遺伝子群が検出された（表19.2）[29, 58, 59]．カイガラムシはアブラムシと同様のペプチドグリカン代謝関連遺伝子群に加え，必須アミノ酸合成やビタミン合成といった共生の機能に直接かかわる遺伝子群も獲得して菌細胞で盛んに転写していた[29]．コナジラミも，必須アミノ酸合成やビタミン合成にかかわる遺伝子を細菌から獲得して菌細胞で転写していた[59]．こうした事例は，本来細菌に依存していた栄養供給にかかわる遺伝子を宿主昆虫が奪いとって利用しているようにみえ，興味深い．（表19.2）．

ただし，これら遺伝子はいずれも現生の菌細胞内必須共生細菌の系統に由来するものではないと判断された．一方，キジラミのゲノムからは菌細胞内共生細菌"*Ca.* Carsonella"に由来すると見られる2コピーの *argH* 遺伝子が見つかった[58]．これは，動物が細胞内必須共生細菌から直接，機能遺伝子を獲得したことを示す初めての事例であり，オルガネラ始祖から宿主核ゲノムへの遺伝子伝播に符合するものといえる．

これら4系統の共生系で共通するのは，①宿主

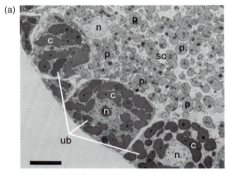

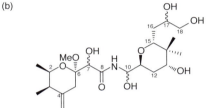

図19.7　ミカンキジラミのオルガネラ様防衛共生体
(a) ミカンキジラミ菌細胞塊の透過型電子顕微鏡像．p は "*Ca.* Profftella"，sc は "*Ca.* Profftella" を収納する多核領域，c は "*Ca.* Carsonella"，ub は "*Ca.* Carsonella" を収納する単核菌細胞，n は宿主核．文献19より転載．
(b) "*Ca.* Profftella" の合成する新規毒性ポリケチド「ディアフォリン」．

昆虫が細菌から水平伝播により遺伝子を獲得し，それらを菌細胞内共生系で利用しているらしいこと，②ただし，菌細胞内共生細菌自身に由来する水平伝播遺伝子はまれで，むしろ寄生性の任意共生体として知られる"*Ca.* Wolbachia"などに由来するものが多いこと，である[44]．後者については，単細胞宿主中で進行したオルガネラの初期進化と異なり，多細胞生物で生じた菌細胞内共生系に特有の事情が背景にあろう．生殖細胞と体細胞が明確に分かれている昆虫などの多細胞生物では，遺伝子の水平伝播は生殖細胞で起こらなければ次世代に伝わらず，進化的に無意味である．

ところが，菌細胞内共生細菌は体細胞である菌細胞に隔離されており，生殖細胞と接触する機会がほとんどない．一方，宿主の生殖を操作する寄生性任意共生体は昆虫のあらゆる組織に感染可能で，自ら積極的に生殖細胞に侵入する性質をもつ

ため，そのゲノム断片が宿主生殖細胞内のゲノムに偶発的に挿入される頻度が相対的に高くなるものと推察されるのだ[44]．ともあれ，このように昆虫が寄生者から得た遺伝子を相利共生者との関係維持に利用しているさまは，われわれにあらためて生命のしなやかさ，したたかさを強く印象づけ，驚かされる．

19.5 「防衛オルガネラ」の発見

ここまで見てきたように，菌細胞内必須共生細菌はいずれも宿主昆虫の餌に不足する栄養を補う「栄養共生体」であると長く信じられてきた[3-5]．一般に，宿主の恒常的な栄養要求を満たす栄養共生体は進化的に安定で，あらゆる宿主個体に存在し，専用の共生器官に収納され，垂直伝播により永続的に受継がれ，その過程でゲノムサイズが大幅に縮小（< 1 Mb）するなど，宿主と一体化する傾向を示す[5,6]（表 19.1）．これに対し，細菌の中には毒性をもつ二次代謝産物などを用いて宿主を天敵から守る「防衛共生体」もある．しかし，天敵にまつわる環境要因はめまぐるしく変動するうえ，防衛毒に対処するための宿主側のコストも大きいことなどから，防衛共生体は宿主個体群中に安定的に保持されず，そのゲノムも縮小しない（>> 1 Mb）というのが定説であった[5]．

ところが先ごろ，カンキツ類の重要害虫であるミカンキジラミ *Diaphorina citri* からこの常識を覆す事例が見つかった[19]．*D. citri* は，共生器官内に "*Ca.* Carsonella"（この系統のゲノムサイズ：174 kb）に加えてもう1種の共生細菌 "*Ca.* Profftella armatura"（Betaproteobacteria 綱）を保有する（図 19.7）．菌細胞内共生細菌の通例で，"*Ca.* Profftella" のゲノムは 465 kb と極小であり，進化的時間にわたり宿主との間で相互に不可欠な共生関係にあることが強く示唆された．

ところが，これまで知られていた菌細胞内共生細菌のゲノムとは遺伝子組成の様相がまったく異なり，栄養補償にかかわる遺伝子がほとんど存在しないのに対し，二次代謝関連の遺伝子群がゲノム全長の 15% と広い領域を占めた[19]．遺伝子レパートリーおよび個々の遺伝子の構造を手掛かりとしてさまざまな解析を進めたところ，"*Ca.* Profftella" が真核生物に対して顕著な毒性を示す新規ポリケチドを合成し，宿主キジラミ体内に大量に蓄積していることが明らかとなった（図 19.7b）．このポリケチドは，ミカンキジラミの学名にちなみ，ディアフォリン（diaphorin）と命名された．また，"*Ca.* Profftella" やそのディアフォリン合成系遺伝子群が，世界のミカンキジラミ個体群において普遍的に保存されていることも確認された．

以上の事実から，"*Ca.* Profftella" はこれまで知られていなかったタイプの共生細菌，すなわち進化的に安定に保持され，宿主と一体化する傾向を示す「オルガネラ様防衛共生体」であると判断される．ディアフォリンの類縁体はほぼ例外なく抗腫瘍活性をもち，創薬シード化合物として有望視されている．"*Ca.* Profftella" とディアフォリンの発見は，進化学的興味を惹起するのみならず，農学や薬学などの応用面での貢献につながるものと期待される．

19.6 おわりに

これまでの研究により，菌細胞内共生細菌とオルガネラの間の共通点と相違点が浮かびあがってきた．今後は，多様な細胞内共生系について横断的な解析を進めるとともに，各系における研究を深化させることで，多細胞生物-細菌間の融合機構の解明を目指すことになる．それは基礎科学として重要で魅力的な知識体系となることはもちろん，生命工学に新たな革命をもたらす可能性を秘めている．

（中鉢　淳）

文献

1) S. D. Dyall et al., *Science*, **304**, 253 (2004).
2) J. Gross. et al., *Nat. Rev. Genet.*, **10**, 495 (2009).
3) P. Buchner, "Endosymbiosis of animals with plant microorganisms," John Wiley & Sons (1965).
4) A. E. Douglas, *Annu. Rev. Entomol.*, **43**, 17 (1998).
5) N. A. Moran et al., *Annu. Rev. Genet.*, **42**, 165 (2008).
6) G. M. Bennett et al., *Proc. Natl. Acad. Sci. USA*, **112**, 10169 (2015).
7) D. Forero, *Rev. Col. Entomol.*, **34**, 1 (2008).
8) D. Burckhardt et al., *Dtsch. Entomol. Z.*, **56**, 173 (2009).
9) J. R. Cryan et al., *Syst. Entomol.*, **37**, 7 (2012).
10) T. Sasaki et al., *J. Insect Physiol.*, **41**, 41 (1995).
11) A. Nakabachi et al., *J. Insect Physiol.*, **45**, 1 (1999).
12) M. A. Munson et al., *Int. J. Syst. Bacteriol.*, **41**, 566 (1991).
13) S. Shigenobu et al., *Nature*, **407**, 81 (2000).
14) C. D. von Dohlen et al., *Environ. Microbiol.*, **15**, 2043 (2013).
15) E. R. Toenshoff et al., *Appl. Environ. Microbiol.*, **80**, 878 (2014).
16) M. L. Thao et al., *Appl. Environ. Microbiol.*, **66**, 2898 (2000).
17) A. Nakabachi et al., *Science*, **314**, 267 (2006).
18) D. B. Sloan et al., *Mol. Biol. Evol.*, **29**, 3781 (2012).
19) A. Nakabachi et al., *Curr. Biol.*, **23**, 1478 (2013).
20) T. Fukatsu et al., *Appl. Environ. Microbiol.*, **64**, 3599 (1998).
21) S. Subandiyah et al., *Zool. Sci.*, **17**, 983 (2000).
22) M. L. Thao et al., *Curr. Microbiol.*, **41**, 300 (2000).
23) L. Baumann et al., *Curr. Microbiol.*, **48**, 77 (2004).
24) D. Santos-Garcia et al., *Genome Biol. Evol.*, **7**, 873 (2015).
25) M. L. Thao et al., *Appl. Environ. Microbiol.*, **70**, 3401 (2004).
26) L. Baumann et al., *Appl. Environ. Microbiol.*, **68**, 3198 (2002).
27) M. E. Gruwell et al., *Appl. Environ. Microbiol.*, **76**, 7521 (2010).
28) C. D. von Dohlen et al., *Nature*, **412**, 433 (2001).
29) F. Husnik et al., *Cell*, **153**, 1567 (2013).
30) M. E. Gruwell et al., *Mol. Phylogenet. Evol.*, **44**, 267 (2007).
31) M. Rosenblueth et al., *J. Evol. Biol.*, **25**, 2357 (2012).
32) Z. L. Sabree et al., *Environ. Microbiol.*, **15**, 1988 (2013).
33) T. Rosas-Pérez et al., *Genome Biol. Evol.*, **6**, 714 (2014).
34) N. A. Moran et al., *Appl. Environ. Microbiol.*, **71**, 8802 (2005).
35) T. Woyke et al., *PLoS ONE*, **5**, e10314 (2010).
36) A. Bressan et al., *Environ. Microbiol. Rep.*, **5**, 499 (2013).
37) G. M. Bennett et al., *Genome Biol. Evol.*, **5**, 1675 (2013).
38) J. P. McCutcheon et al., *Proc. Natl. Acad. Sci. USA*, **106**, 15394 (2009).
39) R. Koga et al., *Environ. Microbiol.*, **15**, 2073 (2013).
40) D. Wu et al., *PLoS Biol.*, **4**, e188 (2006).
41) D. Santos-Garcia et al., *Genome Biol. Evol.*, **6**, 1875 (2014).
42) T. Hosokawa et al., *Proc. Natl. Acad. Sci. USA*, **107**, 769 (2010).
43) Y. Matsuura et al., *Proc. Natl. Acad. Sci. USA*, **112**, 9376 (2015).
44) A. Nakabachi, *Curr. Opin. Insect Sci.*, **7**, 24 (2015).
45) A. Nakabachi et al., *Proc. Natl. Acad. Sci. USA*, **102**, 5477 (2005).
46) N. Nikoh et al., *BMC Biol.*, **7**, 12 (2009).
47) International Aphid Genomics Consortium, *PLoS Biol.*, **8**, e1000313 (2010).
48) N. Nikoh et al., *PLoS Genet.*, **6**, e1000827 (2010).
49) M. F. Templin et al., *Embo J.*, **18**, 4108 (1999).
50) M. A. Jorgenson et al., *Mol. Microbiol.*, **93**, 113 (2014).
51) E. J. Houk et al., *Science*, **198**, 401 (1977).
52) J. H. Werren et al., *Nat. Rev. Microbiol.*, **6**, 741 (2008).
53) A. A. Augustinos et al., *PLoS ONE*, **6**, e28695 (2011).
54) A. Nakabachi et al., *Curr. Biol.*, **24**, R640 (2014).
55) P. J. Keeling *Curr. Biol.*, **21**, R623 (2011).
56) E. C. Nowack et al., *Proc. Natl. Acad. Sci. USA*, **109**, 5340 (2012).
57) S. G. Ball et al., *Plant Cell*, **25**, 7 (2013).
58) D. B. Sloan et al., *Mol. Biol. Evol.*, **31**, 857 (2014).
59) J. B. Luan et al., *Genome Biol. Evol.*, **7**, 2635 (2015).

☑ **Symbiotic Microorganisms**

Ⅶ
環境と共生

20章　環境微生物総論

21章　深海という極限環境における化学合成微生物と共生

22章　環境細菌と動物

Part VII　環境と共生

環境微生物総論

Summary

　自然環境中において，微生物はさまざまな相互作用のもとに複雑な共生系を構成している．本章ではこの複雑な共生系を扱い，単純な系は対象外とする．共生系の解明には，通常は個々の生物を調べるという手段が用いられるが，複雑な共生系にはこの手段が通用しない．これまでにも DNA に着目するなどさまざまな新しい研究手段が開発されたが，それぞれの研究手段に内在する偏りや誤差があってデータの信頼性には疑問符がつく．しかし，環境微生物の集団は中身が不明のままおおいに利用されているという現実がある．とくに，土木工学を専門とする人たちが廃水処理に利用している．微生物の積極的な利用として最も件数が多いのは，発酵生産などではなく廃水処理であるが，廃水処理は微生物学の対象になりえていない．中身の解析が困難な微生物集団をどう理解し，どう扱ったらよいか．それには，これまでの微生物学が築き上げてきた考え方とは異なる考え方が必要になる．複雑な共生系をなしている環境微生物の理解は非常に難しい課題であるが，理解に近づくための新しい考え方を本章で提示する．

20.1　環境微生物の作用

　環境中の微生物のほとんどは，有機物を分解することによってエネルギーを獲得して増殖する．分解の結果として生じる最終産物は二酸化炭素と水であり，これらが環境中に放出される．放出された二酸化炭素と水は，光合成を行う生物(植物，藻類，シアノバクテリアなど)によって有機物へと変換される．この有機物を微生物や動物が利用し，再び二酸化炭素と水へと分解する．この循環が成り立つことによって，生物は生きていける．逆のいい方をすれば，この循環が崩れると，生物は生きていけなくなる．

　人間の立場からこの循環を眺めてみると，環境微生物は環境を浄化してくれるありがたい存在である．しかし，われわれがそのありがたさを意識することはほとんどない．多くの人にとって微生物というと，真っ先に頭に浮かぶのが病原微生物のようである．テレビの CM では，微生物は身の回りから排除すべきものとして扱われ，殺菌や抗菌をうたう商品がちまたにあふれている．

　もし微生物による分解作用が止まってしまったらどうなるであろうか．葉が落ちても動物が死んでもそのままの形で変化せず，地表にゴミがたまっていく．川に流れ込んだ有機物もまったく形を変えず，川の水を飲み水として使えなくなる．われわれは微生物のおかげで快適な生活を送っているのだ．

　微生物による分解作用は，われわれにとって身近で重要な作用である．われわれはこの分解作用の恩恵を無意識のうちに享受しているだけでなく，実はこの作用を積極的に利用している．微生物の積極的な利用というと，酒，漬物，味噌，醤油などの発酵食品の製造や，グルタミン酸やイノシン酸などの化学調味料の生産を思い浮かべる人も多いと思うが，微生物の積極的な利用として一番件

数が多いのは廃水処理である．工場廃水のほとんどは微生物で処理されている．家庭からでる下水はすべて微生物で処理されている．さらに，排ガスや固形の廃棄物の処理，土壌汚染や地下水汚染処理でも，微生物が利用されることがある．

しかし，廃水処理の分野に微生物学または生物学の専門家がかかわることは非常にまれである．廃水処理は土木工学の専門分野であり，世界的に見ても，この分野で微生物学を専門とする人はわずかしかいない．おそらく筆者を含めて数人であろう．

環境微生物の利用が従来の応用微生物と異なる点は，対象が複雑な共生系であり，微生物叢の制御が難しい点である．応用微生物では，殺菌や特定の微生物の添加などで微生物叢を制御するが，これには大きな費用とエネルギーを要するため，環境微生物の実際の利用ではこのような操作は行わない．外部からの自然の微生物の出入りを制限せず，費用を最小限に抑えつつ，微生物集団をうまく操るのである．このため，従来の微生物学の考え方からでは環境微生物の理解と利用は難しい．では，どのような考え方のもとに環境微生物を眺めると理解が深まるのか．この点を解説する前に微生物が廃水処理にどのように利用されているのか解説する．なぜなら，環境微生物の実際の利用のされ方の中に，環境微生物を理解するための大きなヒントがあると考えるからであり，読み飛ばさずに内容を理解してほしい．

20.2 環境微生物を利用する[1] —— 廃水処理

20.2.1 装置の概要

有機物を多量に含む廃水が毎日でてくる工場では，廃水中の有機物を除去してからでないと廃水を川へ放流するわけにはいかない．有機物の除去には，微生物法だけでなく，吸着，凝集，薬品処理などの方法がある．設置費用，運転費用などの経費の総計を比較して，最も安上りの方法が選ばれる．その結果，ほとんどの工場が微生物法を採用している．食品工場だけでなく，石油，化学工業，パルプ，繊維など，多くの業種で微生物法を採用している．筆者が通商産業省職員（当時）として全国各地の工場の廃水処理の指導を行った経験から，おそらく全国の工場の90％以上が微生物法を採用していると思われる．また下水処理場では，例外なくすべてで微生物法を採用している．このように，微生物は，廃水処理の分野でおおいに利用されており，他の分野での利用に比べて，圧倒的に利用件数が多い．

微生物法の内で，わが国の下水処理場や工場で最も多く使われているのが活性汚泥法である（図20.1）．活性汚泥法の施設は，生物反応槽と沈殿槽の二つの槽で構成される．生物反応槽には0.1 mm ほどの小さな塊になった微生物集団が多量に（乾燥重量で 2 g/L 前後）含まれている（図20.2）．この塊は，粘着性がある物質をだす微生物が互いに接着してできあがったものである．この微生物集団は見た目が泥のようであるが，有機物を分解する活性をもち活性汚泥（activated sludge）と呼ばれる．活性汚泥は微生物の集合体であって，泥という文字でイメージされるような鉱物質のものは入っていない．

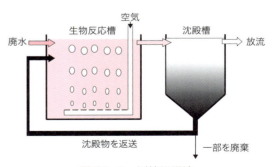

図20.1 活性汚泥法

廃水中の有機物は生物反応槽で微生物によって分解され，二酸化炭素になって放出される．分解が終わった液は沈殿槽へ送られ，微生物が沈降して清澄な上澄みが得られる．

20章 環境微生物総論

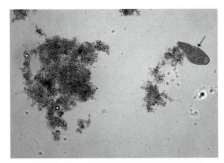

図 20.2　活性汚泥の顕微鏡写真

細菌の塊（左側の大きい塊が約 0.1 mm）と繊毛虫（矢印）が見える．

廃水を生物反応槽に入れると廃水中の有機物が微生物によって分解される．分解時に微生物が酸素を必要とするので，生物反応槽には大量の空気を吹き込む．下水の場合は5時間ほどで分解が終了し，生物反応槽の液は沈殿槽へ入る．ここで1時間ほど静置され，微生物の塊が沈み，清澄な上澄みが得られる（図 20.3）．この上澄みを川へ放流する．沈んだ微生物の大部分を生物反応槽へ戻して有機物の分解に再利用し，一部を廃棄する．生物反応槽内の微生物は，廃水中の有機物を分解することでエネルギーを得て増殖する．微生物が増えると沈殿槽での上澄み液と沈殿物（微生物の塊）の界面が上昇して，やがて上澄み液が取れなくなってしまうので，増殖した微生物を廃棄して，生物反応槽内の微生物濃度を一定の範囲内に保つ．

20.2.2　装置内の微生物

生物反応槽の微生物は何者であろうか．それを理解していただくために，実験室での活性汚泥のつくり方を記載するので，中身を推察してほしい．実験室で活性汚泥をつくる場合には，微生物源として土を使う．まず，スプーン1杯の土を1Lの水道水に入れてよくかき混ぜてから30分ほど静かに置いて泥を沈める．上澄み 200 mL を 500 mL 三角フラスコに移す．この際に泥を入れないようにして，無色透明の上澄み部分だけを入れる．上澄みを入れたフラスコへ，下水の代用物（人工下水）として水道水で100倍に薄めた牛乳を 100 mL 入れる．このフラスコを振とうして，空気中の酸素が水に溶けやすいようにする．振とうする代わりに，エアポンプで空気を吹き入れてもよい．1日に1回，フラスコを30分静置し，上部の 100 mL を捨てて，人工下水 100 mL を入れる．これを3週間ほど繰り返すと活性汚泥ができあがる．最初は澄んだ透明な液であったのが，だんだんと液全体が濁ってきて，そのうちに小さな塊ができて，ある日突然，上澄みが清澄になる．

活性汚泥ができあがって行く過程における生物相の変化を見てみよう．最初は土壌中から水中へ浮遊してきた多種多様な微生物が存在し，その中から人工下水中の有機物の分解でエネルギーを得た何種類かの微生物（おもに細菌）が増殖する．一方で，この有機物の分解と縁のない微生物はエネルギー源がないので死ぬか休眠同様の状態になる．分解活性をもつ微生物の中でも，分解効率が高い微生物がエネルギーを多く獲得し，生存競争に勝ち残る．微生物が増殖すると，それが濁りとして目視できるようになる．液を毎日 100 mL ずつ入れ替えるから，増殖しない微生物はフラスコ内から次第に排除される．5日目ごろからフラスコ内の微生物の一部が寄り集まって塊をつくり，フラスコを静置すると沈むようになる．沈んだ微生

図 20.3　活性汚泥の沈降

左が生物反応槽の液をメスシリンダーに入れた直後，右が15分前に入れたもの．

物は液の入れ替え時にフラスコ内にとどまるが，沈んでいない微生物は廃棄される．このため，フラスコ内では塊になって沈む微生物が生存に有利になり，沈む微生物の割合が高くなっていく．フラスコ内の生物相は，最初は細菌がおもであるが，細菌を捕食する原生動物や微小動物も増殖してくる．これらの生物にとっては，塊になっている細菌よりも個々に分散している細菌のほうが小さくて食べやすいので，分散している細菌が捕食される．捕食者が増殖して分散している細菌のほとんどが捕食されると上澄みが清澄になり，実用的な活性汚泥ができあがる．

20.2.3 利用の要点

環境微生物の利用に当たって必要とされるのは微生物の機能であって，微生物の種類は問わない．廃水処理に使う微生物に求められる性質は，①微生物が廃水中の有機物を二酸化炭素にまで分解することと，②分解し終わった時点で水と微生物の分離が容易であること，の2点である．廃水と多種類の微生物を混合した場合に，微生物にとっての唯一のエネルギー源は廃水中の有機物である．この有機物を多く獲得して分解し，多くのエネルギーを得て増殖した微生物が優占し，分解活性が高い微生物集団ができあがる．やがて，それらの微生物を捕食する微生物が増殖すると，捕食という選択圧により微生物叢が変化することもある．この微生物集団は廃水中の有機物を分解することでしかエネルギーを得られないので，捕食という選択圧が存在する条件の中で最も高い分解活性を発揮できる微生物が増殖して，微生物集団は高い分解活性を保持する．廃水中の成分の種類や濃度の時間的・季節的変動および温度の季節的変化などによって，最も高い分解活性を発揮できる微生物の種類が変化する（優占種が入れかわる）ことは常に起こりうるが，集団を構成する微生物の種類が変化しても集団がもつ分解活性は保持される．

②については，活性汚泥法では自然沈降で微生物を分離しているから，沈殿槽で微生物が沈むことが必須の条件になる．活性汚泥法では，有機物の分解が終わった時点で液を静置して，沈んだ微生物を残し，沈まなかった微生物を捨てるという操作を繰り返すので，沈む微生物が生存に有利になる．また，原生動物などが浮遊している微生物を捕食するという作用も相まって，塊になって沈む微生物が自然に選択される．

このように，目的とする機能を発揮する微生物が生存競争に打ち勝てるような環境条件を人工的に与えることによって，その機能をもつ微生物を増殖させ，その機能を有効に利用することができる．環境条件が変われば微生物集団を構成する微生物が入れ替わることもあるので，データを取るには微生物叢が安定するまで待たないといけない．このため，活性汚泥の研究は時間を要する．

応用微生物学では，研究者が着目した特定の微生物を繁殖させて利用することが基本である．たとえば，廃水中にAという有機物が存在した場合，Aを単独で分解できる微生物を分離培養して，その微生物を利用しようという発想になる．特定の微生物を繁殖させるには，殺菌や微生物の添加というエネルギーを要する工程が必要になることが多い．廃水処理では，エネルギーをあまりかけずに処理を行っているので，エネルギーを要する工程を提案しても実用性がない．実用的には短時間でAが分解できればよいのであって，分解するのに数種類の微生物が関与していてもよい．また，数種類が共同したほうが，分解は速いかもしれない．分離培養できる微生物は自然界の微生物全体のごく一部であるから，研究者がその中から1番のものを選んでも，それが全微生物の中で1番である可能性は低い．このため，研究者が微生物を選択してもうまくいかない場合が多い．

環境微生物の利用では，利用に適した微生物が自然に選択されるように環境条件を人工的に調整

し，適した微生物を増殖させ，その機能を利用する．ここで微生物の種類は問わないとはいえ，優秀な機能を発揮する微生物集団があれば，誰しもその中身が気になる．どのような種類の微生物がどのような比率で生息し，それぞれがどのような役割を果たしているのであろうか．それを解明するためにさまざまな方法が提案されたので，次節で紹介する．

20.3 環境微生物を研究する

20.3.1 従来の手法

微生物学の基本的な研究手法は純粋培養である．微生物集団を調べるには，集団を構成している微生物を1個体ずつバラバラにして，それぞれを培養する．一般的には，試料を希釈して寒天培地に塗るという方法が用いられる．平らな寒天の上で1個体ずつバラバラになった微生物が，寒天に添加してある栄養物を利用して増殖し，やがて肉眼で見える大きさの塊になる．これを一つずつ試験管に入れて，他の微生物が混じらない条件で培養し，さまざまな性質を解明する．これが従来の研究手法である．

この研究手法は，集団を構成する微生物のうちの大部分が純粋に培養できることを前提にしている．しかし，この前提は現実には成り立たない．自然環境中の微生物を培養しようとした場合，たとえば，土壌中に存在する微生物では培養可能なものは1%未満であり，海洋の微生物では0.1%未満であると報告されている[2]．なぜ，多くが純粋培養できないかは明らかではないが，おそらく生育に必要なすべてを自分自身でまかなうよりも，一部を他の微生物に依存したほうが生命維持や増殖の面で有利なケースが多く，他の微生物に依存して生活する微生物が生存競争に打ち勝って生き残ってきたからであろう．動植物を眺めてみると，他の生物に依存して生活をしているものが多い．

たとえば，被子植物の多くは花粉の媒介を昆虫に依存している．植物の繁殖にとって必須の重要な作業を昆虫に依存しているのである．微生物の世界でもおそらく生命維持や増殖の基本的なところでさまざまな依存関係が存在するのであろう．

純粋培養法を使うと微生物集団の中の大半の微生物を無視することになるので，研究結果から正しい結論を導きだすことはできない．もし偶然に研究対象を構成する微生物の大部分が純粋培養できたとすれば，正しい結論に近づくことになるが，個々の微生物が純粋培養条件で示す性質と微生物集団内で示す性質が同じであるとは限らないため，ここにも微生物集団を相手にしたときの難しさが存在する．

20.3.2 純粋培養に依存しない方法

純粋培養に依存した研究方法の限界が明確に意識されるようなった結果として，純粋培養に依存しない研究方法の開発が盛んに行われた．ときを同じくして分子生物学が発展し，DNAの解析が容易になったことから，DNAの塩基配列に着目した研究方法が微生物集団の解析におおいに利用されるようになった．代表的な二つの方法，①蛍光物質を末端に結合させた短いDNAで微生物を染色するFISH（fluorescence *in situ* hybridization）法，②微生物を破壊してDNAを抽出して調べる方法，を紹介する．

（1）FISH法[3]

FISH法は，微生物集団の中に存在する多数の微生物のうち，標的とする微生物だけを染色してから顕微鏡で観察して，他の微生物と区別する方法である．染色するのは標的とする微生物のリボソームRNA（rRNA）である．微生物のrRNAの塩基配列は，データベースに登録されているrRNA遺伝子の塩基配列からわかるので，まずこのデータを見比べて，標的とする微生物に特異的な塩基配列（長さは約20塩基）を探しだす．この

塩基配列に相補的な配列をもつ一本鎖 DNA を合成し，この DNA の末端に蛍光色素をつける．これをプローブ（probe）と呼ぶ．なお，プローブの設計は多くの研究者がすでに報告しており，それらをまとめたデータベースがいくつか公開されているので，通常はこのリストの中から必要なプローブを選ぶ．次に，調べたい微生物集団をスライドグラスにのせて乾燥し，スライドグラス表面に固着させる．ここにプローブを含む水をたらすと，プローブが微生物の体内に入って標的とする rRNA に付着する．付着しなかったプローブを洗い流してから顕微鏡で観察すると，標的の微生物だけが蛍光を発するので，他の微生物と区別できる．

（2）DNA を抽出して調べる方法

微生物の DNA を調べるためのいろいろな方法が開発されてすでに利用されているが，今後の主流になるのは次世代シーケンサーを用いて DNA の塩基配列を読み取る方法であろう．次世代シーケンサーでは，1 データあたりの読み取り塩基数が 100〜400 b と小さいが，短時間で多量の DNA の塩基配列を読み取ることができるので，膨大な量の塩基配列を解析することができる．微生物集団を調べるには，微生物集団をすりつぶして抽出した DNA のうちの rRNA 遺伝子の一部を PCR 法で増幅し，塩基配列を解析するのが一般的であるが，PCR 法を行わずに DNA の塩基配列を解析して，そのデータの中から必要なものを選びだすことも可能である．次世代シーケンサーで読み取った数十万本以上の DNA の塩基配列のデータと，同一塩基配列の出現頻度から，どの種類の微生物がどれくらい存在するのかを解明する．

20.3.3 新しい方法がかかえる問題点

純粋培養法で研究すると，対象とする微生物集団中の 90％以上を占める難培養性微生物が研究の対象外になってしまい，真実の姿とはほど遠い解析結果が示されることになるのに対して，純粋培養に依存しない新しい方法では微生物集団の実体に近いデータが得られると期待された．しかし，新しい方法もさまざまな問題点を内包していて，微生物集団の真実の姿を捉えることができていない．

FISH 法では rRNA に結合しなかったプローブを洗い流す．しかし，完全に洗い流せなかったプローブが微生物体内に少し残ってしまい，標的でない微生物も少し光るため，標的の微生物か否かを判断することが難しいケースがある．特定の種の微生物だけを染色する場合は明確に光って判断しやすいことが多いが，特定のグループに属する微生物全体を染色した場合には，光の強いものから弱いものまでが連続的に存在するために，どの強さ以上を採用するかで，いかようにもデータをつくれてしまうことがある．また，微生物の表面構造のせいでプローブが入りにくいものもある．

DNA を抽出して調べる方法では，どの微生物からも等しく DNA を抽出する方法がまだ見いだされておらず，最初の DNA 抽出の段階で偏りを生じる．また PCR 法による増幅でもさまざまな偏りを生じ[4]，増幅産物の割合がもとの DNA の存在比率をそのまま反映するとはかぎらない．さらに，rRNA 遺伝子に着目した解析においては，rRNA 遺伝子のコピー数が問題になる．どの微生物も rRNA 遺伝子を一つずつもっていることを前提にして微生物の存在比率を算出しているが，大腸菌は 7 個，枯草菌は 10 個というように，遺伝子のコピー数が多い微生物もおり，誤差の要因になる．

このように，どの方法を使うにしてもデータに偏りが生じる要因があるので，得られたデータが真実の姿にどの程度近いのかがわからない．そこで，偏りの出方が異なる 2 種類の方法で微生物集団を解析することが推奨されている．たとえば上記の DNA を抽出して調べる方法と FISH 法

とを同じ試料に対して行い，両方の結果が一致すれば，かなり信頼度の高い結果であるとわかる．しかし，矛盾する結果がでることのほうが多いようである．そうなると，研究が行き詰まってしまう．実際のところ，多くの論文には一つの方法からのデータしか示されておらず，なかには運よく真実の姿を捉えたデータもあろうが，多くは相当の偏りを含んでいるであろう．

20.3.4　どこまで解明できたのか

微生物集団に存在する微生物の種類については，DNA解析でかなり明らかになってきている．塩基配列が既知の微生物と完全に一致するものについては，既知の微生物とほぼ同じ性質をもつと推定してよいであろう．ただ，多くの場合は塩基配列が完全には一致せず，また，その中には既知の微生物とはまったく違う塩基配列もあり，どういう性質の微生物なのかの見当がつかない．DNA解析で個々の微生物が分類学的にどこに位置づけられるのかはある程度解明できても，そこからその微生物の性質や役割まで推定するのは難しいケースが多い．また，それぞれの微生物の存在比率については，誤差が入る要因がおおいにあるので，どの程度まで信頼してよいのかがわからない．

廃水処理で用いられている活性汚泥の微生物叢解析については，過去には微生物学者が解析結果に含まれる誤差や偏りに気づかず，微生物集団の全体像をつかむことができたと錯覚して間違った結論を導きだすことがあった．廃水処理に関する研究の結論が正しいかどうかは廃水処理の現場での検証ですぐにわかるので，誤りはすぐに明確になった．このような誤りが目立ったことと，廃水処理で重要な働きをしている微生物の多くが解明されていないことから，廃水処理分野では「微生物学は役に立たない」という人もいる．

しかし，微生物学が廃水処理の分野でまったく役に立たなかったわけではない．現場で起こっている現象を微生物学的にどう説明づけることができるのか，という点ではおおいに成果を収めてきた．誤差や偏りがあるデータでも現場の現象と一致するものがあれば，そこから推論を組み立てて，その推論が当てはまるかを実証すればよいのである．今後もこの面での活躍が期待できる．しかし，活性汚泥法の効率の向上など実用につながる知見は微生物叢の解析からは発信できていない．実用につなげるためには，信頼性がある微生物叢解析データが必要であり，さらには，微生物集団が示す機能が向上するように微生物叢を制御できるような知見が必要になるが，現状ではあまりにも難しい課題である．

それでは，中身の解明もままならないような微生物集団を少しでも理解するにはどうしたらよいであろうか．

20.4　環境微生物を理解する

これまでの微生物学が扱ってきた微生物を全部集めても，環境中に生息する微生物の1％にも満たない．99％以上の微生物がまだ調べられたことがないのである．わずかな微生物から得られた知識を環境中の微生物全体に当てはめようとするところに無理がある．自然界の微生物のうち，純粋に培養できる微生物の割合が非常に少ないことから考えると，純粋培養できる微生物は非常に特殊な微生物なのではないかと思われる．純粋培養を基本として発展してきた微生物学は，環境中に生息する微生物のうちの特殊なものだけを扱って築き上げた学問といえるかもしれない．微生物学で得られた知識には微生物全体に当てはまるものもあるが，これまでに調べることができた微生物にだけしか当てはまらないものも混在している．未知の微生物が圧倒的に多い環境試料を対象にした研究においては，従来の微生物学的な知見のうち，当てはまらないものが相当にあると予想した

ほうがよい．

どのような性質をもった微生物が現生に存在しているのかを考えるためには，環境微生物の成り立ち，つまり生命の誕生から今日までの生物の歴史を正しく認識することが必要である．60°Cの温泉にいる微生物を見て「どうやって高温に適応したのだろうか」と考えるようでは，環境微生物の理解は難しい．生物の歴史を正しく認識することで，環境微生物の理解に一歩近づけるであろう．ただ，生物の歴史には不明な点が多いので，現実の現象と合わないときは，歴史の認識が正しいかどうかを考え直すという柔軟な対応が必要である．

20.4.1 生物の歴史

現存の生物は共通の祖先から進化したと考えられている．共通祖先が生まれたころの地球環境は，今とは大きく異なっていたことがわかっている．地表の環境は共通祖先の誕生以降に大きく変化したが，変化の度合いは一律ではなく，変化が少なかった部分もあり，その結果として多様な環境が現在の地表に形成されている．

地表の環境が変化する中で生物が進化し，多様性を増し，また生息域も拡大していった．生物の多様性に大きな影響を与えた環境要因として，酸素濃度と温度の変化が重要であろう．

20.4.2 酸素の出現と生物の対応

共通祖先が誕生したのは38億年前の海の中といわれておりこのときには，大気中にも水中にも分子状の酸素（O_2）がなかった．わずかに酸素があったという説もあるが，酸素は反応性に富むので，生物が誕生する前の地球の表層で酸素が自然現象で生じたとしても，すぐに他の物質と反応したと考えられる．このため，共通祖先が酸素を利用できたとは考えにくい．

大気に酸素がない時代が10億年以上続き，酸素がない中で微生物が進化し，多様な微生物が生まれた．大気に酸素が含まれるようになったのは，酸素発生型の光合成をする細菌であるシアノバクテリア（cyanobacteria）が27億年ほど前に出現し，やがてこの菌がおおいに繁殖して，大量の酸素をつくりだしたからである．ただ，このつくりだされた酸素は，最初は鉄の酸化などに消費されたため，大気の酸素濃度はなかなか増加しなかった．しかし，24〜20億年前に酸素濃度の急激な増加が起こった．これは大酸化イベント（great oxidation event）と呼ばれており，ほぼゼロであった大気中の酸素濃度が0.2%以上（この濃度については諸説ある）にまで増加した（図20.4）．この酸素濃度の増加は多くの生物（単細胞の微生物）にとって致命的で，多くの種が絶滅したと考えられる．一方で，酸素を積極的に利用する細菌が出現し，20億年前にこの細菌を細胞内に取り込むこんだ真核生物が誕生した．多細胞の真核生物の誕生が10億年前であるから，それまでは単細胞の微小な生物だけの世界であった．

8億年前から大気中の酸素濃度がさらに上昇した．大気中の酸素（O_2）に紫外線が当たることでオゾン（O_3）が生成し，やがてオゾン層が形成された．このオゾン層が生物に有害な紫外線を十分に吸収できるようになって，4.5億年前にようやく陸上に生物が進出できるようになった．その後，酸素濃度は増減を繰り返し現在に至っている．

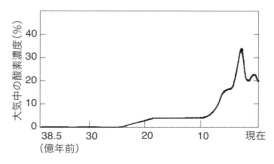

図20.4 大気中の酸素濃度の変遷（推定値のうちの高い方を採用した場合）
18.5億年前の酸素濃度を4%と推定している（文献5より）．

大酸化イベントは，地質学的な時間スケールからみると「急激な上昇」でも，個々の生物からみれば緩やかな上昇であり，この間に酸素への耐性を獲得した微生物や酸素を積極的に利用する微生物など，さまざまな微生物が登場したと考えられる．環境中の酸素濃度は一様ではなく，局所的にみれば非常に多様である．現在でも酸素濃度がゼロの環境が存在しており，酸素に触れると死んでしまうような微生物もわれわれの身近な場所に生き残っている．

酸素への対応を基準にして微生物を分類すると，酸素がないと生きていけないのが好気性微生物で，酸素がなくても生きていけるのが嫌気性微生物である．ただし，嫌気性微生物と酸素の関係はさまざまである．酸素に触れると死んでしまう微生物や，死なないまでも酸素があると増殖できない微生物は，酸素(空気)を嫌がる微生物であるから文字通りに嫌気性微生物である．しかし，酸素があれば積極的に利用するが酸素がなくても生きていける微生物も嫌気性微生物に含まれ，これは文字面と性質が合わない．また，好気性微生物であっても，現在の大気の酸素濃度（21%）では高すぎて増殖できず，数%という低い酸素濃度を好む微生物もいる(微好気性微生物)．このように酸素に関して多様な微生物が現存する．

酸素が水にわずかしか溶けないために，水中には酸素濃度に関して多様な環境が存在する．純水の飽和溶存酸素濃度は30℃で7.53 mg/Lである．水中に塩類が溶けていると飽和溶存酸素濃度はわずかに下がる．ここに有機物が溶けて，好気性微生物がこれを酸化すれば酸素が消費されて溶存酸素濃度が下がる．たとえば，グルコース1 mol(180 g)を好気性微生物が酸化するのに6 mol（192 g）の酸素を消費するから，1 Lの川の水にわずか7.0 mgのグルコースが入っただけで7.5 mgの酸素が消費されて，水中の溶存酸素がほぼなくなるという計算になる．溶存酸素濃度が下がると，空気中の酸素が溶け込むから，実際には空気と水の界面での酸素の溶解速度と水中での酸素の消費速度のバランスで溶存酸素濃度が決まる．家庭の台所や風呂からの廃水(雑廃水)の場合，含まれている有機物を好気性微生物が分解するのに90 mg/L前後の酸素を必要とするから，家庭雑廃水がたくさん流れ込む排水溝では，酸素の消費が激しくて水中は無酸素になりやすい．雑廃水の連続的な流入で無酸素状態が長く続くと，硫酸還元菌やメタン生成菌が増殖して，硫化水素やメタンを発生するようになり，ドブと呼ばれる状態になる．硫酸還元菌やメタン生成菌は酸素にさらされると死んでしまう嫌気性菌であるが，ドブのような条件が整えばわれわれの身近でも生育する．

生ゴミの腐敗でも，無酸素状態はすぐに出現する．微生物が繁殖して層をなすと，層の内部には酸素が届かなくなる．また，微生物が野菜などの細胞膜を壊して細胞内の液がでてくると，この液が酸素の流通を妨げて内部が無酸素状態になり，嫌気性菌である乳酸菌やエタノール酵母が繁殖して，乳酸発酵やエタノール発酵が起こる．有機酸発酵も起こって強烈な悪臭がでる．

活性汚泥の場合でも，塊になっている微生物集団の表面での酸素の消費が激しくて中心部には酸素がほとんどいかないので，内部には嫌気性菌が共存しており，しばらく通気が止まったりすると嫌気性菌である硫酸還元菌の活動が活発になって硫化水素が発生してくる．このように，酸素に対する対応が異なるさまざまな微生物が身近なところに存在している．

20.4.3　温度変化への対応

共通祖先が誕生した海の温度は70℃前後と推定される．その後，地表の温度はゆるやかに低下し，その中で微生物が多様化したので，温度に関しても多様な微生物が出現した．温泉が湧きでている場所など温度が高い環境が現存するので，冷

えていく地表の環境に適応できなかった微生物も生き残ることができた．また，温度がその微生物にとっての適温より下がっても死なない微生物なら，地表が冷えても生き残ることは可能であった．現生の多くの微生物は，地表の温度低下に適応し20～30℃を適温とした結果として，逆に高い温度に適応できなくなって，温度が上がると死んでしまうものが多い．牛乳の殺菌では，牛乳を60～65℃に30分間置くこと（低温殺菌）で病原菌を死滅させ，また牛乳の成分を分解する微生物のほとんども死滅させるので，低温殺菌を行えば牛乳を腐らせることなく5日間程度保存できる．

生ゴミや畜糞の堆肥化では，昔ながらの高い温度を適温とする微生物が活躍する．生ゴミや畜糞にモミガラやオガクズを加えて水分濃度を60%ほどに下げてから山積みにして放置すると，すぐに温度が上がってくる．微生物が有機物を分解するときに発する熱がこの山の中にこもって全体の温度が上がるので，順調に分解が進むと翌日には温度が60℃を超える．適度にかき混ぜて空気を入れてやると微生物が有機物の分解を順調に続け，60℃以上の温度が3週間ほど維持される．この間に病原微生物は死滅する．堆肥化に当たって特別な微生物を添加することはしない．材料を山積みにして放置すれば温度が上がる．このように，生ゴミなどに付着している微生物には60℃以上の温度を最適とするものが存在する．この微生物は，おそらく冷えていく地球に十分に対応できなかったのであろうが，それでもわれわれの身近に生き残っている．

ドブなどでメタンを生成する菌は，酸素濃度が増加する環境に適応できなかっただけでなく，地表の温度の低下にも適応できなかったようである．メタン生成菌にとっての最適生育温度は，37℃か55℃のどちらかであり，菌の種類によって適温が異なる．

20.4.4　多様性

生物の進化は突然変異で起こる．突然変異が生じる一番の原因はDNA複製時の間違いである．間違いは一定の確率で起こるので，DNAの複製の回数が多いと突然変異が多くなる．したがって，DNAレベルでの多様性は，その生物が誕生してから現在までの経過時間に依存することになる．

共通祖先が生まれてから最初の約30億年間は単細胞生物だけの世界であり，多細胞生物には10億年の歴史しかない．動物や植物が誕生するのはもっと後のことであるから，単細胞生物の多様性は，動植物の多様性よりも圧倒的に大きい．全生物のDNAレベルでの相関関係を示したのが図20.5である．図が示すとおり，動物や植物は真核生物中の小さな集団にすぎず，動植物以外（微生物）の種類が圧倒的に多く，多様である．DNAレベルで多様であるということは，細胞内におけ

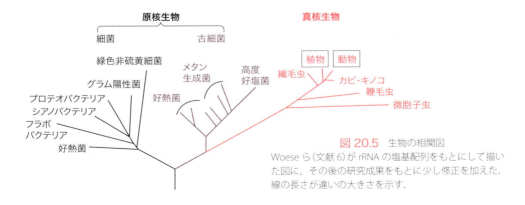

図20.5　生物の相関図
Woeseら（文献6）がrRNAの塩基配列をもとにして描いた図に，その後の研究成果をもとに少し修正を加えた．線の長さが違いの大きさを示す．

る物質の分解や合成の反応系も多様であることを意味する．

活性汚泥を構成する微生物は細菌がおもであるが，古細菌も共存し，また細菌の捕食者である微小動物や繊毛虫などの真核生物も含んでいて，非常に多様性が高い．動植物全体よりも桁違いに多様であり，生物学的な解析が非常に難しい相手である．

細菌と古細菌はDNAレベルでは多様でも，単細胞であるから，取りうる形には限界がある．おそらく，現生生物の共通祖先は球形であったと思われる．その後に細胞の中身が増えてきて窮屈になったときに，球形のままで全体的に大きくなった菌（球菌）と，球形を両方向へ押し出して長くなった菌（桿菌）が現れたと思われる．多くの原核生物は，これ以上外形を変化させる必要がなくて今日に至っていると考えられる．形が単純であるがゆえに，形態を基準にして種類を見分けることは，特殊な形や大きさの菌以外は無理である．たとえば，大腸菌と納豆菌（枯草菌）を比較すると，どちらも桿菌で，顕微鏡で見ても区別はつかない．しかし，大腸菌はプロテオバクテリアの1種，枯草菌はグラム陽性菌の1種であるから，DNAレベルで比較すると，動物と植物を比較するよりも差が大きい．原核生物は真核生物に比べて単純であるから，原核生物の研究は単純であると思われがちであるが，原核生物が混じり合った集団では，細胞内の反応系が菌ごとに大きく異なっているうえに，環境条件次第で菌の構成比が変化するから，研究は非常に難しい．

20.5　今後の展望

われわれは環境微生物の力を環境浄化に積極的に利用しており，今後もおおいに利用すべきである．環境微生物の利用は，省資源，省エネルギーの技術である．しかし，環境微生物の中身を解き明かすのは難しい．複雑な共生系の解析研究においては，廃水処理の研究の場合は，廃水処理の現場での実証で研究の結論の真偽が明確になりやすいが，他の分野では結論の信憑性を判断しにくいことも多く，怪しげな結論がかなりたくさんあるように思える．廃水処理の分野で信頼されるような解析手段が開発されたなら，研究者が微生物集団の中身にかなり近づけるようになったといえるが，現状はまだ相当に遠い．

個々の微生物を解析するという方向ではなくて，微生物集団を一つの生物体とみなしながら，その機能を利用するという考え方も微生物学者に必要であろう．また，機能の利用においては定性的な見方だけでなく定量的な把握が重要になる．分解除去では除去速度の把握が肝要である．

複雑な共生系は生物学的な解明が困難であるので，微生物学からは手をだしにくいが，今起こっている現象の説明づけには微生物学が貢献している．さらに，今後の新しい解析技術の発達と，従来の微生物学の知見に捉われない柔軟な発想で，新しい研究の糸口が見つかってくることであろう．

（金川貴博）

文　献

1) 金川貴博,『ありがとう，微生物たち―生命を育み水を浄化する』, リーダーズノート　(2015).
2) R. I. Amann et al., *Microbiol. Rev.*, **59**, 143 (1995)
3) P. H. Nielsen et al., "FISH handbook for biological wastewater treatment", IWA Publishing (2009).
4) T. Kanagawa, *J. Biosci. Bioeng.*, **96**, 317 (2003).
5) H. D. Holland, *Phil. Trans. R. Soc. B*, **361**, 903 (2006).
6) C. R. Woese et al., *Proc. Natl. Acad. Sci. USA*, **87**, 4576 (1990).

Part VII 環境と共生

深海という極限環境における化学合成微生物と共生

Summary

深海底熱水活動域[*1]は，暗黒，高圧，ときに400℃を超える熱水が噴出する極限環境にありながら，化学合成独立栄養微生物の一次生産に立脚した生態系（化学合成生態系）を育んでいる．そこに棲息する大型生物のほぼすべては，特定の化学合成独立栄養微生物をパートナーとすることで，海洋表層からの有機物の沈降がほとんど期待できない過酷な環境への適応を成し遂げた．海洋には，サンゴと褐虫藻あるいはイカと発光細菌といった魅力的なモデル共生系が存在するが，化学合成共生系は他のいずれとも異なる魅力をもつ．深海底への科学的アクセスが困難なことや，そこに棲息する大型生物の長期飼育にほとんど成功していないことなど，化学合成生態系に関する研究の喫緊の課題は山積している．だが，化学合成生態系の発見から40年を迎えようとしつつあるなか，分子生物学や海洋科学技術における数々の技術革新により，化学合成生態系の生命活動を生物学だけでなく地質学や地球化学的要素を加味して総合的に理解することが可能となってきた．さらに化学合成生態系に特異の共生微生物が，ピロリ菌など人類に蔓延する病原性微生物と進化的リンクを有することが示されるなど，化学合成生態系はマニア心をくすぐるだけの存在から，病原微生物や陸上植物・昆虫といった他の共生系との比較を通じて，地球生命圏に行き渡る「共生」に通底する原理やその意義を議論するために不可欠な存在へと昇華しつつある．この章では深海に見られるさまざまな微生物共生系のうち，とくに深海底熱水活動域に見られる化学合成生態系に焦点を当てる．

21.1 深海という環境と生命

「海」と聞いてどのような環境を思い浮かべるであろうか．一般に，生物圏としての海洋のイメージは，青く透き通った海水に魚の群れが泳ぎ回る，水族館の水槽のように華やかなものかも知れない．だが，地球表面の約70％を占める海洋の平均水深は3,800 mに達する．「深海」の定義はさまざまあるが，太陽光の届かない200 m以深を深海とするなら，海洋のほとんどが真っ暗で冷たい深海ということになる．海洋表層における光合成でつくられた有機物のうち，マリンスノーとして深海まで到達するのはわずか1％程度に過ぎな

い．また温度は年間を通じて2〜4℃程度と低い．そのため深海生態系は，一般に生物の密度や活性が低く，優占種に欠けるといった特徴がある．実際，潜水艇に乗り込み，一般的な深海底に降り立つと，見渡す限り砂漠のようで生物の気配はきわめて希薄である．1968年，アメリカの潜水艇アルビン号が事故でハッチを開けたまま水深1,500 mの海底に沈んでしまった（3名の乗組員は避難して無事）．約1年後に潜水艇は引き上げられたが，船内にあったサンドイッチなどの食料はそのまま食べられそうな状態で残っていたという．深海ではそれほど生物活性が低いため，人類が月に降り立つほどの科学技術を手にした時代であっても，深海底に独自の駆動力を有する豊かな生態系

[*1] 海底の割れ目から高温の熱水が噴出する場所．

■ 21章　深海という極限環境における化学合成微生物と共生 ■

を想定することはほぼ不可能であった．

　深海に関する常識を打ち破り，地球生態系の新たな駆動原理を見せつけたのが，1977年，アルビン号によるガラパゴス島沖における化学合成生態系の発見であった．潜航調査はプレートテクトニクスという地球科学上の学説を検証するためのものであり，深海底に二枚貝や環形動物からなる豊かで奇妙な大型生物群（本章では区別のため，生物を「微生物」と「大型生物」に大別する）が見つかることはまったく想定されていなかった．当時，発見された深海生物群はガラパゴス島沖に固有の局所的かつ例外的なものとも考えられたが，その後，世界各地の深海底で熱水活動域や冷湧水域が探査されると，それらのほぼすべてで同様の生物群集が見つけられた．かつて深海探査は北半球に偏る傾向があったが，近年では南半球や極域での調査も進められており，これまでに発見されている深海底熱水活動域および冷湧水域は，世界で500カ所を超えている（http://www.interridge.org/irvents/maps）．

　日本近海では，1989年沖縄トラフにおいて初の深海底熱水活動域が発見されている．深海底を科学探査し試料を採取するには，有人潜水艇（deep submergence vehicle；DSV），遠隔操作無人探査機（remotely operated vehicle；ROV），自律型無人探査機（autonomous underwater vehicle；AUV）などが用いられ，一般にそれらを乗せる支援母船も必要となる．必然的に深海の科学探査は大掛かりで数年先を見越した長期的なサンプリング計画が必要であり，地表生物の研究とは進め方が大きく異なる．

　日本は，マリンスノー命名を可能とした北海道大学の「くろしお号」（図21.1）や海洋研究開発機構（旧海洋科学技術センター）の「しんかい2000」および「しんかい6500」といった有人潜水艇を運航し，半世紀以上前から海底有人探査のパイオニアとして世界をリードする研究環境が整っている．

図 21.1　北海道大学の「くろしおⅡ号」（北海道福島町の青函トンネル記念館）
屋外駐車場の片隅に展示されており，他の退役潜水艇「はくよう」（かごしま水族館）や「しんかい2000」（新江ノ島水族館）と比べると哀愁が漂う．

　また近年では，熱水性硫化物鉱床やマンガン・コバルトといった深海鉱物資源の事業化・産業化にむけた関心の高まりを受け，さまざまな熱水探査技術や海底掘削技術が開発・改善されており，日本近海において巨大鉱床の発見も相次いでいる．これらの状況は，生命科学分野における技術革新と組み合わされ，海洋立国を標榜するわれわれは深海底熱水活動域をターゲットに（微）生物の特殊機能を詳細に解き明かし，応用展開を図るエキサイティングな時代を迎えつつあるということができよう．

21.2　生息環境としての深海底熱水活動域

　深海底熱水活動域は，総延長70,000 kmに達する中央海嶺の海底拡大軸周辺や島弧・背弧海盆に形成される．それらは大きなスケールでは地形上の高まりに位置するため，最も深いところに知られている熱水活動域でも水深は5,000 m程度である．中央海嶺では海洋プレートができる軸域〔地殻の年齢が0～1 Ma（mega annum，100万年前）の領域〕だけでなく，翼部（地殻の年齢が1～65 Maの領域）海底下にも膨大な流体フロー

21.2 生息環境としての深海底熱水活動域

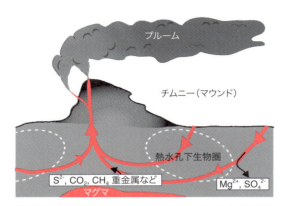

図 21.2 深海底熱水活動域に形成される生息環境
大型生物群はおもにチムニー近傍のミキシングゾーン（熱水‐海水混合域）海底面に見られる．

が存在することが知られているが，海底面に大規模な独自の生物群集が見られるのは一般に軸域の熱水噴出孔周辺に限られるようである．

深海底熱水活動域において海底から噴出する熱水は，海水と物理化学的に大きく異なる．熱水は，海洋地殻の浅所（地下数 km）に貫入したマグマにより加熱された海水が，周囲の地殻物質と化学反応を起こした後に上昇し噴出したものである（図 21.2）．熱水は高い水圧のために沸騰せず，最高 400℃ を越えるものも観測されている．加えて熱水は，一般に，①還元的なガス成分（硫化水素や水素ガスなど）に富み，②重金属（鉄，マンガン，銅，亜鉛など）を高濃度に含み，③pH が低く，④酸素や Mg^{2+}，SO_4^{2-} を欠く．噴出熱水の物理化学的性質は，熱水活動域の母岩や堆積物の有無といった地質背景に影響され，深海底熱水活動域における微生物の群集構造を左右する重要な要素となっている．たとえば，中央インド洋海嶺 Kairei フィールドや大西洋中央海嶺 Rainbow フィールドでは，かんらん石に富んだ超マフィック岩が熱水循環過程に関与し，熱水が還元的で高濃度の水素ガスを含んでいることから，水素ガス資化能を有する微生物群〔とくにメタン生成古細菌（アーキア）〕が比較的優占して棲息する傾向にある[1]．ただ，海底面に見られる大型生物の種組成への影響は少ないようである．

海底における熱水噴出は，微生物にとってさまざまな棲息環境を形成する．海底から噴出する熱水は，すでに海水とは異なる微生物細胞やそのシグナルを含んでおり，熱水噴出孔の海底下から運ばれてきたものと考えられている（図 21.2）．たとえば，生物界における増殖の最高温度である 122℃ は，前述の Kairei フィールドから噴出する 365℃ の熱水から分離されたメタン生成アーキアによる記録である[2]．熱水活動域の海底掘削は技術的難易度がきわめて高いが，近年では地球深部探査船「ちきゅう」により沖縄トラフの熱水性堆積物を掘削し，熱水孔下を対象とする直接的な微生物学的研究が進められている[3]．また噴出した熱水と海水が混合する海底面では，チムニーと呼ばれる煙突状構造物（おもに硫酸塩や硫化鉱物からなる）やマウンドが形成される（図 21.2）．チムニーの内部にはきわめて急峻で不安定な物理化学勾配が形成されるが，チムニー表層では 1 g あたり最大約 10^8 細胞もの微生物が棲みつくなど，常温菌から超好熱菌，真正細菌からアーキア，絶対嫌気性菌から絶対好気性菌まで，きわめて幅広い微生物にとってよい生息環境となっている[4]．熱水成分は一部チムニー中で失われるが，大部分は海水中に放出される．チムニーから噴出した高温熱水は比較的密度が低いため，周辺海水と混合しながら最大数百メートル上昇し，やがて冷えて浮力を失ったところで，熱水プルームと呼ばれる水塊となって水平方向に広がっていく（図 21.2）．熱水プルームにおける低 pH，低 ORP（酸化還元電位），Mn，H_2，CH_4 などの成分異常は，広大な海洋において未探査の深海底熱水孔を発見する際の重要な指標である．それらの探索に際しては，ROV などを用いる潜水探査でなく広域探査〔CTD（conductivity temperture depth profiler）や濁度計といった観測機器を鉛直方向に上下させながら曳航する Tow-yo 探査

など〕が実施されることが多い．生息環境としての熱水プルームには未解明の点が多いが，これまでのところ熱水プルームに固有の大型生物は知られていない．一方，微生物では特徴的な自由生活型の化学合成独立栄養微生物（化学反応でエネルギーを得て，二酸化炭素を固定する微生物．たとえば硫黄／水素酸化細菌と考えられるGammaproteobacteria 綱の系統群 SUP05 など）や，そのファージが検出され[5,6]，世界各地の海洋に存在する酸素極小層（oxygen minimum zone; OMZ）との関連が指摘されている[7]．

21.3　熱水噴出孔周辺の大型生物群

世界各地の深海底熱水活動域から，口や肛門をもたず，長さ2m以上にもなる環形動物（チューブワーム），腹足に鉄の鱗を纏う巻貝〔スケーリーフット（*Chrysomallon squamiferum*）〕，腹部が毛だらけで真っ白な甲殻類など，多様で奇想天外な無脊椎動物群が発見されてきた（図21.3）．他にも，ヒバリガイやシロウリガイといった二枚貝，ハイカブリニナ科の大型巻貝，ユノハナガニ，ゴカイ類などが広く分布している．脊椎動物としては，ゲンゲやギンザメのような魚類が見られるものの，多様性や生息量は比較的少なく，化学合成生態系に固有のものは知られていない．また，深海底熱水活動域に棲息する原生動物や小型の無脊椎動物（たとえば，殻高数mm程度の巻貝）に関する生理・生態学的知見はきわめて少ない．一般に深海底熱水活動域における生物密度は高く，熱帯雨林に匹敵するほどの一次生産を誇るが，生態系の物理的なサイズに制限されるため食物連鎖は短い．

これまでに世界各地の深海底熱水活動域から見つかった真核生物は500種を越え，そのうち固有種の多くは熱水噴出孔近傍の熱水‐海水混合域（ミキシングゾーン）に密集して棲息している（図21.3）．ミキシングゾーンの温度は多くの場合2〜5℃（瞬間的に10〜15℃に達する）程度で，噴出熱水の影響は限定的である．ただ，チムニーの外壁や熱水噴出孔のごく近傍に棲息するゴカイの仲間では，その棲息環境が100℃を超えることもあるとされ，高温環境への適応機構が基礎・応用の両面から研究されている．熱水活動は基本的に不安定かつ短命であるが，海底火山の爆発により無生物化した海底において，固有種の再加入や生物群集の遷移過程が観察されている[8]．大規模な化学合成生態系の見られる水深としては，世界で最も浅いサツマハオリムシ（*Lamellibrachia satsuma*）（82 m，たぎり[*2]）および最も深いナラクハナシガイ（*Axinulus hadalis*）（7400 m，冷湧水）の両方が日本近海（それぞれ鹿児島湾と日本海溝）に分布している．冷湧水域では，メタンハイドレートや有機物の分解などに関連する還元物質が浸みだし化学合成生態系を支えているが，近年かんらん石（上部マントルの主要構成岩石）の蛇紋岩化作用に伴う新しいタイプの大規模な化学合成生態系が発見され，注目されている[9]．

ミキシングゾーンにひしめく大量の生物群集は，化学合成生態系の象徴的光景である（図21.3）が，基本的な生態学的知見すら限られているといわざ

図21.3　潜水艇の窓越しに見た化学合成生物群集
チムニーを覆い隠すほどリミカリス（エビの仲間）が密集している様子がライトに照らしだされている．

[*2] 鹿児島湾で海底からガス（おもに二酸化炭素，硫化水素，メタン）が噴出する場所．海面でも気胞が観察される．

るを得ない．たとえば，世界各地に点在する各熱水活動域に個々の大型生物種がどれくらい棲息しているのか，その個体数に関する知見はきわめて少ない．これはおもに潜水艇の機動力や深海底における調査時間に大きな制限があるためであるが，近年ではAUVやROVなどの無人探査機を用いて，きわめて高解像度の三次元海底地形図を作成し，各生物種（画像で確認できる比較的大型の種に限られる）の個体数やサイズ分布，それらの経時変化が解析され始めている[10]．

化学合成生態系に固有の生物の生活史や成長速度，寿命に関する知見も少ないが，チューブワームはきわめて速く成長することが知られており，ガラパゴスハオリムシ（*Riftia pachyptila*）という種では1年間に85 cmも成長したという記録がある[11]．また，各生物の分子系統や集団遺伝学的特性に関する知見，とくにミトコンドリアゲノムのシトクロム c オキシダーゼサブユニットI遺伝子（*COI*）の塩基配列情報は比較的蓄積しており，大型生物の分布様式が地理的隔離の影響を強く受けていることが明らかとなっている[12]．たとえば，沖縄トラフに位置する複数の熱水活動域でほぼ同じ生物セットが見られるが，それらは大西洋やインド洋のものとは大きく異なる．一般に底生生物の分布は，棲息可能な環境の分布と卵あるいは幼生が分散できる範囲に規定されるが，熱水活動域に固有の大型生物について，卵の生産量や発生に関する知見は少ない[13]．

21.4　地球を食べる大型生物

深海底に見られる化学合成生態系は，熱水を介して地球内部から供給される化学物質（とくに硫化水素・メタン・水素ガス）をエネルギー源とすることから，「地球を食べる」生態系と称される．深海底熱水活動域が発見された当時，現場に高密度な生物群が見られる理由は，海洋表層から降ってきた有機物粒子が熱水噴出により形成された渦で濃縮されるためと考える研究者も少なくなかった．しかし1980年代に入ると，生物試料の安定同位体解析や酵素化学的な研究により，彼らは上から降ってくる有機物を摂食しているのではなく，下から噴きだしてくる無機物を食べていることが強く示唆されていく[14]．なお，それらの大型生物群は暗黒環境に棲息しているとはいえ，最終電子受容体として酸素を用いるため，太陽光や光合成と完全に無関係というわけではない．

深海底熱水活動域の共生系最大の特色の一つ目は，宿主生物がほぼすべての栄養を共生微生物に依存していることである．他の栄養共生系では，共生微生物は通常宿主生物に不足する栄養素だけを補っており，宿主生物は共生微生物を欠いても生きていける場合すらある．深海底熱水活動域に棲息する共生微生物は，エネルギー源として硫化水素やメタン，水素ガスの利用能を有し，それらを酸素や硝酸イオンなどの酸化剤と反応させ，得られたエネルギーを用いて二酸化炭素を固定する．たとえば，チューブワームでは消化器官は退化しており，代わりに細胞内共生微生物のための特別な組織（トロフォソーム）が存在する．トロフォソームは，体重の20%に達するほど巨大で，1 gあたり $10^9 \sim 10^{11}$ 細胞もの共生微生物が詰まっている．チューブワームがもつヘモグロビンは，酸素と結合する部位と別に硫化水素と結合する部位があり，トロフォソームの共生微生物へエネルギー源としての硫化水素を運んでいる．熱水活動域に棲息する大型生物の発生過程はほとんど知られていないが，チューブワームにおいては共生微生物が幼生発生とともに環境中から獲得され，トロフォソームが形成されていく様子が観察されている[15]．

深海底熱水活動域に固有のさまざまな大型生物は，共生微生物に依存した生存戦略をもつ点は共通するが，共生微生物の系統や局在性は宿主生物

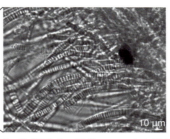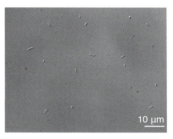

図21.4 ゴエモンコシオリエビの腹部剛毛に付着する巨大な繊維状 Epsilonproteobacteria
中央図の右上隅に剛毛が若干写っている．右図は培養した近縁種（少なくとも属レベルでは同じ）の顕微鏡像．

ごと，あるいはその棲息環境ごとに異なる．一般に，熱水噴出孔の近傍に棲息する甲殻類や多毛類では Epsilonproteobacteria 綱を主体とする細胞外共生，噴出孔から離れて棲息する二枚貝やチューブワームでは Gammaproteobacteria 綱を主体とする細胞内共生が見られる傾向にある．貝類は巨大化したエラの細胞内に共生微生物を有する場合が多いが，巻貝では食道に細胞内共生微生物をもつものも知られている[16]．一方，甲殻類において細胞内共生は知られておらず，細胞外共生が主体である．たとえば，沖縄トラフに分布するゴエモンコシオリエビ（*Shinkaia crosnieri*）という甲殻類は，腹部に剛毛をもち，そこに付着する微生物を顎脚で捉えて食べている．単純な共生系のようであるが，付着共生微生物の形態や系統は特徴的であり，何らかの特殊能力をもつ可能性が高い（図21.4）．また，インド洋や大西洋の中央海嶺に広く分布するリミカリス（*Rimicaris*）という甲殻類は，膨らんだ頭胸甲の鰓室（ギルチャンバーとも呼ばれる）に細胞外共生微生物をもつが，共生微生物から宿主生物へ何らかの経路で直接的に（消化器官を介さずに）有機物が運ばれている[17]．他の生物の細胞内共生系においても，宿主生物が共生微生物から栄養を受け取る方法はよくわかっていないが，スケーリーフットにおいては共生微生物の鞭毛タンパク質がトランスポーターとして機能することが示唆されている[16]．

深海底熱水活動域の共生系最大の特色の二つ目は，現場に棲息する多様な大型生物のほぼすべてが，その幼生期に共生微生物を環境から獲得し，垂直伝播がほとんど見られないことである（図21.5）．宿主生物が多様な環境微生物の中から特定の共生微生物（多くの場合優占度が高いわけではない）を選抜し，分化・成長とともにその局在を制御する機構はよくわかっていないが，前述したゴエモンコシオリエビにおいては，体液中に共生微生物を特異的に認識し，結合する分子が存在する[18]．またスケーリーフットのコロニーにおいて，共生微生物の多様性を個体ごとに調べたところ，ゲノムレベルで個体差がほとんど検出されず，共生微生物の選択性はきわめて高いようである[16]．さらにシンカイヒバリガイ（*Bathymodiolus*）においては，一生を通じて細胞内共生微生物の取り込み能を保持することが示唆されている[19]．例外として，おもに冷湧水域に棲息するシロウリガイという二枚貝は，エラに有する細胞内共生微生物を垂直伝播させており，共生微生物のゲノムは 1 Mb 程度まで縮小している[20]．前述したように，宿主生物は共生微生物を棲まわせるための専用組織を進化させ，ほぼすべての栄養を共生微生物に依存しているにもかかわらず，共生微生物を垂直伝播することは環境獲得するよりもコストがかかるようである．また深海底熱水活動域に見られる共生関係において，宿主生物は明らかなメリット（有機物）を享受しているが，自由生活能を有する化学合成微生物が大型

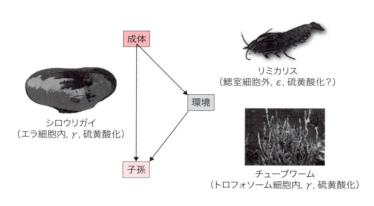

図 21.5 化学合成生態系を構成するさまざまな大型生物における共生微生物の伝達様式
共生微生物が見られる組織，主要な共生微生物の系統およびエネルギー源を示す．シロウリガイは熱水活動域の辺縁部に見られるため含めているが，基本は冷湧水域に多い．γ：Gammaproteobacteria，ε：Epsilonproteobacteria

生物と共生するメリットは明確でない（安定的な棲息環境を提供されているとは考えられている）．これらの共生微生物は自由生活能をもつと考えられるが，培養されておらず，たとえ近縁種が分離培養できたとしても，化学合成共生系を実験室に再現し，共生能を検証することはきわめて困難である．

深海底熱水活動域の共生系最大の特色の三つ目は，共生微生物として Epsilonproteobacteria 綱が優占することにある．Proteobacteria 門は陸上から海洋まで幅広い環境に見られる共生微生物を含む巨大分類群である．これまでに知られている硫黄酸化細菌のうち，大型生物と共生することが知られているのは Proteobacteria 門（Gammaproteobacteria 綱，Epsilonproteobacteria 綱，Alphaproteobacteria 綱の 3 綱）のみであり，このうち深海底熱水活動域では Epsilonproteobacteria 綱と Gammaproteobacteria 綱の 2 綱が主要な共生微生物である．Proteobacteria 門に含まれる 6 綱の中で，Epsilonproteobacteria 綱はさまざまで極端な環境に限定して優占する点できわめて特異であり *Helicobacter pylori*（胃潰瘍や胃癌の原因菌，別名ピロリ菌）や *Campylobacter jejuni*（腸炎などの原因菌）のような病原性微生物を多く含む系統群である．一方，深海底熱水活動域の Epsilonproteobacteria は，チムニーやミキシングゾーンに優占する非病原性の自由生活型微生物，あるいはさまざまな無脊椎動物の細胞内／細胞外共生微生物であり，現場における優占度は 100％ に達することもある[21]．

深海底熱水活動域に優占する Epsilonproteobacteria は，水素ガス，硫黄化合物，硝酸，酸素などさまざまな電子受容体，電子供与体の組合せを用いて増殖する能力のある常温性から中等度好熱性の化学合成独立栄養微生物である[4, 22-24]．本微生物群は難培養性微生物とされてきたが，筆者らは世界各地の深海底熱水活動域から多様な Epsilonproteobacteria を分離培養することに成功してきた．かつて深海底熱水活動域に優占する化学合成独立栄養微生物は，微好気性の硫黄酸化細菌が主体であると考えられてきたが，Epsilonproteobacteria の大部分は水素ガスを電子供与体，硝酸イオンを最終電子受容体として増殖する能力をもつ[23]．実際，深海底熱水活動域のミキシングゾーンにおいて，微生物による水素酸化活性は高く[25]，さまざまな細胞内共生微生物も水素ガスをエネルギー源とすることが示唆さ

243

れている[16, 26].

深海底熱水活動域に固有の大型生物の体表や体内に棲息する共生微生物は，あまり根拠のないままに微好気性硫黄酸化細菌であるなどとされ，その生理機能や代謝ポテンシャルが真剣に解析され始めたのは最近である[26, 27]. 熱水活動域に見られる固有大型生物のほとんどは硫黄／水素酸化細菌を主要共生微生物としているが，シンカイヒバリガイにおいては棲息環境に応じてメタン酸化細菌を共生させており，貝類は棲息環境の物理化学的特性（たとえば水素ガスや硝酸イオンの有無）に応じて共生微生物を使い分けるようである[28, 29]. 化学合成生態系に固有の大型生物は長期飼育できないものの，その多くは採取直後に限れば生きているため，さまざまな船上実験が行われてきた．たとえば，筆者らは安定同位体ラベルした基質の取り込み実験や体液のバイオマーカー（N結合型糖鎖）検査により，スケーリーフットが環境中のエネルギー源（硫化水素と水素ガス）を敏感に感知することを突き止めている[16]. 通常，深海で採取した生物試料を船上に回収するまで長い時間を要するため，化学合成共生系における遺伝子発現やタンパク質に関する網羅的な研究例は少ない．しかし，採取した生物を深海でミキサーを用いて破砕・固定し，トランスクリプトーム解析した例が報告されるなど，DSVやROVに搭載する専用デバイス（ペイロード）が開発されており，宿主生物と共生微生物における環境応答などの同調性を解析することも可能となってきた[27, 30].

21.5 深海底熱水活動域に優占する化学合成独立栄養微生物

深海底熱水活動域には，真正細菌からアーキア，共生微生物から自由生活型微生物，常温菌から超好熱菌まで，きわめて多様な化学合成独立栄養微生物が棲息している．深海底熱水活動域は世界各地の海底に点在するが，大型生物と違って各熱水活動域に優占する微生物相は似通っており，微生物がもつ高い分散能力を反映していると考えられる[22]. 深海底熱水活動域にコスモポリタンな自由生活型微生物の多くは，現在では培養法が確立されており，生理生態や生化学的な知見が蓄積してきている．また前述したような宿主生物と異なり，優占度やバイオマスを無視すれば，海洋における化学合成独立栄養微生物の棲息環境は熱水活動域や冷湧水域に限定されない．たとえば，海綿動物に共生するだけでなく，海水に遍在するアーキア（Thaumarchaeota）はアンモニア酸化能をもつ化学合成独立栄養微生物であると考えられている．

深海底熱水活動域から報告された最初の微生物は，1983年に東太平洋の水深2,600 mから分離された超好熱性メタン生成アーキア（*Methanocaldococcus jannaschii*, 当時は*Methanococcus jannaschii*とされた）である．のちに本微生物は，アーキアとして最初に全ゲノムが解読されている．歴史的に見ると，深海底熱水活動域から分離培養される微生物はチムニーや熱水性堆積物に棲息する（超）好熱性微生物（それも従属栄養微生物）が多く，低温域（たとえば大型生物群集が存在するミキシングゾーン）に棲息する化学合成独立栄養微生物に関する知見は少なかった．1990年代のおわりに環境中の16S rRNA遺伝子などをターゲットとした多様性解析法（いわゆる培養に依存しない微生物群集構造の解析）が深海底熱水活動域に適用されるようになったことで，ミキシングゾーンを含めて微生物の群集構造が解明されるようになった．その結果，世界各地の深海底熱水活動域のミキシングゾーンに共通して優占し，現場の一次生産を担うのがEpsilonproteobacteria綱とGammaproteobacteria綱であることが突き止められた．

21.6 ミキシングゾーンに優占する化学合成独立栄養微生物のゲノム解析

深海底熱水活動域に棲息するEpsilonproteobacteriaのゲノム解析から，本微生物群は，①複数の呼吸経路を使い分けてエネルギーを獲得し，還元的クエン酸回路を用いて二酸化炭素から有機物を生産する，②環境中に存在するさまざまな重金属を解毒するための仕組みをもつ，③外部環境の変化を感知し応答するための遺伝子セットを多くもつ，④近縁の病原性微生物と同じく多くのDNA修復系を欠き，ゲノムが柔軟に変化する可能性が高い，といった特徴が明らかとなっている[31]．これらの特徴は本系統群の微生物が，世界各地の深海底熱水活動域に広く分布し，物理化学的な変動が激しい環境で優占するのに貢献していると考えられる[23]．深海底熱水活動域に限らず，Epsilonproteobacteria以外の常温性硫黄／水素酸化細菌は，カルビン回路により炭素固定を行う場合が多く，還元的クエン酸回路はEpsilonproteobacteriaの特徴である[32]．さらに，深海底熱水活動域に優占するEpsilonproteobacteriaに病原性はないが，ピロリ菌など近縁の病原性微生物に固有と考えられていた病原性関連遺伝子群（糖鎖関連遺伝子など宿主生物との相互作用に重要な役割を担うものや同様のクオラムセンシング機構）を有する[31,33]．深海底熱水活動域に固有のゴカイや甲殻類に細胞外共生している状態のEpsilonproteobacteriaについては，メタゲノム解析が進んでいる[34,35]．ゴカイの仲間には多様なEpsilonproteobacteriaが細胞外共生し，多くは培養できていないが，それらは還元的クエン酸回路，sox依存型の硫黄酸化経路，脱窒，好気呼吸能をもつなど，近縁の培養株と明確な違いは見つかっていない[34]．

深海底熱水活動域の共生Gammaproteobacteriaについては，トロフォソームの安定同位体解析や酵素活性測定などが古くから実施されてきた[36,37]．それらの解析から，共生Gammaproteobacteriaは上述したEpsilonproteobacteriaと同じく硫黄酸化細菌もしくはメタン酸化細菌（Epsilonproteobacteriaにはメタン酸化細菌は知られていない）と考えられてきたが，それらがゲノムレベルで裏づけられたのは最近である．チューブワームなどの環境獲得型共生Gammaproteobacteriaにおいて報告されているゲノム配列はいずれも断片的であったが，筆者らはスケーリーフットの細胞内共生Gammaproteobacteriaの完全なゲノム配列（約2.6 Mb）を解読した．これは巻貝共生微生物のゲノム解読としても初めてであった[16]．スケーリーフット共生微生物のゲノムサイズは大きく，遺伝子の残骸も多いため，共生関係は比較的新しいと考えられる（ちなみに化学合成Epsilonproteobacteriaのゲノムは約1.7～2.6 Mb）．また共生Gammaproteobacteriaは，独立栄養だけでなく従属栄養的に増殖する能力をもつことが示唆されている[16,27]．共生Gammaproteobacteriaは，Epsilonproteobacteriaと同様に多様なエネルギー・炭素代謝経路や環境応答機構をもつ．しかし両者では，炭素固定経路（Epsilonproteobacteriaでは還元的クエン酸回路，Gammaproteobacteriaではカルビン回路）や硫黄酸化経路（Epsilonproteobacteriaではsox依存型，Gammaproteobacteriaではsox非依存型）などに明確な違いが見られ，これらは生存戦略の違いや，宿主生物側から見たときの共生微生物としての利用価値の違いに直結すると考えられる．

21.7 おわりに

深海底熱水活動域の共生系は依然未解明な点が多いものの，最近の研究により遍在する微生物共

生系には見られない数々の特徴が明らかになってきている．深海底に見られる化学合成生態系の研究が遅れている最大の原因は，研究室レベルで維持できる制御可能な長期飼育系が確立できないためであり，間違いなく喫緊の課題である．しかしながら，オミクス解析に代表される生命科学分野での技術革新，およびAUVや現場センシングといった海中工学分野での技術革新により，深海生態系への理解はこの数年で飛躍的に深まっており，今後もさらなる学際的発展は間違いないであろう．さまざまな共生に通底する原理やその進化的意義を理解するため，幅広い共生系研究者が日常的に議論できる枠組みを構築していきたい．

一方，深海鉱物資源の採掘が目前に迫り，生態系への影響が懸念されている．さらに，深海調査に不可欠な船舶や潜水艇の運航コストの高騰や老朽化は切実な問題であり，日本が地の利を活かして研究できる時代はおわりを迎えつつあるように感じる．発展を約束されたこの研究分野において，日本のプレゼンスを維持できるかの正念場である．

〈中川　聡〉

文　献

1) K. Takai, K. Nakamura, *Curr. Opin. Microbiol.*, **14**, 282 (2011).
2) K. Takai et al., *Proc. Natl. Acad. Sci. USA*, **105**, 10949 (2008).
3) K. Takai et al., *Sci. Drill.*, **13**, 19 (2012).
4) S. Nakagawa et al., *FEMS Microbiol. Ecol.*, **54**, 141 (2005).
5) K. Anantharaman et al., *Proc. Natl. Acad. Sci. USA*, **110**, 30 (2013).
6) K. Anantharaman et al., *Science*, **344**, 757 (2014).
7) G. Dick et al., *Front. Microbiol.*, **4**, 124 (2013).
8) T. Shank et al., *Deep-sea Res. II*, **45**, 465 (1998).
9) R. Ohara et al., *Proc. Natl. Acad. Sci. USA*, **109**, 2831 (2012).
10) R. Nakajima et al., *PLoS ONE*, **10**, e0123095 (2015).
11) R. Lutz et al., *Nature*, **371**, 663 (1994).
12) A. Rogers et al., *PLoS Biol.*, **10**, e1001234 (2012).
13) F. Pradillon et al., *Nature*, **413**, 698 (2001).
14) S. E. Humphris et al., "Seafloor Hydrothermal Systems: Physical, Chemical, Biological, and Geological Interactions," American Geophysical Union (1995).
15) A. Nussbaumer et al., *Nature*, **441**, 345 (2006).
16) S. Nakagawa et al., *ISME J.*, **8**, 40 (2014).
17) J. Ponsard et al., *ISME J.*, **7**, 96 (2013).
18) S. Fujiyoshi et al., *Microbes Environ.*, **30**, 228 (2015).
19) C. Wentrup et al., *Environ. Microbiol.*, **16**, 3699 (2014).
20) I. Newton et al., *Science*, **315**, 998 (2007).
21) S. Nakagawa, Y. Takaki, "Nonpathogenic Epsilonproteobacteria: Encyclopedia of Life Sciences, Chichester," Wiley (2009).
22) S. Nakagawa, K. Takai, *Methods Microbiol.*, **35**, 55 (2006).
23) S. Nakagawa et al., *Environ. Microbiol.*, **7**, 1619 (2005).
24) K. Takai et al., *FEMS Microbiol. Lett.*, **218**, 167 (2003).
25) M. Perner et al., *Geobiology*, **11**, 340 (2013).
26) J. Petersen et al., *Nature*, **476**, 176 (2011).
27) S. Markert et al., *Science*, **315**, 247 (2007).
28) R. Beinart et al., *Proc. Natl. Acad. Sci. USA*, **109**, E3241 (2012).
29) T. Ikuta et al., *ISME J.*, **10**, 990 (2016).
30) J. Sanders et al., *ISME J.*, **7**, 1556 (2013).
31) S. Nakagawa et al., *Proc. Natl. Acad. Sci. USA*, **104**, 12146 (2007).
32) S. Nakagawa, K. Takai, *FEMS Microbiol. Ecol.*, **65**, 1 (2008).
33) I. Pérez-Rodríguez et al., *ISME J.*, **9**, 1222 (2015).
34) J. Grzymski et al., *Proc. Natl. Acad. Sci. USA*, **105**, 17516 (2008).
35) C. Jan et al., *Environ. Microbiol.*, **16**, 2723 (2014).
36) H. Felbeck et al., *Nature*, **293**, 291 (1981).
37) G.. Rau, J. Hedges, *Science*, **203**, 648 (1979).

Part VII 環境と共生

環境微生物と動物

Summary

本章では，環境中に生息する細菌・真菌・ウイルスと動物との関係について，食品衛生管理，環境管理，農畜産業における視点を絡めて紹介する．国際的な食品衛生管理や環境管理において規制されている微生物，ならびに植物と共生する微生物のうち，細菌や真菌が動物に及ぼす生理的な影響に関する研究事例を取りあげる．また，ウイルスについては，バクテリオファージや家畜のウイルス感染症，ならびにヒトゲノムに組み込まれたウイルス遺伝子に関する研究事例を取りあげ，ウイルスの存在意義について推察する．さらに，畜産業界で普及しているプロバイオティクスである酵母，乳酸菌，芽胞形成菌の研究報告を網羅的に紹介するとともに，循環型農業や環境保全において働いている好熱菌に関する最新の知見についても触れ，幅広い視点において環境微生物と動物に関する話題を提供する．

22.1 はじめに

土壌には，1 g あたりで数十億個にも及ぶ微生物が生息している[1, 2]．土壌の多様な微生物群と共生している生物の代表格の一つがミミズである．数億年前に出現したといわれる彼らは，土壌微生物群の代謝機能を巧みに活用して木の葉を分解し，エネルギーに変える営みを続けている[3, 4]．一方，動物やヒトも土壌をはじめとした環境由来の微生物を直接的，あるいは間接的に摂取する機会をもつ（図22.1）．本章では，ウイルスを含む環境微生物と動物との関係に関する研究について，近年のトピックスを含めて事例を紹介する．

22.2 環境細菌・真菌と動物との関係

22.2.1 食品衛生管理と環境管理の視点

食品の安全確保の観点から，HACCP（hazard analysis and critical control point）と呼ばれる衛生管理の手法が普及している．HACCPは，食品の製造・加工工程のあらゆる段階における微生物汚染などの危害をあらかじめ分析し，その結果に基づいて，どの段階でどのような対策を講じればより安全な製品を得ることができるのか，ということを示す重要な管理基準である．このような管理基準に基づいて，食品の製造・加工工程を連続的に監視することにより，製品の安全性を確保する．この手法は，国連食糧農業機関（Food and Agriculture Organization of the United Nations; FAO）と世界保健機関（World Health Organization; WHO）の合同機関である食品規格委員会から発表されている[5]．HACCP監視対象である生物的危害要因には，食中毒を引き起こす細菌が含まれている（表22.1）[6, 7]．これらの細菌群は，土壌や堆肥といった自然環境中に広く分布しているため，畜産食品中では許容菌量が定められている．

これらの監視対象の病原菌のうち，セレウス菌（*Bacillus cereus*）については，毒素産生性がない菌株がプロバイオティクスとして用いられている

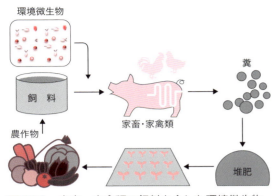

図 22.1 家畜・家禽類の飼料を介した環境微生物の循環イメージ

事例がある．B. cereus については，B. cereus var toyoi が 30 年以上の間，ニワトリ，ブタ，ウシなどのプロバイオティクスとして用いられている[8,9]．投与量としては，表 22.1 の B. cereus の許容濃度をはるかに上回る 1 kg 飼料あたり $10^5 \sim 10^6$ cfu であり，死亡率の減少，増体効果，飼料要求率の改善などの効果が確認されている．近年，B. cereus var toyoi は，毒素産生性の B. cereus とは異なる新菌種として，B. toyonensis sp. となった[10]．食中毒菌の Clostridum 属菌と異なり，動物に対して生理的効能を有する Clostridum 属の菌株も知られており，毒素の産生性のない菌株が，長年，ニワトリ，ブタ，ウシに対するプロバイオティクスとして用いられ

ている[11-13]．とくに，Clostridum botulinum Miyairi 株については，ヒトに応用研究において腸炎予防に効能があると推察されている．実際，マウスモデルを用いた実験系において細胞壁成分のペプチドグリカンが樹状細胞を刺激し，制御性 T 細胞（regulatory T cell; T_{reg} 細胞）の増加を促すことが報告されている[14]．このように，食品衛生管理において病原菌として指定されている菌種と近縁な菌株が動物に対して好影響をもたらす事例はきわめて興味深い知見である．今後，環境微生物と動物の共生を考えるうえで，何らかのヒントになる分子機序が見いだされるかもしれない．

一方，食中毒菌のような急性の健康被害をもたらす細菌とは別に，近年，慢性的な暴露により健康に影響する微生物が確認されるようになった．たとえば，メタン生成菌（Methanobrevibacter 属）は，自然界に広く分布しており，排水処理過程での汚染度の指標となるマーカーバクテリアの一つである[15,16]が，健康への影響が問題視されている．Methanobrevibacter 属のうちの M. oralis は，歯周病菌の一つと考えられている[17]．また同じく M. smithii はヒトの腸内に生息し[18]，マウスを用いた実験から脂肪蓄積に影響する可能性が指摘されている[19,20]．さらに M. smithii は，ウシのルーメン（第一胃）でも見いだされており[21]，近年，地球温暖化の原因の一つとして考えられるウ

表 22.1 食品衛生管理において問題視されるおもな病原性細菌[5-7]

一般名	おもな対象菌種	発育温度（℃）	発育 pH	食品中の許容菌量（/ g）
ウェルシュ菌	Clostridium perrfingens	10～50	5.0～9.5	<10^2
エルシニア	Yersinia enterocolitica	0～44	4.6～9.0	<10^2
黄色ブドウ球菌	Staphylococcus aureus	6.5～46	5.2～9.0	<10^2
カンピロバクター	Campylobacter jejuni	30～47	5.5～8.0	<1/25
サルモネラ	Salmonella enterica	5～46	4.5～8.0	<1/25
セレウス菌	Bacillus cereus	6～48	4.9～9.3	<10^2
腸炎ビブリオ	Vibrio parahaemolyticus	5～45	4.5～11.0	<10^2
病原性大腸菌	Escherichia coli O157:H7	2.5～45	4.4～9.0	<1/25
ボツリヌス菌	Clostridium botulinum	3.3～48	4.6～8.5	<1
リステリア	Listeria monocytogenes	0～44	4.5～9.0	<1/25

シのげっぷに含まれるメタンガスの産生菌の一つである可能性が指摘されている[22]．メタンガスは二酸化炭素の20倍の地球温暖化係数をもっている．ウシ由来のメタンガスは世界のメタンガス排出量の中で見逃せない割合であることがアメリカなどからも指摘されており，ウシのルーメンの菌叢コントロールと自然環境の保護が無縁ではないことが推察される．

22.2.2 植物に共生する微生物動物との関係

植物と共生する微生物には，細菌と真菌の双方が知られており，植物との共生，生息方法の違いから，さらにエピファイト（epiphyte）とエンドファイト（endophyte）に区別される．エピファイトはepi（upon）とphyte（plant）を合成した単語であり，植物の表面に寄生して生息する葉面微生物などを示す．エンドファイトは，endo（within）とphyte（plant）を合成した単語であり，植物の体内で共生している微生物を意味している（第13章参照）[23]．本章ではエンドファイトに焦点を絞って動物との関係について話を進める．

エンドファイトは，宿主である植物の耐虫性，耐病性，耐乾性に関与することが知られており，植物が自分の身を守るためのパートナーである．いわば"植物の腸内フローラ"のような意味合いとして捉えることもできる．このような特性を活用して，無農薬による作物栽培を目指した農業技術の一つとして開発研究が進められており，動物の生理機能に影響を及ぼす分子を産生するエンドファイトの存在が知られている（表22.2）[24]．たとえば，細菌としては，*Pseudomonas syringae* 由来のシリンゴマイシン（syringomycin），*Pseudomonas viridiflava* 由来のエコマイシン（ecomycin），および *Paenibacillus polymyxa* 由来のフサリシジン（fusaricidin）には抗真菌作用，あるいは抗菌作用が報告されている．真菌としては抗真菌作用物質ロイシノスタチンA（leucinostatin A）を産生する *Acremonium* sp. が知られている．ロイシノスタチンAは，in vitro レベルの試験であるが，抗がん作用の可能性も報告されている．*Cryptosporiopsis* sp. や *Pezicula* sp. 由来のエキノキャンディン（echinocandin）も抗真菌作用が報告されている．

一方，動物に悪影響を与える事例も知られており，*Neotyphodium lolii*，および *Neotyphodium coenophialum*（旧菌名：*Acremonium coenophialum*）は，家畜に対して中毒症状を引き起こすことが明らかになっている[25, 26]．いずれもエンドファイトが産生するアルカロイドが原因物質である．*N. lolii* は，ロリトレム（lolitrem）を産生し，*N. coenophialum* はカビ毒の一つである麦角アルカロイドのエルゴバリン（ergovaline）を産生する．麦角中毒と呼ばれる中毒症状は，麦に寄生する *Claviceps purpurea* が原因であり，当該菌種が産生する原因物質も麦角アルカロイドの一つエルゴタミン（ergotamine）である[27]．

また，動物に対する効果が明らかになっていないエンドファイトの例として，*Clostridium* 属の菌株が報告されている[28, 29]．*Clostridium* 属菌は，前述のように，近年の腸内フローラの研究対象としても注目の細菌の一つである．*Clostridium* 属菌は鞭毛を有しており，その構成成分の一つであるフラジェリンは微生物を認識させるリガンド，いわゆるPAMPs（pathogen-associated molecular patterns，病原体関連分子パターン），あるいはMAMPs（microbes-associated molecular patterns，微生物関連分子パターン）の一つである．興味深いことに，植物にも動物にもフラジェリンのPAMP／MAMPsを認識する共通な受容体が存在している[30]．動物ではフラジェリンを認識するTLR5は免疫システムの制御以外の役割が想定されて

22章 環境微生物と動物

表22.2 エンドファイトと動物との関係[22-26]

代表的な寄生植物・種類	おもな対象菌種	微生物の産生分子	動物などに与える影響（文献による報告例）
ヨーロッパイチイ *Taxus baccata*（針葉樹）	*Acremonium* sp.	ロイシノスタチン	抗真菌作用・抗がん作用
ギョリョウモドキ *Calluna vulgaris*（ツツジ）	*Cryptosporiopsis* sp. *Pezicula* sp	エキノキャンディン	抗真菌作用
ライラック *Syringa vulgaris*	*Pseudomonas syringae*	シリンゴマイシン	抗真菌作用
レタス *Lactuca sativa*	*Pseudomonas viridiflava*	エコマイシンB	抗真菌作用
アロエ *Aloe chinensis*	*Paenibacillus polymyxa*	フサリジン	抗菌作用
ペレニアル・ライグラス *Lolium perenne*（牧草）	*Neotyphodium lolii*	ロリトレム	ライグラススタッガー（痙攣・起立不能）
トールフェスク *Festuca arundinacea*（牧草）	*Neotyphodium coenophialum*	エルゴバリン	フェスクトキシコーシス（麦角中毒）（体温上昇，泌乳量低下，増体の減少など）
ライ麦 *Secale cereale*（穀類）	*Claviceps purpurea*	エルゴタミン	フェスクトキシコーシス（麦角中毒）（体温上昇，泌乳量低下，増体重の減少など）

おり，TLR5 が欠損したノックアウトマウスは肥満化することが知られている[31]．また，Honda らの研究グループは，ヒトの腸内フローラから免疫系の T_{reg} 細胞の誘導に寄与する17種の Clostridiales 目菌の単離に成功した[32]．生まれたときには腸管内に細菌叢は形成されていないことから，このような細菌群がどこからきたのかを推察する際，Clostridiales 目菌が土壌や植物と共存する比較的メジャーな環境微生物の一つであるという事実はきわめて興味深い．

22.3 ウイルスと動物との関係

22.3.1 ウイルスと動物の共生

ウイルスは，宿主細胞がなくては自立増殖することができない寄生体である．宿主として細菌や動植物の細胞を選び，その中で増殖する．生命の最小単位である細胞の要件を満たさないため非生物とされることもあるが，ここでは広義に環境微生物の一つとして取り扱う．一般的に，ウイルスは生命を脅かす環境微生物の印象が強いが，実際には，地球上にウイルスが 10^{31} 存在していると考えられている[33]．その大部分は細菌に感染するウイルス，いわゆるファージである．ファージは，1915年に Twort[34]，1917年に d'Hérelle[35] によってそれぞれ独自に見いだされ，その後バクテリオファージと名づけられた．ファージが細菌に感染すると，溶菌という現象が起こり，細菌が死滅する．その反応は特異的であり，治療への応用が期待されている．最新の研究では，動物に対する病原菌の腸内フローラにおける割合を調節するファージの作用機序が報告されている[36]．動物は病原菌に対する防御の一環として粘膜免疫系を有しており，消化管などの粘膜細胞から粘液が分泌される．Barr ら[36]は，T4 ファージを用いたモデル実験において，T4 ファージが粘液中の免疫グロブリン様ドメイン（immunoglobulin-like domain）を足場として活動したうえで，大腸菌を死滅させる仕組みを明らかにした．このような大腸菌の死滅は，粘液が存在しない細胞モデルや，ファージの外面に位置するカプシドタンパク質である Hoc を発現していない T4 ファージでは再現できなかった．このように，動物の生体防御におけるファージと共生した抗菌システムの

存在とその詳細な分子機序が明らかになった．

一方，ウイルスと動物との共生を考えるうえで興味深い点は，ヒトゲノムの 8% が RNA ウイルス由来という事実である[37]．このような事例はヒトだけではなく，さまざまな動物のゲノム中に組み込まれたウイルスの遺伝子群の中には，動物の生命現象に必要な遺伝子として機能しているというものも報告されている．たとえば，哺乳動物の胎盤形成に必須の遺伝子群の中には，レトロウイルス由来の遺伝子が複数存在している[38-40]．このように，ゲノムの中に組み込まれたウイルスの遺伝子が新たな役割を獲得する現象は，イグザプテーション（exaptation）と呼ばれている[41]．レトロウイルス以外の RNA ウイルスでも，動物のゲノムに組み込まれている例が古くから知られている[42, 43]．その代表例がボルナ病ウイルス（Borna disease virus）である[44]（図22.2）．

ボルナ病ウイルスは感染する宿主の種特異性が低く，齧歯類から霊長類まできわめて幅広い動物種に感染するにもかかわらず，ウマやヒツジ以外の動物では目立った症状を示さない場合が多いことも知られている[44]．ウマやヒツジでは，ボルナ病ウイルスに感染して症状が悪化すると神経系を侵し，発症した場合は死に至る．ヒトでは，統合失調症の患者に当該ウイルスの抗体が検出された報告もあることから，ヒトに対する病原性がある可能性も指摘されている[45]．またラットでは，自発運動の機能や学習能力の低下などの神経症状を呈する[46]．

ウイルスは宿主が存在しないと生きていけないことから，強毒化して宿主を減らすよりも，弱毒化するほうがより広範に子孫を残すことになる．動物のゲノムに組み込まれているウイルスはこのように病気を発症させないまま，動物と共存してきたウイルスなのかもしれない．

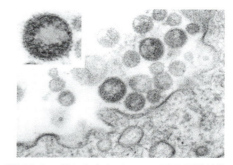

図 22.2　ボルナ病ウイルスの電子顕微鏡像
提供：京都大学 朝長啓造 氏，大阪医科大学 河野 武弘 氏のご厚意による．

22.3.2　家畜のウイルス感染症から見えてくるもの

養豚業界で問題視されている豚繁殖・呼吸障害症候群（porcine reproductive and respiratory syndrome; PRRS）や豚発症性下痢症（porcine epidemic diarrhea; PED）は，共生という視点で捉えると興味深い疾患である．

PRRS は 1987 年にアメリカで初めて確認され，その後すぐにヨーロッパでも見つかり，さらに世界中に広がった[47, 48]．原因ウイルスである PRRS ウイルスは 1991 年にヨーロッパで分離され，RNA ウイルスの Arteriviridae（アルテリウイルス）科の *Arterivirus*（アルテリウイルス）属に属していることが明らかになった[49, 50]．PRRS ウイルスは RNA ウイルスの Retroviridae（レトロウイルス）科の HIV ウイルスと同様に，ウイルスの遺伝子変異が激しいことが特徴であり，そのため抗原が多様化することからワクチンをつくっても効果がでにくい．PRRS の症状は，母豚における流産・死産，仔豚の成長不良，および肥育豚における呼吸器疾患であるが，臨床症状がほとんど認められない場合もある[51]．

PED は，1970 年代に中国で発生が確認され，1980 年代になると韓国でも発生し，その後両国では常在化し，世界中に拡大している[52]．原因

ウイルスである PED ウイルス（図 22.3）は RNA ウイルスであり，Coronaviridae（コロナウイルス）科の *Alphacoronavirus*（アルファコロナウイルス）属に属している．食欲不振と水様性下痢の症状を呈する豚の急性伝染病である．繁殖豚や肥育豚では死亡することがまれであり，感染しても発症しない豚が多い．一方，哺乳仔豚の症状は重篤化し，死に至るため，生産性に大きな打撃を与える[52]．

このように，PRRS と PED は伝播力が強いため，接触感染や空気感染によって，世界中に急速に広がっており常在性疾病の一つとなっている．いずれも RNA ウイルスであり，感染しても病気を発症しないブタが存在する点で共通しており，ボルナ病ウイルスと類似した特性を想起させる．実際，病気を発症しないブタの特徴は不明な点が多い．PED ウイルスを例にあげると，母豚があらかじめウイルスに感染している場合，哺乳仔豚の発症が認められない事例が報告されている[53]．このような事例では，母豚がウイルスに感染しているため，乳汁免疫によって哺乳豚が抵抗性を獲得したと推察されている．したがって，母豚の免疫力向上による二次的な仔豚の免疫力向上を目的として，母豚用のワクチンが市販されている．入手困難である場合には，下痢発症仔豚の内臓ミンチ（糞便を含むと考えられる）を母豚に給与する自家ワクチンの考え方もあり[54]，実際に試している農家も存在している．一方，Tsuda はこの予防方法を推奨しておらず[55]，農業・食品産業技術総合研究機構も同意見である[52]．実際，自家ワクチンの効果は農家によって異なっており，逆に病気が蔓延する事例があることも報告されている[53]．したがって，PED が蔓延する条件については，詳細な解析が必要であると考えられる．

最近，PED を発症したブタと健康なブタの腸内フローラの違いについての研究報告がなされている[56]．Koh らによると，PED を発症したブ

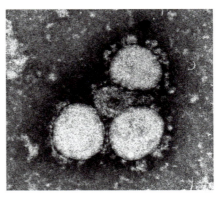

図 22.3 PED ウイルスの電子顕微鏡像
提供：農業・食品産業技術総合研究機構 動物衛生研究所のご厚意による．

タでは，特徴的な腸内菌叢の変化が認められており，*Fusobacterium* sp. と *Escherichia* sp. が増加していた．しかし，このような腸内フローラの変化の解釈には難しい点もある．たとえば，ウイルスに感染したブタで検出された特徴的な菌叢は，病気を発症させやすい腸内フローラの環境なのか，あるいは感染により変化した結果の腸内フローラなのか，などいくつかの可能性が考えられる．今後，さまざまな検証をしていくことによって，常在化ウイルス感染症に強い動物の飼育方法が確立していくものと期待される．

22.4　動物に対するプロバイオティクスの活用

家畜・家禽類に対するプロバイオティクスの研究は，ヒトを対象としたプロバイオティクスと同様に，酵母や乳酸菌に関する研究が多い．一方で，飼料は高温高圧滅菌する場合が多いことから，これらの有用菌を飼料製造工程の最終工程，あるいは畜産現場の飼料タンクに人為的に高濃度で配合する方法が一般的である．ここでは，実際に基本飼料に配合されている場合が多いプロバイオティクスとして，表 22.3 に示す酵母，乳酸菌，芽胞形成菌（*Bacillus* 属や *Clostridium* 属），および

22.4 動物に対するプロバイオティクスの活用

表22.3 動物用の基本飼料に含まれているプロバイオティクスの例[7-13,57-88]

微生物名	動物に与える影響（文献による報告例）
酵母	
Saccharomyces cerevisiae	ニワトリのコクシジウム感染対策・ブタの死亡率改善，毒素産生大腸菌の感染対策など
S. boulardii	ウシのルーメンの微生物構造の変化とアシドーシスの緩和など
乳酸菌	
Lactobacillus acidophilus	ブタやウシへの増体効果など
L. bulgaricus	ブタの大腸菌症に対する効果など
L. reuteri	ブタの飼料効率の改善や免疫力の向上による下痢症の予防効果など
Enterococcus faecium	ブタやウシの増体，飼料効率の改善など
芽胞形成菌	
Bacillus toyonensis sp.	ニワトリ，ブタ，ウシの死亡率の減少，増体効果，飼料要求率の改善など
Clostridium botulinum Miyairi	ニワトリ，ブタ，ウシの死亡率の減少，増体効果，飼料要求率の改善など
B. coagulans	ニワトリ，ブタの増体効果，飼料要求率の改善など
B. subtilis	ニワトリ，ブタ，ウシの増体効果，飼料要求率の改善など
	ニワトリ，ブタにおける毒素原性大腸菌，*Salmonella enterica* と *Clostridium perfringens* の増殖抑制

これらの菌種を複合的に用いた事例についても紹介する．

22.4.1 酵母

プロバイオティクスとして用いられている酵母は，*Saccharomyces cerevisiae* や *Saccharomyces boulardii* であり，市販されている基本飼料の中に含まれている．その効能は，ニワトリ，ブタ，ウシを対象としてさまざまな検証がなされている．最近の研究では，寄生虫であるコクシジウムに感染したニワトリに対して免疫機能の改善効果と成長促進効果が確認されている[57]．ブタでは，大腸菌のエンドトキシンとしてリポ多糖を投与した場合の死亡率は，酵母の投与群で非投与群よりも20%減少した[58]．また，腸管毒素性大腸菌〔porcine enterotoxigenic *Escherichia coli*（ETEC）〕O149:K88 に感染した離乳仔豚においては，酵母投与による下痢の発症予防と成長促進が報告されている[59]．ウシでは，ルーメンの菌叢を変化させ[60]，ルーメンのアシドーシスを緩和させることが報告されている[61]．このようなプロバイオティクスとしての有効性を示す酵母由来の機能分子の一つとして，細胞壁成分のα-マンナン（α-mannan）が重要であると考えられている[62]．

23.4.2 乳酸菌

酵母と同様に，乳酸菌も基本飼料に含まれているプロバイオティクスであり，ニワトリ，ブタ，ウシを対象として幅広く研究されている．たとえば，*Lactobacillus acidophilus* は，ブタやウシへの投与による増体効果が確認されている[63, 64]．この効果は，ラクトースとの併用によってさらに改善する[65]．*L. acidophilus* 以外の乳酸菌においては，*L. bulgaricus* ではブタの大腸菌症に対する効果が[66]，*L. reuteri* ではブタの飼料効率の改善や免疫力の向上による下痢症の予防効果などが示唆されている[67]．さらに，*L. plantarum*, *L. fermentum*, *L. slivarius*, *L. amylovorus*, *L. casei*, *L. crispatus* といった *Lactobacillus* 属菌株，および *Enterococcus faecium* などは，増体効果や飼料効率の改善などの効果を示す乳酸菌として現場で利用されている[68]．

22.4.3 芽胞形成菌

芽胞形成菌は熱や乾燥に強く，生育環境が悪くなると耐久性の高い細胞構造である芽胞（spore）を形成する細菌であり，代表例として *Bacillus* 属菌や *Clostridium* 属菌があげられる．これらがプロバイオティクスとして用いられるが，*B. cereus* と *C. butyricum* については前述しており[7-13]，本項では他の菌種について紹介する．

Nakayama ら[69,70]は，戦後まもなく麦芽から耐熱性のある有胞子性の乳酸菌（*B. coagulans*）を見いだすことに成功した．現在では飼料添加物として承認されている商品もあり，ニワトリにおける成長促進と飼料要求率の改善[71,72]，ブタにおける大腸菌数の制御[73]などが報告されている．さらにヒト用の食品としても活用されるようになった．海外ではヒトの医薬品としての開発も進められており，慢性関節リウマチに対する効能[74]や *C. difficile* による大腸炎の再発の抑制効果[75]が報告されている．

納豆の発酵菌として知られている枯草菌（*B. subtilis*）も，発酵食品のみならず動物の基本飼料に含まれている[76]．ニワトリでは，*B. subtilis* の芽胞の経口投与によって，大腸菌（*E. coli*）O70:K80 の増殖抑制[77]，*Salmonella enterica* と *C. perfringens* の増殖抑制が確認されている[78]．このような効果は他の研究グループでも報告されており，成長促進とともに腸内菌叢の制御の可能性が指摘されている[79,80]．またブタでは，近年，*B. subtilis* の芽胞の母豚への投与後の仔豚への影響に関して増体率の改善効果が確認されており，あわせて *E. coli* や *C. perfringens* の抑制効果が示唆されている[81]．ウシでは，*B. subtilis natto* の経口投与によるルーメンの発酵制御とともに乳生産量の増加が確認されている[82]．

他の *Bacillus* 属に関しては，*B. amyloliquefaciens*[83]，*B. polyfermenticus*[84,85] などが研究されている．これらの *Bacillus* 属の腸内における効果の要因の一つとして，*Bacillus* 属固有の芽胞によって抗原性を増強させる，いわゆるアジュバント活性が示唆されている[86-88]．

22.4.4 複合菌と複合素材の利用

プロバイオティクスとして効能が認められている酵母，乳酸菌，芽胞形成菌を組み合わせて使用する例は畜産分野で非常に多い．酵母を使用した組合せの例をあげると，ブロイラー（肉用ニワトリ）では成長促進を目的とした *S. cerevisiae* と *B. subtilis* var. natto の組合せ[89]，ウシではプロバイオティクスを目的とした *S. cerevisiae*, *L. casei* subsp. *casei* およびプレバイオティクスであるオリゴ糖（oligosaccharide）との組合せ[90]などがある．乳酸菌の組合せでは，*L. acidophilus*, *L. fermentum*, *L. reuteri*, *L. salivarius* の 4 種類の *Lactobacillus* 属菌群を用いたニワトリの腸内でのサルモネラの増殖抑制[91]，ブタにおける *L. amylovorus* と *E. faecium* の組合せによる大腸菌とサルモネラの増殖抑制[92]が報告されている．

乳酸菌と芽胞形成菌の組合せでは，*L. plantarum*, *B. licheniformis* および *B. subtilis* がニワトリの暑熱対策[93]，*L. acidophilus*, *B. subtilis* および *C. butyricum* がニワトリの成長促進と糞由来のアンモニアガスの発生抑制[94]，*L. plantarum*, *E. faecium*, *C. butyricum* の組合せがウシの免疫改善やルーメンの発酵制御[95,96]に関与することが報告されている．

芽胞菌形成菌の組合せでは，*B. subtilis* と *B. licheniformis* による仔豚の下痢の発生抑制や死亡率の改善[97]，*B. subtilis* と *C. butyricum* の組合せによる肥育豚の成長促進[98]などの報告例がある．

22.5　循環型農業における微生物循環

　前述のように，芽胞形成菌は動物のプロバイオティクスとしても活用されている．芽胞は熱や酸などにも強い耐久性をもつことから胃や腸を通過する．排泄された後は，糞尿処理の過程で堆肥や排水の中に混入し，自然環境を循環しうる．とくに，家畜・家禽類を飼育する現場では，糞尿の速やかな堆肥化処理ができなければ，飼育するうえでの衛生環境も保つことができない．生の糞尿のまま堆積された状態では悪臭が立ちこめ，ハエやウジが発生し，それらを食べに鳥が集まってくるようになる．悪臭は近隣の問題となるばかりでなく，動物のストレスとなり，ハエやウジの発生や鳥の飛来は何らかの病原微生物を媒介させることに繋がり，農場では問題視される．したがって，糞尿を速やかに発酵させて堆肥化することは，動物の飼育環境の衛生管理上の整備のためにもきわめて重要である．

　このような理由から，堆肥の発酵に寄与する微生物群は，さまざま調べられている[99-104]．堆肥中の微生物群の中で，共通して見いだされる微生物群は *Clostridium* 属や *Bacillus* 属の芽胞形成菌である．これらの芽胞形成菌は，人為的に飼料中に添加されたものではなく，飼料原料に付着したものが滅菌処理工程から免れる，あるいは飼育開始時の動物の腸内や飼育環境中に存在するために，堆肥中に混入することによって，堆肥の発酵に寄与していると考えられる．堆肥の発酵温度は通常60℃を上回り，発酵条件によっては80℃を超える場合もある．一般的に発酵温度は，鶏糞＞豚糞＞牛糞の順で低くなる．この原因は，動物の消化力の違いによって，糞自体のカロリーに差が生じるためであると考えられる．また発酵温度の高さは堆肥の品質に影響しうる．一般的に，植物病原性の真菌（糸状菌）の死滅温度は60℃付近であるため，堆肥の発酵温度が高いと堆肥に含有される真菌の残存量が減ることになる．農地では堆肥由来の真菌の混入は好まれないうえに，動物の飼育環境における真菌の存在量にも影響を与えうる．そのため，発酵温度の高い堆肥化は，健全な農地の造成と動物の健全な飼育のためにも重要であることになる．

　筆者らの研究グループは，堆肥の発酵に寄与する好熱性微生物のうちの *Bacillus* 属菌群などを含む発酵飼料が動物に与える影響について評価してきた．当該発酵飼料は，飼料原料である海産物を高温発酵して得た発酵物であり，高温発酵飼料として基本飼料中にきわめて少ない量を加えて使用しても生産性に影響を与えることが明らかになっている．陸上養殖場内の半閉鎖系水槽で養殖しているヒラメ（*Paralichthys olivaceus*）に対して，基本飼料あたり0.01％以下の添加濃度において，飼育期間6ヶ月以上経過後，肉質中の遊離アミノ酸の増加や斃死率の低下が確認された[105]．淡水魚のコイ（*Cyprinus carpio*）に発酵飼料を投与すると，6ヶ月以上の長期間の投与では肉質中の遊離アミノ酸の増加が確認されたが，3ヶ月程度の短期間の投与では遊離アミノ酸は増加せず，トリグリセリドや過酸化脂質が減少する傾向が認められた[106]．また，ニワトリやブタでは，0.1％以下のきわめて少ない量を添加した飼料を与えた家畜の糞尿を堆肥化すると，70℃以上（鶏糞では85℃程度）の自家発酵熱による高温発酵が促進される．さらに基本飼料中に有用菌として酵母，枯草菌，乳酸菌が共存する条件下においても上乗せ効果があり，統計学的に有意な飼育成績の改善効果が確認された．具体的には，ブタでは死産率の改善と仔豚の成長促進効果，ニワトリでは産卵率の改善効果などが報告されている[107, 108]．

　このような作用機序を解析することを目的に，ラットやマウスを用いた動物実験も進めており，腸管免疫系に関与するケモカインCXCL13

やNK細胞の活性化の指標となるグランザイムB（Granzyme B）の発現を誘導し[109]，肝臓や大腿部の筋肉の過酸化脂質濃度を低下させることが示唆された[110]．さらに，発酵産物中の機能性微生物を単離するために，無菌（germ free）マウスに発酵液を投与した結果，盲腸で優先的に見いだされる菌株として，*B. thermoamylovorans*と*B. coagulans*の近縁種であるN11株およびN16株などが見いだされ，これらをコンベンショナル条件下のマウスに投与すると糞中の分泌型IgA（immunoglobulin A）の濃度が増加していた[111]．その後の研究で，N11株は，腸内の菌叢の多様性を制御することによって，体重を減らすことなく内臓脂肪を蓄積しにくい抗肥満機能や菌叢の多様性の制御機能が認められた[112,113]．N11株（国際寄託番号BP-863）は，当初はヤシ酒から見いだされた耐熱性乳酸菌（*B. thermoamylovorans*）の近縁菌であると考えられたが，当該標準菌株とN11株は遺伝学的に異なる特性を有することが明らかとなり，新菌種名（*B. hisashii*）が登録された[114]（図22.4）．これらの一連の研究から，堆肥の発酵にかかわる好熱菌群の中から，動物の腸内の制御に貢献する菌種の存在が明らかになった．

22.6 おわりに

日本の生化学の父といわれている早石修（元 京都大学教授）は，動物の生理反応において重要な役割を果たす酸素添加酵素（oxygenase）を土壌由来の微生物から見いだすことに成功して[115]，ノーベル賞の登竜門といわれるウルフ賞（医学部門）などを受賞し，さらに世界的に活躍する多くの研究者を輩出した．北里研究所の大村智（北里大学特別名誉教授）は，土壌中の放線菌から寄生虫の治療薬となる候補分子アベルメクチン（avermectin）を発見し[116]，2015年のノーベル医学・生理学賞を授与された．アメリカのLingらは，iChipという環境微生物を培養するための新しいシステムを活用することによって，土壌の中からメチシリン耐性黄色ブドウ球菌（MRSA）や結核菌に対する抗菌作用を示す新しい分子テイクソバクチン（teixobactin）を産生するグラム陰性菌（*Eleftheria terrae*）を見いだした[117]．自然界には，今なお未知の微生物が存在していると考えられている．

環境微生物と動物との関係は，食品科学，農学，畜産学，医学，および環境学などの幅広い視点で捉えるべき分野が多岐に渡る．一方で，自然科学の研究は専門性が高く細分化されてきており，意識しなければなかなか学際的な知識を集積することが難しくなっている．本章が少しでも読者の見識を広げるために役に立てたならば幸いである．

（宮本浩邦）

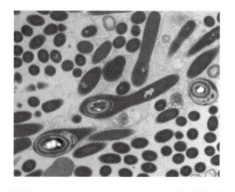

図22.4 *Bacillus hisashii* の電子顕微鏡像
協力：千葉大学大学院 児玉浩明 氏，東京医科歯科大学 市野瀬志津子 氏，東京医科歯科大学 堀内三吉 氏．

文献

1) A. Faegri et al., *Soil. Biol. Biochem.*, **9**, 105 (1977).
2) J. Gans et al., *Science*, **309**, 1387 (2005).
3) G. Karsten, H. L. Drake, *Appl. Environ. Microbiol.*, **61**, 1039 (1995).
4) M. Liebeke et al., *Nat. Commun.*, **6**, 7869 (2015).

5) 厚生労働省 (http://www.mhlw.go.jp/stf/seisakunitsuite/bunya/kenkou_iryou/shokuhin/haccp/)
6) 細野明義 編, 『畜産食品微生物学』, 朝倉書店 (2000).
7) S. Fukuda et al., *Nature*, **469**, 543 (2011).
8) L. Scharek et al., *Vet. Immunol. Immunopath.*, **120**, 136 (2007).
9) A. Casanovas-Massana et al., *Vet. Microbiol.*, **173**, 59 (2014).
10) G. Jimenez et al., *Syst. Appl. Microbiol.*, **36**, 383 (2013).
11) M. Kohiruimaki et al., *J. Vet. Med. Sci.*, **70**, 321 (2008).
12) Q. W. Meng et al., *J. Anim. Sci.*, **10**, 3320 (2010).
13) M. Seo et al., *Dig. Dis. Sci.*, **58**, 3534 (2013).
14) I. Kashiwagi et al., *Immunity*, **43**, 65 (2015).
15) C. Johnston et al., *J. Appl. Microbiol.*, **109**, 1946 (2010).
16) J. A. Ufnar et al., *J. Appl. Microbiol.*, **101**, 44 (2006).
17) P. W. Lepp et al., *Proc. Natl. Acad. Sci. USA*, **101**, 6176 (2004).
18) P. B. Eckburg et al., *Science*, **308**, 1635 (2005).
19) B. S. Samuel, J. I. Gordon, *Proc. Natl. Acad. Sci. USA*, **103**, 10011 (2006).
20) R. Mathur et al., *Obesity*, **21**, 748 (2013).
21) S. Ohene-Adjei et al., *Appl. Environ. Microbiol.*, **73**, 4609 (2007).
22) A. N. Hristov et al., *Proc. Natl. Acad. Sci. USA*, **112**, 10663 (2015).
23) 鈴井孝仁 編, 『微生物の資材化：研究の最前線, ソフトサイエンス社 (2000).
24) M. A. Abdalla, J. C. Matasyoh, *Nat. Prod. Bioprospect.*, **4**, 257 (2014).
25) D. G. Panaccione et al., *Proc. Natl. Acad. Sci. USA*, **98**, 12820 (2001).
26) A. P. Foot et al., *J. Anim. Aci.*, **90**, 1603 (2012).
27) D. J. Fleetwood et al., *Appl. Environ. Microbiol.*, **73**, 2571 (2007).
28) K. Minamisawa et al., *Appl. Environ. Microbiol.*, **70**, 3096 (2004).
29) T. Miyamoto et al., *Appl. Environ. Microbiol.*, **70**, 6580 (2004).
30) 蔡 晃植, 平井洋行, 化学と生物, **50**, 363 (2012).
31) M. Vijay-Kumar et al., *Science*, **328**, 228 (2010).
32) K. Atarashi et al., *Nature*, **500**, 232 (2013).
33) 下遠野邦忠, 瀬谷 司 監訳, 『生命科学のためのウイルス学：感染と宿主応答のしくみ, 医療への応用』, 南江堂 (2015).
34) F. W. Twort, *Lancet*, **2**, 1241 (1915).
35) F. d'Hérelle, *C. R. Acad. Sci. Ser. D.*, **165**, 373 (1917).
36) J. J. Barr et al., *Proc. Natl. Acad. Sci. USA*, **110**, 10771 (2013).
37) M. Horie et al., *Nature*, **463**, 84 (2010).
38) S. Mi et al., *Nature*, **403**, 785 (2000).
39) S. Blaise et al., *Proc. Natl. Acad. Sci. USA*, **100**, 13013 (2003).
40) A. Dupressoir et al., *Proc. Natl. Acad. Sci. USA*, **106**, 12127 (2009).
41) 朝長啓造, ウイルス, **62**, 47 (2012).
42) V. M. Zhdanov, *Nature*, **256**, 471 (1975).
43) V. M. Zhdanov, *Mol. Cell Biochem.*, **15**, 45 (1977).
44) 朝長啓造, ウイルス, **52**, 41 (2002).
45) R. Rott et al., *Science*, **228**, 755 (1985).
46) M. V. Pletnikov et al., *Ann. N. Y. Acad. Sci.*, **939**, 318 (2001).
47) K. K. Keffaber, *Am. Assoc. Swine Pract. Newsl.*, **1**, 1 (1989).
48) M. Han, D. Yoo, *Virus Res.*, **194**, 100 (2014).
49) G. Wensvoort et al., *Vet. Q*, **13**, 121 (1991).
50) J. E. Collins et al., *J. Vet. Diagn. Investig.*, **4**, 117 (1992).
51) 恒光 裕, ウイルス, **59**, 167 (2009).
52) 国立研究開発法人農業・食品産業技術総合研究機構 (http://www.naro.affrc.go.jp/niah/disease/ped/).
53) 末吉益雄, *All About Swine*, **9**, 2 (1996).
54) M. M. Pensaer, p.293-298, Iowa State Univ. Press (1992).
55) 津田和幸, *Proc. Jpn. Pig Vet. Soc.*, **31**, 21 (1997).
56) H. W. Koh et al., *Microbes Environ.*, **30**, 284 (2015).
57) J. Gao et al., *Poultry Sci.*, **88**, 2141 (2009).
58) C. T. Collier et al., *J. Anim. Sci.*, **89**, 52 (2011).
59) M. Trckova et al., *J. Anim. Sci.*, **92**, 767 (2013).
60) E. Pinloche et al., *PLoS ONE*, **8**, e67824 (2013).
61) O. AlZahol et al., *J. Dairy Sci.*, **97**, 7751 (2014).
62) F. Cuskin et al., *Nature*, **517**, 165 (2015).
63) J. O. L. King, *Viterinarian*, **5**, 273 (1968).
64) J. S. Crawford et al., *Proc. Am. Soc. Anim. Sci. West Sect.*, **31**, 210 (1980).
65) D. S. Pollmann, *J. Anim. Sci.*, **51**, 638 (1980).

66) I. G. Mitchell, R. Kenworthy, *J. Appl. Bacteriol.*, **41**, 163 (1976).
67) C. Hou et al., *J. Anim. Sci. Biotechnol.*, **6**, 14 (2015).
68) 辨野義己, モダンメディア, **57**, 277 (2011).
69) 中山大樹, 坂口謹一郎, 日本農芸化学会, **23**, 513 (1950).
70) 中山大樹, 上野 学, 日本農芸化学会, **26**, 117 (1952).
71) V. Cavazzoni et al., *British Poultry Sci.*, **39**, 526 (1998).
72) Y. Wang, Q. Gu, *Res. Vet. Sci.*, **89**, 163 (2010)
73) A. Adami, V. Cavazzoni, *J. Basic. Microbiol.*, **39**, 3 (1999).
74) D. R. Mandel et al., *BMC Compl. Alternative Med.*, **10**, 1 (2010).
75) L. R. Fitzpatrick et al., *Gut Pathogens*, **4**, 13 (2012).
76) P. Mazza, *Boll Chim. Farm*, **133**, 3 (1994).
77) R. M. La Ragione et al., *Vet. Microbiol.*, **2062**, 133 (2001).
78) L. Ragione et al., *Vet. Microbiol.*, **94**, 245 (2003).
79) S. Sen et al., *Res. Vet. Sci.*, **93**, 264 (2012).
80) J. S. Jeong, I. H. Kim, *Poultry Sci.*, **93**, 3097 (2014).
81) A. A. Baker et al., *J. Anim. Sci.*, **91**, 3390 (2012).
82) P. Sun et al., *Animal*, **7**, 216 (2013).
83) S. T. Ahmed et al., *Poultry Sci.*, **93**, 1963 (2014).
84) H. D. Paik et al., *Biol. Pharm. Bull.*, **28**, 1270 (2005).
85) E. Park et al., *Biol. Pharm. Bull.*, **30**, 569 (2007).
86) G. Casula, S. M. Cutting, *Appl. Environ. Microbiol.*, **68**, 2344 (2002).
87) A. G. C. Barnes et al., *Eur. J. Immunol.*, **37**, 1538 (2007).
88) J. M. Huang et al., *FEMS Immunol. Med. Microbiol.*, **53**, 195 (2008).
89) K. L. Chen et al., *Poultry Sci.*, **88**, 309 (2009).
90) Y. Uyeno et al., *Microbes Environ.*, **30**, 126 (2015).
91) R. A. Penha Filho et al., *Vet. Immunol. Immunopathol.*, **167**, 64 (2015).
92) G. R. Ross et al., *JBB*, **109**, 545 (2010).
93) J. Song et al., *Poultry Sci.*, **93**, 581 (2014).
94) Z. F. Zhang, I. H. Kim, *Poultry Sci.*, **93**, 364 (2014).
95) A. Q. Qadis et al., *J. Vet. Med. Sci.*, **76**, 677 (2014).
96) A. Q. Qadis et al., *J. Vet. Med. Sci.*, **76**, 877 (2014).
97) C. Alexopoulos et al., *J. Anim. Physiol. Anim. Nutr. (Berl.)*, **88**, 381 (2004).
98) Q. W. Meng et al., *J. Anim. Sci.*, **88**, 3320 (2014).
99) M. S. Pedro et al., *J. Biosci. Bioeng.*, **95**, 368 (2003).
100) P. Juteau et al., *Appl. Microbiol. Biotechnol.*, **66**, 115 (2004).
101) J. J. Enticknap et al., *Appl. Environ. Microbiol.*, **72**, 4105 (2006).
102) D. Hanajima et al., *J. Appl. Microbiol.*, **106**, 118 (2009).
103) K. Kuroda et al., *Biosci. Biotechnol. Biochem.*, **68**, 286 (2004).
104) K. Kuroda et al., *Biosci. Biotechnol. Biochem.*, **29**, 1 (2015).
105) R. Tanaka et al., *J. Gen. Appl. Microbiol.*, **56**, 61 (2010).
106) R. Tanaka et al., *J. Biosci. Bioeng.*, **121**, 530 (2016).
107) H. Miyamoto et al., *Res. Vet. Sci.*, **93**, 137 (2012).
108) T. Itoh et al., *J. Biosci. Bioeng.*, **121**, 659 (2016).
109) T. Satoh et al., *J. Biosci. Bioeng.*, **114**, 500 (2012).
110) H. Miyamoto et al., *J. Biosci. Bioeng.*, **116**, 203 (2013).
111) H. Miyamoto et al., *J. Appl. Microbiol.*, **114**, 1147 (2013).
112) 宮本浩邦, 児玉浩明, 月刊細胞, **2**, 47 (2015).
113) 宮本浩邦, 児玉浩明, *Medical Science Digest*, **4**, 49 (2015).
114) A. Nishida et al., *Int. J. Syst. Evol. Microbiol.*, **65**, 3944 (2016).
115) O. Hayaishi et al., *J. Biol. Chem.*, **229**, 905 (1957).
116) S. Omura et al., *Nat. Rev. Microbiol.*, **2**, 984 (2004).
117) L. L. Ling et al., *Nature*, **517**, 455 (2015).

用語解説

【数字・英字】

VI 型分泌装置（type VI secretion system）
細菌の細胞間において直接の物質のやりとりを担う分泌装置．この装置を介して相手の生育を阻害するタンパク質（トキシン）などを注入することで細菌間の競合に関与していると考えられている．

16S ribosomal RNA（16S rRNA）
16S rRNA は原核生物に広く保存された遺伝子で，原核生物のリボソームを構成する RNA の一つ．九つの「可変領域」（塩基配列の多様性に富む領域）とその他の保存性の高い領域から構成される．可変領域の塩基配列を解析することで分類群の推定が可能とされる．

17 型ヘルパー T 細胞（T helper 17 cell）
白血球の一種であるヘルパー T 細胞のサブセットの一つで，サイトカインであるインターロイキン-17 を産生する．17 型ヘルパー T 細胞（Th17 細胞）は，生後早い段階での感染防御に貢献する一方で，自己免疫疾患の病態形成に密接に関与していると考えられている．

Caenorhabditis elegans
細菌食性の自活性（非寄生性）土壌線虫．飼育が容易で，世代交代が早い（20 °Cでは約 3 日），寿命が約 3 週間，体が透明である，などの特徴からモデル生物として広く研究に用いられる．体長は成虫で約 1 mm であり，神経系，筋，消化管など基本的な組織や器官を備える．生殖は雌雄同体の自家受精，または雄との交配（他家受精）による．

C/N 比（C/N ratio）
有機物中の炭素量と窒素量の比率．

CRISPR システム（CRISPR system）
DNA 切断酵素 Cas9 と配列を指定するガイド RNA を発現させることでゲノム DNA を切断する技術．これを修復する際のエラーや相同組み替えを利用して標的ゲノムを編集することができる．

CXCL13
リンパ節や樹状細胞が産生し，B 細胞を誘引するケモカインの一種．

eukaryogenesis
原核生物からの最初の真核生物が派生する過程．細胞構造的には，核，小胞体，ゴルジ体，リソソーム，液胞などの細胞内膜系が確立したと考えられる．これまでに発表されたいくつかの仮説では，ミトコンドリアの獲得と eukaryogenesis が直接関与した可能性が示唆されている．

FISH 法（fluorescent *in situ* hybridization）
rRNA には各細菌種に固有の配列があることから，この配列を標的とする蛍光標識オリゴ DNA プローブを合成し，菌体内の rRNA 分子にハイブリダイズさせた後，蛍光を発する細胞，すなわち当該細菌種を蛍光顕微鏡下で計数する方法．

HACCP
（hazard analysis and critical control point）
食品の製造・加工の重要な管理基準の名称．食品の生産工程における微生物汚染等の危害に対する分析

■ 用語解説 ■

と対策により安全な製品を得ることを目的とする．

iChip（isolation chip）
難培養生の微生物の分離・培養に用いる新しいシステム．

ITS 領域（internal transcribed spacer region）
真核生物において 18S，5.8S，および 28S rRNA をコードする各遺伝子間の領域のこと．真菌類および卵菌類の分類に用いるバーコード領域として提唱されている．

MPN 法（most probable number method）
懸濁液中の生菌数を求めるために，液体培地を用いて段階的に希釈を行い，増殖が見られる最大希釈率から確率的に菌数を計算する手法．固体培地では増殖できず，コロニーを形成できない微生物の生菌数測定などに用いられる．

OTU（operational taxonomic unit）
細菌の分類方法の一つに 16S rRNA 遺伝子の塩基配列の解析がある．塩基配列が一定以上類似する配列群を表す分類の単位として OTU という表記が用いられる．一般的に同じ OTU に含まれる細菌は進化的にきわめて近い種であると考えられている．

PGP 微生物
（plant growth promoting microorganisms）
植物の生育促進活性（PGP 活性）をもつ微生物の総称．PGPR（plant growth promoting rhizobacteria）は細菌のみを，PGP 微生物は真菌であるアーバスキュラー菌根菌（AM 菌）を含む PGP 活性をもつすべての微生物を表す．

（植物の）ROP
（Rho of plants, Rho-like GTPases from plants）
Rho は低分子量 GTP タンパク質の一種であり，分子スイッチとしておもに細胞骨格や小胞輸送に依存した細胞極性や細胞運動などに関与する．

SPF（specific pathogen free）
主として実験動物において，当該動物（やヒト）の健康に影響する可能性がある特定の病原（微）生物が存在しない状態を指す用語．病原微生物のリストは実験動物を扱う機関ごとに定めており，学協会による指針は存在するものの必ずしも共通ではない．

【あ】

アクネ菌（*Propionibacterium acnes*）
本菌はグラム陽性，高 GC（60％）細菌．ゲノムサイズは約 250 万塩基，平均約 2,600 個の遺伝子を有している．ヒトの共生細菌として脂漏部位に優勢に存在しているが，ニキビの原因であるかは不明．

アーバスキュラー菌根菌
（arbuscular mycorrhizal fungi）
陸上植物の 8 割以上の植物種は Glomeromycota 門に属する真菌と共生する．アーバスキュラー菌根菌は根粒共生と異なり，特異的な器官を誘導しないが，植物細胞内に樹枝状体（arbuscule）を形成し，宿主植物から光合成産物を受け取るとともに，土壌から吸収したリンや水分を宿主植物に供給する．

アベルメクチン（avermectin）
放線菌（*Streptomyces avermitilis*）が産生するラクトン化合物の一種．駆虫・殺虫活性を有するため，寄生虫感染症治療に用いられる．この物質の発見と治療法の開発により大村智氏は 2015 年のノーベル生理学・医学賞を受賞した．

アルカロイド（alkaloid）
塩基性の天然有機化合物の総称．薬理作用をもつものが多い．

■ 用語解説 ■

イグザプテーション(exaptation)
ゲノムの中に組み込まれたウイルスの遺伝子が新たな役割を獲得する現象.

一次共生(primary endosymbiosis)
真核生物の細胞内に取り込まれた原核生物がオルガネラ(細胞小器官)となる細胞進化過程.ミトコンドリアはAlphaproteobacteriaを,葉緑体(色素体)はシアノバクテリアをそれぞれ共生者とする一次共生によってできたオルガネラである.

遺伝子水平伝播
(horizontal/lateral gene transfer)
生物の遺伝子は,通常親から子へと伝達される(垂直伝播).これに対して,親子関係にない生物体のゲノムの間で遺伝子が移ることを遺伝子の水平伝播と呼ぶ.単細胞生物どうしの間では比較的頻繁に起こるが,次世代に受継がれる少数の「生殖細胞」が多数の「体細胞」により外界から隔離された多細胞生物では,まれにしか見られない.

エピファイト(epiphyte)
植物の表面に寄生して生息する葉面微生物.エピファイトは「epi(upon)」と「phyte(plant)」を合成した単語である.

エフェクター遺伝子群(effector gene family)
微生物から宿主細胞内に注入されるタンパク質のこと.多くの病原微生物は宿主の免疫機構を阻害するためにエフェクター因子を注入する一方,逆に宿主はそのエフェクターを認識することでさらなる免疫機構を発動する.

エラー率(error rate)
アンプリコンシーケンスで得られた配列は,相同性をもとにクラスタリングされてOTUという机上の分類群として定義される.その際,NGSによるシーケンスやPCRにおけるエラーが相同性の閾値を超えてしまうと,本来存在しないはずのOTUの生成など,データ解釈に致命的な間違いを生みだすことになる.そのため,エラー率の低いNGSプラットフォームや正確性の高いポリメラーゼの利用が強く推奨されている.

エンテロタイプ(enterotype)
ヒトの腸内細菌叢のパターン(型)のこと.ヒトの腸内細菌叢の構成は,性別や人種に関係なく食生活,すなわち食事内容に密接に結びついているともいわれている.エンテロタイプは腸内細菌叢に特徴的な細菌の属で呼ばれ,ルミノコッカス・タイプ,バクテロイデス・タイプ,プレボテラ・タイプの3種類に分類されている.

エンドファイト(endophyte)
植物の体内で共生している微生物.エンドファイトは,「endo(within)」と「phyte(plant)」を合成した単語である.

応用微生物学(applied microbiology)
微生物の利用のための学問で,有用な微生物を工業生産(酒,漬物などの発酵製品,調味料,医薬品,工業原料の製造など)に利用することを主体にして発展した.純粋培養できる微生物の利用が基本であり,難培養微生物を主体とする微生物集団の利用は研究対象になりえていない.

オルガネラ(organelle)
細胞内において特定の形態と機能により特徴づけられる構造単位.真核生物で発達している.このうち,「ミトコンドリア(酸素呼吸の場)」と「葉緑体(光合成の場)」は,細胞内共生により原始真核細胞に取り込まれた細菌の末裔で,それぞれAlphaproteobacteria綱細菌とシアノバクテリアに由来すると考えられている.

261

■ 用語解説 ■

【か】

活性汚泥(activated sludge)
水中を浮遊する微生物の集合体であり，廃水中の有機物を好気条件で分解するときに使用される．多種類の細菌が互いに多数接着して0.1〜0.2 mm程度の大きさの塊になっており，塊の上に原生動物や後生動物も生息している．水中を浮遊するが，しばらく水を静置すると沈む．

共生(symbiosis, commensalism)
(生物学における) 共生とは，異なる生物種が緊密な相互作用を保ちながら(一定期間以上安定して)「共に生きる」ことである．狭義には共生関係にある生物種の少なくとも一方にとって有益な関係を指すが，広義には一方にとって有害な関係（たとえば寄生など）を含める学説もある（カラーページのQ&Aも参照）．

共生アイランド(symbiosis island)
根粒形成遺伝子や窒素固定遺伝子などの共生窒素固定関連遺伝子が集まった根粒菌ゲノム上の領域．根粒菌ゲノム上において共生アイランドのG+C含量は相対的に低く，tRNA遺伝子を標的として挿入された構造をもつため，水平伝播で獲得されたと考えられている．

共生微生物(symbiosis microorganism)
ヒトの腸内細菌などのように，共生関係にある生物内の微生物を指す．

菌交代症(microbial substitution)
化学療法による抗生剤の長期間の使用などが原因で，体の常在細菌叢が大きく変化することを菌交代現象という．この菌交代現象によって，通常であれば増殖することのない細菌が増えてしまうことにより引き起こされる疾病を総称して菌交代症という．

菌根菌(mycorrhizal fungi)
植物の根の表面または内部に侵入した 菌根をつくって植物と共生する菌類．とくに，アーバスキュラー菌根菌は，土壌中に張り巡らした菌糸から，おもにリン酸を吸収して宿主植物に供給し，宿主植物の光合成産物をエネルギー源として得る．

菌細胞(bacteriocyte, mycetocyte)
共生微生物を収納，維持するために分化した細胞で，さまざまな系統の昆虫に見られる．菌細胞は，消化管上皮の一部や消化管とは独立に体腔（動物の体壁と消化管との間の空所）内に存在する場合などがあり，半翅目昆虫の菌細胞の多くは後者である．多数の菌細胞が集合して，共生器官「菌細胞塊(bacteriome, mycetome)を形成することも多い．

グランザイムB(GranzymeB)
細胞傷害活性を有するヒト細胞傷害性T細胞(CTL)やナチュラルキラー細胞(NK細胞)が発現するキモトリプシン様セリンプロテアーゼの一種．

クローニング(cloning)
生物学用語で，クローン（同じ遺伝子型をもつ生物あるいは細胞の集団）を作製，あるいは単離・分離すること．そこから転じて分子生物学においては，特定の遺伝子を増やす・単離することを指す．具体的には，目的のDNA配列をベクター（プラスミド）に組み込み，ベクターを感染させた大腸菌を培養し，DNAを抽出することで，目的のDNA配列を大量に調整する手法である．

クロマトフォア(chromatophore)
有核アメーバ(*Paulinella chromatophora*)の細胞内で光合成を行う構造体．葉緑体と同様に，細胞内共生したシアノバクテリアに起源する．すべての葉緑体は，進化の過程で一度だけ起こった細胞内共生に由来するとされるが，クロマトフォアはこれとは

■ 用語解説 ■

まったく独立した細胞内共生により獲得されたことが知られている．

クローンライブラリー法（clone library analysis）
試料中の細菌群集の 16S rDNA を PCR 法で増幅した後，ベクターに組み込んで大腸菌に形質導入し，大腸菌の各細胞中に入った 16S rDNA の塩基配列を調べることによって試料中に存在していた細菌群集内の細菌種の組成を明らかにする方法である．

ゲノム（genome）
ある生物がもつ DNA 全体のこと．すなわち遺伝情報の全体のセットに相当する．

限外希釈法
単位体積あたりに含まれる細胞数を 1 以下になるまで希釈して分注することで，原理上単一の細胞を大量かつ同時に単離する方法．

顕性不活性（dominant negative）
変異型と野性型の分子や個体が混在する状況において，変異型が数的に少数であっても野生型を阻害するため，変異型が優性に現れる現象．たとえば四量体を形成する分子において，そのうちの 1 分子が変異型であると，残り 3 分子が野生型であっても四量体の正常な機能が失われて，全体として変異型が優性となるような場合を指す．

好気性菌，嫌気性菌
（aerobic bacteria, anaerobic bacteria）
酸素（O_2）の要求性から微生物は，①酸素がないと増殖できない好気性菌，②酸素があると増殖できない偏性嫌気性細菌，および③酸素があってもなくても増殖できる通性嫌気性細菌，に分けられる．最近ではこれらに加え，④大気中より低い濃度の酸素を要求する微好気性菌や，⑤酸素を要求しないが，酸素の存在下でも増殖できる耐気性嫌気性菌，を含める傾向にある．

抗菌ペプチド（antimicrobial peptide）
細菌や真菌などの微生物を殺菌，もしくは静菌するペプチド．上皮組織などでは常に分泌されている一方で，免疫細胞などでは感染に応じて誘導される．動物だけでなく，植物ももつ．

ゴードスポリン（goadsporin）
Streptomyces sp. TP-A0584 が産生する分子量 1611 のペプチド系抗生物質．1 μM 以上の濃度で放射菌に対して広く抗菌活性を有するが，1 μM 程度の低濃度であたえると抗菌活性は示さず，代わりに放射菌の抗生物質産生や胞子形成を誘導する作用が生じる．

根圏微生物叢
（rhizosphere microbiota / rootassociated microbiota）
植物によって分泌される炭素化合物は糖やアミノ酸，有機酸などさまざまな形態であり，それらを合算すると光合成によって固定した炭素の 10〜20 ％ にのぼるともいわれている．

根粒共生（root nodule symbiosis）
マメ科植物は Alphaproteobacteria および Betaproteobacteria に属する窒素固定細菌である根粒菌と，マメ科植物に近縁なアクチノリザル植物は放線菌に属する *Frankia* 属（*Frankia* spp.）の窒素固定細菌と，それぞれ共生して根に根粒を形成する．根粒共生能はこれら植物の共通祖先が約 1 億年前に獲得したと考えられている．

【さ】

サンゴ（coral）
サンゴは二胚葉動物で，内胚葉性の胃層と外胚葉性の皮層からなる．サンゴ礁の形成にかかわる造礁サンゴは，褐虫藻と呼ばれる単細胞性の渦鞭毛藻を胃層に共生させている．褐虫藻は，光合成でつくりだ

■ 用語解説 ■

した有機炭素の95％以上を宿主に転送し，宿主からはCO_2やアンモニウムを受け取る共生関係にある．

篩管液(phloem sap)
光合成産物の植物体各部への分配を主要機能とする植物汁液で，スクロースなどの炭素源を大量に含む．一方，有機窒素分に乏しく，その組成も偏っており，グルタミン，アスパラギンなど一部の非必須アミノ酸を比較的高濃度で含むものの，必須アミノ酸はごくわずかしか含まない．また，各種ビタミンも乏しい．

次世代シーケンサー(next generation sequencer ; NGS)
DNA配列を解読する技術のうち，旧来のキャピラリー型シーケンサーと対比して，2000年代に登場した新しい世代のシーケンサーの総称．塩基配列解析装置．それぞれ独自の技術を用いたシーケンサーが多数実用化され，現在のところ，Illumina社，Thermo Fisher Scientific社の製品が主流となっている．その多くが200〜400 bp以下の短い断片を大量に解読することで，1ランで総計数千億にも及ぶ塩基数を取得できる．それによりゲノム解析やトランスクリプトーム解析を簡便，短期間かつ（比較的）安価で行うことができるようになった．

寿命(life-span, longevity)
生物の誕生から死までの生きている期間のことであり，集団の健康状態を表す指標として平均寿命と健康寿命がある．平均寿命は0歳児の平均余命をいう．健康寿命は，平均寿命のうち介護を必要とする期間を差し引き，自立して活動的な生活ができる期間をさす．

植物ホルモン(phytohormone)
植物の生長や生理を制御する低分子化合物の総称．オーキシン，エチレン，サイトカイニン，およびジベレリンなどに代表される生長制御ホルモンや，アブシジン酸，ジャスモン酸，およびサリチル酸などのストレス応答制御ホルモンなどがよく知られる．他にもさまざまなペプチド性ホルモンの解析も近年目覚ましい．

植物免疫機構(plant immune system)
植物が病原体から身を守るためにもっている生体防御機構．微生物に固有の物質（鞭毛タンパク質や細胞壁成分など）を認識して抗菌物質や活性酸素の産生，細胞壁の肥大化などを誘導する．さらに，病原菌がそれを抑制するために宿主細胞内に注入する「エフェクター」物質を認識して細胞死などを伴う高度な抵抗反応を活性化したりする．

深海底熱水活動域(deep-sea hydrothermal field)
海底の割れ目から高温の熱水が噴出する場所．

真核生物，原核生物(eukaryote, prokaryote)
生物を構成する三つの「ドメイン」のうち，細胞核をもつものを真核生物，もたない(真正)細菌および古細菌を原核生物と呼ぶ．細胞構造だけでなく，遺伝子構造，遺伝子発現機構なども異なるため，原核生物である細菌のゲノムから真核生物ゲノムに伝播した遺伝因子が発現するためには，真核生物型の遺伝子構造を獲得する必要がある．

真社会性昆虫(eusocial insect)
複数の世代が共同で生活し，共同で子を養育し，かつ不妊の階級(カースト)をもつ昆虫．不妊のカーストは餌の確保，巣の清掃・防衛，子の養育，生殖虫への給餌などに従事する．アリ，ミツバチ，スズメバチ，シロアリなどに代表される．不妊のカーストをもたない場合は亜社会性昆虫と呼ばれる．

制御性T細胞(T_{reg}細胞, regulatory T cell)
自己免疫やアレルギーなどの本来起こるべきでない異常な免疫応答や感染後の遷延する炎症などの過

剰な免疫応答の抑制に中心的な役割をはたすリンパ球の一種であり，免疫系の恒常性維持において非常に重要．マスター転写因子である Foxp3 を発現し，胸腺内で未熟胸腺細胞から分化誘導される胸腺誘導型 T_{reg} 細胞（thymus-derived T_{reg} cell; pT_{reg} 細胞）と，腸管などの末梢でナイーブ T 細胞から分化誘導される末梢誘導型 T_{reg} 細胞（peripherally derived T_{reg} cell: pT_{reg} 細胞）の 2 種に分けられる．

生合成遺伝子(biosynthetic gene)
一次代謝産物や二次代謝産物などの物質が生体内で合成されることを生合成といい，生合成に関与する遺伝子を生合成遺伝子という．

(C. elegans の)生体防御能
(biological defense mechanism)
大きく分けて，忌避行動（少なくとも一部の病原菌を識別して忌避する），物理的・化学的バリア（表皮の多層構造や消化管の微絨毛，抗菌ペプチドの分泌など），自然免疫（毒素や菌体表面の分子などを認識するための受容体はいまだ明らかになっていない）の三つに分類される．シグナル伝達については p38 MAPK 経路やインスリン様受容体経路などが感染抵抗性に関与することがわかっている．エフェクターとしてはさまざまな抗菌物質をもち，少なくともその一部は感染抵抗性に関与する．細胞性防御因子（マクロファージのような食細胞）はもたない．

生物の分類(生物分類，生物の分類体系)
生物は分類学において体系的に分類され，一般に上位からドメイン（domain），界（kingdom），門（phylum），綱（class），目（order），科（family），属（genus），種（species）に分けられる．

節足動物媒介性ウイルス病
(arthropod-borne viral disease)
昆虫やダニなどの節足動物が吸血などを介して媒介するウイルス病．デング熱や，ウエストナイル熱などのヒトへの感染症だけでなく，家畜や農作物にも被害を与える．

善玉菌と悪玉菌(good bacteria and bad bacteria)
腸内細菌は，ビフィズス菌や乳酸菌のように有益な作用をする善玉菌，宿主の状態によって病気を起こす日和見菌，クロストリジウム（*Clostridium*）などの有害な悪玉菌によって構成されると便宜的に説明できる．ただし，有益か有害かを菌種に基づいて単純に区分けすることはできず，食事内容や宿主の免疫系との相互作用による菌種間のバランスを良好に保つことが最も重要であり，その破綻を dysbiosis という．

族(tribe)
生物分類学における階級で，必要に応じて科または亜科と属の中間に用いられることが多い分類単位．「族」は動物の階級で，植物では「連」が用いられる．

【た】

楕円体(spheroid body)
ロパロディア科珪藻の細胞内に見られる，共生シアノバクテリアに起源する構造．窒素固定を行い，珪藻細胞に窒素源を供給していると考えられている．楕円体ゲノム解読により，楕円体は細胞内共生進化の中で光合成能力を失ったことが示された．

たぎり
鹿児島湾で海底からガス（おもに二酸化炭素，硫化水素，メタン）が噴出する場所．海面でも気胞が観察される．

短鎖脂肪酸(short-chain fatty acid)
腸内細菌が嫌気代謝の最終産物として産生する炭素鎖が短い脂肪酸の総称であり，主要な腸管内代謝物質の一つ．ヒトの腸管内から検出されるおもな短鎖脂肪酸は，炭素鎖の短い順に酢酸，プロピオン酸，

■ 用語解説 ■

酪酸であり，吸収されて大腸上皮の栄養源や肝臓における脂肪酸代謝に利用されるほか，それぞれ異なる免疫修飾効果を有することが報告されている．

タンパク質分泌機構(protein secretion system)
細菌がタンパク質を細胞外へ分泌する機構．グラム陰性細菌では1型から9型までの分泌機構が同定されており，病原細菌の中には3型をはじめとするこれらの分泌機構を利用して，標的とする真核細胞へ病原因子（エフェクター）を打ち込み，病気を引き起こす．

地衣(lichen)
カビなどの菌類の菌糸でつくられた構造内に光合成をする藻類またはシアノバクテリアが共生したもの．一見，コケのように見えることが多いがまったく別のもの．

窒素固定(nitrogen fixation)
大気中に存在する窒素分子（N_2）を生物が利用しやすい窒素化合物に変換する反応（$N_2 + 8H^+ + 8e^- + 16ATP \rightarrow 2NH_3 + H_2 + 16ADP + 16Pi$）．窒素分子はきわめて安定であり，窒素化合物への変換にはニトロゲナーゼと呼ばれる複数のタンパク質からなる金属酵素が必要である．ニトロゲナーゼをもつ生物は原核生物に限られ，真核生物で窒素固定能を有する種は知られていない．マメ科植物に共生する根粒菌（*Rhizobium* 属など）が有名．

中央海嶺(mid-ocean ridge)
海底に何万kmも続く山脈状の地形．地球内部から高温のマントルが上昇してきて玄武岩質のマグマが発生し，活発な火山活動が行われる．中央海嶺では新しい海洋地殻が形成され，プレートとなって左右両側に移動していく．大洋中央海嶺とも呼ばれる．

腸内エコシステム(gut ecosystem)
腸管免疫系・神経系・内分泌系細胞群などの宿主腸管細胞と腸内細菌叢との緊密な異種生物間相互作用によって構成される複雑な腸内生態系．そのバランスは腸管局所のみならず，全身の生体恒常性維持においても重要．

テイクソバクチン(teixobactin)
多くの抗生物質に耐性のメチシリン耐性黄色ブドウ球菌（MRSA）などの多剤耐性菌に対して抗菌効果を有することが見いだされた微生物由来の新規抗生物質．

導管液(xylem sap)
根から取り入れた水分の植物体各部への運搬を主要機能とする植物汁液．全般に篩管液よりもさらに栄養価が低い．

島弧・背弧海盆(island arc, back-arc basin)
島弧とは，プレート沈み込み境界に発達する弧状の列島や山脈あるいは火山列を指す．日本列島も島弧である．島弧の陸側背後に発達する海盆を，背弧海盆あるいは縁海と呼ぶ．一方，島弧の海洋側には海洋プレートが沈み込む「海溝」が存在する．

【な】

難培養性微生物(uncultureable bacteria)
実験室で実施される一般的な培養の条件では生育困難な微生物．さまざまな環境からこれまで多くの培養可能な微生物が発見されてきたが，メタゲノム解析の結果，これらの微生物は環境中に存在する微生物の数％（諸説あり）にすぎないことが明らかとなった．

二次イオン質量分析法
(secondary ion mass spectrometry; SIMS)
固体の表面にイオンを照射し，試料から飛びでてきた二次イオンの質量を分析することで，試料に含ま

れる元素の種類とその濃度を測定する方法．SIMSの中でも二次元高分解能二次イオン質量分析装置（NanoSIMS，カメカ社製）は，試料内の微量元素を高感度に検出しうるダイナミックSIMSに小径ビームを組み合わせることで，細胞内部構造レベルでの高分解能イメージング解析が可能である．

二次共生（secondary endosymbiosis）

一次共生によって葉緑体を獲得した光合成真核生物（一次植物）が真核生物の細胞内に取り込まれて葉緑体（色素体）になる細胞進化過程．二次共生を経た葉緑体は一般に3枚あるいは4枚の包膜をもつ．二次共生により葉緑体を獲得した生物を「二次植物」と呼ぶ．

二次代謝産物（secondary metabolite）

糖，アミノ酸，脂質，核酸など，生物の生命活動に必須な化合物を一次代謝産物と総称するのに対し，直接的に生命維持に関与しない代謝物を二次代謝産物という．抗生物質，色素，ホルモン，フェロモンなどがその代表例であり，生体の化学防御や生体間の化学コミュニケーションに用いられる物質もある．

乳酸菌（lactic acid bacterium）

分類学上の名称ではなく，25属から構成されている慣用的な総称である．細胞形態は桿菌または球菌で，グラム陽性，カタラーゼ陰性，内生胞子をつくらず，運動性は一般的にはない．長い食経験から有毒性や感染性のない細菌群，すなわちGRAS（Generally Recognized As Safe）の視点から，属ではなく菌種や菌株レベルで乳酸菌と考える場合もある．

ヌクレオモルフ（nucleomorph）

二次共生由来の葉緑体のペリプラスチダルコンパートメントに存在する二重膜で囲まれた構造体．二次共生において取り込まれた一次植物の残存核であり，極端に縮小した真核ゲノムを有する．現在のところ，二次植物のクロララクニオン藻類とクリプト藻類でその存在が確認されている．

【は】

バイオコントロール（biocontrol）

広義には天敵昆虫を利用する害虫駆除なども含まれるが，とくに植物病原微生物に対して競合する生きた微生物を用いる生物的防除をいう．化学的手法に比べて環境に対する負荷が少ないなどと期待され，これまでにいくつかの微生物農薬が実用化されている．

廃水処理（wastewater treatment）

廃水中に含まれる汚染物質を除去する作業で，汚染物質を気体にして空気中へ排出するか，または固体にして水中から除去する．微生物を利用した廃水処理には好気法（空気を積極的に廃水に接触させる）と嫌気法（空気を遮断する）があり，好気法では有機物を二酸化炭素に変換し，嫌気法では有機物をメタンと二酸化炭素に変換する．

培養法（culture-dependent method）

対象とする微生物の増殖に必要な栄養分を寒天で固めてつくった培地に試料を接種して培養し，出現したコロニー数から生菌数を求める．また，細菌叢を測定するには，培養した寒天培地から一定数のコロニーを分離して同定し，生菌数に当該細菌種の占める割合をかけて各細菌種の数を求めることが一般的である．

バクテリオファージ（bacteriophage）

細菌に感染するウイルスの総称．単にファージとも呼ぶ．感染して増殖した後に宿主細菌細胞を壊してでて行く溶菌性ファージと，いったん宿主のゲノム中に挿入される（プロファージ）溶原性ファージがいる．環境変化によっては溶原性ファージも溶菌サイ

■ 用語解説 ■

クルに入る．溶原性ファージは遺伝子の水平伝播(horizontal gene transfer)に大きく関与している．コミュニティ内の微生物間でどの程度水平伝播が起こっているのか，非常に興味深い．

白化(bleaching)
サンゴの鮮やかな色調は，サンゴに共生している褐虫藻の光合成色素の色調に由来する．海水温の上昇などが引き金になり，共生関係のバランスがくずれ，褐虫藻が胃層にとどまれなくなり，サンゴの一部あるいは全体の色調が白くなることを白化と呼ぶ．

発光器(bioluminescent organ)
宿主がもつ生物発光を行う器官．

半翅目(Hemiptera)
蛹を経ず，成虫とよく似た形態の幼虫が直接成虫に変態する「不完全変態」を行う昆虫のうちで最大の目(order)．咀顎目(シラミ類，Psocodea)，総翅目(アザミウマ類，Thysanoptera)と近縁で，あわせて準新翅上目(Paraneoptera)を構成する．

微生物(microorganism)
肉眼では存在を捉えることができず，顕微鏡などで拡大することにより観察可能な程度の大きさの生物．肉眼で認識可能な大きさは(個人差もあるが)約0.1 mmであるが，微生物の定義は概念的であり，その大きさを規定する定義はない．微生物には原核生物(真正細菌と古細菌)，真菌(カビや酵母)などの真核生物が含まれる．ウイルスは生物ではないが通常微生物として扱われる．

微生物群集構造(microbial community structure)
群集構造とは生物の種数と相対的な個体数を示す生態学の概念であるが，微生物では培養困難な種が多く，培養法では微生物群集構造を捉えることは難しかった．近年，rRNA遺伝子の塩基配列やメタゲノム解析により，微生物の群集構造の全体像とその環境による変化を捉える可能となった．

微生物叢(microbiota, microbiome)
ある特定の箇所・ニッチに生息する微生物全体の総称で，個々の微生物ではなく微生物コミュニティを全体として捉える際によく用いられる．原義的には，microbiotaは微生物の総体を，microbiomeはそこに存在するゲノム情報の総体を示す用語であるが，しばしば同義的に用いられる．

必須アミノ酸(essential amino acid)
タンパク質を構成する20種類のアミノ酸のうち，後生動物が合成できず食物などから摂取する必要のあるもの．動物の系統によらずおおむね共通しており，ヒトやラットでは一般にトリプトファン，リジン，メチオニン，フェニルアラニン，トレオニン，バリン，ロイシン，イソロイシン，ヒスチジンの9種がこれに相当する．多くの昆虫では，上記にアルギニンが加わった10種類．ヒトやラットでは，成体ではアルギニンは体内合成量で十分だが，成長の早い乳幼児では不足しやすく，準必須(conditionally essential)アミノ酸とされる．アルギニンの他，システイン，グリシン，グルタミン，プロリン，チロシンも条件により不足することがあり，アルギニンと共に準必須アミノ酸とされる場合もある．

非培養法(culture-independent method)
DNAに特異的に結合する蛍光色素DAPI(4',6-diamidino-2-phenylindole)で試料を染色し，蛍光を発する細菌を蛍光顕微鏡下で計数して全菌数を求める．また，細菌群集を調べるには，おもにrRNAやrDNAなどの，各細菌種に固有の配列を標的とするFISH法，クローンライブラリー法，定量PCR法，メタゲノム解析法などが一般的である．

用語解説

ビフィズス菌（*Bifidobacterium*）
Bifidobacterium の 1 属のみを「ビフィズス菌」と称している．細胞形態は Y 字状や V 字状，分岐状などで，グラム陽性，カタラーゼ陰性，内生胞子をつくらず，運動性もない．ビフィズス菌は「善玉菌」のイメージから乳酸菌として扱われる場合もあるが，乳酸菌は Fermicutes 門，ビフィズス菌は Actinobacteria 門に分類されている．両者はグルコースからの乳酸および酢酸の産生能が異なる特徴がある．

ヒューマス（腐植質, humus）
植物の落葉・落枝，枯死体が土壌で微生物の分解を受け，暗褐色の不安定形の有機物となったもの．リグニンの分解残渣と土壌中の動物や微生物の死骸のタンパク質などが結合した複雑な構造をとっている．

病原菌（病原性細菌, pathogenic bacteria）
病気や疾病の原因となる細菌．結核を引き起こす結核菌が有名．大腸菌のほとんどは無害だが，なかにはベロ毒素を産生し，激しい腹痛，水様性の下痢，血便を引き起こす腸管出血性大腸菌（O157）のような病原性大腸菌もいる．

豚繁殖・呼吸障害症候群
（porcine reproductive and respiratory syndrome; PRRS）
PRRS ウイルスによる感染症．母豚における流産・死産，仔豚の成長不良，ならびに肥育豚における呼吸器疾患であるが，臨床症状がほとんど認められない場合もある．PRRS ウイルスは RNA ウイルスのアルテリウイルス科（Arteriviridae）アルテリウイルス属（*Arterivirus*）に属している．

フローサイトメトリー（flow cytometry）
微細な粒子（真核細胞や細菌など）を流体（液体）中に分散させ，粒子が縦に並ぶ位に細く流体を流して，側方から光を当てることで，個々の粒子を光学的特性から分析する手法．細胞表面抗原を認識する抗体を蛍光標識して細胞と反応させ，細胞にレーザー光を照射して生じる蛍光を検出することによる，細胞表面抗原の発現量の定量的解析などに応用されている．

ペプチドグリカン（peptidoglycan）
マイコプラズマを除く，ほぼすべての細菌が有する細胞壁成分．二つの糖の繰り返し部分とペプチド鎖からなる．ペプチドグリカンの生合成に関与する酵素は，抗生物質の作用点の一つ．

ペリバクテロイド膜（peribacteroid membrane）
根粒内の感染細胞に放出された根粒菌が包まれる植物由来の膜構造．小胞輸送から見ると，当初細胞膜の特性をもつが，徐々に液胞膜のそれと置き換わるといわれている．宿主植物とバクテロイドとの物質の授受に重要な役割を果たす輸送体が多く局在すると考えられる．

ペリプラスチダルコンパートメント
（periplastidal compartment）
葉緑体周縁区画ともいう．クロララクニオン藻類とクリプト藻類の葉緑体では，4 枚の包膜のうち内側の 2 枚と外側の 2 枚の間の空間が広くなっており，これをペリプラスチダルコンパートメントと呼ぶ．この区画内には，通常 1 個のヌクレオモルフと多数のリボソームが含まれている．二次共生により取り込まれた一次植物の細胞質に由来する区画だとされている．

便細菌叢移植療法
（fecal microbiota transplantation）
腸内細菌叢のバランスの乱れ（dysbiosis）が疾患発症の素因や増悪因子と考えられる疾患患者に対して，腸内細菌叢を正常化する目的で健常なヒトの便の懸濁液を患者の腸管内に内視鏡を用いて投与する治療

■ 用語解説 ■

方法．*Clostridium difficile* 感染性大腸炎の治療法としてその有効性が認められている．他にも炎症性腸疾患や過敏性腸症候群などの腸管関連疾患や，2型糖尿病などの代謝疾患について，その有効性を検証する臨床試験が行われている．

ホロゲノム理論(hologenome theory)
植物や動物と定着している微生物叢を一体化したホロビオント（holobiont）と捉え，宿主とその微生物叢が有する遺伝情報の総体であるホロゲノム（hologenome）に対して進化の選択圧がかかるので，微生物叢が豊かで遺伝子資源が豊富なほうがストレス時の宿主生存に有利になると考える理論．われわれの体を真核細胞と原核細胞からなる超生命体（superorganism）とした Wilson と Sober の考え〔*J. Theor. Biol.*, **136**, 337 (1989)〕にも通じる．

ホロビオント(holobiont)
宿主とその宿主の生理にかかわる多種多様な微生物のすべてを一つの生物体として捉えること．

【ま】

マメ科モデル植物(model legumes)
マメ科植物に特有の現象，とくに根粒共生の分子メカニズムを明らかにするために，1990年代初頭に分子遺伝学に適した植物種が選定された．ミヤコグサ（*Lotus japonicus*）およびタルウマゴヤシ（*Medicago truncatula*）はともにマメ科植物としてはゲノムサイズが小さく（500 Mb 未満），アグロバクテリウムによる形質転換が可能で，自家受粉するという特徴をもつ．

マリンスノー（marine snow）
海中に降る雪のような粒子で，プランクトンの死骸や糞からできている．「マリンスノー」という言葉は，約60年前に北海道大学水産学部の深海探査で誕生し，現在では世界中で使われている．潜水艇のライトに照らしだされたそれは灰色がかった埃のようにも見え，名前の響きほどは美しくないという研究者が多い．

マルピーギ管(Malpighian tubule)
昆虫やクモなどの排泄器官．細長い糸状の管で腸管に結合している．不要な成分の排泄と，水分調節を行っている．

無菌動物, ノトバイオート(germ-free, gnotobiote)
無菌動物とは，文字通り共生細菌（や微生物）をまったくもたない動物（ゲノムに組み込まれて垂直伝搬するレトロウイルスの存在は否定できない）．通常マウスやラットなどの小動物において，子宮内の胎仔が無菌的であることを利用して，帝王切開によって取りだした胎仔を無菌アイソレータという内部を無菌的に保つことのできる飼育装置内に無菌的に搬入し，人口保育，あるいはすでにアイソレータ内で無菌的に飼育されている里親によって保育させることにより得る．アイソレータ内で無菌動物を繁殖させることも可能．無菌動物に既知の一種あるいは複数の微生物のみを定着させた動物をノトバイオート動物〔ギリシャ語の gnotos = known（既知）と biota = life（生命）からの合成語〕と呼ぶ．

メタオミクス(meta-omics)
複数の生物から構成される単一サンプル内のすべてのDNA情報（メタゲノム），RNA情報（メタトランスクリプトーム），タンパク質情報（メタプロテオーム）を対象とした学問のこと．なかでもメタゲノミクスは，微生物コミュニティの機能解析に多く用いられてきた．転じて，微生物コミュニティの群集解析の意で用いられる場合もある（広義のメタゲノミクス）．

メタゲノム解析(metagenome analysis)
環境サンプルから培養を経ずに直接回収された微生

物ゲノム DNA の塩基配列を，次世代シーケンサーにより網羅的に決定する手法．環境中の微生物叢を簡便に調査できるほか，膨大な数の未知の細菌や遺伝子を解明する有効な手法である．

メタトランスクリプトーム解析（metatranscriptome analysis）
サンプル内に存在する全 RNA 配列を網羅的に解読する方法．メタゲノム解析と異なり死細胞・休眠細胞由来のシグナルを検出しにくいので，「生きた」コミュニティ構造を検出できるとされるが，大過剰量の RNA によるノイズや発現パターンを維持したままのサンプル調整プロトコルの必要性など課題も多い．

木質（wood tissue, lignocellulose）
植物細胞が分泌して形成する細胞壁と細胞外マトリックスの総称．主要成分はセルロース（cellulose; β-glucose の重合体），ヘミセルロース（hemicellulose; セルロースとペクチン以外の植物多糖の総称でキシラン，マンナンなどを含む），およびリグニン（lignin; 複雑なポリフェノール）で，リグノセルロースと呼ぶこともある．

【や】

ユニバーサルプライマー（universal primer）
共生微生物群衆解析においては，16S rRNA を用いた系統解析を行う場合に用いられる PCR 用のプライマー．多種多様な微生物集団に対応するために，M（A or C）Y（C or T）といった表記を含む場合がある．より一般的には，T7，T3，SP 6 など，ベクター（プラスミド）内の共通配列に対するプライマーで，クローニングした DNA 断片，配列解析などに用いるプライマーを意味する．

溶菌（bacteriolysis）
細菌にファージが感染すると，（細菌の）細胞内でファージが増殖した後，感染後期に合成される（ファージ由来の）溶菌酵素によって細胞膜を破壊される現象．

葉緑体 ER（chloroplast ER, plastid ER）
不等毛藻類，クリプト藻類，ハプト藻類の葉緑体がもつ 4 枚の包膜の最外膜のこと．小胞体と連結しており，細胞質側表面に多数のリボソームが付着している場合もある．当初，4 枚の包膜のうち外側の 2 枚を「葉緑体 ER」と呼んでいたが，現在では進化的な由来などを考慮して最外膜のみを葉緑体 ER と呼ぶ．

【ら】

ラッカーゼ（laccase）
銅を活性中心にもつ酸化酵素で，フェノール類などの芳香族化合物を酸化する．基質特異性は低く，酸化できる化合物は幅広い．菌類ではリグニンの分解に働くものも知られている．

リザリア界（Rhizaria）
真核生物の主要系統群の一つで，おもな形態的特徴は糸状仮足である．放散虫類，有孔虫類，エンドミクサ類，フィローサ類から構成される．リザリア界は，ストラメノパイル類やアルベオラータ類とともにより大きな単系統群である "SAR" クレードを形成する．

リボソーム（ribosome）
RNA とタンパク質の複合体である大小二つのサブユニットで構成される．原核生物では大サブユニットに 2 本，小サブユニットに 1 本の RNA が存在する．リボソームは，遺伝子の転写で得られた mRNA が有する情報を翻訳してタンパク質を合成する場であり，活性が高い菌の体内には数千個存在する．菌の活性が落ちるとリボソームが分解され，数が減る．

■ 用語解説 ■

リボソーム RNA 遺伝子(ribosome RNA gene)
細胞内の DNA のうち，転写によってリボソーム RNA が合成される部分をいう．この部分の塩基配列は生物の分類の指標として広く用いられており，膨大なデータが公開されている．どの生物にも共通した塩基配列と，生物ごとに異なる塩基配列があるので，共通の部分を利用して PCR でこの遺伝子を増幅して解析し，異なる塩基配列の部分から種を同定することができる．

冷湧水域(cold seep)
海洋プレートの沈み込みなどにより，深部堆積物中の間隙水が海底の割れ目(断層)に沿って上昇し，海底面に絞りだされている場所．湧水の温度は，海底の温度とほとんど変わらず低いが，高濃度のメタンや硫化水素が含まれていることが多い．

レグヘモグロビン(leghemoglobin)
根粒ではレグヘモグロビンという赤色の酸素運搬ヘムタンパク質が多量に産生される．これが酸素と結合することで，ニトロゲナーゼが失活しない低酸素分圧に保たれる．共生状態の根粒菌はこの低酸素環境に適応したオキシダーゼで酸素呼吸を行う．

レプリコン(replication)
一つの複製起点によって連続的に複製される遺伝物質の構造単位．細菌の場合，それぞれ一つの複製起点を有する染色体とプラスミドは別べつのレプリコンとなる．

老化(senescence)
加齢とともに不可逆的に進行する多くの分子的，生理的および形態学的な衰退現象のことをいう．したがって生物の個体レベルだけでなく，細胞から物質レベルに至るまで，その本来の性質や機能が時間の経過とともに低下した場合は老化という．加齢(時間の経過)を阻止することはできないが老化は制御できる．

索　引

【数字・英字】

3 型タンパク質分泌機構	166
VI 型分泌装置	158, 259
16S rRNA	127, 153, 259
——遺伝子	13
——-クローンライブラリー法	14
17 型ヘルパー T 細胞	259
ACC デアミダーゼ	152
Aeromonas	107
AI-2	5
alphaproteobacteria	191
amplicon sequencing	153
AM 菌	149
apicoplast	209
arbuscular mycorrhizal fungi	149
A- ファクター	9
Bacillus hisashii	256
Bifidobacterium	19, 45, 55
bioavailability	157
biological nitrogen fixation	150
Blattabacterium	80
bleaching	120
BNF	150
BP-863	256
Braarudosphaera bigelowii	199
Buchnera aphidicola	60, 216
C/N 比（C/N ratio）	259
Caenorhabditis elegans	94, 259
Campylobacter jejuni	243
Carsonella ruddii	217
CASTOR	173
CCaMK	174, 176
Cetobacterium somerae	106
chloroplast ER	207, 270
Chrysochromulina parkeae	199
CRISPR システム	160, 259
Cryptocercus	76
CXCL13	259
Cyanothece	196
CYCLOPS	175, 176
cytoplasmic incompatibility	89
DAPI	106
DCA	32
deoxycholic acid	32
DGGE	127
DNA 抽出	231
Drosophila melanogaster	85
dysbiosis	26, 32, 100
Elysia chlorotica	210
endotokia matricida	101
Enterococcus	101
Entotheonella	131
EPA	116
Epithemia turgida	196
Epsilonproteobacteria	242
ERN1	177
eukaryogenesis	190, 259
fecal microbiota transplantation	34, 56
feminization	89
FISH（Fluorescent *in situ* hybridization）法	108, 230, 259
FMT	34, 56
Foxp3	30
FtsZ	206
Gammaproteobacteria	242
germ free	256
GPR41	28
GPR43	28, 31
GRAS	48
GS FLX+	153
HACCP	247, 259
HAR1	178
Hatena arenicola	211
Helicobacter pylori	243
holobiont	99, 120, 269
hologenome	99, 269
IBS	34

■ 索　引 ■

iChip	256, 260	PKS	131
IgA	27, 256	plant growth promoting rhizobacteria (PGPR)	86, 149, 260
immunonutrition	95	plant immune system	151
immunosenescence	95	plastid ER	207
induced systemic resistance	151	POLLUX	173
irritable bowel syndrome	34	Poribacteria	127
ISR	151	*Portiera aleyrodidarum*	217
ITS 領域	153, 260	PPC	205
kleptochloroplast	210	primary endosymbiosis	203
Legionella	98	probiogenomics	52
Listeria	96	probiotics	114
male killing	89	*Profftella armatura*	223
MAMPs	249	PRRS	251
Metchnikoff	97	pSym	165
microbiota	11	R/FR 比	180
MiSeq	153	reactive oxygen species	87
Moranella endobia	218	rhizosphere microbiota/root-associated microbiota	149
MPN 法	4, 260	ribotype	40
mycorrhizosphere	150	Rickettsiales	190
N_2O	144	root exudates	148, 158
nanoSIMS	199	ROP	181, 260
nematoda	94	ROS	87
NFR1	171	RT	40
NFR5	171	SAR11 クレード	191
NF-Y	177	secondary endosymbiosis	204
next generation sequencer (NGS)	108, 153, 231, 264	shotgun metagenomics	153
NIN	175, 177, 180	siderophore	150
Nod ファクター	140, 165, 171	SPF	30, 260
——受容体	171	Staphylococcus	96
NSP1	176	starting inoculum	155
NSP2	176	*Sulcia muelleri*	218
nucleomorph	205	*Symbiobacterium thermophilum*	4
O157	56	Symbiodinium	119
O157:H7	29	symbiotic plasmid	165
OTU	127, 260	SynCom	159
p38MAPK	99	synthetic community	159
PAMPs	249	T4 ファージ	250
parthenogenesis	89	TEM	127
Paulinella chromatophora	194	Termitomyces	78
PCR	231	TGF-β 経路	95
PED	251	TIC 複合体	207
——ウイルス	252	TOC 複合体	207
peptidoglycan recognition proteins	86	transit peptides	207
periplastidal compartment	205		
picoeukaryotes	199		

■索引■

T$_{reg}$細菌	248
Tremblaya	218
T-RFLP	127
Trichodesmium	197
UCYN-A	197
VBNC	107
Vibrio	96
Vibrio fischeri	117
Vibrio halioticoli	122
Wolbachia	220
zooxanthellae	119
γ-ブタノライド	9

【あ】

アーキア	75, 239
悪玉菌	265
アクチン	181
アーケプラスチダ	203
アクネ菌	37, 260
アシドーシス	253
アジュバント	254
アシルホモセリンラクトン	5
アトピー性皮膚炎	37
アーバスキュラー菌根菌	149, 171, 260
アピコプラスト	209
アピコンプレクサ類	209
アフラトキシン	9
アブラムシ	67, 215
アベルメクチン	256, 260
アメーボゾア	203
アリガタハネカクシ	67
アルカロイド	143, 260
アルテリウイルス	251
アルファルファ根粒菌	165, 168
アルベオラータ	203
アワビ	121
アンプリコンシーケンス	153
硫黄酸化細菌	243
イグザプテーション	251, 261
一塩基多型	33
一次共生	192, 203, 261
一次植物	203
一酸化二窒素	144
遺伝子破壊	55
遺伝子浮動	219
イネ	144
入れ子状	218
インゲン根粒菌	165
インスリン／インスリン様成長因子経路	95
インスリンシグナル	88
ウイルス	250
——耐性	91
ウエストナイルウイルス	92
ウシ	248, 253
渦鞭毛藻類	204, 211
内なる外	25
ウマ	251
ウレイド化合物	168
運動共生	84
エイコサペンタエン酸	116
栄養吸収促進	150
栄養共生体	223
エキノキャンディン	249
エクスカバータ	203
エコマイシン	249
餌	111
エチレン	144, 152, 179
エピファイト	138, 143, 249, 261
エフェクター	168, 261
エラー率	153, 261
エリシア・クロロティカ	210
エルゴタミン	249
エルゴバリン	249
遠隔操作無人探査機	238
炎症性腸疾患	33
エンテロタイプ	55, 261
エンドトキシン	253
エンドファイト	139, 249, 250, 261
塩分	111
黄熱ウイルス	92
応用微生物学	229, 261
オオアリ	69
オーキシン	152
大村智	256
オキシテトラサイクリン	110
雄殺し	89
オトシブミ	67
オピストコンタ	203
オルガネラ	81, 190, 206, 213, 261
——化	190

■索　引■

【か】

カイメン	125
潰瘍性大腸炎	33
海洋無脊椎動物	132
化学合成共生系	237, 241
化学合成独立栄養微生物	240, 244
化学的防御	133
過酸化脂質	256
ガスクロマトグラフィー質量分析法	131
活性汚泥	227, 262
活性酸素種	87
──産生酵素	87
褐虫藻	119
下等シロアリ	76
果糖トランスポーター遺伝子	56
過敏性腸症候群	34
カプシドタンパク質	250
芽胞	254
──形成菌	252
カミキリムシ	61
カメムシ	70
カルシウムスパイキング	173
カルビン回路	245
カロリー制限	98
環境浄化	226
還元的クエン酸回路	245
還元的酢酸生成	80
感染細胞	182
感染糸	180
感染態幼虫	102
肝臓がん	32
キイロショウジョウバエ	85
キクイムシ	62, 65, 68
基質レベルのリン酸化	81
キジラミ	67
寄生	3, 209
──虫	253
キタキチョウ	90, 103
キノコシロアリ	60, 66, 78
キバチ	61
共感染	145
共種分化	65, 83, 122
共生アイランド	142, 165, 262
共生細菌	99
共生説	202
共生窒素固定	138
共生の概念	48
共生プラスミド	165
競争	3
共通共生経路	171, 173
共通祖先	233
ギングチバチ	67
菌交代症	50, 262
菌根菌	262
菌根圏	150
菌細胞	214, 262
──内共生系	214
菌種特異的プライマー	16
クオラムセンシング	5
グラインダー	96
グランザイムB	256, 262
クリプチスタ	203
クリプト藻類	204, 209
クローニング	38, 262
クロツヤムシ	65
クロマトフォア	194, 262
クロララクニオン藻類	204, 209
クロロフィルa	196
クローン病	33
クローンライブラリー法	108, 263
クワガタムシ	60, 65
下水処理	227
ゲノム	263
──解析	52
──縮小	84, 191
ケモカイン	255
下痢原性大腸菌	96
限外希釈法	159, 263
顕性不活性	10, 263
原核生物	263
嫌気性菌	107, 263
嫌気性微生物	234
好気性菌	107, 263
好気性微生物	234
抗菌活性	113
抗菌物質	113, 151
抗菌ペプチド	27, 86, 262
光合成	196
紅色植物	203

■ 索　引 ■

抗生	3
合成コミュニティ	159
抗生物質	110
高等シロアリ	76
好熱性微生物	255
酵母	252
ゴードスポリン	8, 263
ゴキブリ	61, 69
コクシジウム	253
国連食糧農業機関	247
枯草菌	254
個体差	112
コメツキモドキ	65
コレステロール	51
コロナウイルス	252
根圏	145
——微生物	148
——微生物叢	147, 156, 263
昆虫	214
——病原性線菌	101
根粒	164
——共生	171, 263
根粒菌	138, 149, 164, 171, 263
——ゲノム	165
根粒形成	139, 166, 175, 178

【さ】

細菌叢の多様性	41
サイトカイニン	152, 176, 179
細胞外共生	3
細胞食性	99
細胞内共生	82
細胞内小器官（→オルガネラ）	
細胞不和合	89
酢酸	29
サルモネラ	98, 254
サンゴ	119, 263
酸素添加酵素	256
酸素濃度	233
シアネレ	194
シアノバクテリア	192
シガ毒素	29
篩管液	214, 264
シグナルペプチド	208
脂質分泌部位	38

脂質ラフト	181
糸状菌	99
糸状虫	102
次世代シーケンサー	108, 153, 231, 264
——技術	127
自然免疫	86
シデロフォア	114, 150
自発的根粒	176
自閉症	32
ジベレリン	152
刺胞動物	123
社会性昆虫	75
ジャガイモ飢饉	3
種分化	80
寿命	96, 264
循環型農業	255
純粋培養	230
省エネルギー	236
消化管共生系	117
消化共生	77
常在菌叢	11, 109
常在細菌	40
上皮	123
食中毒細菌	96
植物ホルモン	143, 151, 176, 264
植物免疫	145
——機構	151, 264
食物連鎖	116, 144
ショットガンメタゲノミクス	153
シラミ	69
自律型無人探査機	238
飼料	252
飼料要求率	254
シリンゴマイシン	249
シロアリ	61
シロアリ	67
シロアリ	69
脂漏部位	38
深海底熱水活動域	237, 264
シンカイヒバリガイ	244
真核生物	264
シングルセルゲノム解析	129
人工栄養児	18
信号共生	5
人工下水	228

277

■ 索　引 ■

真社会性昆虫	264
新生児の皮膚マイクロバイオーム	39
シンビオゾーム	182, 185
水温	111
水素	79
垂直伝播	81, 127, 242
水平伝播	53, 77, 127, 195, 219, 261
ストラメノパイル	203
ストレス	144
スピロプラズマ	90
生活特性	19
制御性T細胞	30, 248, 265
生菌数	107
生合成遺伝子	130, 265
生殖細胞	222
生存競争	228
生体反応修復物質	47
生体防御機構	265
生体防御系	95
整腸作用	49
成長段階	110
生物の歴史	233
世界保健機関	247
セグメント細菌	27
接種源	154
節足動物媒介性ウイルス病	265
絶対共生	3
セルロース	75
セレウス菌	247
セロトニン	34
全菌数	107
全身誘導抵抗性	151
善玉菌	265
線虫	94
線毛	53
挿入配列	142
創薬	130
相利共生	3, 102, 149
ゾーキサンテラ	119

【た】

ターミナル RFLP 法	17
体細胞	222
ダイズ根粒菌	165
耐性幼虫	102
大腸炎	254
大腸菌	254
——製剤	46
ダイナミンリング	206
堆肥化	235
楕円体	196, 265
多重の共生関係	76
ダニ媒介性脳炎ウイルス	92
多様性	235
——解析	81
単為生殖	89
短鎖脂肪酸	28, 265
タンパク質分泌機構	266
地衣	76, 212, 266
窒素固定	80, 150, 164, 167, 183, 196, 266
地表の温度	234
チムニー	239
中央海嶺	238, 266
中立	3
腸管出血性大腸菌	29, 55
長距離フィードバック制御	178
腸内エコシステム	25, 26, 36, 266
腸内環境改善作用	49
腸内共生細菌	11
——の多様性解析	13
腸内細菌	85, 94, 156
——カクテル	34
腸内細菌叢	25, 86, 106
腸内代謝物質	25
地理的隔離	241
通性共生	3
ツェツェバエ	68
土食いシロアリ	79
テイクソバクチン	256, 266
定量的 PCR 法	15, 108
デオキシコール酸	32
テトロドトキシン	116
デングウイルス	92
伝達様式	243
天然物	126
透過型電子顕微鏡	127
導管液	214, 266
島弧	238, 266
糖質加水分解酵素	77
糖尿病	28

動脈硬化	33	発光器	268
盗葉緑体	210	——共生	117
特定保健用食品	47	発病抑制土壌	7
土壌タイプ	157	ハテナ	211
共進化	84, 141	ハプト藻類	199, 204
トランジット配列	207	早石修	256
トロフォソーム	241	バンコマイシン	8
ナンキンムシ	69	半翅目	68, 214, 268
		ヒストン脱アセチル化酵素阻害剤	30
【な】		微生物群集構造	77, 268
難培養性共生微生物	132	——解析	126
難培養性微生物	231, 266	微生物集団	227
難分離性	13	微生物叢	227, 268
ニキビ	37	——プロファイリング	153
二次イオン質量分析法	199, 266	微生物認識	129
二次共生	192, 204, 267	微生物の塊	228
二次元高分解能二次イオン質量分析装置	199	微生物-微生物相互作用	157
二次代謝産物	125, 223, 267	ビタミン	114, 214
ニトロゲナーゼ	167, 182, 185	ビタミンB_{12}	41, 114
乳酸菌	45, 51, 97, 252, 267	ヒツジ	251
乳糖不耐症	50	必須アミノ酸	80, 214, 268
尿酸	80	ヒドラ	123
尿毒症物質	32, 35	ヒドロゲノソーム	81
ニワトリ	248, 253	非培養法	107, 268
ヌクレオモルフ	205, 209, 267	ビフィズス菌	98, 269
熱水	239	皮膚共生細菌叢	37
——-海水混合域	240	皮膚細菌叢の時間的変化	39
ノックアウト	55	皮膚疾患	37
		ビブリオ	120
【は】		日別変動	112
バイオコントロール	9, 267	肥満	28
バイオジェニクス	47	ヒューマス	76, 269
背弧海盆	266	病原菌	87, 94, 269
灰色植物	203	日和見感染	96, 112
廃水処理	227, 267	ヒラメ	255
培養可能な細菌	12	ピロリ菌	51, 237
培養コレクション	159	便細菌叢移植療法	56
培養法	106, 267	フィラリア	102
培養を介さない分子生物学的手法	11	フグ毒	116
培養を介さない方法	77	フサリシジン	249
ハキリアリ	60, 65, 68	ブタ	248
白色腐朽菌	78	ブタ	253
バクテリオファージ	42, 158, 250, 267	豚繁殖・呼吸障害症候群	251, 269
バクテロイド	167, 182, 184	物理的防御	133
白化	120, 268	不等毛藻類	203

279

■ 索　引 ■

フラボノイド	138
──類	165
フランキア	141
フルクトーストランスポーター遺伝子	56
プレバイオティクス	47
フローサイトメトリー	131, 199, 269
プローブ	231
プロバイオゲノミクス	52
プロバイオティクス	45, 97, 252
──の機能	49
プロピオン酸	31
分解酵素	115
ペプチドグリカン	87, 220, 269
──認識タンパク質	86
ペリバクテロイド膜	167, 182, 184, 269
ペリプラスチダルコンパートメント	205, 269
片害	3
便細菌叢移植療法	34, 270
偏性嫌気性菌	11
片利共生	3, 102, 149
防衛オルガネラ	223
防衛共生体	223
防御応答	168
放線菌	66
捕食	3, 229
ボツリヌス菌	248
母乳栄養児	18
ポリケタイド合成酵素	131
ボルナ病ウイルス	251
ボルバキア	85, 102
ポルフィリン	42
ホロゲノム理論	99, 270
ホロビオント	99, 120, 270

【ま】

マイカンギア	60, 62, 65, 67
マメ科植物	138, 164, 171
マメ科モデル植物	270
マリンスノー	238, 270
マルピーギ管	89, 270
慢性腎臓病	35
ミツバチ	61
ミトコンドリア	190
ミバエ	68
ミミイカ	117
ミミズ	247
ミヤコグサ根粒菌	165
無胃魚	110
無菌動物	50, 113, 270
無菌マウス	256
無脊椎動物	117
雌化	89
メソヒル	126
メタオミクス	270
メタゲノミクス	35
メタゲノム解析	79, 129, 198, 245, 271
メタトランスクリプトーム	77, 271
メタボロゲノミクス	35
メタボロミクス	35
メタンサイクル	144
メタン生成アーキア	76
メタン生成菌	234, 249
メタン生成古細菌	239
メチシリン耐性黄色ブドウ球菌	256
免疫寛容	27
免疫機構	85
免疫調整作用	49
木質	60, 271

【や】

宿主	85
──-腸内細菌叢間相互作用	25
──特異性	140, 165
──の影響	158
有胃魚	110
ユーグレナ藻類	204
有効集団サイズ	219
有人潜水艇	238
優占種	229
ユニバーサルプライマー	38, 271
溶菌	271
溶存酸素	234
葉緑体	190
──DNA	208
──ER	207, 271
──の分裂	206

【ら・わ】

酪酸	30
ラッカーゼ	78, 271

リウマチ	254	緑色植物	203
リグニン	75	ルーメン	253
リグノセルロース	75	冷湧水域	238, 272
リケッチア目	190	レグヘモグロビン	140, 167, 272
リザリア界	203, 271	レプリコン	165, 272
リゾキシン	4	ロイシノスタリン A	249
リポキチンオリゴ糖	138, 165	ロイテリン	54
リボソーム	208, 272	老化	14, 32, 95, 272
──RNA	16, 230	濾過食性	125
──RNA 遺伝子	230, 272	ロパロディア科珪藻	195
リボタイプ	40	ロリトレム	249
硫酸還元菌	234	ワクチン	252

編者略歴

大野　博司　（Ohno Hiroshi）
1958 年　東京都生まれ
1991 年　千葉大学大学院医学研究科修了，医学博士
その後，千葉大学医学部助手，同助教授，金沢大学がん研究所教授，理化学研究所 免疫・アレルギー総合研究センター チームリーダーを歴任
2013 年　理化学研究所統合生命医科学研究センターグループディレクター，横浜市立大学客員教授，千葉大学客員教授
専門は腸管免疫学．「特殊な腸管上皮 M 細胞や宿主 - 腸内細菌相互作用」について研究している．

DOJIN BIOSCIENCE SERIES 27

共生微生物 － 生物と密接に関わるミクロな生命体 －

2016 年 10 月 30 日　第 1 版　第 1 刷　発行

検印廃止

JCOPY 〈(社)出版者著作権管理機構 委託出版物〉
本書の無断複写は著作権法上での例外を除き禁じられています．複写される場合は，そのつど事前に，(社)出版者著作権管理機構(電話 03-3513-6969，FAX 03-3513-6979，e-mail:info@jcopy.or.jp)の許諾を得てください．

本書のコピー，スキャン，デジタル化などの無断複製は著作権法上での例外を除き禁じられています．本書を代行業者などの第三者に依頼してスキャンやデジタル化することは，たとえ個人や家庭内の利用でも著作権法違反です．

乱丁・落丁本は送料当社負担にてお取りかえいたします．

編　者　大野博司
発行者　曽根良介
発行所　(株)化学同人

〒600-8074　京都市下京区仏光寺通柳馬場西入ル
編集部　TEL 075-352-3711　FAX 075-352-0371
営業部　TEL 075-352-3373　FAX 075-351-8301
　　　　振替　01010-7-5702
E-mail　webmaster@kagakudojin.co.jp
URL　http://www.kagakudojin.co.jp
印刷・製本　(株)シナノ パブリッシング プレス

Printed in Japan　© H. Ohno　2016　無断転載・複製を禁ず
ISBN978-4-7598-1728-7